这才是用户体验设计

人人都能看懂的产品设计书

李磊 / 著

电子工业出版社

Publishing House of Electronics Industry

北京·BEIJING

内 容 简 介

无论任何行业，任何知识背景，只要认真阅读本书，掌握 UX 方法，都能为用户创造出优质的产品体验！本书是一本 UX 领域少有的各行业通用的系统级入门书，全面系统地讲述了UX 领域相关的 43 个主题，包括感知、认知、情感、流程、调研、创意、评估、技术、服务、可用性、易用性、简约、品牌、智能、有趣、意义、接受度、团队和商业等。阅读本书，有助于读者对 UX 设计形成完整且正确的认识，进而设计出更能满足用户需求的、体验更优的产品。

本书适合 UX 设计师、交互设计师、产品经理、工业设计师、用户研究员、高校师生，以及任何对产品和体验感兴趣的人士阅读。

图书在版编目（CIP）数据

这才是用户体验设计：人人都能看懂的产品设计书 / 李磊著 . —北京：电子工业出版社，
2021.11

ISBN 978-7-121-42262-1

Ⅰ . ①这… Ⅱ . ①李… Ⅲ . ①产品设计 Ⅳ . ① TB472

中国版本图书馆 CIP 数据核字（2021）第 215591 号

责任编辑：张　晶
印　　刷：北京捷迅佳彩印刷有限公司
装　　订：北京捷迅佳彩印刷有限公司
出版发行：电子工业出版社
　　　　　北京市海淀区万寿路 173 信箱　　邮编：100036
开　　本：720×1000　　1/16　　印张：28.75　字数：644 千字
版　　次：2021 年 11 月第 1 版
印　　次：2025 年 1 月第 4 次印刷
定　　价：129.00 元

凡所购买电子工业出版社图书有缺损问题，请向购买书店调换。若书店售缺，请与本社发行部联系，联系及邮购电话：（010）88254888，88258888。

质量投诉请发邮件至 zlts@phei.com.cn，盗版侵权举报请发邮件至 dbqq@phei.com.cn。

本书咨询联系方式：010-51260888-819，faq@phei.com.cn。

欢迎来到体验的世界！

UX 的大象

有这样一个故事：四个盲人想知道大象是什么样的，便用手来摸。摸到象牙的人说大象像一根管子，摸到象耳的人说大象像一把蒲扇，摸到象腿的人说大象像一根柱子，而摸到象尾的人说大象只不过是一根绳子。四个人各执己见，争论不休。

你可能已经猜到了，这是成语"盲人摸象"的故事。其实，四个人说的都对，也都不对。他们都只是看到了大象的一部分，却没有看到大象的全貌。

对于希望入门用户体验（UX）的朋友来说，UX 就像这样一头巨象——体验似乎无所不包，近在咫尺，却又虚无缥缈，让人很难看清全貌，无从入手。甚至也有攻读相关专业的学生和我说，学习了几个月，也听了很多讲座，依然觉得没摸到门道。特别是在国内企业中，虽然都宣称"重视用户体验"，但认为 UX 就是 UI（用户界面）或是用户研究（找用户做访谈和问卷）的企业比比皆是——这就好像摸象的盲人，只看到大象的一个维度，就认为自己看清了整头大象。

什么是用户体验设计

UX 虽然是"用户体验"的英文缩写，不过说 UX 时通常指的是"用户体验设计"，即 UX Design（本书中的 UX 均是如此）。对 UX 比较常见的理解是"设计出满足用户需求的产品"，但我觉得有点过于空泛了。UX 设计并非仅针对用户，要关心的也不只是需求。为了让 UX 更清晰和易理解，我提取了 UX 的六要素：

设计师——设计的主体；

体验——UX 设计的目标，不仅包括基本需求的满足，还包括在产品全生命周期中感受到的可用和易用，以及情感和深层认知；

人——产生体验的主体（以及所有影响产品或被产品影响的人）；

产品——设计的载体；

交互——体验的来源；

流程——UX 设计是一项基于流程的系统性工作。

从这个视角来看，UX 是设计师基于流程对与人交互的产品进行设计以实现目标体验的过程。

你可能注意到，我并没有提到"需求"，因为需求只是"人"的一个属性，不然直接叫以需求为中心的设计就可以了。如果你无法完全理解，请不要担心，本书就是围绕这六个要素展开的。等你学完这本书的内容，可以再回来看这个定义，相信你一定会对 UX 有一个更加清晰的认知。

下面我们来看看 UX 的相关专业领域，同样，你只需要先有一个直观的认知即可。我尽可能地将它们放在一张图（见图 I）里：

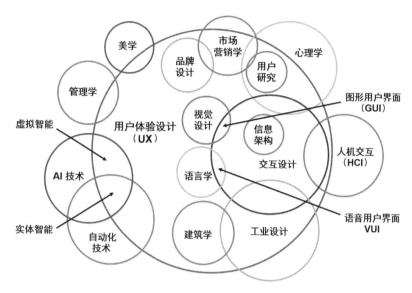

图I　UX 设计的强相关领域

图 I 只是与 UX 强相关的专业领域，可以看到，UI（我们常说的 UI 实际上是 GUI，即图形用户界面）只是 UX 中一个很小的部分。

而从应用领域来看，与 UX 不相关的领域几乎不存在。因为任何产品都或多或少地与人产生交互，而有人即有体验。体验是无处不在的，那么 UX 也是无处不在的——UX 是一个包罗万象的领域。

除了 UX，你可能还听过 UE 的说法，UX 和 UE 有什么区别呢？作为对"用户体验"的称呼来说，二者毫无区别。UX 是 User Experience 的英文缩写，英文中"ex"开头的单词经常被缩写为"X"而不是"E"（因为 ex 的发音很像 X），这就是微软办公软件 Word 的图标是 W，而 Excel 的图标是 X 的原因。而出于一些历史原因，部分国内从业者认为 UE（首字母）是用户体验的缩写，使得 UE 也成为一种惯用称谓。所以，在国内使用两者皆可，但如果与国外朋友交流，通常要使用 UX 对方才听得懂，因而还是建议习惯使用 UX 更好一些。此外，UE 也是"Usability Engineering"，即可用性工程的缩写，但可用性只是 UX 的众多维度之一，因而这里的"UE"显然就不能代表 UX 了。

我也能成为 UX 设计师吗

你可能正从事设计工作，或是与设计完全不搭边的工作，你也可能还是学生，但既然拿起这本书，就表示你对设计"体验"抱有兴趣。经常有朋友通过公众号问我："我是做 XXX 的，想转 UX，有可能吗？"对这些问题，我的回答一直都是肯定的：

当然，你也可以成为 UX 设计师！

可能在很多人眼中，设计是一种需要艺术天赋与灵感的工作，而设计"体验"，更是给人一种很玄乎的感觉。但其实，我们每天都在不经意间设计着各种体验。无论是按照自己的需要布置房间的陈设，还是在与朋友聚会前规划活动的环节，当我们为了满足自身和他人需求而做一些努力的时候，其实就是在设计体验，只是我们很少意识到而已。当然，懂 UX 也会帮助你在生活中做得更好——这也是每个人都该懂点 UX 的原因。

在我看来，任何工作都有可复制的"技术面"和难以复制的"艺术面"。比如踢球，带球过人、颠球、定位球是技术，而根据赛场情况与队友精妙配合是艺术。技术可传承，艺术则要靠悟性。

不同于艺术创作，UX 进化出了一整套系统性的理论、原则、流程、工具和方法，以保证每个人的努力最终都能指向用户需求和优质体验。也就是说，UX 拥有更加坚实的"技术面"，这就保证了这个领域的可传承性——只要你认真学习，就一定可以学好！

诚然，卓越的体验设计是一门艺术，但无论如何，学好"技术面"都是通往更高层次的基础，任何领域皆如此。世界需要大厨，但并不妨碍每个人都去学做菜，你当然还可以点外卖，但会做菜让你多了一种选择，总还是更好的，不应该因为"有可能成不了大厨"就完全不进厨房。况且，没准你做着做着就成大厨了呢！

还是那句老话——你终将成为你想成为的人。如果你从一开始就认为自己学不好 UX，那么你就很可能学不好。树立信心很重要。不是因为有设计师才有设计，而是有设计才有了设计师。只要你努力学习 UX，并尝试使用 UX 知识解决问题，哪怕只是解决了身边的一件小事，你都是一位 UX 设计师。

设计体验，你也可以！

当心"思维的陷阱"

在进入 UX 世界之前，还有一点需要提醒。

懂 UX 的人会说，UX 本质上是一种思维，这可能让初学者产生一种错觉，觉得学习 UX 很容易，因为它"只是一种思维方式"。

其实，UX 设计是一个极为庞大的体系，综合了大量学科的知识、技能和工具。当你打好了这些基础之后，你会发现这套 UX 体系可以用于很多意想不到的领域来解决问题——"UX 思维"是在融会贯通之后形成的一种知识迁移能力。即便真有了用户思维，如果没有知识体系来支撑，也是无法做好设计的。

而且在我看来，"思维"恰恰是最难学习的，因为"知道"和"做到"是不同的：很多人都知道吃多了会胖，但在餐桌上有几个人能想起来呢？精通厨艺的人看到一种全新食材，会马上想到和另一种食材放在一起炖应该很好吃，他使用的是"炖思维"。而对于只是吃过几次炖菜，觉得自己"知道炖是怎么回事"的人，真做菜的时候通常很难想到用"炖思维"来解决问题，而就算碰巧想到了，他也不知道该拿什么厨具以及炖多久——他没有掌握知识体系。

因此，希望你在学习 UX 时，能够抱有一丝敬畏之心。我相信任何人都能学好UX，但并不是说 UX 很容易学（别忘了这可是个研究生专业），而 UX 的"艺术面"更不是一朝一夕可以领悟的。只有摒弃骄躁，踏踏实实把基础打好，才能最终拥有真正的"UX 思维"。

本书的目的

本书针对制约 UX 领域发展的突出问题，主要完成了五个方面的工作：

- **UX 的体系化**。正如图 I 所示，UX 体系非常庞大，很多书籍都对 UX 的某个方面做了精彩论述，但少有书籍能够为 UX 提供一套系统化的知识体系，这给高校教学、企业应用和新手入门都造成了极大困难，甚至产生了很多误解和误用。本书尝试将散落的"UX 碎片"编织在一起，并加以补充，以呈现出一幅尽可能完整且系统的 UX 全景图。
- **澄清 UX 语言**。不理解什么是"情境"，就无法真正做好情境化设计，不理解什么是"智能"也无法设计出真正智能的产品。如果一个概念或术语没有清晰的定义和阐述，对其应用或提出更好的定义都是非常困难的。长期以来，UX 很多概念的定义都不甚清晰，甚至网上还存在很多看似一本正经、实则完全错误的定义和解读，误导性极强。本书旨在尽可能厘清并定义各个 UX 核心概念，并辨析易混概念之间的区别，为正确理解和应用 UX 提供支持。
- **理论联系实际**。本书在 UX 思想的基础上结合产品实践，提出了一整套可应用的 UX 流程和方法，澄清了设计在企业中的定位、价值、职责、团队分工等问题，并讨论了让体验真正落地所需要考虑的工作，以促进 UX 在企业的有效推广和应用。

- **各行业通用。**目前互联网行业对 UX 最为关注，但其经验却往往难以被应用于其他行业。这一方面是因为互联网 UX 过于倚重经验，总结了很多对互联网产品有效的模式和规律，但这些表面规律很难迁移到非互联网产品；另一方面是因为互联网产品是虚拟的，且规模较小，其知识深度也不足以支撑汽车等大型复杂产品的 UX。所谓"万变不离其宗"，本书的目的不是介绍 UX 在某个行业的"变"，而是提炼 UX 的"宗"，即 UX 思想的本质，同时以最复杂的"数字实体型产品"为标准，力图构建一套各行业通用的 UX 体系，为各行业产品体验的升级提供有价值的指南。
- **深入浅出。**本书旨在让 UX 新手也能看懂，因而使用了尽可能通俗易懂的语言。

总体来说，本书是一本"各行业通用的系统级入门书"，类似心理学领域的《普通心理学》。但"入门"并不代表内容少，而是快速领略 UX 的所有板块，并对概念和关系建立正确的认识。因而尽管语言并不晦涩，但本书的信息量很大，需要仔细思考，方能领悟 UX 的真谛。

本书的读者

本书的适用人群非常广泛，任何对用户体验和产品设计感兴趣的群体，如 UX 设计师、交互设计师、产品经理、工业设计师、企业管理者、高校师生、人机交互工程师、用户研究员、服务设计师、软件工程师、产品评价人员、运营人员等，均可有所领悟。同时，由于本书的行业通用性，互联网、出版、家居、汽车、医疗、航空等行业的企业和从业人员也都可从本书中获得有益的借鉴和参考。

本书可作为高校用户体验设计、交互设计、工业设计、人机交互等 UX 相关专业的教学读物，也可作为 UX 课程体系的参考。此外，本书尽可能使用了浅显易懂的语言，对于希望转岗、转专业、报考 UX 方向研究生的在职人员和学生也称得上是入门佳品。

本书的结构

作为一本 UX 的入门书，本书最重要的是帮助大家完整地看清 UX 这头"大象"。为此，只了解每个部分（组件）是不够的，还要知道这些部分是如何组织在一起的（结构）。本书的结构如下：

在第 1 部分，我会先讨论 UX 的六大核心要素，建立起大象的骨骼；第 2 部分讨论"人"，打好心理学基础；第 3 部分讨论"流程与方法"，理解 UX 流程和五类 UX 工具；第 4 部分讨论"产品"，认清产品四要素；第 5 部分和第 6 部分分别讨论"交互"和"深度体验"的设计思想和设计原则；第 7 部分讨论设计师如何工作及领域发展等问题；最终在第 8 部分为大家勾勒出一头有血有肉的 UX 大象。

最后有一个建议，UX 设计可以用在我们工作生活的方方面面，因此学习 UX 最好的方式就是"举一反三"。当你读到某些重要的知识点时，可以停下来思考一下，这个知识点是否可以用在你熟悉的领域——这也是养成用"UX 思维"思考问题的最佳方式。

准备好了吗?

那么，欢迎来到 UX 的世界!

李磊

2021 年 8 月于北京

目　录

第1部分　体验设计六要素

第2部分　人

第3部分　流程与方法

第4部分　产品

第5部分　交互

第6部分　深度体验

第7部分　设计师

第8部分　现在，来看看这头大象

尾声　结束，也是开始

第1部分
体验设计六要素

体验是**设计师**基于**流程**设计的**产品**与**人**进行**交互**的结果。

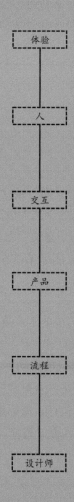

第1章

设计师

在自然界中，生物的存在与毁灭是由时代决定的，即使是像恐龙和猛犸象一样强悍的物种，面对无法适应的新时代也只能走向消亡。设计领域同样如此，设计师角色定位的每一次变化都不是偶然的，其背后都蕴含着巨大的时代背景。正所谓"以古为鉴，可以知兴替"。要理解 UX 设计师"从何处来"，我们就必须先了解设计师这一"物种"的生存发展之路。

物种起源：设计师简史

从工匠时代说起

在人类发展的大部分时间里，"设计师"是没有实体的，设计、生产和销售是由被称为"工匠"的人类生物所完成。这些手艺人根据自己和周围人的需求来定制产品，并与他人互换所需。拥有久远历史的华夏文明虽然在军事、建筑等领域一直存在设计师的影子，但在农耕经济时代，他们并没有完全从"工匠"中分化出来。

工业设计师的诞生

这种情况一直持续到 18 世纪，英国的工业革命带来了标准化批量生产。工业产品空前的复杂性使得一人无法兼顾设计和生产，产品也不再只面向小范围人群，而是面向全国乃至世界的消费者。在时代的推动下，工匠群体中出现了一部分人，专门研究什么样的产品能最大限度地满足大众对功能和审美的需求并能够大批量生产，然后将设计出来的方案卖给工厂进行生产，他们被称为"工业设计师"。很快，工匠分化为（工业）设计师、工程师、工人等"物种"，传统工匠走向消亡。

交互设计师的崛起

此后百余年，工业设计师牢牢把持着"实体时代"，直到"虚拟时代"来临。20世纪中期，第三次工业革命带来了计算机和信息技术。功能的来源从结构清晰的机械结构，变成了虚拟的软件程序（除了计算机的外壳），这让工业设计师们一时无从下手。数字产品的设计重任不得不落在对用户不甚了解的计算机工程师身上。然而，人们很快发现，根据工程逻辑设计的软件，普通用户几乎难以操作，这严重制约了计算机技术的普及。于是，一些有远见的先驱提出了"图形用户界面"，将复杂的计算机逻辑映射为用户可以理解的简单操作——"交互设计师"出现了。

随后出现的两件事动摇了工业设计的牢固地位。首先是以微软操作系统为代表的产品带来了软件与硬件分离的商业模式，将软件从传统产品中独立了出来，这加剧了工业设计与交互设计的分化。随后，互联网时代使数字产品脱离了本地计算机的束缚，也进一步加深了产品的虚拟属性，并在 Web 图形化浏览器（得益于交互设计师的努力）的助推下真正成为大众消费品。此后，大量实体经济开始向虚拟世界和数字世界转移，时代的天平开始向交互设计师倾斜。

这一时期，交互设计师主要关注软件界面和人与计算机的交互过程（又称人机交互，HCI），交互设计仍然被认为是计算机科学的一个分支。"体验"虽然逐渐进入设计师的视野，但并未形成气候。

设计领域进入了工业设计师和交互设计师分庭抗礼的时代。

新的纪元：名为 UX 的新物种

体验设计师的萌芽

UX 思想可追溯到 20 世纪上半叶，但直到 20 世纪末才真正登上历史的舞台。随着生产力的不断提高，在相对富裕的国家和地区，商品从供不应求转为产能过剩。丰富的物质环境，使用户不再满足于"能用"和"可用"的产品，对"易用""愉悦"等更高层次体验的呼声日益强烈。加之功能趋同的情况下，服务在产品收益中的占比逐渐提高，一些企业萌芽出向"以用户为中心"转变的思想。此时，心理学领域积累的丰富理论为设计师提供了灵感，并催生了一个交叉了心理学、设计学、技术等领域的新物种——UX 设计师。

UX 设计师从传统设计师阵营中分化出来，在很大程度上要归功于 21 世纪初的移动互联革命，如图 1-1 所示。2007 年，苹果公司推出 iPhone，用触摸屏和智能手机概念颠覆了传统手机行业，也打破了设计领域的平衡。在移动时代之前，用户只能在固定的地点接入虚拟世界，物理与数字有着明显的分界。但随着随时随地上网成为可能，互联网逐渐渗透到用户生活的方方面面，手机开始与家电、穿戴设备甚至汽车相互连接。人与产品互动中的"任务"不再是现实或虚拟，而是虚实交错。物理交互与数字交互相互影响，要求设计师必须将用户的所有活动作为一个整体来考虑，这让久居各自领域的工业设计师和交互设计师感到有些力不从心。而从用户需求出发、打一开始就不受实体和虚拟桎梏的 UX 设计师，通过对整个体验进行架构和规划，为工业设计和交互设计的合作提供了契机。卓越的产品是内外兼修的，这一特质在苹果公司的早期产品上体现得淋漓尽致。乔布斯不仅是一位优秀的 UX 设计师，也是 UX 思想最忠实的践行者。

不过，尽管乔布斯被广为称颂，但由于 UX 领域过于庞大且尚未形成体系，真正理解并成功实践 UX 思想的公司并不多。UX 设计师远未达到与工业设计师和交互设计师比肩的程度。

UX 时代的帷幕才刚刚拉开。

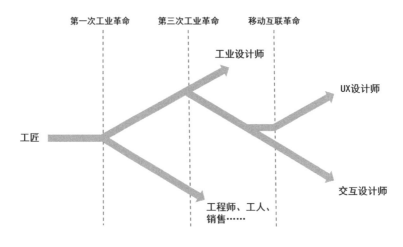

图 1-1　设计师的分化之路

下一个时代

如今，我们刚刚跨过人工智能和万物互联时代的门槛。未来，将有无数的设备相互连接，在我们所未察觉之地进行着海量的计算，以便更好地获取和满足我们的需求。工业设计师将面对越来越多数字化的联网产品，而交互设计师赖以生存的屏幕界面也将被多模态交互所取代。产品和服务背后的技术将复杂到用户无法理解的程度，用户需求会变得更加隐晦，因为用户自己都搞不清技术能帮自己做什么。

在万物智能时代中，如何解决人与技术的沟通问题、协作问题、信任问题、安全和隐私问题，以及如何在空前复杂和碎片化的技术环境下，理解用户日益增长的需求，调节用户情感，并提供优质的高层次体验，都不是单靠传统的工业设计和交互设计就能够解决的。就这一点来说，更贴近用户心智的 UX 设计师对新的时代拥有更好的适应性。

时代在前进，除了产品的复杂性，各行业技术的日趋成熟和用户日益增长的精神需求，也使 UX 对产品的重要性愈发凸显。正如 Donald Arthur Norman 所说："当技术满足需求，用户体验便开始主宰一切。"[1] 可以预见，工业设计和交互设计仍将继续发展，而 UX 会在新时代中扮演愈发重要的角色。

UX 设计师的基本素养

了解完历史，我们来看看 UX 设计师是一群什么样的人。具备我刚才提到的 UX 领域知识这点自不必多说，我认为，一位优秀的 UX 设计师还应该具备三个基本素养：

善倾听

Jesse Schell 在其著作《游戏设计艺术》中提到，游戏设计师（本质上也是 UX 设计师）最重要的能力是倾听，并提出了五种倾听——团队、受众、游戏、客户（甲方）和自己。我将其重新表述为三种倾听：干系人（团队、客户、用户等）、产品和自己。

"倾听"与"听"不同，能听的人很多，但能倾听的人却不多。听是对表面信息的接收并按字面意思理解，而倾听则是根据对方的表情、语气、语境、肢体语言等其他细节意识到对方的"言外之意"。就 UX 而言，人经常是言不由衷的，甚至自己也没想好正确的表述方式，基于接收到的表面信息去做产品，是无法从根本上解决问题的。

---

[1]　Stephen P.Anderson. 怦然心动：情感化交互设计指南（修订版）[M]. 侯景艳，胡冠奇，徐磊，译. 北京：人民邮电出版社,2015.

其实，"倾听"的关键在于"倾"，也就是将关注点放在对方身上，甚至站在对方的角度去理解对方的处境。《道德经》有云："圣人无常心，以百姓心为心。"是说圣人没有成见，能够对百姓感同身受，如此才能真正理解百姓，这道出了倾听的真谛。倾听是心理咨询的核心，听起来容易，要做到却非常困难。因为这需要暂时抛弃所有的立场和情感，哪怕对方说的跟你的价值观完全相悖——这需要平静、耐心和宽容。

在设计体验的过程中，我们必须持续地倾听：

倾听一切干系人，不论是产品使用者、客户、团队、高层还是相关部门，理解他们的立场、处境和真实想法，以便更好地设计和沟通；

倾听你的产品，理解你产品的每一个部分，产品如何实现，为何这样实现，可能出什么问题；

倾听你自己，内心的声音很容易被世界的各种噪声所掩盖，你需要倾听自己的真实想法，这对保持创造力至关重要。

因此，要想学好 UX，就要多练习倾听。比如在与他人交谈时，多关注对方的"言外之意"，也许会有意想不到的收获。

不设限

在 UX 设计师的字典里，就没有"不应该学习"的东西。人在离开学校后，很容易限制自己在其他领域的扩展，最常见的理由是"这不是我学的专业"。然而，UX 是一个包罗万象且正在快速成长的领域，要求设计师拥有广阔的知识面。同时，作为互动载体的技术也在快速迭代，我们只有了解最新的技术才能在设计中应用合适的技术来解决问题。

当然，你也不必惊慌，我并非说 UX 设计师要无所不能。只是应该时刻保持对世界的好奇心和开放的心态，在力所能及的前提下，尽可能学习一切你认为重要的知识。毕竟你涉猎的领域越多，你能理解和创造的体验就越丰富，且这些知识还能够互相迁移和强化。

终生学习，始终都是设计师保持竞争力的关键所在。

有品位

"品位"是三观（人生观、价值观、世界观）和审美观的综合体现，当一个人对事物的理解或欣赏水平很高时，我们会说其"很有品位"。

说 UX 设计师应该有自己的品位，可能有悖你对 UX 的直观印象。我说过 UX 设计师要懂得倾听，但请不要误解，"以用户为中心"并不等于对用户唯命是从。倾听的目的是获取最全面和最真实的信息，但产品的设计主体依然是设计师。正如乔布斯所说："很多时候，用户不知道他们想要什么，除非你将这个东西展示给他们。"而创造"这个东西"是需要品位的。（对乔布斯这句话的深入讨论见第 14 章）

简单来说，倾听是为了看清方向，但这只能帮你走到"1"，要想为用户提供"10"的产品，剩下的 9 都要靠设计师来主导。没有倾听，你即使做出 10，也很可能南辕北辙，白费心力；而没有自己的品位，即使方向正确，你也难以做出一款卓越的产品。

善倾听、不设限、有品位，是优秀 UX 设计师需要重点培养的基本素养。

UX 设计师的潜力

UX 设计师还是一个很新的职业，目前只有互联网和游戏行业的 UX 相对比较成熟。但体验无处不在的性质让其可以应用于几乎任何行业，因而其横向扩展性可以说是无限的。特别是在制造业及"实体智能"领域，UX 尚处于一片蓝海，值得设计师们重点关注。

再来看纵向，技术是快速更迭的，十年前热门的技术现在可能已无人问津。但"人性"则不同，所谓"江山易改，本性难移"，两百年前的设计原则现在可以用，五百年后同样可以。UX 设计师要学的东西确实很多，但其中的很多内容都会让你获益终身。

只要有人在的领域，就是 UX 的领域；只要人类还存在，UX 的价值就会一直存续。

如果说 UX 有什么潜力，大概就是"体验永远是人类追求的终极意义"这个事实吧。

那么，"体验"究竟是什么呢?

设计师

✓ 工业化时代催生了工业设计师；

✓ 第三次工业革命使软件成为独立的产品，也推动了交互设计师与工业设计师的分化；

✓ 对高层次体验需求的日益提高催生了 UX 设计师的分化，移动互联革命加速了这一进程；

✓ UX 设计师将在人工智能和万物互联的时代发挥更加重要的作用；

✓ 善倾听、不设限和有品位是优秀 UX 设计师的三个基本素养；

✓ UX 设计师在横向和纵向都拥有巨大的发展潜力。

第2章

体验

我一直听到行政人员和战略家们说："我们必须以用户为中心。我们必须改善用户体验！"但是，他们所做的事情通常是设计不那么糟糕的产品和服务。甚至，他们可能不知道用户体验究竟是什么，因为他们与用户体验存在隔阂。

——Brian Solis

破解体验的"魔法"

体验是什么？

我们可以将"体验"理解为人与世界互动过程中产生的一切感受。你的五官对世界的感知，大脑对感知的认知，认知后产生的推理和情绪，这些都是体验。

对你我来说，体验是一种既熟悉又神秘的东西。我们活着的每时每刻都在产生体验（包括你现在阅读我这句话产生的想法），但它却看不见也摸不到，更难以驾驭——因为大部分体验并不在我们的意识范围之内。

体验可以分为**有意识体验**和**无意识体验**，人类除了有意识的思考过程，还存在着大量无意识的感知和认知过程，甚至在睡觉时我们的大脑都在忙着处理信息。当你进入一个鸟语花香的环境，会自然地感到放松。你并没有进行任何逻辑推理，甚至没有注意到这个过程，但它确实发生了。这些无意识过程是本能、直觉与情感的源泉，影响着人类生活的方方面面。此处明确一点，本书的"无意识"指大脑中处于意识之外但对意识有影响的过程，也可以用"潜意识"，本书无意区分这两个词，统一使用"无意识"。

更糟的是，这些无意识的直觉和情感还会对人类的意识产生巨大影响。例如心理学中的"损失厌恶"，Daniel Kahneman 在《思考，快与慢》中指出，损失给人带

来的负面情绪需要大约 2 倍的收益才能抚平，这导致大部分人因为害怕损失而选择
获利较少的投资方案。人类思维的非逻辑性使得有意识体验同样难以捉摸。

说到底，如果人是纯理性生物，那么设计体验就会很容易。但很遗憾，人的感
性决定了体验是"不讲道理"的，也使得体验的设计异常复杂——当然，这也是 UX
这门学科存在的原因。

驾驭体验：魔法的逻辑

大脑总是不按套路出牌，这让以逻辑思维见长的工程师们大为头疼，也让设计
体验的过程看起来更像是一门玄学。一群"魔法师"凭借自己的感受和灵感来决定
怎样让体验更好，就好像古代人凭经验和感觉向远处投掷石块，命中率受到各种自
然因素的微妙影响，看起来也是"不讲道理"的。虽然确实有神投手的存在，但对
大部分人来说，这是一个充满了运气和未知成分的赌博。

当人类掌握规律，玄学就变成了科学。我们懂得了力的作用原理和抛物线规律，
能够很容易地计算出投掷方向和力道，并制造出高级投弹工具——"狙击步枪"。普
通人通过短期的训练就可以利用瞄准镜击中几十米外的物体，这就是科学的力量。

的确，体验是不讲道理的，但是"不讲道理"也是一种道理。还拿刚才提到的"损
失厌恶"来说，确实人的想法不合"常理"，但通过心理学研究，我们发现了损失与
收益对体验影响的大致规律，基于这个规律我们就能对正负体验进行有效的配置，
让产品体验沿着计算好的"抛物线"飞向体验目标——不走直线并不等于毫无办法，
理解了曲线背后的逻辑，我们同样可以驾驭曲线。

UX 领域有句话叫"比用户更懂用户",有人对此不屑的理由是"子非鱼安知鱼之乐"。人与人的确存在很多差异,世界上也没有两块完全相同的石头,因而 UX 设计师无法完全理解另一个人。但共性往往比个性更大,就像所有石头都遵循牛顿定律一样,所有人类的感受也都遵循心理学的规律。理解物理可以投得更准,理解心理则可以设计出更好的体验。UX 设计师对人性拥有更系统和深刻的理解,说他们"比用户更懂用户"并不为过。

另一方面,设计学实践中总结的大量设计原则和方法也为 UX 提供了实践经验和战术指南。就像在枪战中,除了理解枪械知识,你还要知道什么样的位置更隐蔽、如何移动更不容易被击中一样,对经验和战术(设计原则)的理解和熟练运用会让你在战斗中更加游刃有余,也更可能取胜。

UX 设计师的核心优势并不是用户研究(当然这也很重要),而是对人性"原理"的理解和对设计"战术"的熟练运用。他们就像训练有素的狙击手,能够快速制敌,而普通人只能凭感觉乱打一通。有一种对 UX 的误解是,体验是主观的,因此 UX 就是主观评价(第 17 章)或主观设计,因而谁都可以做。技术方案也是人定的,但我们不会说技术开发是主观的,因为其遵循了工程学原理。因此,主观与否不是看是否由人决策,而是看是否以系统化的理论、原则和方法为依据。体验是主观的,但UX 的科学性决定了设计体验在很大程度上是客观的——UX 是在用客观的理论和方法设计主观,而非主观地设计主观。UX 是高度专业性的工作,就像绘画,画的美是主观的,但靠一群不懂画的人讨论或研究一下就能画出好画吗?绘画包含了构图、色彩等大量创造美感的方法,遵循理论和原则构建美是一个客观的过程。当然,绘画也有主观的一面,但依靠的是艺术家的灵感、审美和品位,这些品质也不是随便找个人就有的——UX 也是如此。

我在序言中提到了技术和艺术的问题。无论是狙击还是 UX,理论和战术的融会贯通都是一门艺术,所谓"兵无常势,水无常形",需要人们在洞察局势的基础上灵活应变,这是艺术的主观性,因而掌握了同样的知识依然有水平高低之分。但无论如何,融会贯通的前提是掌握,主观的前提是客观——在不懂枪击原理和狙击战术的情况下,想快速制定出有效的狙击战略几乎是不可能的。

所以说,在很大程度上,体验是能够驾驭的,但并非依靠玄学和魔法,而是 UX 的科学性。体验就如奔涌的洪水,用"逻辑"的大坝难以堵截,若能掌握其流动的规律,因势利导,则能将它引向我们期望的方向。

体验的三个属性

在理解体验概念的基础上，我们来看看体验的三个关键属性：

体验基于情境。产品的使用情境包括用户、目标、任务、资源和环境等一系列要素。相同的产品或服务，如果使用情境不同，产生的体验很可能大为不同，因此只有在特定情境下谈体验才有意义。我曾体验某品牌车型的泊车功能，点击"帮助"按钮后竟直接跳转到用户手册页面，从功能介绍开始足足几百字，这足以让用户抓狂。手册内容并无问题，问题在于用户在当前情境下并没有足够的时间和耐心。其实，很多产品的体验不好，并不是设计方案不好，而是这个方案与使用的情境不匹配。为此，UX 提出了"情境化设计"的概念，并将"情境研究"（详见第 14 章）作为产品设计的核心输入。

体验是完整的。想象一下，如果将毕加索画的眼睛、凡·高画的鼻子和达·芬奇画的嘴放在一起，会组成一张美丽的脸吗？每个部分都是大师之作，但放在一起就会很别扭。体验是对产品的完整感受，而不是每个部分的感受之和。同样，对一个事件的体验也是一种整体印象，只关注某个子事件也是不可取的。因而 UX 提出了"系统化设计"的概念，旨在用更宏观的视角思考产品，以确保没有遗漏关键体验，且每个部分、每个环节都被精心设计以增强目标体验。

体验有权重。受人类认知能力的影响，不同时刻的瞬时体验对整体体验的贡献是不同的。著名的"峰终定理"（peak-end rule）揭示出人对一系列疼痛的整体印象并非每次疼痛的平均值，而是最疼的一次（峰值）和最后一次（终值）的平均值。而"第一印象"原理则反映了首次体验对未来记忆的深远影响。换句话说，体验是有权重的，由此产生了"瞬时思维"的概念——应该将设计资源投入最能影响体验的时刻。不过要注意，这要在各阶段体验完好的前提下，而非无视权重低的体验，因为糟糕的体验同样可以毁掉一切。

体验的属性要求设计师必须用新的视角思考产品，最终形成了一个新的思潮——体验主义。

从功能主义到体验主义

我曾在学校参加过一个关于某营养粉产品价值的讨论。这种产品将各种维生素、蛋白质等营养物质按照人类的每日需求调制成粉末，用户只需将粉末兑水调成营养液服用，就可以保证每天的营养所需。这看起来是一款伟大的产品，并将彻底改变人类的饮食结构——既然喝一杯水就可以解决营养问题，为什么还需要吃饭呢？

诚然，营养粉是有价值的，比如它可以减少野外穿越时的负重，也可以在工作紧张时节约就餐时间，但这都是相对严苛的情况。一旦人们有充足的资源和时间，便不会再满足于"饿不死"，而开始研究刀工火候、食材搭配、香料选用等各种烹饪方法，以求食材具有更佳的"色""香""味"。当我们用餐时，通常不会去想"摄入了多少毫克维生素 A"，而是进行"好香""好吃""入口即化""嚼劲十足"这些感官描述。也就是说，我们享受的不是食材的功能，而是美食带给我们的一系列体验。

其实，营养与烹饪的讨论本质上是两种思想——"功能主义"和"体验主义"——的交锋。功能主义者眼中的产品是一系列功能的叠加，功能越多，每项功能的性能越强大，产品就越好。体验主义者则将产品视为实现目标体验的途径，他们会首先指定体验目标，并据此制定产品策略——功能的数量和性能都不是那么重要，重要的是选用对目标体验有用的、性能合理的、经过精心设计的功能，并去掉无关功能。简单来说，功能主义追求多和强，聚焦于功能的交付；而体验主义追求"刚刚好"能实现目标体验的功能，聚焦于功能的具体设计。

如果说功能主义者是营养师，那体验主义者则是厨师。前者旨在让食物满足各项营养指标，注重物理属性，而后者旨在为食客创造完美的用餐感受，注重心理属性。营养师的工作很重要，但却无法打造出让用户满意的美味佳肴与用餐环境——这需要大厨们的灵感与努力。

功能主义总是先于体验主义，因为人总要先吃饱，但随着功能的实现，功能主义会逐渐转向体验主义。不只是烹饪，在各行各业都能看到这样的趋势，手机从能联网到提供优质应用，汽车从安全行驶到提供品质出行，"重视用户体验"开始成为很多企业的口头禅。

这道菜富含各种维生素、蛋白质以及钙铁锌硒等微量元素，绝对满足您一天所需

哦……那好吃吗？

现在有一种略带误导性的说法，称企业正从"以功能为中心"转向"以用户（U）为中心"，其实更贴切的说法应该是转向"以体验（X）为中心"。差异有些微妙，前者容易让人误解为听从用户的要求，或将用户研究作为 UX 的核心，但 UX 的关注点并非用户本身，而是用户产生的体验——不是用户主义，而是体验主义。

说白了，体验主义是人类"吃饱了撑的"的产物，但这也正是人类与地球其他生物的区别。如果人类只满足于吃饱，那么我们现在可能还在荒野里风餐露宿。正是对心灵和生命意义的追求，才造就了人类社会璀璨的文明。历史推动着体验主义的后浪滚滚向前，对营养粉的需求的确存在，但在大多数时候，想用营养粉替代人们一日三餐的美好体验，显然是难以实现的。

体验层次与设计

Donald Arthur Norman 在其著作《设计心理学 3：情感化设计》中提出了"设计的三个层次"（见图 2-1）。人与外部世界存在三种层次的互动——本能层次、行为层次和反思层次。不同层次的互动产生相应层次的体验，也需要相应层次的设计。这里我以吃蛋糕为例做以解释。

本能层次。你站在蛋糕前，被蛋糕的装饰和奶油的香气吸引，这些感知会让你立刻产生反应，比如食欲和美感。当你对事物的形状、色彩、声音、气味和触感等产生了直觉性的反应，这就是本能层次的体验。

行为层次。如果你对蛋糕有食欲，准备吃掉它，那么你会对蛋糕做一系列动作：靠近 - 拿刀 - 切开 - 放在碟子上 - 端起碟子 - 用叉子吃 - 等等。这些你对外部世界的有目的的动作，就是行为层次的互动，并产生行为层次的体验。

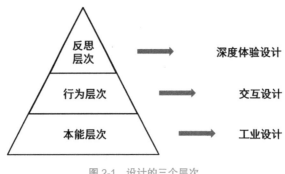

图 2-1　设计的三个层次

反思层次。吃完蛋糕你可能感到满足，并决定再吃一块，或者因为你正在减肥而为刚才的放纵感到内疚。这些因外部世界对你的情感和（深层）认知产生的影响，以及你由此产生的意图、策略等，都属于反思层次的体验。

简单来说，你对事物的直观感受来自本能，对其进行的操作产生了行为，进而影响了你的情感和（深层）认知，带来反思。这里说明一点，此处的"情感"指贴心、有趣、快乐、享受等反思上的复杂情感。但事实上，外观（本能）、使用流畅度（行为）甚至地位彰显（深度认知）都会伴有即时的正面情绪，不过它们从根本上说都源于造型、易用性、意义等方面的良好设计。因而，本书中对情感设计的讨论主要集中于反思层次中的感性部分。

当我们设计体验时，就可以针对不同的层次采取不同的设计方法。例如工业设计擅长处理本能层次的体验，交互设计擅长处理行为层次的体验，而深度体验设计（狭义的 UX，聚焦情感和深层认知）则擅长处理反思层次的体验。需要指出的是，Norman 在讨论本能和行为的设计时都讨论了"触感"，尽管触感是行为引发的，但严格来说视觉也是"看"这一行为引发的，因而我更倾向于将听觉、触觉、嗅觉等感觉归入本能层次。当然，各层次和各专业领域之间的界限是很模糊的，也没必要过于纠结，只要在设计时确保各方面都考虑到即可。

如果问哪个层次更重要，那么我认为都重要。就像做菜讲究色香味，好的产品也一定是内外兼修的。回忆一下体验的完整性，应该不难理解：只有三个层次都经过精心设计并能有机融合，才能产生最佳的产品体验。

设计体验的价值

设计体验的价值是巨大的，在此总结四类：

UX 是指南针。人们总把技术和产品混为一谈，认为有了好技术就会有好产品，实则不然。好技术如同良驹，再好的马儿，如果跑错了方向终是无益。UX 能够挖掘用户的根本需求，就像指南针，指引技术去解决正确的问题。这一点不难理解，却总被遗忘。一些企业会先将技术开发得差不多了，再找 UX 设计师帮忙"优化一下"，但此时再想把马儿拉回正道往往已经来不及了。

UX 是防火墙。UX 是系统最初、也是最后一道防线，但其对安全的价值经常被低估。设计良好的系统能帮助用户避免误操作，并在系统出现异常时提供及时而有效的反馈，而糟糕的设计可能带来灾难。《设计的陷阱：用户体验设计案例透析》一书提到了一个案例，1992 年，Air Inter 的 148 航班降落时遭遇浓雾，机长在错误模式下输入 "-33"，本以为设置了下降角度为 3.3 度，实际却是下降速度 3.3 千英尺 /分钟，致使飞机直接坠向山脉，造成 87 人遇难。在这则案例中，先是界面上令人困惑的模式导致了机长的误操作，后是如此高风险的操作并未提供足够清晰的警告，可以说这起事故的责任主要在于设计的失败。安全不只是技术的可靠，"人"也是系统安全的关键要素——UX 也是一门救命的学问。

UX 是幸福井。这一项比较好理解。UX 满足了人们的高层次需求，让生活变得更加顺畅、舒心、健康、有趣和富有深意。如同一口盛满幸福的深井，为人类带来源源不断的福祉。

UX 是金银山。Brian Solis 在《完美用户体验：产品设计思维与案例》一书中指出，85% 的用户为获得更优质的体验愿意多支付 25% 的费用，79% 的用户会将糟糕的体验告诉其他人，95% 的用户会因为糟糕的体验而采取负面行动。也就是说，优质体验吸引用户，糟糕体验赶走用户，而有用户才有钱赚。同时，功能主义企业很容易陷入同质化和价格战的泥沼，只有体验主义企业才能在激烈的竞争中稳居高端，保有丰厚的利润，实现"更多利润—更好体验—更多利润"的良性循环。手机行业提供了经典案例，我们可以看到，在苹果公司"完美体验"的招牌之下，主打硬件和性能的企业是多么不堪一击。UX 就像给技术施的魔法，再高的物理属性也打不出魔法输出，而用户喜爱魔法。如今，一些手机企业开始向体验主义转型，这对他们来说是个好兆头，因为只有魔法才能打败魔法。

体验即存在：数据主义的悖论

最后讨论一个有趣的话题——数据主义。

数据主义源于计算机科学和生物学，主张世间万物都只是一堆数据，由"算法"掌管一切。不只是科学，人文、艺术也都将被数据化，人同样被看作数据，它们的价值就是为海量数据的处理做贡献。只要拥有了足够的数据和强大的计算能力，就能代替人类做出更好的决策。由此而言，数据主义算是一种"终极功能主义"。Yuval Noah Harari 在其著作《未来简史》中这样解释："数据主义对人类的体验并没有什么恶意，只是并不认为体验在本质上有何价值……数据主义对人类采用严格的功能观点，完全依赖能在数据处理机制上发挥多少功能来评估人类体验的价值。"在数据主义者看来，人的体验并不比其他动物优越，因为他们都只是数据而已。

数据主义这个词你可能第一次听说，但它其实早已广泛地影响了科技领域——比如所谓"大数据时代"和"算法改变世界"。按此逻辑，教师、医生、法官甚至画家、诗人、作曲家都将被替代，计算机成了定义一切的学科。工程师们特别喜欢这些概念，因为他们终于可以绕过"人性"这个恼人的主题。如果体验只是数据，那么只要我们搜集足够的数据并使用高效的算法，就能知道用户的需求并改善体验。既然计算机可以处理一切，我们又何必费心设计体验呢？

其实，这种说法偷换了宏观和微观的概念，这就好比说，因为人和石头的本质都是原子，所以人和石头没有区别，因此只需研究原子而无须研究人类和岩石。量变会引起质变，微观相同的事物在宏观上可能完全不同，那么用微观的数据是否真的可以完全解决宏观的体验呢？同时，数据主义还有一个明显的悖论：如果人类存在是为了产生数据，然后用"终极计算"来代替人类做决策，那么既然命运都由计算机决定好了，人类活着还有什么必要呢？正如 Harari 所说："数据主义越来越了解决策过程，但对于生命的看法却可能越来越偏激。"

当然，我讨论数据主义并非是要否定它，而是希望你能够正视数据的价值。数据主义与体验主义的本质差异是对数据的看法。数据主义追求功能的强大，信奉优胜劣汰，最终势必得出"终极算法取代人类"的结论。而体验主义将数据和算法看作实现优质体验的途径，追求对人类有意义的"刚刚好"的功能：让数据为我们所用，减少我们不必要的工作，而不是替代我们。事实上，数据科学也并非很多人想的那样——人类什么都不用管，它是一把利剑，能断金碎石，但需要人来挥动。物联网时代的产品功能强大，但这些产品要满足什么需求，达成何种体验，都要靠设计来解决。大数据可能利用一万首关于秋天的作品来创造描写秋天的诗，但没有人类，这一万首诗从何而来，它又如何理解什么是秋天呢？

我们必须认清，大数据是实现优质体验的强大工具，UX 设计师应该学会用数据主义的视角来看世界，因为交互说到底就是在处理"信息流"（详见第 5 章）。但与数据主义追求的"让数据自由流动"不同，体验主义是让信息以造福人类的方式流动——人类的存在不是为了制造数据，而是为了利用数据让自己更好地体验人生。

也许有一天，产品真的能够自发地学习并满足人类需求，但那不只是因为强大的计算能力，也因为它是在对人类的思想和情感的深刻理解之上设计而成的。即使未来产品不需要人来制造、大部分人类也无须工作，但只要这些产品是为人类服务的，它们的角色定位、价值观、道德准则、审美、情感、沟通方式以及对优质体验的理解，就依然需要设计师来定义和设计。人类最终是否会被技术取代，我们不知道，这也不是 UX 设计师关心的问题。唯一可以预见的是，人类对体验的追求不会止步，而 UX 设计势必会在这个过程中扮演关键角色。

体验

- ✓ 体验的非逻辑性使体验的设计异常复杂，但体验的科学性为驾驭体验提供了可能；
- ✓ 体验有三个属性：基于情境（情境化）、完整性（系统化）和有权重（瞬时思维）；
- ✓ 功能主义与体验主义的差别如同营养师与厨师的差别，基本需求的满足推动功能主义向体验主义发展；
- ✓ 体验有三个层次：本能、行为和反思；
- ✓ UX 的四个价值：指南针、防火墙、幸福井和金银山；
- ✓ 尽管数据主义对生命的理解存在偏见，但大数据是实现优质体验的强大工具，UX 设计师应该学会用数据主义的视角看世界。

第3章

人

人，而非用户

"用户体验"这种说法常给人一种误解，觉得 UX 关注的是产品使用者的体验，实则不然。UX 设计师眼中的"用户"是一个很宽泛的概念，任何与产品相关的人其实都是用户：使用者、公司高层、开发人员、销售人员，以及其他影响产品或被产品使用所影响的人。UX 的知识体系能够、也应该运用到所有这些被称为"干系人"（Stakeholder）的目标群体。

正是因为这个原因，国际标准化组织在制定设计标准（ISO 9241-210/220）时特意用"以人为中心"（human-centered）替代了"以用户为中心"（user-centered），以强调 UX 所关注对象的广泛性。因此，我其实更愿意将 UX 译作"体验设计"以规避"用户"一词带来的误解。当然，UX 设计师们对用户广泛性的理解是没有歧义的，因而"以人为中心"和"以用户为中心"经常可以混用。但对于刚进入 UX 领域的新手，还是应该先建立好对"用户"一词的正确理解。

广义的用户可以分为"外部用户"和"内部用户"，如图 3-1 所示。

外部用户指可能购买、使用产品以及被产品所影响的人。消费者购买产品，（狭义的）用户使用产品。很多时候，用户并非消费者，这种角色的错位是劣质产品泛滥的一个主要原因。对于公司（企业客户）来说，打印机的消费者是采购部门，用户则是员工，这往往导致成本比品质拥有更高的权重。再比如家长（消费者）购买教育产品给孩子（用户），导致企业按成人而非孩子的思维方式设计产品——家长很满意，孩子却不尽然。这种购买和使用的分离是 UX 设计师必须面对的一个棘手问题。同时，被产品间接影响的人也经常遭到忽视。例如很多新生儿保育箱的设计并未考虑到婴儿父母的感受，看到孩子躺在一个吓人的冷冰冰的机器里会带来强烈的焦虑和恐惧情绪——更具安全感和人情味的设计能够有效改善他们的生育体验，并提升医院的用户认可度和收益。

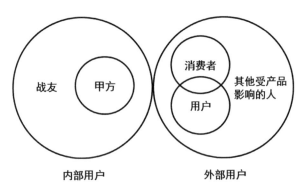

图 3-1　用户的类型

再来看看内部用户。内部用户指那些负责设计、决策、实现和推销产品的人，他们是你为了让目标体验落地而必须团结的人。内部用户又可以分为"甲方"与"战友"。甲方是委托你进行设计的人，他们可能是公司内的高层或雇佣你的团队做设计的公司外客户，拥有强大的资源与决策权，甚至可以将你的设计一票否决。战友则是与你共同实现产品的人，包括设计、开发、市场、销售和客服团队等，再好的战略如果没得到队友的认可，那么在执行的过程中一定会走样，也自然得不到期望的输出。不同的内部用户往往会带有对用户的偏见，也都有自己的目标（例如公司利润或年度销量），且从各自的立场和角度来看，他们的很多想法其实都是合理的，这让团结他们异常困难。但作为确保用户体验的最后一道防线，UX 设计师必须肩负起这项使命。这里的关键词是"共识"，优秀的 UX 设计师不是要强迫所有人认可自己的方案，而是通过"设计沟通"（第 39 章）让整个团队对目标用户和设计思路达成共识，最终产生能够最大限度实现目标体验的能够落地的方案——当然，这归根到底还是为了最终用户的体验。

在本书中，我会使用"人"或"干系人"来表示 UX 设计师需要考虑的所有对象（广义的用户），而用"用户"来特指使用产品的人（狭义的用户）。UX 设计师必须视野开阔，在设计时力求兼顾内外部所有干系人的需求，找到最能让大家满意的方案。

客户 VS 用户

"客户"和"用户"是两个经常被混淆的概念。客户指为产品或服务买单的企业或个人，即"金主"，而用户指使用产品的个人。在 UX 中，广义的用户也包括了客户，因而 UX 的方法对两者都有效。客户可以是外部的"消费者"（外部客户），也可以是雇佣你的团队做设计的公司外客户（属于内部的"甲方"，即内部客户）。区别在于外部客户是产品的接收者，通过"需求"影响设计；而内部客户虽在公司外部，却能够直接影响设计过程，设计成果则会通过他们转卖给外部的消费者。

无论用户是不是客户，用户需求都不必然是客户需求，因而"以客户为中心"与"以用户为中心"存在本质的不同。客户导向是向钱看的，追求"好卖"的产品；而用户导向是向人看的，追求"好用"的产品。好卖不一定好用，反之亦然。只追求好卖容易让企业只盯着眼前利益，忽视品牌、口碑等长期回报。而只追求好用则可能导致过高的经济和时间成本，进而压缩企业的获利和发展空间，或使企业丧失进入市场的先机。

在 UX 设计师看来，客户和用户都很重要，因为我们追求的是"好卖又好用"的产品。对消费者客户做好（消费者与用户的）需求均衡，与甲方客户就用户达成共识，才是"以人为中心"的 UX 所贯彻的设计之道。

"空"与"假"的陷阱

在对"人"的理解中，存在两种导致拙劣设计的常见陷阱——符号化和假想人。

符号化

随着 UX 的热度逐渐升高，人们在讨论产品的时候总喜欢把"用户"两个字挂在嘴边，比如用户满意、用户需求或用户偏好。然而，当你谈论"用户"的时候，不但没有离用户更近，反而脱离了真实的用户——让"用户"变成了一种虚空的符号。

要得到具体的解决方案，你需要先有一个具体的问题，比如你可以估算出 1 米边长的立方体空间能装多少苹果，但你能估算出它能装多少水果吗？同理，"用户满意的背包"是什么样的，"用户偏爱的颜色"又是什么呢？《设计的陷阱：用户体验设计案例透析》一书描述了这样一种现象："当用户没有具体的面孔和姓名时，就是一个不明确的概念，它可以与其他定量指标相结合，用于证明商业决策的合理性。很快用户就变成了密密麻麻的业绩表上的一个数字。对于产品来说，它就是在努力增加收入时要考虑的一个指标而已。"将用户符号化的企业并不是真正关心用户，他们所做的一切都只是追赶时髦的表面文章。

不仅如此，对设计有用的"用户"一定是有血有肉的——相关的工具被称为"用户画像"。用户画像是设计调研阶段（第 14 章）的一个输出物，用于描述用户的情况。我曾见过这样的"用户画像"：

男性，20~30 岁，都市白领，喜欢旅行。

现在请为这位用户设计一款手机 App，有什么头绪吗？如果没有，那再来看看下面这段描述：

马志远，男，28 岁，身高 178cm，体重 80kg，喜欢旅行。在北京中关村一家互联网公司从事软件编程工作，平时很忙，经常要工作到晚上 11 点，周末加班也是常事。但一有时间就会出去旅行，计划旅行细节消耗了他很多时间，还总是被突如其来的工作打乱，调整行程经常让他心力交瘁，就更不用说找到恰好有空的"驴友"了。

实际的用户画像要比我杜撰的这段描述更加复杂，但你应该能体会到上下两段描述的差异。第一种其实并不能称为用户画像，而只是人口学信息的简单罗列，读完之后依然对用户及要解决的问题一头雾水。而读了第二种描述，你不仅对用户和其面对的问题有了一些概念，甚至可能还有点儿同情、想帮帮这位可怜的"朋友"了。

如果人口学信息几乎无助于改善体验，那么"用户"这样一个简单的词就更没有价值了。要想做好 UX，就必须避开符号化的陷阱，为用户增添血肉。在设计前问自己一个问题："用户是谁？"如果脑子里没有立刻浮现出一个形象，你就应该好好反思一下了。

假想人

符号化是"空"，即没有建立用户形象，假想人则是"假"，即建立了错误形象。一方面，人们经常将自己假想为用户，并认为其他人的想法跟自己是一样的，比如"我有手机，所以我理解手机用户"或"我喜欢红色风格，其他人也会如此"。但事实是，不同人群间的需求和偏好往往相差很大——你要满足的是用户的需求，而不是你的需求。

另一方面，即使你努力让自己"设身处地"地为用户着想，同样无益于你的设计。

《设计的陷阱：用户体验设计案例透析》中通过一项研究指出，人们越是努力猜测用户会想什么或做什么，就越会将自己的偏好和偏见融入对用户的判断之中，甚至更可能忽略与自己的猜测相悖的证据。其实，这种靠想当然得到的感受只是一种虚假的同理心，看似站在用户的角度，实则只是一种对用户的臆想，正如《设计的陷阱：用户体验设计案例透析》所说："代表用户思考仍然是在为你自己设计。"真正的同理心必须建立在实地考察和深入研究的基础之上，就像只有见识过灾难才能真正理解流亡的痛苦，也只有体验过真实情境才能真正了解用户的需求。此外，这个问题还体现在对其他干系人的理解上，比如想当然地认为客户或开发人员会如何看待设计，而不去与他们进行深入交流——这往往给后期带来大量的调整工作，甚至毁掉整个设计。

说到底，这些错误的"假想人"都源于人们对自己的盲目自信，将个人理解凌驾于设计调研之上。正所谓"没有调查就没有发言权"，只有首先抛开主见，认真倾听用户，才能获取对设计真正有用的信息。

避开了"空"和"假"的陷阱，做好设计调研，能够帮助你理解用户及其他干系人的情况，但是这并不足以支撑你的设计。UX 设计师经常说"用户会如何"往往不是指依靠调研得到的用户的个性，而是人的共性，即人性。在上一章我提到，体验的复杂源于人的非理性，这要求我们的设计必须建立在对人性的理解之上。人性是设计调研无法解决的，这就要请出 UX 的核心武器——心理学。

人无完人

体验存在于人的心智之中，因而理解心智是设计体验的前提，这种研究人类心智的学问被称为"心理学"。

经过一个多世纪的发展，心理学已经建立了相对完善的知识体系，并演变出很多分支学科。在大部分时间里，心理学主要被应用于治疗、社交、营销等领域，而真正影响产品设计本身则是近几十年的事情。中国的心理学起步较晚，公众对心理学的理解大多停留在"读心术""心理治疗"等层面，高校的心理学专业在工业上探索尤浅，多数企业甚至还没有认识到心理学对未来工业的重要价值。不懂心理学谈体验，就好比不懂物理学造飞机，低效而没有章法。可以说，心理学的滞后是中国发展 UX 必须解决的一个棘手问题。

与 UX 相关的心理学领域包括感知心理学、认知心理学、情感心理学、人格心理学（动机方面）、行为心理学和社会心理学等，我会在本书的第 2 部分逐个进行探讨。但在深入学习前，你应该首先建立一个基本认知：人有生理局限，同样有心理局限。

无论是感知、认知、情感还是行为，人类都没有我们认为的那般强大。比如你的感知局限让你只能注意到视野中的一小块区域，你的记忆局限让你很难临时记住超过 7 个数字，你的负面情绪会阻碍你做出正确的判断，而你对社交的渴求会迫使你对真相视而不见。

举一个例子，心理学经典的"禀赋效应"指人对所拥有物品的估值通常远高于没拥有时的估值。这是因为人类存在"损失厌恶"（第 2 章），损失带来的负面情绪需要更多的收益来抚平，因而虽然是相同的物品，由于放弃所有物是一种损失，即便支付超额的报酬，人也不愿轻易交换。如果你懂得这个道理，就能理解很多"免费游戏"的套路。一旦用户免费获得了一些道具，就被拉进了"损失思维"，这会让他们高估道具的价值，此时再提出收费，用户就会觉得很划算而更可能付费——这就是所谓"免费才是最贵"的道理。人性的局限使我们做出了很多像禀赋效应一样"不合常理"的事情，且这些局限根深蒂固，即使是最聪明、理性、接受过大量训练的人也无法完全避免。

但是要注意，这些是"局限"而非"缺陷"，它们是人类生存繁衍的重要基石。比如禀赋效应会激发人类的保护欲，遗忘能让人类淡化伤痛，而那些英雄之举无一不源于人类的"非理性"。

有人说，UX 就是发掘用户需求来做设计，这种说法并不正确，UX 还应该建立在对人类局限的理解之上。正视和拥抱人性的局限，是做好 UX 的第一步。只有这样，我们才会有意识地发现和利用这些局限背后的规律。那些关于人性的"常理"才是真正的偏见，用户不会告诉你这些偏见，因为他们甚至没有意识到这些偏见，只有在心理学的宝库中才能洞见人性的真相，让你能够"比用户更懂用户"。

人是四维生物

在人性之外，我们还要意识到一个客观事实，即人类处于四维世界之中——三维的"空间"＋一维的"时间"。

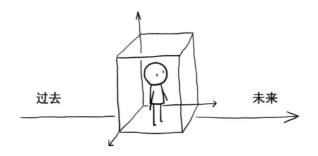

空间

虽然 UX 设计在于心智，但身体（生理）与心理是相互影响的，比如汽车驾驶人的腿部空间如果设计得过于狭窄，就会使人产生生理上的不适，进而带来不愉快的体验。与此相关的领域是"人体工程学"，UX 设计师也应该对此有所涉猎。

时间

人类的体验不只由现状决定，还受到过去（记忆）和未来（预期）的影响——这要求你将人放在四维时空中来思考。一个人的历史，包括已有的知识结构、先前的活动、文化背景、价值观等，都可能对当前的认知和情感产生巨大影响。对未来的预期也是如此，比如清晰呈现产品当前工作的预期完成时间，可以大大缓解用户在等待时的焦虑情绪。此外，"先前的预期"也应得到重视——想象一下，1% 的概率抽中 500 元，和 99% 的概率抽中 500 元，中奖时的体验是不是大不一样呢？

归咎于人

《设计的陷阱：用户体验设计案例透析》记述了一起悲剧：一名护士在使用医疗软件时漏掉了"静脉水化"的项目，致使名叫 Jenny 的小女孩因中毒和脱水而死亡。在这样的事件中，人们往往将责任归咎于用户（护士是医疗软件的用户）的"粗心大意"，并将"加强培训，提高职业素质"作为整改方案。但事实是，这些"人为因素导致"的问题，绝大部分是设计问题。

在上述例子中，问题的根源在于糟糕的界面设计——医疗软件上呈现的信息太多，很容易让用户分心，即使是普通环境都很难注意到静脉水化项目，就更不用说紧张的医疗环境会降低人的思考能力了。究其本质，是因为软件开发团队并没有认识到人类的感知局限，一厢情愿地认为"信息在这里，用户怎么可能看不见"。然而现实是：用户就是看不见。

我不明白，我明明在第12行写了注意事项，但为啥他们就是看不见呢？

每当看到这样的事情，都让我非常痛心，因为如果开发团队能够懂一些 UX 知识，这些事故本可以避免。更可悲的是，开发者从不认为这是产品的问题，而用户也会觉得责任在自己——真相便被掩埋在这"一个愿打，一个愿挨"的表象之下。

让我们再来看看用户是如何轻易毁掉一套技术上安全的系统的。你是否见过有人将写着电脑开机密码的便签贴在屏幕旁？如果仔细看看密码规则，你会发现这根本不是"未遵守安全流程"或"安全意识不足"的问题：8 个字符以上，区分大小写，必须包含数字和特殊字符。人类对字符串的记忆能力极其有限，大部分人连一组密码都记不住，就更不要说还要每隔一段时间更换一次密码了。也就是说，问题不在用户，而在设计。如果能意识到这一点，根本性的解决方法就很清晰了——改变设计以匹配用户的实际能力，比如改用短信验证码的方式登录。对于 UX 设计师来说，那些写着密码的便签更像是用户的求助："这套系统已经超出我的能力范围了，快来帮帮我。"

其实，上述两个例子的根源依然是功能主义思维——设计围绕功能打造产品逻辑，而用户不得不努力满足功能的无理要求。但是，设计是为人而生的，不该由人满足功能，而是让功能满足人的需求。

当然，人也有粗心大意的时候，但无论何时，UX 设计师都不会首先归咎于用户，而是认真检视设计。因为只有承认设计问题存在的可能性，才有可能发掘出潜藏在"人为因素"表象背后的真相，进而打造出真正满足用户需求和能力的优质产品。

人

✓ UX 中的"用户"是一个很宽泛的概念，包括外部用户和内部用户；

✓ 理解"人"时应避免两个陷阱：符号化和假想人；

✓ 人有心理局限，UX 设计必须建立在对用户局限的理解之上——这需要心理学的支撑；

✓ 人的空间维度：生理与心理会相互影响；

✓ 人的时间维度：体验不只由现状决定，还受到过去（记忆）和未来（预期）的影响；

✓ 大部分"人为因素导致"的问题其实是设计问题，在归咎用户之前，应首先检视设计是否有问题。

第4章

产品

当技术满足基本需求，用户体验便开始主宰一切。

——Donald Arthur Norman

产品的本质

尽管体验是在人脑中产生的，激发体验的却是产品。无论是体验主义还是功能主义，归根到底都是在设计产品，区别在于两者看待产品的方式。

功能主义者将产品视为功能的集合，功能越多，每个功能越强，产品就越好。在这种思维下，产品本身就是设计的目的，并以**交付为导向**——当功能实现、产品交付之后，设计的工作就结束了。

体验主义者的目的是体验而非产品。他们会先确定目标体验，然后据此设计产品。如果你看到 UX 设计师花了大量精力去删减和弱化产品功能，不要惊讶，因为这才是应该做的事情。体验主义追求"刚刚好"而不是越多越好，产品只是实现目的的手段。因此，产品是以**成果为导向**的——交付只是开始，只有迭代至预期的成果，才算真正大功告成。

基于体验主义的视角，我们可以说"产品是帮助用户解决问题的工具"，但这种说法容易将视野限制在具象化的物品本身。因而我更喜欢这样来表述：

产品本质上是为用户提供的一条到达目的地的路径。

这条路径的目的地是用户的根本需求，而 UX 设计师的工作就是让他们的需求被漂亮地满足——这个到达目的地的方式被称为产品。

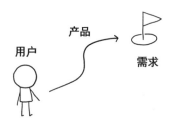

破茧成蝶：产品进化金字塔

Stephen P. Anderson 在其著作《怦然心动：情感化交互设计指南》中将产品进化的过程分为六个成熟度等级——能用、可靠、可用、易用、愉悦、意义。下面我结合"路的比喻"加以解读。

第 1 层：能用

这一层的产品，谈不上稳定，更谈不上精致，只能说是"实现了功能"。能用的产品随处可见，想想很多产品的初代版本，例如占了几个屋子的巨型计算机，和砖头一样的早期手机"大哥大"。不过，尽管简陋，这些产品还是将一个新概念或一项新技术付诸实践，并证明了其潜在的价值，解决了 0 到 1 的问题，具有开创性的意义。

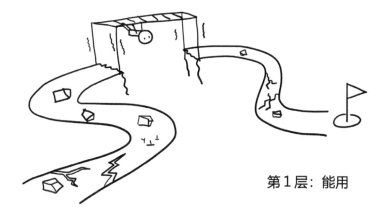

第1层：能用

第 2 层：可靠

早期的手机经常没有信号，早期的汽车经常刹不住车，用户使用产品，但总是提心吊胆——可靠便是解决"让人放心"的问题。产品的可靠性不只是"没有故障"，诸如用户隐私的保护、服务体系的稳定、抵挡黑客攻击等都属于可靠性问题。从作用上说，可靠的产品能让用户专注于要解决的问题。

第2层：可靠

第 3 层：可用

现在很多企业在设计产品时会提到"可用性"，这是因为当产品能用且可靠之后，用户会很自然地希望其更加精致，且能够没有障碍地使用。比如我们调整汽车按钮的位置，避免了用户按按钮时撞到操纵杆，这便是一种可用性的改善。可用要解决的是"让事情不难做"的问题。

第3层：可用

第 4 层：易用

扫清障碍，让用户畅通无阻，只解决了"不难用"的问题，但不难用的同义词不是好用——后者是易用要解决的问题。为了实现更加自然、快速和有效地使用产品，易用性思维往往会重构产品的使用过程，以至于经常颠覆掉那些可靠的、可用的产品。最经典的例子莫过于手机的革命：当诺基亚和摩托罗拉还在绞尽脑汁优化手机按键和翻盖的控制方法时，苹果用更自然的"触屏交互"直接颠覆了整个行业。苹果并没有解决新问题，他们只是重构了用户使用手机的方式。易用这一层非常重要，我们总认为新技术才会带来颠覆，其实不然：新技术经常带来人们生活的改变，但只有达到易用级的产品，才可能带来划时代的颠覆。

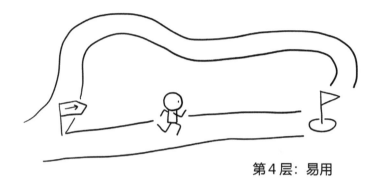

第4层：易用

第 5 层：愉悦

如果说易用关注的是认知和行为层面，那么第五层关心的则是情感层面，即激发用户的正面情感和情绪。加入有趣的元素、使用拟人化、提升美感等都是在解决这个层面的问题。

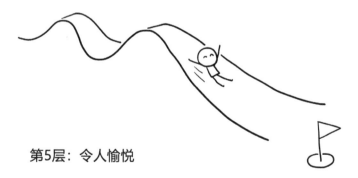

第5层：令人愉悦

第 6 层：意义

情感之上，便是哲学，终极的产品应该能够赋予产品以意义。卓越的产品会讲述一个故事，比如很多游客去迪士尼乐园并不是有多想玩那些刺激的游乐设施，而只是因为那里能带他们进入一个"梦想的世界"。易用和愉悦很难带来长期的影响，而意义（比如情怀）对用户的影响往往非常长远。尽管当前苹果产品的创新性很难企及乔布斯时代，但很多用户依然会出高价购买，因为苹果产品象征了一种身份的认同，代表了一种品位——产品的意义是终极的附加价值。

第6层：意义

有趣的是，意义有时并不一定要建立在前五层的基础上。想想旅行时购买的纪念品，那些制作粗糙的地标建筑模型几乎没有任何使用价值，甚至你还要为回家后无处摆放而烦恼，那么你购买它的原因是什么？没错，是意义。

产品进化的金字塔

图 4-1 总结了产品的六个层次：

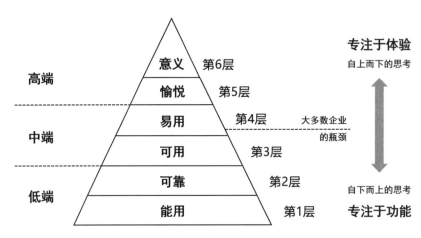

图 4-1　产品进化金字塔

越靠近金字塔的基座，越专注于功能，而越靠近塔尖，越专注于体验。Stephen 坦言，对绝大多数企业，第 4 层是一道"很难逾越的关口"。很多企业总是分不清"可用"（usable）和"易用"（ease of use），觉得无非都是让用户可以顺畅地使用产品，但事实上却并非如此——这也是这些企业难以突破第 4 层的原因。

可用性常常源于一个问题，通过发现用户使用产品时的问题，消除用户的使用阻碍，是一种源于功能的、自下而上的方法。而易用性通常是站在全局视角重新梳理用户使用产品的整个过程，让用户更快、更好地达到目的——这是一种源于体验的、自上而下的方法。

关注可用的企业会问："用户在使用时会遇到什么问题吗？"而关注易用的企业会问："有没有更自然、更有效的方式来解决用户的这个问题？"这是两种完全不同的视角。其实，大多数企业之所以卡在可用性到易用性的阶段，不是因为技术不行，而是视野太窄。

结合我讨论过的"两个主义"（第2章）不难看出，下三层和上三层最本质的区别在于思考产品的方式——这依然是功能主义与体验主义的矛盾。如果希望突破第4层，就必须从自下而上的思考方式转向自上而下的思考方式——从体验入手，而非功能。

最后，如果从产品进化的视角来看"高低端"，那么"低端"代表了能用且可靠的产品，"中端"代表了可用且易用的产品，而"高端"是令人愉悦和意义深远的产品。如今很多企业对高端的理解都局限在更好的材质或更精致的工艺等，这基本上都属于第3层的需求。而实际上，这个水平的产品只是"中端产品的低配版本"——这也是那些做工精良的产品卖不上高价的一个重要原因。决定低、中、高端的，不是市场中的价格差异，而是体验水平，当产品达到了令人愉悦和意义的层次，自然会变得高端，而消费者也愿意为之支付更高的价格——不是高价带来高端，而是高端带来高价。如果一个市场中产品的体验水平都很低，即便有价格差异，这些也都是低端产品，价格不会有质的差异；反之如果所有企业都追求极致，那么市场中都是高端产品的可能性也是存在的。当然，这只是可能性，"追求极致"的道理谁都懂，但真正能做到的往往寥寥无几，这可能就是高端产品稀有的根本原因。

突破第4层，进军高端，帮助产品"破茧成蝶"，才是UX设计师们的终极职责。

产品升级的技能树

产品的不同层次对能力的要求是不同的，企业只有具备了相应层级要求的能力才能让产品得到进化。

在产品进化金字塔的基础上，我总结了企业升级产品所需的技能点：

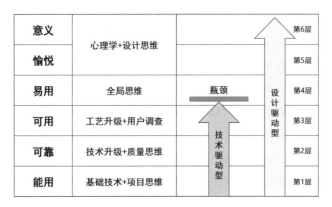

图 4-2　产品进化所需技能点

能用：技术能力显然是重中之重，否则无法让想法变为现实；另外，项目管理能够确保资源和时间被合理地利用，也是实现功能的必备能力。

可靠：质量管理会大有益处，同时，技术必须更加成熟才能确保产品具备足够的稳定性。

可用：工艺升级能够大幅提升产品的精致程度，而用户调查及相应的优化有助于发现和消除用户使用产品时出现的问题。

易用：想让产品真正易用，必须以用户为中心，使用全局视角来分析用户的整个使用路径，进而找到最有效、最自然的方式。

愉悦和意义：这两层基本上就都是心理学和设计思维（第 13 章）的范畴了，心理学是设计体验的基础，而设计思维是 UX 的核心工具。

"技术驱动"通常可以帮助企业达到第 2 层的可靠，如果借助工艺和市场团队的支持，第 3 层也是可以达到的，但再想让产品向更高层进化，就会遇到瓶颈。第 3 层以上是 UX 的领域，需要更多的知识和思维方式的转变——必须从技术驱动转向"设计驱动"。

说到底，大多数企业止步于第 3 层，是因为他们认为"好的技术就等于好的产品"，觉得用户有了产品就一定会高兴，但往往事与愿违。好的技术的确很重要，因为它是更高层次的基础，但好的技术最多只能带来"还不错的产品"，而卓越的产品需要的远比技术要多得多。正如 Stephen 所说："如果你已经拥有了稳定可用的产品，将其发展到下一个级别意味着你要专注于更感性的东西。"

还有一点需要强调：无论产品当前处于什么层级，都应该用高层级的思维思考产品。玩游戏时，同样面对一款新游戏，那些玩过很多游戏的人和很少玩游戏的人玩法完全不同——前者思路清晰，后者跌跌撞撞——这本质上是高度和视野的问题。因此，如果能在产品开发伊始就引入高层思维，不仅得到的产品会比同层的同类产品好，升级的速度也会更快。

UX 不是等技术开发完了再考虑的事情，对于卓越产品来说，UX 是贯穿始终的——这是每个追求卓越的企业都必须储备的核心能力。

产品四要素

现在将目光放回产品本身，"产品"这个概念有点空泛，我们在设计产品时，具体应该关注产品的哪些维度呢？

我将产品拆解为四大基本要素——技术、服务、界面和环境。

产品由技术支撑

技术指支撑产品主体所需的一切硬件、软件和工艺。这里的"主体"通常是一个设备或一套系统，很多人在谈论"产品"一词时指的就是产品的这个部分。比如一台计算机的技术包括保证其正常运行的各种电子元件、后端软件和散热系统等。尽管技术是产品的基础，但大部分时候，技术对普通用户是不可见的。例如你去一家餐厅用餐，后厨系统就是一种技术，虽然有的餐厅让用户能够看到厨房，但大部分时候，这些技术都隐藏于厨房之中——用户并不关心菜是如何做出来的，他们只想品味美味佳肴。

产品由服务连接

服务指为满足用户需求而提供的一系列劳动。在更高的层面上，产品的每个功能都是在提供一项服务，如"打车服务"。服务赋予技术以意义，比如软件技术本身只是信息的运算，当这些运算被用来实现各种应用，为用户提供服务时，软件才真正具有意义。通常来说，技术必须由服务串联起来才能够实现完善的功能。还拿用餐举例，后厨系统能够输出菜品，但要满足"用餐"的需求，还需要点餐、传菜、买单等多项具体服务才能实现。服务的关键在于"连接"，将一系列技术和服务串联起来以满足用户的需求。有的服务是由人提供的，比如餐厅的点餐员；有的则由技术提供，比如汉堡店的自动点餐系统；而有的由人和技术共同提供，比如一些高级餐厅的点餐员通过便携式点餐机为用户点餐。其实，服务是由人还是技术提供并不重要，重要的是整个体验流是否能做到无缝且流畅地衔接。

如今，技术与服务的设计在多数企业中仍处于割裂的状态，服务被看作技术的外围和补充。然而，体验的完整性要求技术必须由服务来整合，而服务也需要技术来优化。在未来，随着技术对生活的渗透程度逐渐加深，技术与服务也将愈发难以分割——服务视角是未来企业必须拥有的产品化素质。

产品靠界面交互

对界面最常见的误解是"界面＝屏幕"，但屏幕只是界面在电子产品上的一种呈现形式。事实上，界面指一切人与之直接交互的对象——电脑的显示器、遥控器的按钮、柜台的服务员等其实都是界面。对于菜品，菜的营养可以看作用户向后端请求的数据，而菜的"色香味"也可以看作一种界面。界面既是 UX 和交互设计的主要载体，也是技术和服务的前端呈现。尽管功能是由技术和服务实现的，但真正被用户看到的却是界面。用餐时，无论是后厨系统（技术）还是传菜或算账的过程（服务），用户都既不关心也不可见，与他们真正交互的是餐厅的服务员和菜的色香味（界面）。界面及其所承载的体验与交互设计的重要性长期被严重低估，被认为是一些"锦上添花"的东西。然而，界面对体验的影响往往要比技术和服务大得多。

对产品来说，界面有三个主要作用。一是"化繁为简"，即将复杂的技术和服务转化为普通用户可接受、可用且易用的东西。很多新技术都经历了从发烧友到大众化的过程，而拐点通常在于界面——当苹果和微软将图形化界面应用于个人电脑，计算机才真正迎来了大众化时代。二是"接收指令"，即用户通过界面对产品进行控制，如向服务员点菜。三是"点石成金"，即将功能转化为令人愉悦和意义深远的体验（想想产品进化金字塔）。我们常说要提供优质服务，其实服务是否"优质"很大程度上在于界面。优质的点餐服务体现在服务员的友好、礼貌、热情、周到，这些是服务员（界面）的品质而非点菜（服务）本身。点餐功能很重要，但要想真正改善服务，就需要在服务员身上下足功夫——这也是"海底捞"品牌成功的重要秘诀。

还有一点要注意，此处的界面并不只涉及 UI，而是 UX、交互和 UI 共同作用的产物——即"大 UX"的范畴。就像一位服务员既需要有得体的形象（UI），也要对工作流有清晰的认识并能够有效沟通信息（交互），还要接受礼仪、贴心服务等方面的培训（UX）。一些企业认为界面就是在技术开发后做的一点"美化"，这就好比给服务员一套好看的服装，但不做任何职业和素质培训一样，最终的服务效果自然可想而知。

产品有前后环境

环境也是产品很重要、但也经常被忽视的组成部分。"环境"的范围很大，室内空间、技术生态、社会文化等都属于环境，这些环境大致可分为两类：前端环境和后端生态。

前端环境是用户一侧的环境，比如用餐的环境包括室内装潢、餐具配置、背景音乐、其他用餐者、社会环境等，它们都会直接影响用户的体验。将路边摊的烤串放在典雅的餐厅里，很多人会觉得"少了点儿意思"，就是因为缺少了街边或小店里热闹的"土气"。有时，前端环境还会成为需求重点和关键利润点。米其林餐厅不同星级间差异巨大，三星餐厅一餐动辄数百欧元，有相当一部分源于高档、奢华且有品位的用餐环境——对一些用户来说，菜品本身反而不那么重要了。

后端生态指支撑技术和服务有效运转的一切元素，比如支持后厨系统的供电系统、供水系统和食材采购人员等——没有这些基础，再好的后厨系统也会陷入瘫痪。后端生态对产品市场化的影响举足轻重，阿里巴巴集团在电子商务上的成功有相当一部分得益于中国当时较为完善的互联网基础建设，如果早十年，再好的网站也无法被大面积采用。苹果公司早在 1999 年就注册了 iPhone.org 域名，但一直等到 2007年 3G 网络、触摸屏、在线服务等后端生态成熟后才成功掀起智能手机革命（详见第22 章）。可以预见，即将到来的万物互联时代将使后端生态的复杂度达到一个新的高度，这要求我们用更加宏观的视角来思考产品。

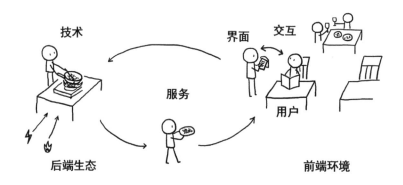

系统化设计

现在来总结一下：

产品＝技术＋服务＋界面＋环境

在产品的四个元素中，技术通常最受重视，其次是服务，而界面和环境则几乎总是被忽视。对很多企业来说，产品就是那个由硬件和软件组成的设备，但"产品"这个概念实际上包含了更多的东西——它们是直接或间接影响用户体验的一切。当然，并非所有产品都要素齐全，但用这种方式思考产品可以将产品看得更加透彻。

产品日益增长的复杂性要求企业用更加全面的视角看待产品，这种方法被称为"系统化设计"。本章的产品四元素分析就是一种系统化，再比如"以活动为中心的设计"（详见第 20 章）——iPod 音乐播放器在设计时使用了这种方法。苹果公司深入研究了用户听音乐的整个过程，从而发现了版权购买的痛点并设计了 iTunes 软件，既为用户提供了版权服务，又为 iPod 建立了有效的后端生态。如果只看到设备本身，即使做出比 iPod 用料更好、内存更大的音乐播放器，也是无力与之竞争的，因为两者根本就不在一个层次上。

在产品四元素中，除了技术的内部实现，技术的选择和顶层逻辑，以及服务、界面和环境都是 UX 的范围。当新技术出现时，人们很容易高估其价值，一头扎进技术内部，导致一叶障目而不见泰山。我们不能轻视新技术，但唯有从体验出发，才能看清产品的全貌。在思考产品时，问问自己：

- 我的技术满足产品主体的要求吗？
- 我的服务能保证体验流的流畅衔接吗？
- 我的界面和前端环境能确保用户拥有优质的体验吗？
- 我的后端环境能支撑技术和服务的有效运转吗？

产品

- ✓ 产品本质上是为用户提供的一条到达目的地的路径；
- ✓ 产品进化过程分为六个成熟度阶段——能用、可靠、可用、易用、愉悦和意义；
- ✓ 产品的不同层次对能力的要求是不同的，企业只有具备了相应层级要求的能力才能让产品得到进化；
- ✓ 要突破第 4 层的瓶颈，必须转换思维方式，从"技术驱动"转向"设计驱动"；
- ✓ 产品的四大基本元素：技术、服务、界面和环境。

第5章

交互

双塔模型：交互的本质

当我们提到设计"交互"的时候，究竟是在指什么呢？

为了更好地理解交互的本质，我绘制了"双塔模型"，用以表现产品与人之间的互动过程（见图 5-1）。

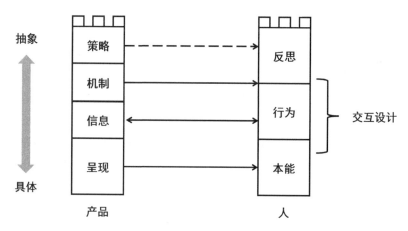

图 5-1　双塔模型

在模型中，右塔表示人与世界互动的三个层次——本能、行为和反思。这部分我在第 2 章已做过讨论，现在重点来看左塔。

左塔表示产品从抽象到具体的设计过程，层级越高，设计的内容越抽象，其设计工作在产品流程中的位置也越靠前。

策略层是产品的灵魂。除了产品要满足的需求及基本功能取舍，这一层还负责品牌定位和产品所传递的情感、趣味、意义、审美观以及用户接受度等内容的设计。策略层主要是 UX 设计师的工作，关注反思层体验，决定了产品的情商、性格、品味和内涵。策略层输出形式多样，对于游戏它可能是一个故事，对于互联网则可能是让功能更有趣的一套思路。常听有人说某个产品"没有灵魂"，就是这个层次出了问题。当然，策略体现在机制（如贴心感）、信息（如有礼性）和呈现（如审美）之中，其对反思层次的影响最终是通过下三层完成的，因而 UX 设计师也会参与下三层的设计，并从整体上对产品进行把控。

机制层是产品的筋骨和行为模式。"机制"指各要素间的结构关系和运行方式，也包括要素及详细功能的定义。交互设计师常画的"页面流"（第 16 章）就包含了这些抽象内容——页面的不同状态及页面间的切换逻辑。机制是趣味的一个主要来源，例如五子棋就依靠了"让连续五个同色棋子相连者胜"的机制。我们可以将身体结构和行为模式相似的生物归为同类，同理，机制不变，产品就不会出现本质的区别。很多卖化妆品和卖服装的电商平台用起来差不多，就是机制相同的原因。机制层通常由 UX 设计师进行大体设计（偏重于反思体验），再由交互设计师进行详细设计（偏重于行为体验）。

信息层是产品的信息交换系统。产品显示的文字和图像、发出的声音和振动，人通过按键、语音等对产品的操作，本质上都是在传递信息，区别只在于信息的内容和表达方式。信息交换系统通过传递信号来激发产品和人的决策和行为，设计产品与人之间的信息流动，也就是在设计两者的"触发因子"。需要注意的是，信息的流动是双向的，对于每个状态，既要考虑产品需要给人传递的信息，也要考虑人需要给产品传递的信息及传递后产品的反馈。此外，还要考虑双向信息的传递方式——对于"产品→人"要考虑注意力、易懂性等，对于"人→产品"则要考虑可用性和易用性等问题。在第 11 章你会看到，交互设计的主要目标就是设计信息以填补用户执行行为和评估行为的鸿沟。

此处有一个概念叫"信息架构"。信息架构源于计算机的数据库设计，指设计信息的组织方式，以便用户寻找与管理，比如将图书分类存放并做好分区和标记，使用户能通过类似"教育→课本→数学"的导航找到数学书。对 UX 来说，信息架构不只是简单的导航和地图，而是以符合用户需要和认知的方式合理组织信息的过程，是人类需求和认知在信息空间的映射。因而页面的结构、信息呈现的大致位置和信息间的关系等也都属于信息架构的范畴。这里要注意与注重效率的后端信息架构区别开，相同的前端信息架构在后端可能是完全不同的组织形式，只要在产品内部有效关联即可——用户并不关心信息实际是如何组织的。页面结构会影响产品的信息表达，而导航是帮用户检索或传递需求的工具，用户不知道产品能满足什么需求、如何表达需求或觉得表达很麻烦，所以才需要产品提供一些类别让用户选。导航的本质不是产品在表达，而是用户在表达——是产品在帮用户表达。因此，在这个意义上，信息架构本质上也是在设计信息的表达方式，以确保信息的有效流动。

总的来看，信息层的大部分工作是设计行为体验，因而主要是交互设计师的范畴。

呈现层是产品的皮肤和血肉，是策略、机制和信息的外在表现，比如造型、色彩、质感、声音等。这一层关注本能体验，在 UX 设计师定义的策略（如品牌和审美）和交互设计师定义的信息架构、信息内容及表达方式的基础上，由工业设计师、UI 设计师和艺术家等进行具象设计。另外，有一种承载"机制"的行为呈现，如汽车空间对双腿的限制，或按摩仪对肌肉的作用等，则属于工业设计和人体工程学的范畴。

综上所述，当我们使用"交互"时，通常指对产品的运行机制和信息流的设计。当然，交互设计的过程也是设计体验的过程，因而有些企业也会将交互设计师称为 UX 设计师，但交互和 UX 还是有区别的，毕竟交互很少考虑品牌、技术、长期服务、前后端环境、造型等内容，更不用说如何将这些内容有机地整合起来了。正如《About Face4：交互设计精髓》指出的，"交互设计的重点是行为设计"，当设计师通过设计人与产品的交互方式来影响体验时，叫"交互设计"更加合适，而"一个设计项目往往需要精心安排许多设计学科，才能实现恰当的用户体验……在这种情况下，我们认为用户体验设计更加适用"。

完整的设计应该由上至下，到交互设计完成时，尽管没有呈现层的具象设计，但已经可以正常地运行了，就像我画的"火柴人"。不过策略、机制、信息和呈现的重要性并无轻重之分，四个层次都应该考虑，而精细程度应以满足目标体验的要求为准——如果能获得目标体验，用"火柴人"也是可以的。

此处还要注意产品四层次与产品四元素（第 4 章）的关系——前者指抽象程度，后者指结构组成。对于每个层次，设计师都应该考虑产品的技术、服务、界面和环境 4 个要素的设计。

从本质上说，交互是对"流"的设计——操作流、状态流、信息流，并与 UX 一起实现优质的体验流。这种"流思维"考虑了人的四维属性（第 3 章），关注状态和信息在时间维度上的流动，以及历史和未来的影响，与 UI 偏静态的思维方式有很大差别。具体而言，苹果公司从广告、门店、包装到设备、周边、售后打造的优质体验流，就是流思维的经典呈现。此外，UX 也包括对流的设计，但更加宏观，偏重策略和大体机制，这被称为"大流程设计"，我们会在第 20 章进行讨论。

交互系统

讨论完交互的本质，现在可以来看看 UX 要面对的完整主题——交互系统。

很多传统企业对"人机交互"的理解就是各种电子屏，比如汽车的车机和仪表，这种视角严重限制了产品的升级空间。国际标准 ISO 9241-210 将交互系统定义为"用户为达成特定目标时与之交互的硬件和 / 或软件和 / 或服务和 / 或人的集合"，或更简单地说，是用户使用产品时与之交互的一切。比如你设计一个外卖软件，用户的手机、手机里的外卖软件、外卖公司提供的送餐服务、送餐员、客服人员，等等，都是交互系统的一部分。其实，这个概念我们已经在第 4 章中系统地解构过了，标准中说的"集合"的内容都可归为产品的四要素——技术、服务、界面和环境。对于产品，除了技术的内部实现，其他都属于交互系统，也都是 UX 设计的范畴。

ISO 正确地定义了产品侧的范围，产品是体验和交互的载体，但用"载体"下定义容易让人将注意力偏向产品本身。毕竟，人也是交互的核心元素，对于 UX 设计师来说，更好的视角是将交互系统视为包含产品、人及两者间交互的"大系统"，如图 5-2 所示。

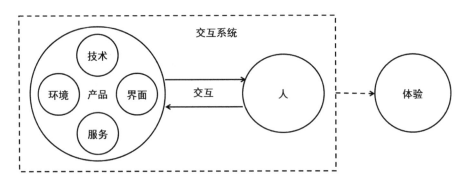

图 5-2　交互系统

要做好交互系统的设计，必须理解产品、人、交互和体验这四大关键词。现在请回顾一下前三章的内容，再结合上边这幅图，相信你能够勾勒出一幅更清晰的交互系统全景。

骑手与马：人机关系的未来

互联网和移动互联时代让交互日趋复杂，并引发了交互设计的崛起。如今，万物智能时代将至，可以预见，越来越多的人类工作将被机器替代，例如未来的汽车可能不再需要人来驾驶，于是出现了一种判断：如果机器运行不再需要人，交互设计也就不重要了。

这个观点的问题在于将"人机协作"理解为人与机器共同完成操作，在这个层面上，如果机器实现了全自动，那确实没有交互什么事了。然而，交互并非只有操作层。以打车为例，由司机驾驶的出租车，对乘客来说也可以算是"全自动驾驶"了，那么乘客和司机之间需要交互吗？答案是显而易见的。你需要把车约过来并指明目的地，很多时候还需要告诉司机在哪接人、停哪更方便、向司机打听事情，甚至全程指挥司机往哪开。可见，在操作之外还存在大量的交互——如果面对"全自动的人"做不到避免交互，那么如何指望"全自动的机器"能做到呢？

Donald Arthur Norman 在《设计心理学 4：未来设计》一书中，从 UX 的视角讨论了未来产品的经典范式——"H-比喻"（H 即 horse，也就是马）。该范式源于汽车领域，汽车是从马和马车发展而来的，除了动力不同，驾车和骑马其实有非常多的相似之处。

马具有基本的感知、决策和执行能力，能够自己跨过沟壑、规避障碍、组队前进等——从这个角度来说，马就是一套天然的"自动驾驶系统"。由于受过训练的马可以独立完成任务，这使得熟练的骑手可以将控制权完全交给马，他们可以与他人交谈、思考问题，甚至在马上睡觉。但有时，人也希望根据自己的意志实时选择路线，因此他 / 她会通过诸如双腿夹紧马腹等方式告诉马"现在听我的"，此时马会理解人的意图并将控制权交还骑手，后者则开始通过缰绳等控制马的行动。同时，很多时候控制权既不是全权交给人，也不是全权交给马，而是在人与马之间进行动态的分配。马与人之间的完美配合实现了人对整个骑行过程随心所欲的控制，而未来智能产品与人的关系也应如此——这就是"H-比喻"。

"H-比喻"的核心思想在于，未来的人机关系不是控制权的"零和博弈"，而是类似人骑马的"协同合作"或"共生"的关系——这也是 UX 设计师将产品、人及其交互视为一个大系统进行设计的原因。事实上，人类社会的一切产品都存在交互，即使是像探月机器人一样的高度智能体，也要考虑身处地球的人如何与机器人进行超远程交流。当然，交互所占比重各有差异，但只要人与产品有触点，就有交互设计的身影，也都可以应用"H- 比喻"这一经典范式。

不仅如此，与很多人的直觉相反，日常的产品越是自动化，反而越需要交互。在过去，由于人做主要操控，产品获取的大多是直接的操作信息，比如汽车的转向（方向盘转向）和加减速（踩油门和刹车）。人的当前需求并不重要，因为这些需求已经被人的大脑转化为具体的操作信息，产品只要执行即可。由于这些具体的操作非常烦琐，很是累人，于是人希望机器能更加"智能"，来将他们从具体的操作中解放出来，这是智能技术的缘起。一旦实现了完全自动化，产品将无法获取任何操作信息，而要根据人的需求来决定具体的操作方式——就像出租车司机所做的那样。这样一来，如何获取和解读人的意图、状态、情绪，确定需求并选择合适的操作就成了大问题。以前用户心情不好时会自己打开音箱放首音乐，现在完全自动化了，机器如何知道何时需要放歌，以及放什么呢？没错，机器可以"领会"用户，用户也可以"告诉"机器，而这些"领会"和"告诉"的过程就是交互。最后，由于失去了对产品操作的控制力，人需要更多关于产品思考过程的信息才能让自己安心，这同样需要交互设计的介入。

因此，未来人机间要设计的交互不会更少，只会更多，但设计的内容会从操作层逐渐转向"需求和意图层"。控制是人性中根深蒂固的需求（第 26 章），"为所欲为、暗中行事"的产品是不可接受的——我们需要按我们想法办事、让我们放心的产品。让产品听话和让人放心，将会是未来交互领域的重要课题。

无交互，不智能

让我们进一步思考智能的本质。人工智能（AI）带来的技术浪潮让"智能化"成为人人挂在嘴边的热门词。但究竟何谓"智能"？

在技术上，智能指那些使产品变聪明的 AI 技术——大数据、深度学习、强化学习，等等。但在产品上，就像好技术不等于好产品，搭载了 AI 技术也不等于得到了智能产品。还说出租车，搭载了感知、决策、控制等系统的汽车可以实现行驶的无人化，但如果它只能按照设定的程序把你从 A 点送到 B 点，除了乘坐之外什么都做不了，你真的会觉得这辆车很"智能"吗？

如果仔细观察，会发现很多搭载了 AI 技术的产品经常被吐槽"不太聪明"，比如那些满屋子乱跑的扫地机器人。如果搭载了大量 AI 技术，但还是让人觉得不智能，那么"智能"之中就一定还存在技术之外的东西。

其实，从产品的视角来看，"智能"并非一种技术，因为再强大的 AI 技术对人来说都是不可见的。智能是人在与产品互动过程中形成的感觉，其本质是一种体验。智能产品不是"搭载了智能技术的产品"，而是"让人觉得智能的产品"——AI 技术是让产品带给人"智能感"的手段，而非目的。使用 AI 技术可以大幅提升产品的自动化能力，但即使产品实现了全自动，依然无法被称为智能。

自动（automated）和智能（intelligent）是两个完全不同的概念，却总被混淆。"自动"指机器可以独立完成工作，而"智能"指机器可以按人需要的方式独立完成工作，后者需要机器与人建立良好的关系。无论是智能体本身的思维结构，还是像人一样与人类的互动过程，都需要对人类的深刻理解。AI 技术是计算机和认知学的交叉学科，有相当一部分工作是用计算机算法模拟大脑的运行方式，比如卷积神经网络和强化学习，解决的是"智能体本身"的问题。而智能产品与人类互动，是心理学或者说 UX 的范畴。最后，我们还需要自动化技术来执行智能体的决策。简单来说，智能产品是具备思考能力（AI）、能够像人一样与人类互动（UX）并能独立完成工作（自动）的产品：

$$智能 = AI + UX + 自动化$$

需要注意，此处的"UX"是广义的 UX，包括交互设计及相关的 UX 设计。对于智能产品来说，UX 不只是让产品更优质的手段，还是产品的基本元素。即使是公交车，要想从自动变智能，也必须依靠交互。而出租车服务如果没有交互，就不能按照乘客的意愿行驶，只能算"自动公交"，别说智能，连出租车都算不上了。其实，就智能汽车来说，私家车和出租车除了所有权，本质上没什么区别，也都要突破"交互"这个迈向智能的隘口。交互（及相关的 UX）是产品从自动走向智能的必由之路，用一句话概括就是：无交互，不智能。

目前，中国在心理学和认知学的滞后拖累了 AI 和 UX 的发展。在 AI 领域，中国在计算机决策方面的成果远不及计算机感知，原因就在于从事智能研究的人才大都来自计算机领域，而缺乏对人类大脑的深刻理解，而刚刚起步的 UX 领域更是如此。当前，自动识别标志、自动行驶等搭载 AI 技术的产品之所以被认为"智能"，是因为这样的东西很新鲜，这就像孩子刚学会自己穿衣服时，我们都会夸赞"好棒，真聪明"。但当这些自动化产品变得日常，互动过程就会成为焦点，此时如果 UX 做得很糟，人们就不会再觉得它们智能了——你会觉得一个能自己穿衣服的大孩子很聪明吗？因此，要想真正突破智能的瓶颈，除了技术方面的努力，还需要在"与人相关的事情"上多些努力才行——那些能听明白话（UX），又能回答问题（AI）的才是聪明的孩子。很多时候，交互做得好甚至还能让 AI 技术不佳的产品保持高度的智能感，比如当扫地机器人被卡在死角的时候，如果能用合适的"人的方式"向用户求助，就能有效改善用户对产品的认知——毕竟，智能是一种体验（我们会在第 31 章进一步探讨这个话题）。

当然，AI 技术非常重要这一点是不变的，对于自动化和 UX 来说，AI 的价值在于赋能。结合 AI 技术不仅可以大幅提升自动化水平，还能够将互动方式及互动体验提升到一个新的高度，如基于 AI 的语音识别技术为高品质的语音交互奠定了基础。

最后讨论一下实体和虚拟智能。"AI+UX+自动化"实现的智能是一种"实体智能"，即在现实中存在实体的智能产品。与此相对的是"虚拟智能"，区别在于没有自动化部分，不能直接作用于物理世界，如电商产品能够基于大数据和算法实现商品的智能推送。UX 在互联网发展迅速，有很大一部分原因在于互联网没有实体，而万物互联之下的实体产品，无论是技术的实现还是体验的设计，都比互联网产品复杂得多。不过，这也让互联网成为传统实体产业发展的风向标。如今，互联网对交互和 UX 的需求与日俱增，这也在一定程度上为实业指明了方向。但是，"实体 UX"（实际上也包含虚拟成分）的复杂性也要求 UX 拥有更加系统的知识体系，更完备的流程，和对人性、设计与技术更多的思考，这需要所有 UX 设计师们的共同努力。

交互

✓ 双塔模型：产品的实现包括四个层次——策略、机制、信息和呈现；

✓ 交互通常指产品的运行机制、信息流和大体呈现，其本质是对"流"的设计；

✓ 交互系统是包含产品、人及两者间交互的"大系统"；

✓ 未来人机关系的本质是"共生"，交互设计随产品自动化程度的提高而增加，并逐渐转向需求和意图层面；

✓ 从产品的视角来看，智能不是技术，而是体验；

✓ 智能 = AI + UX + 自动化。

第6章

流程

我们现在了解了交互系统的几个方面——产品、人、交互和体验，还需要些什么？

如果说理论解决的是"为什么"，那么告诉你具体情况该如何处理的设计原则解决的则是"微观层面怎么做"。但是，产品设计是一个高度复杂且系统化的工作，UX要想有效实施，必须将这些知识和方法有机结合，让UX有章可循——解决"宏观层面怎么做"靠的是"流程"。

流程与体系

流程是为完成目标而建立的有严格顺序的一系列步骤。菜谱就是一种流程，规定了从食材的准备、处理、下锅等一系列烹饪程序。其实，我们每天都在使用流程，只不过这些流程是不正式的，或者我们并没有意识到。比如那些凭感觉做菜的人，其实也在无意识间遵循了一定的步骤。当我们发现了一套能够实现目标的步骤，并将这些经验显性地总结并固化下来，就产生了正式的流程（后文的"流程"均指正式流程）。

但这样做有什么好处呢？一方面，流程提供了实现目标的行动指南。我们需要理论、方法和工具来完成工作，但这些知识应该何时、以何种方式被使用，则需要流程来定义。没有流程，即使掌握了很多技能，依然会觉得摸不到门道。比如一个人学会了刀工、颠勺、火候，对做菜还是一头雾水，不知从何下手。而有了菜谱，按照说明一步步运用烹饪技能，哪怕是没做过的菜，往往也能做出个样子。换句话说，流程为知识和技能如何应用提供了清晰的引导，是理解UX的基础。

另一方面，流程是组织有效运转的基石。流程可以看作团队对实现目标的过程达成的一种共识，让团队明确自身工作及各环节的输入输出，并在工作中保持步调一致——这对于需要团队协作的工作很重要。一个组织的工作模式，很大程度上是由流程决定的。再好的思想和知识体系，如果没有流程支持，在落地执行时也会举步维艰。

因此，无论是为了理解、应用和推广 UX 知识体系，还是为了推动 UX 的落地，UX 领域必须建立流程——这也是 UX 设计师必须掌握的内容。但要注意，也不能因为流程而轻视其他内容，没有足够的知识、技能和经验，再好的菜谱也操作不了，也就不可能做出好菜了。

除了流程，企业还经常提到"体系"，比如质量管理体系、财务管理体系等。体系的概念比流程要大，流程是一条线，而体系是由原则、角色、流程、流程关系、工具、输入输出文档等很多元素组成的集合，是一个面或体。事实上，UX 是一套体系，而 UX 流程只是体系的一个方面，只有与本书中的各方面结合在一起，才能构建出完整的 UX 体系。

UX 是一个流程

如果有人认为 UX 就是一次性、一瞬间的事儿，或者是某个人需要完成的任务，可以随意打断，那就错了，UX 设计师不是"做 UX 那部分工作的人"。

——Joel Marsh

认为体验是由 UX 设计师负责的产品的一个独立的"属性"，这种认知在企业中很常见。人们拿着半成品找到 UX 设计师，觉得只要他们给产品施一点"法术"，产品的体验就会"唰地一下"变好。这就好比把烧糊的菜拿给大厨，希望菜能立刻变好吃一样。然而菜已经糊了，再厉害的大厨能做的也只是尽量掩盖糊味儿，再把外观美化一下而已，产品也是如此。

优质的体验不是一项任务的输出，而是经过一系列精心设计的步骤逐步实现的——从这个意义上说，UX 也可以看作一个流程。

UX 是一项非常严谨的工作，任何一步做不好，都可能对最终体验产生致命影响。要完成一道佳肴，甄选食材、施以刀工、精选厨具、拿捏火候、巧饰拼盘，每一步都马虎不得。虽然大部分工作并非由厨师完成，但厨师必须在烹饪的初期介入，完成构思并在烹饪全程不断地对菜品进行优化和控制，才能确保最终产出绝佳的美食。

产品也是一样，企业要想真正把体验做好，就必须正确认识 UX，将 UX 流程融入产品设计和开发的流程之中，并推动企业上下对 UX 流程达成共识。年轻设计师们很容易陷入理想化的陷阱，觉得只要自己富有创意，就能够做出拥有优质体验的产品。但事实上，很多产品的体验不好，并非因为缺少有创意的设计师，而是产品流程无法发挥出设计师的真正水平，或是设计师的创意在产品实现的过程中夭折或走样。要解决这些问题，我们需要一套支持 UX 及设计落地的流程，以优化企业的运行方式。对于 UX 设计师来说，思考如何将 UX 流程融入企业流程，并推动流程的建立和有效运行，是一项绝对必要的工作——当然，从目前 UX 的发展来看，也会是一项艰巨的工作。

当菜烧糊了，做出美食的唯一方法就是按照正规菜谱把菜重做一遍。尽管烧糊的菜也可以凑合吃，但这不是 UX 设计师的追求，也不该是一家卓越企业的追求。

迭代：失败非成功之母

Jeff Gothelf 在《精益设计：设计团队如何改善用户体验》一书中提到一个例子：一位陶器课老师将学生分成两组，一半学生每学期交一个陶器，根据品质评分；而另一半根据数量评分，即不看品质，交得越多分数越高。结果有趣的事情发生了，评审中质量上乘的陶罐都来自以数量为标准的那一组。因为品质组花了太多时间研究如何制作"最好的陶罐"，却没有足够的经验来将其实现；而数量组只知道拼了命地做，无论成败，每次都从中吸取教训，最终反而更接近高品质的目标。

学生们一遍遍地反复做陶器的过程被称为"迭代"，而每一次循环就是一次迭代。

迭代思维是 UX 流程的核心，这是一个被很多人挂在嘴边，却也被广泛误解的词。比如"让我们迭代一下吧"指的是测试，"这些优化项留到下一轮迭代吧"指的是版本，而"项目结束要做好迭代"指的是总结——这些统统不是迭代。

要理解迭代的本质，就要理解四个关键词：实践、失败、学习、大量。

实践。理想和现实总是有差距的，再好的想法遭遇现实也会出现这样那样的问题，因而应该尽快将想法付诸实践，以便及时发现需要优化之处并做出调整——毕竟"实践才是检验真理的唯一标准"。

失败。迭代思维默认初始方案一定会失败，迭代就是一个不断失败的过程——斯坦福教授 David Kelley 将此总结为"频繁失败，快速失败"[1]。人在顺境之中往往学不到什么，而逆境才是真正的学习和成长之所。正如陶罐的例子，拼尽全力想让方案"万无一失"却往往事与愿违，而不断失败反而带来了成功。此外，为了支持迭代，需要提供强大的容错机制，如果每次对方案变更的过程都非常烦琐，甚至要遭受惩罚，迭代的效果势必大打折扣。

学习。陶罐这类例子很容易带来一种错觉，认为迭代就是"做就对了"或是以失败为荣，实则不然。迭代遵从如下公式：

$$产品的提升 = 每次迭代的提升 \times 迭代的次数$$

同样是实践，有的人被同一块石头绊倒两次，有的人则只有一次，区别在于是否看到了表象之下的真正问题，以及是否吸取了教训。"失败是成功之母"这句话并不总是正确的，失败只是手段，学习才是目的。如果每次迭代的提升都是 0，那么迭代一万次也是徒劳的——"在失败中学习"才是成功之母。

大量。迭代的次数同样很重要，产品测试和改进的次数越多，就会越出色。虽然每次迭代看起来对产品优化的效果不大，但量变的积累最终会带来质变。显然，少量的几次迭代并不足以引发质变，唯有大量迭代才能发挥出迭代的真正价值。

如果用一句话总结，那么迭代就是从大量反复实践带来的失败中学习提升的过程。根据迭代公式，我们需要解决两个问题：

- 怎样让每次迭代更有价值？
- 怎样尽可能快速地迭代？

下面让我们看看流程是如何进化以更好地应对这两个问题的。

---

[1] Donald Arthur Norman. 设计心理学 1：日常的设计 [M]. 小柯，译. 北京：中信出版社，2015.

流程简史：从瀑布到迭代

流程的概念历史悠久，迭代被引入正式流程则是近几十年的事，与交互设计一样，这也要归功于计算机时代和软件工程的发展。

在软件时代早期，由于缺乏正式流程，工程师们只能依靠经验来指导开发工作。但是，计算机产品的复杂性常常让开发工作陷入混乱，于是在 70 年代，一些管理者尝试引入了一个包含系统需求、软件需求、程序开发、测试等环节的线性流程。产品沿着流程单向流动，好像瀑布倾泻而下（见图 6-1），因此这种线性流程也被称为**瀑布模型**。管理者对此很满意，但对工程师却帮助甚微，因为线性流程根本无法驾驭软件开发的复杂性。更神奇的是，尽管瀑布模型广为人知，但其原始论文不仅强调了迭代的重要性，而且根本就没用过"瀑布"这个词。流程在误解中走向歧途，正如 Jesse Schell 在《游戏设计艺术》中所言："大多数宣传（瀑布模型）的人自己并没有真正构建过系统。"

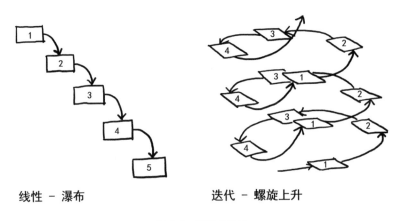

线性 – 瀑布　　　　　　　迭代 – 螺旋上升

图 6-1　线性与迭代

直到 80 年代，Barry Boehm 提出了**螺旋模型**，才将软件开发拉回了正轨。螺旋模型简单来说就是一个不断在计划、开发、评估等步骤间循环的过程，奠定了迭代的雏形。该模型还提出了另外两个伟大的理念：风险评估和原型（第 16 章），它们对 UX 也产生了深远的影响。迭代的价值是评估和消除某些风险，而简单的原型可以确保迭代的速度——这成功地解决了迭代的两个基本问题。

在螺旋模型的基础上，出现了很多衍生流程。最有名的是**敏捷开发**，2001 年一群软件工程师提出了《敏捷宣言》，正式宣布了 4 个核心价值和 12 条关键原则。宣言的内容如下：

个体和互动高于流程和工具。

工作的软件高于详尽的文档。

客户合作高于合同谈判。

响应变化高于遵循计划。[1]

关于敏捷开发的书籍有很多，我不在这里展开。简单来说，敏捷是一种思想，其重点在于为满足客户需求而保持高度的灵活性和速度。在其思想之上发展出很多工具，比如将开发过程分成大量的"冲刺"，用一个又一个最后期限倒逼开发工作以提高效率；设立优先级列表来确保重要的特性得以实现；使目标更加灵活，以便有计划地改变计划，等等。这些工具都力求更好地实现迭代，并解决迭代的两个问题——提升单次迭代的价值和最大化迭代次数。尽管敏捷对软件开发非常有效，也将目标从功能转向了客户（customer），但如我在第 3 章所说，客户不是用户。软件开发满足的是技术需求，目标是"交付有价值的软件"，因而使用敏捷思想完全合理，但却不能照搬给以人为中心的 UX。

在迭代思想的基础上，逐渐发展出了"以人为中心的迭代"（详见第 13 章）。这种迭代围绕人的需求，通过不断地观察、设计、原型和评估，以求体验的最优化。国际标准化组织在 2019 年发布的标准 ISO 9241-210/220 中也对以人为中心设计的迭代流程、方法和文档进行了详细定义。当然，UX 是一件高度复杂和系统化的工作，敏捷等思想都非常值得借鉴以改善 UX 流程。比如 Jeff Gothelf 在《精益设计：设计团队如何改善用户体验》中融合了设计思维、敏捷开发和精益创业法，提出了 Lean UX 的理念，"使用协作、跨职能合作的方法，不依赖完备的文档，强调让整个团队对真实产品体验达成共识，从而尽快把产品的本质展示出来"。

最后要注意，迭代并不是万能的，它更适用于设计初期而非后期，因而 UX 流程同样包含线性流程。迭代也不能过度使用，比如敏捷的"冲刺"等概念如果不加节制，势必将工作节奏导向近乎疯狂的程度——除了损伤团队的身心，长期的精神高压会扼杀人的创造力，对设计工作也是不利的。

关于 UX 流程的详细内容会在第 3 部分中进行讨论。

---

[1] Jesse Schell. 游戏设计艺术 [M]. 第 2 版 . 刘嘉俊，杨逸，欧阳立博，陈闻，陆佳琪，译 . 北京：电子工业出版社 ,2016.

流程

✓ 流程是为完成目标而建立的有严格顺序的一系列步骤；

✓ UX 也可以看作一个流程；

✓ 迭代是从大量实践带来的失败中学习的过程；

✓ 迭代要解决的两个问题：怎样让每次迭代更有价值？怎样尽可能快速地迭代？

✓ 瀑布模型无法驾驭软件开发的复杂性；

✓ 螺旋模型提出了迭代、风险评估和原型的理念，并衍生出敏捷开发；

✓ 以人为中心的迭代为 UX 流程奠定了基础。

第1部分

总结

在质量理念推广的早期，曾有过一段"口号时期"。企业将"质量第一"写在最醒目的位置，但除了呼吁员工重视，并不知道如何做好质量。随着质量管理的发展，企业才慢慢发现，原来保证产品质量需要依靠一套包含知识、原则、方法、工具和流程的"质量管理体系"。当企业将质量看作一门科学，而非目标或口号，产品的质量才真正得到改善。

如今，UX 也处于同样的时期。用户体验要么被作为一句口号，如"我们重视用户体验"，要么作为让工作更时髦的修饰，如"我们做了 XXX，提升了用户体验"——就好像用户体验是努力工作后注定的结果一样。然而，高呼"我要把菜做好吃"或宣称"我让菜更好吃了"都不会对菜的味道产生什么影响。还有些企业将体验的改善寄希望于引进新技术或改变营销策略，说到底也是不知道如何设计体验。

正如你在本书的第 1 部分所看到的，UX 绝非一个简单的目标或是什么玄学魔法，而是与质量管理一样，是一门拥有系统性理论、方法和流程的科学，而且其内涵要比单纯的管理学丰富得多。要做好体验设计，必须正视 UX 的科学性，并认真理解 UX 的每个方面。质量管理的发展不是一蹴而就的，UX 也一样，但相信随着企业认识的不断提高，UX 势必在企业发展中拥有越来越重要的地位。

最后让我们再回忆一下 UX 的六大要素：

体验是**设计师**基于**流程**设计的**产品**与**人**进行**交互**的结果。

好了，"大象"的骨骼已经搭好，下面我们将逐个展开每个要素，为大象增加血肉。

首先来看看 UX 设计的中心——人。

第2部分

人

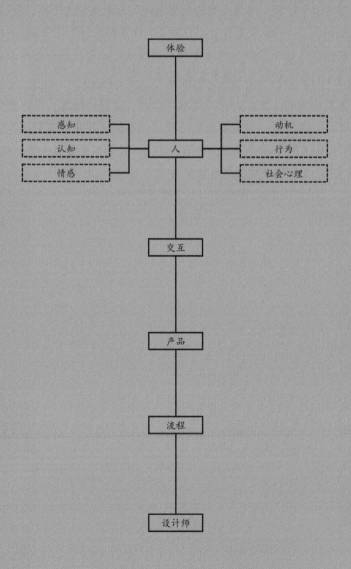

体验是人产生的，要设计体验，首先要了解人类。你可能觉得这并不难，因为你就是人类，但你真的了解自己吗？先别急着回答，让我们做个测试，请完成如下两个动作：

1. 摆动几下你左手的食指；

2. 摆动几下你右手的食指。

现在请告诉我，这两个过程有什么区别？你的想法是如何转换成手指的肌肉运动的？

你无法描述这个过程，因为人类的大多数行为是无意识的结果，我们无法察觉。正如 Donald Arthur Norman 在《设计心理学 1：日常的设计》中所说："我们大多数人一开始就相信自己已经了解人的行为和人的思维。毕竟我们都是人，我们都有自己的生活，认为自己了解自己。但事实是我们不了解人。"

我们对人类行为和体验的观念往往都是错的，要设计体验，自然要先建立心理学基础。当然，心理学是一个非常庞大的领域，本部分并非心理学概论，而是要帮助你了解与 UX 相关的心理学分支，并对它们与 UX 的关系建立一些整体性的认知。这是一本入门书，如果你希望更深入地学习 UX，可以（也应该）在入门后继续扩展心理学知识。本部分讨论的心理学知识点主要参考自《认知心理学：理论、研究和应用》和《心理学与生活》。

第7章

感知

眼见不一定为实

我们常说"眼见为实"，但事实上，我们认为自己看到的和眼睛真正看到的是两回事。看看图 7-1，你看见了什么？

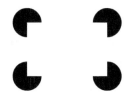

图 7-1　眼见非实

看到一个长方形了吗？而且它们似乎比背景更亮也更突出一些？但图片上只有四个扇形。眼睛确实看到了扇形，并将信息完完本本地传递给大脑，但大脑却在未经我们允许的情况下自动处理出了长方形。动画是另一个例子，动画并非真的在运动，而是每秒几十幅快速切换的图片，这些信息经大脑处理后让我们"看到"了动画。因此，我们常说的"眼见"实际上是大脑让我们看见的事物，而非双眼看到的真实世界。

感知是我们了解周围环境的过程，这其实包含了"感"和"知"两个阶段。人类的身体有视、听、嗅、触、味等很多传感器官，这些"侦察兵"时刻监控着周围的世界，并将探测到的信息（比如组成扇形的点）传递给"情报机构"（大脑中负责信息融合的单元），这就是"感"的阶段。随后，情报机构将收集到的光、声、气味等信号处理为对环境情况的综合判断，最后将转化后的信息（如长方形）传递给"司令部"（大脑的意识部分），这就是"知"的阶段——感而后知，是为感知。"知"阶段本质上是一种无意识的认知过程，在我们意识到环境情况前，这个过程已经结束了——你不是先看到扇形后再构建长方形，而是直接看到了长方形。因而，大部分人并不知道"知"阶段的存在，这才导致了"眼见为实"的误解。

"眼见不一定为实"是人类感知的局限，但就像我在第 3 章所说的，这并非缺陷。人类意识的处理能力非常有限，如果将周身的感觉统统注入意识，大脑恐怕会直接短路。因此，最好的方式是先将具体的信号提炼抽象为综合性的情报，而让意识只处理高层次的理解和决策工作。这就像是战争中，从四面八方传递来的战况会首先被各级指挥部汇总和处理后呈送司令部。司令部要指挥全局，就不能过分陷入细节，尽管抽象的过程难免导致信息的失真和遗漏，但这对高层决策是必要的。大脑也是一样，"知"阶段也是为了保证我们能将有限的精力用在刀刃上。

理解"眼见不一定为实"对产品设计至关重要。产品失败的一大原因，是设计者认为产品呈现出的就是用户体验到的。比如认为"报警"功能就是在显示屏上显示一些文字或图片，但在很多场景下，这些信息会被过滤掉——即便能感，也无可知。这就好像随便找个阵地喊两声，就以为司令部一定能听到一样。要设计体验，首先必须正视信息传递的复杂性。

大脑按照特定的机制执行感知过程。每个"侦察兵"只负责特定模式的信号，比如不同颜色的光波。而"情报机构"也遵循特定的信息转化机制，比如上述长方形例子遵了格式塔心理学中的闭合原则。这些"感"和"知"的运行机理，就构成了 UX 的感知学基础。要想让用户以期望的方式接收到你的信息，就必须根据感知学规律来设计产品。杠杆之所以能掀翻巨石，是因为找准了施力点，若是不懂原理乱推一气，到头来也只是白费力气。

感知可能称不上真正的体验，但它是一切体验的源头。感知设计关注本能层和呈现层（第 5 章），通过引导注意力、提高感知度、构建模式等方式影响体验。作为 UX 设计师，必须时刻提醒自己"所见非所得，呈现非体验"，遵循规律，方为正道。

格式塔心理学：人类偏爱模式

格式塔（Gestalt）是心理学的重要理论，其相近、封闭、连续等原则在 UI 设计中经常使用。格式塔并没有听起来那么神秘，这个词源于德语，本意是形状，心理学上称为"完形心理学"。格式塔是一种思想，强调经验和行为的整体性，认为"整体不等于部分之和"。格式塔涉猎广泛，UI 中常说的其实是格式塔的视觉部分，即人类会自发地将看到的事物组织起来，看到整体的"模式"而非各个部分。

视觉格式塔发生在感知的"知"阶段,是一种无意识的认知过程。在长方形例子中,双眼看到的是扇形,但大脑倾向于将一组元素识别为一个整体图形,甚至还将不封闭的图形"脑补"完整——这一现象被称为**错觉轮廓**,相关的原则被称为**闭合**。

这里我以闭合原则为例展示一下格式塔在设计中的应用(见图 7-2)。假如我们要在一个图标中表现棍子和勺子两种元素,如果将元素叠在一起(左图),则看起来成了一个元素,这显然不满足设计需求。为了将元素区分开,我们可以改变元素的色彩(中图),但是增加颜色维度会限制图标应用的灵活性——还是单一颜色最好。这时就可以利用闭合原则,将勺子元素切断(右图),尽管勺子实际被分成了两个图形,但是由于我们的脑补能力,依然会觉得这是一个完整的勺子。闭合原则能够帮助设计师减少视觉元素的复杂性,使设计更加简洁和明晰,特别是在 logo 和图标设计中应用非常广泛。

图 7-2　闭合原则示例

除了视觉,格式塔还包括很多认知的内容,比如记忆与学习。总体来说,格式塔心理学强调人类思维是整体性的,而非各种线索的简单集合,即"整体≠部分之和"——有没有觉得似曾相识?我们在第 2 章讨论过"两个主义",功能主义认为产品的优劣取决于功能与性能的累积,体验主义则从整体体验出发选择"刚刚好"的功能和性能。如果请你评估使用冰箱的体验,那么你会先在脑子里把冰箱门、冷藏室、压缩机等部件逐一思考再求和,还是基于整体印象?显然是后者。正如格式塔所揭示的,人对事物的感知和记忆是整体性的。因此,把"最好"加在一起未必就最好,UX 设计师必须要站在更宏观的高度把控产品的整体品位。

识别理论：自上而下与自下而上

识别(此处指感知过程中无意识的识别)是非常重要的信息加工过程,我们每时每刻都在识别,包括你现在阅读这行字的过程(文字识别)。"感"阶段接收的基本信号本身不具有意义,只有通过识别等"知"的阶段赋予意义后,我们才能真正了解环境情况,进而做出对局势的正确判断。识别的本质是分类,即将你看到的物体与记忆中存储的物体比较，最终确定是什么。关于识别的理论有很多，大致可分为两类：自下而上的识别和自上而下的识别。

自下而上的识别包括特征分析、成分识别等理论，简单来说就是从细节到整体（见图 7-3）。比如你看到西瓜，会先识别绿色、条纹、球体等特征，然后综合这些特征确定这是一个西瓜。**自上而下的识别**则基于我们的概念、记忆和预期直接对整体进行识别（见图 7-4）。比如我们进入水果店时，就会从记忆中提取出各种水果的模样，进而对可能看到的水果建立预期，这样只要有一点视觉刺激（比如大的绿色的东西）马上就能识别出西瓜。这种用于建立预期的"背景"在文学中被称为"上下文"，比如"小明感冒了，他说不来了"，只有后半句时我们无法知道"他"是谁，但加上前半句，我们就知道是小明不来了——这也是一种"自上而下"。通常，这两种识别过程是并存且相辅相成的。上下文可以加快识别过程，而细节可以在实际情况与预期不符时提供更多的识别线索。

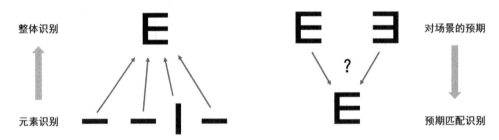

图 7-3　自下而上的识别　　　　　　　　　　图 7-4　自上而下的识别

理解识别过程对设计很重要。比如，自上而下建立的预期可能导致我们对场景中发生的变化视而不见，这被称为**变化盲视**。在一项实验中，心理学家让陌生人向被试者问路，然后让人扛着大门从两人之间穿过，利用这个阻挡视线的机会将问路的人替换成另一个人，结果有一半的人并没有发现跟自己说话的人已经换了——因为我们对交谈场景的预期里没有"大变活人"。在设计中，如果用户对界面非常熟悉，那么当你改变界面（如增加了一个新功能的入口），即使你认为改变很明显，也很可能被用户忽略掉。如果你理解人类识别的过程，就会知道应该提前考虑如何引导用户发现这些变化，而不是等发现访问量不足时再去补救。

识别理论的价值远不止这些。在人工智能领域非常热门的"深度学习"，简单来说就是"很多层"地学习，其每一层都是一次抽象，经过一系列的抽象最终完成物体识别。《深度学习》一书指出："（深度学习）根据层次化的概念体系来理解世界，而每个概念通过与某些相对简单的概念之间的关系来定义。"该书还指出深度学习对图片的识别过程大致是一个"输入像素→边→角和轮廓→对象部分→对象识别"的过程——这其实就是自下而上的识别。AI 技术的灵感有相当一部分源自用计算机模拟人类的思维,计算机工程师要想实现高度的人工智能,就必须深入地理解人类(当然也有一派工程师主张只依靠逻辑来编程,这里不做深论)。事实上,神经网络的开山之作《A Logical Calculus of the Ideas Immanent in Nervous Activity》就是由神经学家 Warren McCulloch 和数学家 Walter Pitts 合作完成的,从而开启了人工神经网络研究的序幕[1]。然而,如今一些 AI 技术的追随者已将心理学、神经科学这些研究人类感知、认知等过程的学科抛诸脑后,一心琢磨如何通过优化计算机模型来提高 AI 的效率。但是,单靠自下而上的识别并不足以支持人类的识别活动,那么逻辑相似的深度学习是否是机器识别的最佳框架就值得商榷了。神经网络发展的突破口很可能不在于当前的模型,而在于一些更基础的东西。

注意

身处信息过载的时代,四面八方传来的信息让我们应接不暇。要想帮助用户实现目标,就要确保用户能在海量信息中发现有价值的信息,这需要 UX 设计师理解感知的另一大主题——注意。

注意使我们可以只加工接收到信息的一小部分,而忽略其他部分。比如我们走进水果店,"注意"让我们识别到眼前的西瓜,而周围的其他水果虽然被视觉细胞感知,却没有被识别。通常,我们接收到的绝大多数信息都是与我们不相关或不重要的,而加工信息需要消耗能量,最好的策略就是将有限的精力放在重要的信息上,就像司令部只需关心战斗中的阵地一样——这就是注意的价值。大体上说,视觉识别是一个从对真实世界信息的传感,到注意,再到识别的过程,如图 7-5 所示。

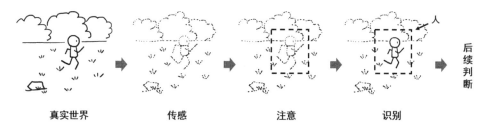

真实世界　　　　　传感　　　　　注意　　　　　识别　　　　　后续判断

图 7-5　视觉识别过程

[1] 尼克. 人工智能简史 [M]. 第 2 版 . 北京:人民邮电出版社 ,2018.

与识别相似，注意也分为"自下而上"和"自上而下"。**自下而上注意**被动且不受意识控制，比如视野中突然跑出一只动物，注意力会马上被吸引过去，因为变化比不变的信息量更大——它就像"安保人员"，帮你时刻警惕一切风吹草动。**自上而下注意**是主动且受控的，比如你将注意力放在正在欣赏的画作上——这是"司令部"的命令。不过，无论注意是否由意识控制，注意过程本身都是无意识的，这是一个自然发生的过程，我们也无法完全控制。一个常见的现象是**心智游移**（mind wandering），注意力会自然游离到当前任务以外的其他主题上，而我们可能完全没有意识到——回想一下，你在上课时是何时走神的？

对注意力的一个基础认知是"单核处理"，即人类每次只能注意一件事，就像计算机的单核处理器——多任务处理能力是不存在的。当我们处理两项以上的任务时，以为自己在并行操作，其实是注意力在任务间快速地切换，并以降低每项任务的效率和准确率为代价，比如边打手机边开车会导致更多的驾驶错误。一次做几件事往往让人觉得"自己很强大"，但这只是错觉——做事最好的策略永远是一次只做一件事。

注意无法真正分散导致当注意某件事时，我们会对这件事之外的显而易见之事视而不见，这被称为**非注意盲视**。在经典实验"看不见的大猩猩"中，心理学家让被试者观看很多队员传球的视频并默数传球次数，在传球过程中，有一个穿着大猩猩服装的人从队员中穿行而过，结果由于注意力都在传球上，如此奇特的事情近一半的人居然没有发现。这种现象对设计很重要，比如汽车使用"抬头显示器"将辅助信息投射在前挡风玻璃上，看似提高了安全性，但若设计不当反而会增加事故风险，因为对这些信息的关注会导致驾驶员产生盲视，进而对危险情况视而不见。我们常将事故归咎于人的"不小心"，但这些事故往往是设计不当造成的——这些局限是人固有的，我们应根据用户的实际能力做设计，而不是强迫他们遵守"超纲"的产品逻辑，然后等用户做不好时再横加指责。

感知的启示

虽然只是冰山一角，但我们现在算是对感知有了一些初步的概念，对于 UX 设计师，至少要理解如下几点：

第一，感知包含大量无意识过程，即便每个人都能感知，但大部分人对感知过程的认识都是错误的，以这些错误认识为基础很容易做出"反人类"的产品。

第二，人类的感知存在诸多局限，那些你觉得理所当然的事情，用户很可能根本做不到——UX 设计师必须时刻提醒自己这一点。

第三，谨慎对待用户对感知的"自我报告"或"内省"，比如询问用户注意力被产品吸引的过程——他们对感知的解释很多时候只是一种错觉。

第四，感知设计主要面向本能体验和产品呈现，格式塔、注意、色彩心理、阅读机制、周边视觉等大量心理学理论构成了 UI 设计原则的基础，UI 设计师尤其应该把感知学基础打扎实，才能在设计界面时实现对原则的灵活运用——当然，学好感知学也是对 UX 设计师的要求。

第五，感知学是 AI、VR（虚拟现实）、AR（增强现实）、裸眼 3D、视网膜屏等技术的重要基础。对 VR、视网膜屏等感知基础技术而言，技术本身就是在创造体验，因而也是 UX 的范畴。

感知

- **眼见非实**
  看到的是大脑处理过的环境信息；

- **格式塔**
  整体不等于部分之和；

- **错觉轮廓**
  大脑倾向于将一组元素识别为整体；

- **自下而上的识别**
  从细节到整体逐层识别；

- **自上而下的识别**
  基于概念、记忆和预期做整体识别；

- **变化盲视**
  对场景中发生的变化视而不见；

- **注意**
  只加工接收到信息的一小部分；

- **心智游移**
  注意力会自然游离到无关主题；

- **单核处理**
  每次只能注意一件事；

- **非注意盲视**
  对注意之事外的其他事情视而不见。

第8章

认知

认知心理学是研究信息加工过程的学科,严格来说,感知属于认知心理学的范畴。感知将信息传递给大脑中的"司令部",而本章讨论的"认知"指信息进入司令部之后的上层处理过程。之所以将感知和认知分开讨论,一是因为在信息处理过程中二者的界线很清晰(司令部外 VS 司令部内);二是因为它们所属的设计领域不同——感知偏工业设计、UI 和艺术,而认知偏交互和深度体验。本章主要讨论认知中的两个过程——思维和记忆。**思维**是为达到特定目的而对感知信息进一步加工处理的过程,记忆则是将有用信息存储起来并在需要时提取的过程。我们首先来看思维。

人的两种思维模式

在讨论思维模式前,请你先试着回答图 8-1 中的问题。

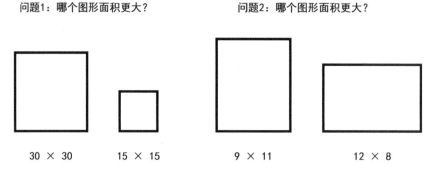

图 8-1　两种思维模式

我相信难不倒你,答案都是左边的图形面积更大。不过现在请回想一下,你回答这两个问题的过程有什么不一样吗?

当看到问题 1 时，你并不需要看数字，而是立刻就知道答案。但在回答问题 2 时，你恐怕就没那么确定了，需要根据图形的边长分别计算面积（9×11=99，12×8=96），然后比较计算结果得出结论。

Daniel Kahneman 在《思考，快与慢》中提出，人有两种思维模式——系统 1 和系统 2。**系统 1 思维**是一种直觉性、容易的、深藏于无意识之中的思维，基于简单线索快速产生答案。你在回答问题 1 时根据视觉感受直接得到答案，就是系统 1 在起作用。人在绝大多数时间里都在使用系统 1，直到遭遇困难。**系统 2 思维**则是在面对难题时启动，通过有意识的思考来求解答案。思维在两个系统间切换，你在回答问题 2 时首先会使用系统 1，但由于图形过于相似，系统 1 无法给出答案，于是系统 1 退出并进入系统 2 模式，通过计算获取答案。系统 1 很勤奋，却容易犯错；系统 2 很懒，但却可以破解难题。

与注意等机制一样，双系统机制自有其合理性。我们可以把系统 1 理解为"省电模式"，虽然能力有限，但消耗能量少，可以长时间待机；系统 2 非常强大，却也功耗惊人，不能长期维持。系统 1 是人类长期进化的结果，尽管有时会出错，但足够应对大部分日常问题，特别是在危急时刻能够快速反应，帮我们迅速做出判断。因而平时使用系统 1，让系统 2 将精力节省下来留给复杂问题，是非常好的生存策略。当司令部接到感知上报的信息，系统 1 会快速做出一个判断，而是否使用要看我们是否决定启用系统 2。"系统 2 能不用就不用"的机制使人不愿动脑筋思考问题，而是倾向于直接使用系统 1 提供的答案，甚至相信直觉的正确性，尽管这导致了很多错误的发生。

人类思维的特点决定了我们不能根据"逻辑"来设计产品。理解产品的逻辑是系统 2 的工作，而用户懒得思考，如果产品的使用很费脑子，他们很快就会放弃了。一些设计者会抱怨"产品逻辑很好，是用户不会用"，但是，用户根本不关心逻辑的好坏，甚至没有耐心去搞懂逻辑——他们想要的只是一个简单易用的产品。

为了满足用户的"偷懒"需求，我们需要易用性（第 24 章）。对易用性的一个常见误解是"让用户不需要思考"，正确的说法应该是"尽量让用户不用系统 2 思考"。也就是说，要让产品的实际表现与系统 1 的答案一致。举个例子，交互设计的**映射**原则指产品的控制单元与被控单元之间应满足空间上的对应关系，比如图 8-2 的灯泡控制，左图中用户看到灯和开关马上就知道哪个开关控制哪个灯。而右图的开关布局则会产生歧义，比如第二个开关不确定是控制右上还是左下角的灯，这就降低了产品的易用性。

图 8-2　映射

　　映射原则之所以有效，是因为系统 1 就是以这种方式思考控制问题的。反之，若不遵守原则，用户就必须启动系统 2，以对控制关系做进一步判断，这会消耗用户额外的精力，也有违用户的意愿。事实上，大量易用性原则本质上都是对系统 1 思维模式的经验总结——我们不清楚系统 1 为何会如此思考，但它既然表现出了这些模式，我们就应该遵循它们来做设计。Donald Arthur Norman 在《设计心理学 1：日常的设计》中提到产品需要"自然"的设计（第 25 章），其背后的逻辑也是相同的。系统 1 处于用户意识之外，因而只需要系统 1 的互动过程会带来一种流畅感，一切就像是自然而然发生的，这便是"自然"的含义。

推理与偏见

　　思维要完成的任务可分为三类：问题解决、演绎推理和决策。**问题解决**是为某个特定的问题或目标寻找解决方案，这也是设计师在探索设计方案时使用的思维，我会在第 15 章讨论一些常见的解题策略。**演绎推理**则是根据逻辑规则从特定前提条件推得特定结论，比如"有羽毛的是鸟→这个物体是鸟→所以这个物体有羽毛"。

　　演绎推理的逻辑可能有错，但我在这要讨论的是两个更糟的问题：信念偏见和证实偏见——在这两种情况下，即便过程逻辑正确，我们的结论还是会出错。先来看如下推理过程：

　　番茄和鸡蛋一起吃会中毒→小明吃了番茄和鸡蛋→小明中毒了

　　这个推理过程是严谨的，但我们不会认同，因为我们知道有一道家常菜叫番茄炒蛋。当人们用信念和常识得出判断，并覆盖了基于逻辑推理得出的判断时，就会出现**信念偏见**。当信念正确时这是有益的，但当信仰或常识错误时，信念偏见也会让人很难接受真相，即使你给出的是一套逻辑严谨的证明——正所谓"造谣一张嘴，辟谣跑断腿"。在设计中，对用户先入为主的信念可能导致设计者忽略设计调研中对真实用户的判断。

证实偏见简单来说就是人更愿意证实而不愿证伪，即人会为一个想法寻找支持性的证据，而非从反面检验。证实的逻辑是正确的，但由于缺少证伪，证明就是片面的。当想法错误时，证实偏见会导致人不断强化错误的想法，比如当人认为自己患有某种疾病时，会不断寻找自己符合该疾病症状的证据，结果越想越觉得自己有病。在设计上，设计者可能寻找各种证据以支持自己方案的合理性，这很可能将产品引向错误方向，因而看起来再正确的方案也必须经过用户评估（第 17 章）的检验。

设计师要想避免以上两种偏见，必须对与信念和常识相反的观点保持开放的心态，并努力寻找和理解相反的观点，这需要批判思维。只有实事求是，跳出固有想法，才能设计出真正满足用户需求的体验卓越的产品。

决策与启发

决策是在多个选项中进行选择的过程，与前两个任务相比，决策非常模棱两可，你可能既没有足够的信息，也没有明确的决策逻辑，甚至永远不知道结论是否正确——比如，"你是否会为了眼前的晋升机会而放弃自己的专业？"由于没有正确答案，决策往往是基于对未来的预期、价值观、态度、情感、文化、经验等因素做出的，比如，如果你看重专业价值，并相信这个专业的前途，那么你更可能放弃晋升。因此，思考这些背景因素对理解和影响人的决策很重要。不过，我们在这里要着重讨论的是双系统机制对决策的影响。

虽然系统 2 的决策更加可靠，但为了节省精力，我们的大部分决策会使用系统 1。当面对决策问题时，系统 1 会遵循一些被称为**启发式**的决策套路给出直觉性的答案。启发式大部分时候很好用，但也会产生很多有趣的误判，而 UX 设计师可以利用这些套路来影响用户的体验和行为。因而相比系统 2，我们更关心系统 1 的决策过程。这里以"锚定 - 调整启发式"为例做以说明，先来看如下问题：

问题 1：联合国中非洲国家的占比是 65% 吗？你认为是多少？

问题 2：联合国中非洲国家的占比是 10% 吗？你认为是多少？

Kahneman 在《思考，快与慢》中记录了这个实验，实验结果显示人们在回答问题 1 和问题 2 时对占比的平均估值为 45% 和 25%——显然决策被问题中的数字影响了。当拥有一个最初估值时，这个值就像扎在思维里的锚，固定了起始点，人会通过对此初值进行调整来获得答案，这就是**锚定 - 调整启发式**。人的调整通常严重不足，导致估值明显偏向锚定值，这种现象被称为**锚定效应**。在设计产品的销售策略时，比起使用原价，先提价（给一个高锚定）再打折到原价时顾客会觉得更划算，就是锚定效应在起作用。

有时候，系统 2 也会介入决策，但仍然无法摆脱锚定效应。在另一个实验中，一些经验丰富的法官被要求对相同的罪犯量刑。在量刑前，研究人员首先用一个做过手脚的骰子掷出 3 或 9，问法官服刑月数比这个数大还是小，然后请法官给出客观的判断。结果掷出 9 的法官平均量刑为 8 个月，而掷出 3 的只有 5 个月。所有法官都坚信自己（用系统 2）做出了"理性且公正"的判决，但显然他们并没有摆脱被锚定效应支配的命运。系统 1 的影响是巨大的，即使是那些自认为理性的人，做出的决策往往也会受到直觉的影响，因而 UX 设计师必须基于人的非理性来设计产品——这需要对系统 1 的深刻理解。

当然，对于更加理性的系统 2，也有很多值得借鉴的决策原则，我会在第 18 章讨论"设计决策"的问题。

人的两套记忆系统

记忆是 UX 的重要主题，对产品的使用和体验都有巨大影响。与思维一样，人的记忆也存在很多局限，需要我们在理解记忆机制的基础上设计产品。

人有两套记忆系统：工作记忆和长时记忆。工作记忆是一个比"短时记忆"更宽泛的概念，《认知心理学：理论、研究和应用》将其描述为"对当前加工的有限数量的材料的简短的即时记忆；工作记忆的一部分也会主动协调正在进行的心理活动。"比如你登录账户时临时记忆短信中的验证码就使用了工作记忆。而长时记忆是对你过去积累的信息和经验的记忆，这些信息长期存储在你的大脑中，并根据需要调取，比如你登录账户时回忆自己的手机号。

关于工作记忆，你要记住"神奇的数字 7"。乔治·米勒提出，人对信息的即时存储能力是 7±2，即人可以记住 5~9 个随机排列的相似元素，如 7 个随机数字。当然，也有研究支持 4 等其他数字，但对 UX 来说，最重要的是"人的即时记忆能力非常有限"这个事实。如果用户被迫在使用产品时承担过多的即时记忆任务，就一定会出错，这不是用户的问题，而是设计时不遵循记忆规律导致的，必须尽力避免。

工作记忆的另一个重要概念是**前摄干扰**，即先前学习的内容使人很难记住新内容，比如你让用户连续记了三个数字串，到第四次他们就很难记住新的数字串。这是因为信息的清除并非是瞬时的，第四次记忆时，工作记忆已经被先前三次的残留信息塞满了。有趣的是，如果第四次换成字母串等其他类型的信息，记忆能力就会提高，这被称为**前摄干扰解除**，且新信息差异越大记得越好。因此，在设计产品时要注意避免让用户频繁记忆相同类型的信息。

长时记忆过程包括编码和提取两个处理过程。比如你要在图书馆存本书，编码就是给书进行编号（如用"L-3"表示L区3架）的过程，而提取是你在需要这本书时根据编号指示找到书的过程。当然，大脑的编码和提取机制远比这复杂得多，总的来说，编码和提取过程确保了我们能回忆起很久以前的信息。这里有一个**编码特异性原则**，指当回忆（提取）时的背景与记忆（编码）时的背景相似时，回忆会更容易，比如怀旧餐厅的装潢更容易让人回想起童年时光。当我们想让用户回忆起特定信息时，应该为他们营造方便回忆的环境氛围。

记忆根据内容不同还可以分为关于事件的情节记忆，关于知识的语义记忆和关于如何做事的程序性记忆或肌肉记忆。我们与产品的交互过程，其实就是一个不断从记忆中提取这些信息的过程，比如回想产品有哪些功能、理解文字和图标的含义、回忆操作流程等。在设计产品时，我们应该理解用户大脑中与产品相关的记忆，并通过遵守现存的设计规范、采取用户熟悉的使用模式等方式唤起这些记忆。

记忆会骗人

自传体记忆是UX的关键概念，指与自己有关经历的记忆。我们对过去经历的体验就源自对这段经历的记忆，但这些记忆很容易被篡改——每次你回忆起这段记忆，都会对其进行创造甚至重构，但你通常意识不到自己的记忆已经改变了。

Elizabeth Loftus等研究者（1978）曾做过一项实验，他们让被试者观看跑车在一个减速或停车标志前停车而后肇事的幻灯片。一段时间后，他们请这些人填写问卷，但不同的人看到的问题不同：

组1：跑车在**减速**标志前停车时有另一辆车经过吗？

组2：跑车在停车标志前停车时有另一辆车经过吗？

也就是说，有些人问题中的标志描述与记忆一致，有些人则不一致（此处忽略对照组）。随后，这些人要在减速标志和停车标志的图片间选出他们之前见过的标志。结果，问题中有不一致标志描述的组回忆正确的比例明显更低——他们根据问卷中的描述重构了自己的记忆。这种被事件之后的信息误导，进而覆盖原有记忆的现象被称为**事件后误导信息效应**。很多关于目击者证词的研究也发现，目击者的回忆经常会出现偏差，也很容易被误导——但他们对误导信息却仍保持高度的自信。

人类对过去信息要点的长时记忆是非常准确的，但对事件的细节则不然——这也是传统用户研究工具的局限所在。访谈、问卷等传统方法可以用于满意度等宏观体验的研究，但对研究产品的使用细节及具体问题帮助甚微，因为这些回忆往往不是真实的。Susen Weinschenk 在《设计师要懂心理学 2》中提到了一段经历：在一次对服装销售网站进行 UX 测试的过程中，参与者表示不喜欢这家网站上的紫色部分，但体验结束半小时后，当问起他对网站的感觉时，他却说自己挺喜欢网站的颜色。用户的记忆如此不可靠，致使我们很难将其用作有效的设计输入。一些企业认为所谓 UX 就是让用户在使用产品后填写意见或问卷，并据此优化，显然是不正确的。

具身认知：人用身体思考

到目前为止，我们讨论的都是传统认知理论，认为认知是大脑对信息的加工，而身体只是任大脑摆布的傀儡，这被称为**离身认知**。传统认知对大脑的理解很像现在的计算机，将软硬件分开，身体就像硬件一样，不会思考、记忆和计算。但**具身认知**认为大脑通过身体来认知世界，当我们身体的结构改变，比如给你一副鸟的身体，你对世界的理解也会随之改变。再比如使用羽毛球拍击球，我们是用大脑不断计算球拍长度和球的位置，然后指挥手来运动吗？回忆一下，显然不是。我们好像是直接用"手"去打球，就好像球拍是手的一部分，这就是身体根据结构变化调整认知的结果。不仅如此，身体还能帮我们更快地学习和认知。即使在大脑中重复一千遍游泳动作，人也很难学会游泳，唯一的方法就是让身体在水中体会划水的感觉。人学会游泳就不会忘记，肌肉的动作是如此理所当然，我们甚至无法描述，也更谈不上记住，因为负责记忆的不是我们有意识的大脑，而是身体。

　　具身认知理论涉及隐喻等很多抽象概念，且目前在学术界尚存在争议，因而在这里不过多展开。我们大可不必去神化具身认知，思维、记忆等信息加工过程仍是理解认知必不可少的，毕竟我们绝非单靠身体思考。但将认知过程拓展到大脑之外的思路我认为是非常有价值的。对于设计，这意味着必须考虑用户身体和交互行为对用户认知的影响。另外，具身认知也暗示出可操作原型（第 16 章）和可用性评估（第 17 章）的重要性，因为只有当功能真实且可触及时，对产品的认知才能说是完整的。

　　此外还有**环境认知**（situated cognition），环境认知理论指出人在实际生活中的认知过程与纯思维的认知（如在学校学习）不同，这是因为周围环境为认知提供了很多线索，因而也不能忽视环境对认知的影响。

认知的启示

　　关于认知，UX 设计师至少应该理解：

　　第一，用户是懒惰且非理性的。他们不仅不愿思考，容易受系统 1 影响，还总是对自己的记忆过度自信。认知心理学告诉我们，人的认知存在局限，且遵循特定的运行机制。如果我们理解这些机制，就能够有效地影响用户的决策和记忆，最终实现目标体验。

　　第二，人类记忆是不可靠的，因此必须对用户回忆的想法和感受持谨慎态度，并认清基于实地观察的情境研究在设计调研（第 14 章）中的核心地位。同时，设计师也必须认识到自己的记忆也是不可靠的，因而有必要采取一些措施辅助记忆，如在观察的同时进行录像。

　　第三，决策往往是基于记忆（价值观、态度、文化等也都存在于记忆之中）来进行的，这使得我们可以通过影响记忆来左右决策。正所谓"知己知彼，百战不殆"，无论是在人们的心智中建立记忆还是利用已有记忆，理解用户当前记忆中有什么都是非常必要的，这也是设计调研的重要内容。

第四，认知远比单纯的信息加工过程复杂得多，在设计中必须重视身体和环境对用户认知的影响。

认知

- **认知**
  对感知到的信息做进一步加工；

- **系统 1 思维**
  直觉、快速、勤奋但易错的思维；

- **系统 2 思维**
  有意识、能解难题但懒惰的思维；

- **双系统机制**
  日常系统 1，难题系统 2，相互切换；

- **映射**
  控制与被控间应满足空间对应关系；

- **问题解决**
  为特定问题或目标寻找解决方案；

- **演绎推理**
  根据逻辑从特定条件推得特定结论；

- **信念偏见**
  信念和常识覆盖了演绎推理的结论；

- **证实偏见**
  证实而不愿证伪的倾向；

- **决策**
  在多个模棱两可的选项中选择；

- **启发式**
  系统 1 使用的直觉性决策套路；

- **锚定效应**
  评估明显偏向先有初始值的现象；

- **工作记忆**
  人在短时只能存储极少的信息；

- **前摄干扰**
  先前学习的内容限制工作记忆能力；

- **长时记忆**
  长期存储的信息，需要编码和提取；

- **编码特异性原则**
  在与记忆时相似的背景下更易回忆；

- **自传体记忆**
  与自己有关经历的记忆；

- **事件后误导信息效应**
  事后信息覆盖原有记忆的现象；

- **具身认知**
  大脑通过身体来认知世界；

- **环境认知**
  周围环境影响认知过程。

第9章

情感

认识情感

除了感知和认知，人类还有"七情六欲"——"情"是情感，而"欲"是动机。动机我们稍后讨论，先来了解情感。

情感是体验中的感性部分，主要包括情绪和心境。**情绪**（emotion）是一种由具体事件引起的主观感受，它快速出现，持续时间较短，伴有生理反应，并经常诱发某种行为。比如，一个人看到虫子（事件）吓得（情绪）冷汗直冒（生理反应），拔腿就跑（行为）。**心境**（mood）的持续时间则要长得多，其产生原因复杂，也往往没有生理展现，如"一到雨天心情就差"。另一个相关词是**态度**，认知与情感兼有，指一种先有的观念和偏向。在 UX 中讨论的"情感"主要指情绪。

对情绪的划分方式有很多。比如中医的"七情"指喜、怒、忧、思、悲、恐、惊，而 Paul Ekman 提出了恐惧、厌恶、快乐、惊奇、轻蔑、愤怒和悲伤 7 种基本情绪。在基本情绪之上，通过组合可以生成更复杂的情绪，如厌恶与悲伤叠加生成悔恨，就像蓝和黄可以调成绿一样。此外，还有使用二维坐标系等其他情绪划分方式，这些方法构成了情绪识别技术的基础。在情感的维度上，UX 就是一个通过产品设计来激发人的幸福、快乐、惊喜等积极情绪，减少愤怒、悲伤、焦虑等负面情绪的过程。

情绪存在许多生理上的关联。人类大脑的特定区域与特定情绪有关，而在所有文化中，同一种基本情绪都会以同样的面部表情来表达，这使得我们可以通过生理测量的方式来识别情绪。例如，我们可以通过对面部肌肉变化信息的综合来识别情绪。不过，姿势与情绪之间却没有普适关系，比如同样是恐惧，有的人会蜷缩战栗，有的人则可能一动不动。尽管目前情绪的分类方式尚存争议，而识别技术也并不成熟，但对基于情感计算的产品来说，即使只能监测几种基本情绪，也比什么都不知道要好得多。

很多人将情感视为人性的弱点或是进化遗留的动物天性，认为理性和逻辑才是高等生物应有的特质，而情感必须加以克服。但是，我们仔细观察地球上的生物会发现，越是高等动物，情感越是丰富，而人的情感最为丰富。如果情感是生物的弱点，那么人类恐怕会第一个灭绝，如此来看，情感更像是生物的高级特质。认知与情感是一种互补的关系，正如 Donald Arthur Norman 在《设计心理学 3：情感化设计》中指出的："认知系统负责阐释世界，增进理解和智识。情感，包括情绪，是辨别好与坏、安全与危险的判断体系，它是人类更好生存的价值判断。"此外，情感还能够激发好奇心和创造力，这都是人类之所以强大的重要保证。当前基于逻辑算法的机器人更擅长完成机械性的工作，要想真正像人一样思考，也许只有当机器拥有某种"情感算法"时才能实现吧。

情感很容易被影响

很多因素都能对情感产生很大影响，感知会通过无意识过程直接激发情绪，比如看到美丽的自然风光会让人心情舒畅，听到喜欢的音乐则会让大脑释放多巴胺，带来强烈的愉悦感。认知也会影响情感，比如确认游戏获胜时产生的兴奋。有趣的是，即使是简单的肌肉动作也可以影响情绪，比如握紧拳头会让人振奋，嘴角上扬会缓解失落，而当用户表情紧绷（如眯眼看小字）时也会更难感到愉悦。

在所有因素中，情感对情感的影响尤其巨大。当你看到他人表达出的情感，尤其是面部表情时，你大脑的相应区域也会被激发，进而产生相同的情感，整个过程只需要几秒钟。这种情感的影响甚至不需要真实的人，图片、视频都具有很强的感染力，比如看到在战争中流离失所的人的照片也会让你情绪低落，并影响你之后的行为。在设计中，如果想让人产生特定情绪，可以展示一些表现该情绪的人的照片或视频。

有时，你甚至会将自己代入到对方的处境之中，并感同身受，这被称为**共情**。共情投射的对象不只是人，人对动物甚至机器都能产生共情，比如对宠物的状况感同身受。其实，我们共情的对象是一种"精神模型"，它可能来自真实世界的映射，也可能只是你的想象，这让我们很容易受到"蒙骗"。电影、照片、游戏人物甚至文字都能轻易激发我们的共情——即使这种情感并不存在。在影视或游戏中，当人将情感完全投射到角色上时，这个角色就成为**化身**，使人在不知不觉间"变成"另一个人。对于游戏等可互动媒体，化身还意味着投射了所有的决策能力，当我们能够站在人物的立场思考时，就可以更好地解决游戏中的问题。Jesse Schell 在《游戏设计艺术》中给出了让虚拟角色成为化身的两种有效途径：一是使用用户所向往的角色（如强壮的战士），二是使用白板（符号化角色）。角色身上的细节越少，人就越容易将自己投射到角色上——想想火柴人和颜文字，如图 9-1 所示。

(*^▽^*)   Σ(⊙▽⊙"a   o(T_T)o

开心   惊讶   伤心

图 9-1　颜文字

另外，主动共情的能力因人而异，对于 UX，这需要在对用户深入观察和理解的基础上建立精神模型，并将自己投射其中，这也是 UX 设计师的一项特殊技能。但要注意，对用户想当然的共情只是"伪共情"（即第 3 章所说的"虚假的同理心"），对设计并没什么帮助。当我们可以真正对用户共情，甚至成为用户的化身时，就能更好地发现和解决用户遇到的问题。

只要了解规律，影响情感易如反掌，这也是情感设计的基础所在。

情感的影响力

如前所述，情感对情感具有感染性，这还会带来长远影响。比如与快乐的人在一起，人也可能变成快乐的人；而与轻度抑郁的人住在一起，人也会慢慢变得抑郁 [1]。所谓"近朱者赤，近墨者黑"，就是这个道理。因此，在设计情绪时，不仅要关注个体本身，还要关注他所属的社会群体。

情绪会影响记忆。《认知心理学：理论、研究和应用》指出，人类对积极内容的记忆比消极内容更好，而且对积极内容相关的中性刺激（有趣内容的背景信息，如广告）也会有更准确的回忆。相反，对与消极内容相关的中性刺激则记忆很差——可见对广告商来说，赞助暴力视频是不划算的。另外，人们更容易回忆起与当前情感一致的内容，这被称为**心境一致性**。这种一致性常常产生良性或恶性循环，比如有抑郁倾向的人会想起更多令人难过的事，导致更加抑郁。

情感会影响思维，特别是"模棱两可"的决策过程。Paul Slovic 提出了**情感启发式**，

---

[1]　Howes，M.J.,Hokanson,J.E.,& Loewenstein,D.A.(1985).Induction of depressive affect after prolonged exposure to a mildly depressed individual.Journal of Personality and Social Psychology,49(4):1110-3.

指出人的好恶影响了世界观，进而影响其对事情的看法及相关的决策。比如喜欢某项技术的人更可能认为此项技术更有前途且风险更小，而喜欢某个品牌的人也更可能相信该品牌的产品拥有比其他品牌更好的品质。可见，除了系统 1，情感也无时无刻不影响着决策——谁让系统 2 那么懒惰呢。

情感还会影响视野和创造力。陷入负面情绪的人视野会更加狭窄，以致"一叶障目，不见泰山"，也更容易钻牛角尖。同时，人在悲观或恐惧情绪下会害怕失去，进而寻找安全感，这导致他们对新事物更加多疑和"怀旧"，也更倾向于选择熟悉的事物。可见，负面情绪对人的创造力是不利的。相反，人在心情愉悦时视野更加开阔，更愿意尝试新鲜的事物，创造力也更强。

可见，情感不仅是体验的一部分，其影响还波及体验几乎所有的方面，值得 UX 设计师仔细研究。

情感计算

情感计算是 UX 的一个技术主题，指通过计算机技术使产品具有情感方面能力。David Benyon 在《用户体验设计：HCI、UX 和交互设计指南》一书中将情感计算分成情感识别、情感合成、沟通和唤起情感三个方面。

情感识别指基于（通常是多种）生理信息对人类的情绪做出判断，比如通过瞳孔和心率监测驾驶员的驾驶情绪。这些信息可以是表情、语调、手势、姿势、瞳孔等明显的信息，也可以是呼吸、心率、体温、生物电反应等不明显信息。这里要注意，机器感知与人类感知一样，包括"感"和"知"两个阶段，因而检测到变化（传感）和对情绪归类（信息融合）是两件事，后者被称为"社会信号处理"。情感识别对产品设计过程也有帮助，如通过生物电了解用户在产品使用中的愉悦时刻，以验证产品的体验流是否符合设计师的预期。当然，情感识别也会带来很多隐私和伦理问题，毕竟不是每个人都愿意让机器时刻监控自己的情感。

至于另外两方面，**情感合成**指让产品给人一种"具有感情"的印象，而沟通和唤起情感是让人与产品能进行顺畅的情感互动，并且通过设计来唤起或抑制人的某些情感。这两部分都是 UX 中"情感化设计"的范畴，这个范畴很大，而情感计算只是其中的一种实现方式。

值得注意的是，情感计算不是万能的，它能大幅改善产品与人之间的交互，但通常无法提高自动化的效力，甚至会带来负面影响，比如让重复单一工作的机器能够感觉到无聊和烦躁的情感可不是什么好主意。情感计算也不是要让产品真的拥有情感，而是为了更好地理解人的情感需求并用合适的方式影响人的情感——我们的中心始终是人的体验。正如 Eric Hollnagel 所说："情感计算并不是一个有意义的概念或合理的目标，我们应该做的是让交流更有效，而不是试着实现计算机情感。"[1]

情感评价不可靠

在一项研究中，研究人员让学生评估作业得分好于预期时自己的情绪，并与实际情况进行对比，结果发现学生体验到的喜悦远远少于他们的预期[2]。其他研究也呈现出相似的"情感高估"的结果，即人们大大高估了自己对未来那些快乐和悲伤事件的反应，比如认为发财或找到理想工作会让自己兴奋很长一段时间。这一方面是因为人在评估时过分关注未来事件本身，而忽略了人生中的其他内容，另一方面则是因为人类对情感的内部调解机制——虽然人与人的幸福感之间略有差异，但每个人的幸福感通常会维持不变。

也就是说，人对未来情感的预测非常不可靠，而我们的很多关于未来的重大决策都是基于这些不可靠的情感做出的，这需要我们在决策时格外小心。在设计中，这意味着用户对某个处于概念中的设计的主观评价也是不可靠的。如果用户告诉你，实现某项功能后将会让他非常兴奋或反感，即使他说的是实话，也请不要轻易相信。体验是主观的，但是 UX 绝非主观的设计。相反，越是主观的评价，UX 设计师越要尽可能保持理性。事实上，在为用户设计产品的过程中，UX 设计师往往是团队中最理性的人，因为他们了解人性。

[1] David Benyon. 用户体验设计:HCI、UX 和交互设计指南 [M]. 第 4 版. 李轩涯, 卢苗苗, 计湘婷, 译. 北京: 机械工业出版社 ,2020.
[2] Richard J. Gerrig,Philip G. Zimbardo. 心理学与生活 [M]. 第 19 版. 王垒 等, 译. 北京: 人民邮电出版社 ,2016.

情感的启示

关于情感，UX 设计师至少应该理解：

第一，人是感性生物，情感不仅是一种体验，也对体验的其他方面影响深远——Jonathan Haidt 总结为"感性细节掌控理性大局"[1]。如今，我们的工作和生活越来越多地得到交互系统的支持，这使得理解情感尤为重要，无论是人与产品互动前、互动中还是互动后，情感都是产品设计必须关注的主题。

第二，人类的情感非常容易被影响，心理学的大量理论和情感化设计原则让我们设计人的情感成为可能。在情感的维度上，UX 就是一个通过设计产品来激发人的幸福、快乐、惊喜等积极情绪，减少愤怒、悲伤、焦虑等负面情绪的过程。

第三，具备情感能力是计算机技术发展的重要趋势，以期使产品能够识别、表达、沟通和唤起人类情感，而这需要心理学与 UX 的支持。正如 Benyon 所说："毋庸置疑，我们必须现在就转向心理学家多年以来总结的方向。"

情感

- **情感**
  体验的感性部分，包括情绪和心境；

- **情绪**
  由事件引起的快速出现的主观感受；

- **心境**
  起因复杂且长时间持续的主观感受；

- **共情**
  将自己代入对方的处境之中；

- **化身**
  将情感完全投射到角色身上；

- **心境一致性**
  与当前情感一致的内容更容易回忆；

- **情感启发式**
  人的好恶影响对事物的看法和决策；

- **情感计算**
  通过技术使产品具有情感能力；

- **情感高估**
  未来事件的情感反应被大大高估。

---

[1] Daniel Kahneman. 思考，快与慢 [M]. 胡晓姣,李爱民,何梦莹,译,北京：中信出版社,2012.

第10章

动机

说完"七情"，再来看"六欲"。

感知、认知和情感赋予我们生存的能力，但就像有腿不代表移动，有能力也不足以生存。要移动首先要有目标，而目标来自"我想去那"或"我想离开这"的趋向，这种主动接近或远离的趋向就是**动机**。"活下去"是最基础的动机，没有认知和情感，生命尚能存在，但没有动机，生存也就失去了意义。比如破坏了老鼠与动机相关的神经元，老鼠便失去了食欲，虽然咀嚼和吞咽功能无损，但即使食物近在咫尺，也可能活活饿死。可以说，动机是生命存在与运转的根本，我们的一切行为都源于动机。

动机也是生命和机器最根本的差别，生命是主动的，机器是被动的。一台全自动的机器，即便功能再强大，依然无法工作，必须等待人类输入指令，而这些指令源于人的动机。在动机的维度上，产品可以看作实现人类动机的手段，而交互是产品与人沟通动机的方式。机器是否应该拥有动机不是本书讨论的范畴，UX 设计师关心的是如何设计产品以更好地满足和激发人类复杂的动机——这需要我们首先理解动机。

需求层次

在生物学上，两个亲缘关系很远的物种，由于生存的环境相似而演化出相似结构和能力的现象，被称为"趋同进化"。比如亚洲的穿山甲和南美洲的食蚁兽，为了捕食白蚁而进化出了相似的细长舌头。我们讨论过产品进化的六个层次（第 4 章），有趣的是，如今越来越多的行业都出现了这种"由功能向体验转型"的萌芽，也呈现出趋同的现象。趋同进化源于生物适应相似的环境，产品的生存环境是什么呢？是人类的需求——只有适应人类需求的产品才能生存和发展。也就是说，人类需求在各行业中都遵循了相同的模式。

在有关人类需求的理论中，最著名的是亚伯拉罕·马斯洛提出的**需求层次理论**，他将人类基本的动机总结为五个层次，如图 10-1 所示。通常来说，只有在低层级的需求被满足之后，人们才会追求更高层次的需求，比如极度饥饿的人很难顾及是否受到尊重。如果你将人类需求层次与产品进化层次对比一下，就会发现两者惊人地相似。起初，人们希望产品能用（生理）且可靠（安全），但随着底层的功能性需求被解决，人们开始转向更高层次的体验性需求，对产品的要求也同步提高，如情感化（爱）和贴心（尊重）。显然，产品的趋同进化并非偶然，而是相似的人类需求环境导致的。在任何行业，随着低层次需求得到满足，用户都会对产品提出相似的高层次诉求，也势必催生出 UX 思想。我之前说 UX 是"人吃饱了撑的"的产物，就是这个道理。

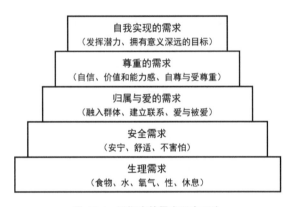

图 10-1　马斯洛的需求层次理论

马斯洛的理论并不能涵盖人类的所有需求，生理和心理需求也没有清晰的界线，因而没必要严格地对号入座，但这种从低到高逐层上升的模式对理解需求很有帮助。这里要注意，产品进化层次是针对产品本身来说的，而需求层次是对人而言的，两者不能完全等同。一件产品可以只针对人的某个需求层次，但产品本身的进化则应尽可能逐层满足。在设计时，应该思考一下你的产品主要是在解决什么层次的问题——是保证用户安全，还是帮助用户与他人建立联系？同时还要思考，是否可以满足更多的需求层次。任何层次都很重要，产品应该尽可能覆盖更多的需求层次。

在马斯洛之后还有很多需求理论，如 Edward Deci 和 Richard Ryan 提出的**自我决定理论**，认为人类在生理需求之外有三大精神需求——胜任（有能力完成工作）、自主（享有选择做事方式的自由）和关联（与他人建立联系）[1]。

---

[1]　Jesse Schell. 游戏设计艺术 [M]. 第 2 版 . 刘嘉俊，杨逸，欧阳立博，陈闻，陆佳琪，译 . 北京 : 电子工业出版社 ,2016.

最后，也最容易被忽略的是，必须确保用户真的认为产品满足了这个需求。"满足需求"是一种主观感受，如果产品满足了需求但用户没有意识到，那依然没什么意义。另一方面，很多需求不必真的得到满足，比如"自主"需求并不意味着让用户为所欲为，而是通过设计给予用户一种"自由感"（第 26 章）。因此，与"让产品满足用户需求"比起来，"设计让人感到满足的产品"可能更贴切一些。

动机的来源

需求理论为我们梳理了动机的各个方面，而动机的另一个维度是来源。动机的来源大体上分两种：**内在动机**源于生物的内驱力、本能和后天学习，而**外在动机**源于诱因，即外部的刺激（奖励或惩罚）。相同的行为可能源于不同的动机，比如一个人为了填饱肚子而吃热狗是内在动机，为了奖金参加大胃王比赛吃热狗则是外在动机。当然，无论是外在还是内在动机，都是人的意愿。比如内、外动机的两个人都可以说"我想画画"，但出于内在动机的人是真的想画画，而外在动机的人真正想要的是画画的奖励，一旦没有奖励也便不会画画了。也就是说，外在动机引发的行为是手段，而内在动机引发的行为既是手段也是目的——前者享受结果，后者则对过程和结果都很享受。

动机来源的二元论很好记，但在现实中动机的内外界线却并不清晰。参加大胃王比赛是因为奖金的外在动机，还是因为希望证明自我价值的内在动机，抑或是两者皆有？由此产生了更复杂的动机来源理论，将外在动机拆分成四种（见图 10-2），其中内在动机的占比逐渐提高。

图 10-2　动机的五种来源 [1]

---

[1]　Jesse Schell. 游戏设计艺术 [M]. 第 2 版 . 刘嘉俊 , 杨逸 , 欧阳立博 , 陈闻 , 陆佳琪 , 译 . 北京 : 电子工业出版社 ,2016.

人做事的动机不是固定不变的，内外动机可能相互转化。在一项研究中 [1]，研究人员让两组孩子画画，"有奖组" 的孩子每画一幅画会收到一份奖励，"无奖组" 则没有。猜一猜哪一组画的多？没错，有奖组画的最多，但是这些画的质量却不高，也不够有趣，因为比起画他们更在意奖励。更惊人的是，时间到了之后，研究人员让孩子原地等待，然后离开房间，结果无奖组的孩子很自然地继续画画，有奖组的孩子则扔掉画笔，就那样干坐在地上。这个实验揭示出一个重要的现象：给基于内在动机的事情加上外在动机，反而会抽走内在动机，造成 "动机外化"。在设计中，使用奖励是激励用户行为的有效手段，但必须非常小心，一旦过多的奖励（如盲目的烧钱推广）抽走了用户的内在动机，那么当奖励停止时，用户便不会再继续使用产品了。此外，UX 中有个方向叫 "游戏化"（第 33 章），指使用游戏思想重构生活和工作，是一个强化内在动机的过程。有人认为给任务增加点积分、勋章、排行榜就是游戏化，但游戏化远不是这么简单，就像画画实验一样，盲目提供外部奖励可能造成动机外化，这与游戏化的初衷显然是背道而驰的。

动机的影响因素

虽然人类的基本动机大致相同，但具体的行动意愿却是很多因素共同影响之下的产物。

期望理论认为人的动机水平是期望、有效性和效价的乘积。期望是对完成特定任务的可能性的估计，有效性指对这个任务与特定结果间关联性的估计，效价则指这个结果的主观价值。比如游戏玩家打某个怪物的动机，取决于打赢这个怪物的难度（期望）、打赢获得装备的概率（有效性）和装备的价值（效价）。如果三个数值有一个很低，如怪物很难打或装备对自己没什么用，则人的动机就会很低。这一理论在组织管理中非常重要，要激发员工的工作热情，管理者一定要确保业绩实现难度、业绩与结果的联系和结果吸引力都保持在合理的水平。

另一方面，动机也受到人对外部世界主观解释的影响。无论期望、有效性还是效价都是人的主观判断，如果人没有意识到行为可能带来的奖励，那么无论奖赏多么丰厚都不可能产生动机。同时，你记忆中的知识和经验，以及你的信念、态度、价值观等也都会影响你对成功率和结果价值的衡量。此外，**归因理论**认为人对事件

---

[1]   Jesse Schell. 游戏设计艺术 [M]. 第 2 版 . 刘嘉俊，杨逸，欧阳立博，陈闻，陆佳琪，译 . 北京：电子工业
         出版社 ,2016.

原因解释方式的不同往往对动机产生很大影响。同样是工作绩效差，有的人会归因于内在特质，如"我的工作不够努力"，而有的人会归因于外部环境，如"领导评绩效时有所偏袒"。这些对结果原因的认知影响了动机和行为，认为自己不够努力的人很可能更加努力，而认为领导偏袒的人可能放弃努力。

最后，动机还受到情感的影响。这一点不难理解，例如人在高兴时会有更强烈的冒险意愿，而对归属与爱的基本需求本身就与情感密不可分。可见，感知、认知、情感、动机与行为间存在复杂的相互影响，需要我们系统性地加以理解。

激励：如何提高动机

如何提高人的动机，以激励其完成特定的行为，是 UX 的一个重要主题。我在这里简要列举一些提高动机的方法。

让目标看起来更近

离目标越近，动机越强，这被称为**目标趋近效应**[1]。一张饮品买 3 送 1 的空白积分卡，与一张买 5 送 1 但已经勾了 2 杯（随便你找什么理由）的积分卡，尽管都需要再买 3 杯，但后者对顾客的激励作用要强得多。

小进步与掌控感

我们刚讨论过"伪游戏化"，现在来看看真正游戏化的例子。人喜欢进步和掌控的感觉。很多人在现实工作中懒懒散散，但在网络游戏中却勤勤恳恳，一个重要的原因是游戏中个人的每一分努力都是可见的（如杀死一个敌人增加 12 点经验），且当前水平和与目标的距离也非常清晰（如当前 5 级，距 6 级还差 782 点经验，已完成 56%）。即使是很小的进步，如果可见也能带来强大的激励效果，而对成长的掌控感也会激励人的持续努力。很多学习类网站的进度条和关卡地图就使用了这两个策略。反过来说，现实中很多员工懒散的根本原因是看不到努力的成果和上升进度（甚至没有清晰的上升通道），导致动机弱化——这也是一个表面归咎于人，实则源于设计的问题。

---

[1]　Susan Weinschenk. 设计师要懂心理学 [M]. 徐佳，马迪，余盈亿，译. 北京：人民邮电出版社，2013.

机会与确定

Daniel Kahneman 在《思考，快与慢》中指出，人会高估小概率事件和确定性事件的价值，这被称为**可能性效应**和**确定性效应**，比如有一个奖金 100 元的抽奖活动，选择如下：

A. 支付 2 元将获奖概率从 0% 提高到 1%；

B. 支付 2 元将获奖概率从 50% 提高到 51%；

C. 支付 2 元将获奖概率从 99% 提高到 100%。

三个选项中，奖金的期望值都提高了 1 元，但显然，A 和 C 的诱惑力要比 B 大得多。尽管从数学上看花 2 元并不划算，但在 A 中你得到了一个"机会"，而在 C 中你让获奖得以"确定"（否则万一抽到那 1% 你将一无所有）。人们对机会和确定有着非常强烈的动机，愿意支付超额的费用，买彩票就是一个很好的例子。只要头奖具有足够的诱惑力，微乎其微的概率就会被忽略掉，重要的是一个获取巨大财富的机会，而由此产生的主观与实际价值的差值也为彩票活动的组织者带来了获利的空间。

未知与短信息

人的大脑会分泌多巴胺，这是一种增强人类多方面动机、驱使人去追求信息和满足感的物质。当一件事能够刺激多巴胺分泌，但其带来的满足感不足以抵偿人的欲望时，人会继续追寻，从而陷入"多巴胺循环"，无法自拔[1]。未知之事（如掷骰子、开盲盒、抽卡）是促进多巴胺分泌的一种强力刺激，给予人强大的参与动机，如果参与结果无法抵偿欲望，人便会继续参与下去，最终上瘾——加之人们愿意为"机会"支付超额价值，在这些事上花费大量金钱也就不奇怪了。同时，过于简短的信息无法满足多巴胺对更多信息的需求，此时如果给人提供便捷的信息获取途径（如简单的手指滑动切换），就会使人继续浏览但依然无法满足，最终导致人一条接一条地浏览下去，无法自拔——140 字的微博和 15 秒的短视频就是利用了这一点，从而让人们在 App 上消耗掉大量的时间。

[1] Susan Weinschenk. 设计师要懂心理学 [M]. 徐佳，马迪，余盈亿，译. 北京：人民邮电出版社，2013.

动机的启示

关于动机，UX 设计师至少应该理解：

第一，人类的动机非常复杂，且与情感和认知等相互作用，因而在设计时必须慎之又慎，深入研究，不能想当然。正如 Jesse Schell 在《游戏设计艺术》中所说："要警惕有些人，他们会跟你说人类的动机实在简单透顶，但你若忽视其复杂性，后果自负。"

第二，产品可以看作实现人类动机的手段，当我们理解动机产生的机理，就能够更好地满足和激发动机，同时还有大量可用的动机提升手段可供选择，需要我们平时多做积累和应用。

第三，如我们所见，通过对员工动机的设计可以提升组织绩效。当我们将组织看作系统，将组织内的人看作用户时，组织管理也可以看作一种体验设计——管理学也是 UX 的应用领域。

动机

- **动机**
  主动接近或远离的倾向；

- **马斯洛需求层次**
  人类有五种层次的基本动机；

- **自我决定理论**
  胜任、自主、关联三大精神需求；

- **内在动机**
  源于内驱力、本能和后天学习；

- **外在动机**
  源于外部的奖励或惩罚；

- **动机外化**
  外在动机抽走原有内在动机的现象；

- **游戏化**
  利用游戏思想重构生活和工作；

- **期望理论**
  期望、有效性和效价决定动机水平；

- **归因理论**
  对结果解释的方式不同会影响动机；

- **目标趋近效应**
  离目标越近，动机越强；

- **可能性效应**
  高估小概率事件的价值；

- **确定性效应**
  高估确定性事件的价值；

- **多巴胺循环**
  欲望一直大于满足感而深陷其中。

第11章

行为

　　动机是一种行动趋向，当这种趋向达到一定水平就会转化为行动目标，进而诱发真实的行为以达成这个目标。比如你在玩游戏，觉得有些口渴，此时你有了"解渴"的动机，但因动机水平较低而没有行动。随着口渴感愈发强烈，动机逐渐提高，最终让你决定停止游戏去解渴（实现目标）。我们都熟悉之后的事情，拿起杯子—倒水—喝水，但我们是为何去做这些动作，又是如何做到的呢？从目标到行为的过程中究竟发生了什么神奇的事情呢？

行动七阶段模型

　　为了说明行为是如何发生的，Donald Arthur Norman 在《设计心理学 1：日常的设计》一书中提出了**行动七阶段模型**。行为有执行和评估两个主要过程。人在目标阶段（确立行动目标，如解渴）的基础上，执行动作并对外部世界产生影响，而后根据影响的结果评估目标的达成情况，若未达成则继续新一轮的"执行—评估"，持续循环，直到目标达成——眼熟吗？我们在讨论流程时称这个模式为"迭代"。

　　执行过程分为三个阶段。计划阶段确定行动方案，比如为了解渴，我可以喝水、喝咖啡或喝啤酒。而后，在确认阶段要确定行动顺序，比如为了喝水，我可以抓住水杯—端杯—喝水，或是叫朋友拿一杯水。最后的执行阶段则是完成伸手、抓杯、拿起、喝水的各项动作。随后进入的评估过程同样分为三个阶段。感知阶段将外部世界的信息传递给你的大脑，如胃部的感觉。诠释阶段是对行为结果的理解，如水确实喝下。最后在对比阶段将行动方案（喝一杯水）与现状（喝了一杯水）进行对比，若有差距，则制定调整计划，并按以上各阶段的顺序继续完成执行和评估，直到计划得到满足。

行动七阶段与设计三层次（第2章）存在对应关系，如图11-1所示。计划和对比处于反思层次，确认（行动顺序）和诠释（行动结果）处于行为层次，而执行和感知处于本能层次。

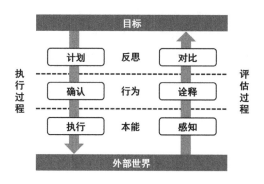

图 11-1　行动七阶段模型

需要注意的是，执行和评估过程并非左右对应，事实上，评估发生在各个层面：目标（解渴了吗）、计划（喝水了吗）、确认（拿起杯子了吗）、执行（手是向杯子的方向移动了吗）。此外，计划的方案可能有多个层次，如"喝杯水"的方案可能要分解为烧水、倒水、喝水等子方案，进而为每个子方案确认行动顺序。加之单一行为不能满足大多数活动的需要，因而每项活动都存在大大小小的"执行—评估"环。在设计时，首先要搞清楚用户的根本目标，找到最大的环，然后仔细分析计划阶段的所有可能方案及子方案。值得注意的是，基本需求层次（第10章）并不一定是根本需求，比如口渴也可能由更深层次的问题引发。我们需要使用根本原因分析（第14章），不断问"为什么"，直到找到行为要解决的根本问题。

鸿沟与交互设计

Norman 在行动七阶段模型的基础上提出了**鸿沟**的概念。执行和评估都需要信息，比如哪里可以点击（执行信息）或点击是否成功（评估信息），如果产品没有提供足够的信息，用户与外部世界就产生了鸿沟。鸿沟会出现在任意一组相邻阶段之间，一旦出现，用户便会感到困惑，进而导致行为中断或错误操作。因此，帮助用户消除执行的鸿沟和评估的鸿沟是 UX 设计师的重要任务。

所谓"交互"必须是有来有回的，在行为层次上，就是执行和评估。交互设计主要关注行为层次的设计（第2章），可以说七阶段模型为交互设计提供了一套完整的思考框架。我们曾说交互关注的核心之一是产品的信息层（第5章），而设计"信息流动"的一个核心目的就是填补行为的两个鸿沟。事实上，大部分交互设计原则都是为此而生的，比如使用示能、意符、约束、映射和概念模型以消除执行的鸿沟，而使用反馈和概念模型以消除评价的鸿沟，我会在本书的第 5 部分介绍这些原则。

尽管行为不必按顺序经历所有阶段，七阶段也无法解释所有行为，但这个模型还是为交互和体验的设计提供了很好的指导。很多人执着于创造全新产品，然而，大多数卓越的创新都源于对现有产品的逐步改进。稍加留心，你会发现鸿沟几乎随处可见，而无论是执行的鸿沟还是评估的鸿沟，都是改进产品的大好机会。UX 设计师要培养敏锐的洞察能力，当产品的鸿沟都被发现并优化时，你会发现你的产品已经焕然一新——这就是质变的力量。

行为无意识

还记得本部分开头那个摆动手指的实验吗？我们说不清指挥手指的过程，是因为这些动作并非受控于我们的意识——在行为的七阶段中，大部分时候都是由无意识主导的。

先来看本能层次的感知与执行。这两个阶段我们能知晓其结果，却无法体验其过程——与此相关的概念是具身认知（第 8 章），即我们的身体也参与了认知过程。当我们使用球拍击球时，无论是获取球的落点，还是挥动球拍击球，都是由身体帮我们直接处理了，我们有的通常只是将球向某个方向击打的意图。我们依靠的不是精确的计算和控制，而是"手感"，这种感觉就来自无意识过程。

行为层次是交互设计的核心，这里的确认和诠释大部分时候也是无意识的。这一方面是因为我们的系统 1 提供了关于操作方式和行为结果的直觉判断，让我们可以"自然地"完成计划的行为（第 8 章）。另一方面是因为**过度学习**。我们通常在第一次做动作时集中注意力，但随着动作因反复而愈发熟练，我们投入的注意力也越来越少，最终表现为毫不费力，似乎身体能自动完成(但仍存在注意力损耗,见第 7 章)。我们在喝水前通常不会有意识地拆解详细动作，也不会逐个思考行为结果，而是"自然而然"就完成了，这就是一种过度学习。

不仅如此，我们对反思的三个阶段也可能浑然不觉。回想一下你每天回家的过程，是不是有过"不知不觉就到家了"的经历？这是因为整个活动都被过度学习了。通常来说，只有遇到新问题或碰到某种僵局导致正常行为被打破时，我们才会在行为中投入意识。

总的来说，行为无意识机制帮了我们大忙，使我们得以将主要精力放在更高层次的计划上。不过，行为无意识也往往导致人们自以为做的和实际做的并不一致。当你询问用户如何使用产品时，他们会自信满满地描述行为，甚至还会解释行动原因。但当你观察他们的实际行为，却经常发现他们做的与说的完全不同。正如 Norman 所说，当你问为什么时，用户会说这次的行为有点儿特殊，"结果，许多事情都是'特殊'的"。这不仅强调了观察和用户测试的重要性，也暗示出系统必须具备足够的容错能力，以应对那些我们没有考虑到的特殊操作。

行为学习：从经典条件反射说起

你是否经历过"手机强迫症"——不看手机就觉得难受，总是时不时拿起手机查看，哪怕并没有什么消息？有时候，你甚至有意识地告诫自己不要去碰手机，但还是经常不由自主地查看。这种匪夷所思的行为是从何而来的呢？

手机强迫是一种长期行为，七阶段模型虽然在分析即时行为时很有效，却很难解释长期行为的学习过程——这需要行为心理学的帮助。行为心理学认为意识过于主观，只有可观察的行为才有价值。尽管有些偏激，但其有效地解释了行为的习得过程。其中最有名的两个理论估计你也有所耳闻——经典条件反射和操作性条件反射。

巴甫洛夫曾做过一个著名的"狗流口水"实验。首先，狗看到食物流口水，听到铃声不流口水。此后，每次给食物时都摇铃，反复多次后，狗就将铃声和食物建立了联系，即使没有食物，听到铃声也会流口水。这种将先天诱发反应的刺激（食物）和不能诱发反应的刺激（铃声）建立联系，使后者可以直接诱发反应的学习方式被称为**经典条件反射**。

在设计中，当你希望将产品与某种特性相联系时，经常会用到经典条件反射。广告商尤其精于此道，比如饮料不会给人带来兴奋感，但体育赛事可以，如果在广告中让饮料与体育赛事同时出现，经过反复训练，大众就会将两者相联系，进而在只看到饮料时也会有兴奋的感觉。经典条件反射也是品牌设计（第 30 章）的基础，因为品牌设计本质上就是一门在心智中将产品与一个词语联系起来的艺术。

要形成有效的经典条件反射，需要几个条件，以狗流口水为例：

- 食物和铃声的出现必须在时间上接近，铃声之后马上出现食物（称为延迟条件反射）最为有效；

- 铃声必须能预期食物的出现，即有铃声必有食物（接近且有预测关系被称为相倚），如果铃声有时准有时不准，就会像"狼来了"的故事一样，让人难以对铃声产生反应；
- 铃声必须能够提供信息，如果已经建立了灯光与流口水的条件反射，此时在灯光基础上增加铃声，铃声就很难建立反射，因为铃声并没有在灯光之外提供任何有用的信息——预告信息有一个就够了。

当我们试图建立联系时，必须遵循相倚原则和信息性原则。这些原则甚至奠定了部分品牌设计原则的基础，我们会在第 30 章做进一步探讨。

条件刺激不一定是实物，也可能是活动或环境。比如，人在自然环境中感到放松，因而对绿色建立了反射，这就是色彩心理学中绿色环境会让人感到放松背后的逻辑。另外，这也解释了为什么有人一进课堂或会议室就犯困——他们对这些空间及活动建立了反射。要想在一开始就避免建立反射，可以频繁切换条件刺激（如教室）或降低刺激的预测性（如穿插一些讲课有趣的老师）等。

因此，作为 UX 设计师，除了学会如何建立经典条件反射，还要善于发现并利用人们已经形成的反射，并努力避免负面反射的产生。

行为学习：操作性条件反射

经典条件反射学习的是刺激间的联系，我们还会学习"行为与结果间的关系"。比如，一个人因闯红灯被罚款后，就会减少闯红灯的行为。这种未来行为因先前行为结果的好坏而增减的现象，被称为**操作性条件反射**。这套理论比较复杂，这里主要解释建立操作性条件反射的四种方式：正强化、负强化、正惩罚、负惩罚，如表 11-1 所示。

表 11-1　操作性条件反射的四种方式

	强化 增加行为出现的可能性	惩罚 减少行为出现的可能性
正	**正强化**：积极刺激出现 例：成绩好奖励小红花	**正惩罚**：消极刺激出现 例：淘气后挨打
负	**负强化**：消极刺激解除 例：成绩好不用挨打	**负惩罚**：积极刺激解除 例：淘气后摘掉小红花

通过这四种方式，我们可以增加或减少行为出现的可能性。这些方式也经常被混合使用，比如对违反比赛规则的人罚款（正惩罚）并取消领奖资格（负惩罚）。在设计中，当我们希望增加或减少某种用户行为时，就是在建立操作性条件反射，因而也必须遵从相关规则。

用以影响行为的刺激被称为**强化物**。强化物有积极、消极和中性三类。这里的要点是强化物的性质不是绝对的，比如有人看重金钱，有人则不然，食物对饥饿的人是积极刺激，对刚吃饱的人却可能是中性刺激。因此，强化物不是何时或对谁都有效的，要想改变行为，首先应该理解要改变对象的价值观、好恶、文化等（什么是用户真正需要的），以便选用正确的强化物。

当关联性消失时，经典条件反射和操作性条件反射会逐渐减弱直至消失，这种现象被称为**消退**。但条件反射的影响比我们想象的要深远得多，当消退发生一段时间后，尽管达不到先前的强度，但会出现反射的**自发恢复**。

这里需要注意建立条件反射与提高动机的区别。尽管行为最终都源于动机，但建立条件反射并非在提高动机，而是一种自发行为模式的养成。条件反射的动机埋藏得更深，一旦习得几乎都处于意识之外，比如你能意识到口渴的动机，但对于"想看手机信息"的动机通常只能通过对下意识看手机行为的反推才能意识得到。对设计来说，我们需要理解建立条件反射能够有效激发用户行为，且与单纯提高动机相比，条件反射的反应更快，影响也更深远，因而能用时应该尽量使用。当然，两者结合，效果更佳。

行为学习：强化程序表

操作性条件反射中对设计很有价值的一个发现是**强化程序表**，其揭示出不同的强化模式对行为的影响力存在很大差异。操作性条件反射中的行为结果必须只能由该行为引发，但并不需要在每次行为后都出现，即时有时无的强化物也能形成操作性条件反射。有趣的是，这种"部分强化"不仅不比连续强化的效果差，甚至比连续强化拥有更强的抵抗行为消退的能力（这被称为**部分强化效应**）。

部分强化有四种类型，这些类型会引发不同的行为模式（见图11-2）。

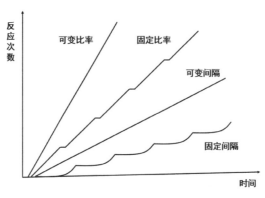

图 11-2　部分强化的四种类型

固定比率指每隔固定的行为次数给予刺激，如每点击 3 次给一个红包。固定频率的反应速率很高，且每次获得强化后会有一个停顿。这并不难理解，行为次数与收益成正比促进了连续行为，而每 N 次得收益的模式就像一个个小目标，在目标达成时我们都会"喘口气"。

可变比率指给予刺激需要的行为次数不同，但平均次数固定，如点击 1~5 次（平均每 3 次）给一个红包。四种模式中，可变比率反应速率最高，持续不停，且抗消退能力也最强——次数的不确定带来了"下次应该有收益"的期望，导致了接连不断的行为。

固定间隔指对经过固定时间后的行为给予刺激，如每 10 秒后点击给一个红包。由于行为频率与收益不相关，强化作用明显降低，而时间的可预期性使得只有在时间快到时才开始反应。

可变间隔则是给予刺激需要的时间可变但平均时间固定，如每 1~20 秒后点击（平均每 10 秒）给一个红包。也就是说，相同时间内的预期收益是固定的，行为次数的增加并不会带来更多的收益。因此，虽然反应也持续不停，但频率比可变比率要低很多。持续的行为并非为了增加收益，而是怕浪费了时间而导致收益达不到预期。

因此，如果你希望获得用户的持续行为，应该在明确目标行为的基础上尽可能使用可变比率。赌博就充分利用了可变比率，你不知道哪次会赢，但知道次数够多就一定会赢，这导致了高频的下注行为——你总觉得下次就能赢。

还记得开头提到的手机强迫症吗？为什么你难以控制自己不看手机？让我们看看发生了什么：你知道隔一段时间就会收到消息，但收到消息的时间却不确定。是的，你经历了可变间隔强化，这导致了持续不断的看手机行为。如果排行第三的可变间隔都如此难控制，我们也就不难理解为何可变比率的赌博会让那么多人无法自拔直至倾家荡产了。

行为学习：习惯与适应

当习得行为持续很长时间，会出现习惯和行为适应。**习惯**指长时间重复行为而养成的生活方式。Susan Weinschenk 在《设计师要懂心理学》中指出，人要养成习惯平均需要 66 天，具体从 18 到 254 天不等，且行为越复杂，越难形成习惯。要想养成习惯，必须确保行为的连续。间断次数过多，或单次间隔时间过长都会阻碍习惯的养成，因此要想让用户养成登录 App 的习惯，记得给他们一个每天登录的理由，比如足够有诱惑力的签到奖励。

另一方面，**行为适应**指产品长期使用带来的用户行为的无意识调整，这种产品对行为的间接影响往往使产品的实际应用达不到预期的效果。比如如果人们购买了火灾险，防火意识就会降低，从而增加了火灾发生的概率。而当汽车安装了自动防撞等安全系统后，人们危险驾驶的频率也往往随之增加，进而大幅削弱了行驶的安全性。行为适应现象非常普遍，忽视其存在除了任其滋生降低产品效果，也会导致对产品未来价值的重大偏见。UX 设计师必须关注用户的适应行为，减少评估偏见，并通过设计尽可能弱化行为适应及其影响。

身体是行为之本

下面来看看行为的生理基础——身体。

人的行为有**生理限制**，比如胳膊的长度或关节的转动角度，因而设计时必须确保产品没有超出动作的物理局限——这是可用性的关注重点。即使是虚拟的互联网产品也不能忽视生理限制，因为人要用手来操作屏幕。例如，将重要的控制图标放在屏幕左上角就不是个好主意，因为大多数人是右撇子，而左上角已经超出了右手拇指的活动范围。有人会将左上角定义为"拇指不方便够到的区域"，但对可用性来说，只有能与不能，"不方便"就是不合理，也就应该优化。显然，复杂实体产品要考虑的身体范围比手机要大得多，人机工程学在这方面做了大量工作，你可以根据需要扩展相关知识。此外，在数据的获取方面，我们有很多收集行为和身体数据的方法，如使用手环获取运动信息、通过座椅的压力传感器获取坐姿信息等。

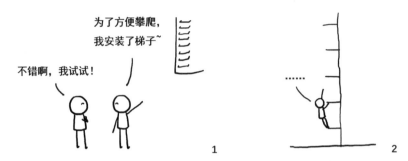

身体语言也是沟通的重要手段，特别是手势。人天生会用手势，这使得手势控制在设计中很常用。但要注意，不是任何场景都适合使用手势，更不是随便编一套动作就万事大吉了——那些特殊的手势用户根本记不住。用户喜欢的是"自然的手势"，比如向左滑动屏幕翻页，因为在现实中我们也是这样翻书的。相反，如果你非要用画圆的手势来翻页，用户是不会买账的。手势控制最难之处不在于技术，而是设计合适的手势，我们应尽可能使用自然的手势（关于"自然设计"的更多内容见第 24 章），并确保项目为设计手势和测试手势效果预留了足够的时间。

此外，身体动作还会影响情感和认知。比如嘴角上扬可以改善心情，而手势能帮人更好地思考问题（具身认知）——这要求我们在设计体验时充分考虑用户使用产品时的肢体运动。

行为的启示

关于行为，UX 设计师至少应该理解：

第一，在设计用户行为时使用行动七阶段模型是非常有价值的。不仅如此，"执行—评估"循环的思想也暗示了很多道理，如迭代思维，无论是设计产品还是制定战略，我们都应该借鉴这一经得起漫长生物进化历练的模式。对于技术，这意味着依靠严格的控制逻辑很难实现像生物一样的灵活性，更好的方式是通过一系列细微的执行和评估过程对真实环境做出动态的反应。

第二，行为远比很多人想象的要复杂，特别是大量无意识的部分，这导致用户对自身行为的描述非常不可靠，应谨慎使用。

第三，行为学习理论不仅为我们改变用户行为提供了指导，也为品牌设计奠定了理论基础。

第四，设计正在超越键盘、鼠标、触控屏等形式，随着交互行为的日益复杂，人的身体正在日益成为一个至关重要的设计因素。

第五，教育的本质是设计孩子的学习体验（情感、记忆、思维、动机）并塑造孩子行为，因而是 UX 如假包换的应用领域，教师、家长和学生都可以从 UX 思想中获益。

行为

- **行为七阶段模型**
  人与世界的互动有七个阶段；

- **鸿沟**
  产品未对执行和评估提供足够信息；

- **行为无意识**
  行为大部分时候由无意识主导；

- **过度学习**
  行为因大量反复而自然发生；

- **经典条件反射**
  使非先天诱发反应的刺激诱发反应；

- **操作性条件反射**
  未来行为因行为结果的好坏而增减；

- **强化**
  用正强化和负强化促进行为；

- **惩罚**
  用正惩罚和负惩罚抑制行为；

- **消退**
  关联性消失导致条件反射逐渐消失；

- **自发恢复**
  消退一段时间后条件反射再次出现；

- **部分强化效应**
  部分强化比连续强化更能抵抗消退；

- **强化程序表**
  固定 / 可变比率，固定 / 可变间隔；

- **习惯**
  长时间重复行为而养成的生活方式；

- **行为适应**
  长时间使用带来的无意识行为调整；

- **行为的生理限制**
  人的动作存在物理局限；

- **自然的手势**
  人喜欢与现实中相似的手势。

第12章

社会心理学

现在我们对人类的"个体"已经有了比较全面的认识，最后看一下人的社会性。人是社会动物，在工作和生活中都与他人保持着千丝万缕的联系。在马斯洛需求层次中（第 10 章），归属与爱、尊重等基本需求都与社交有关。这些社会因素以各种微妙的方式影响着我们的态度与行为，对体验和设计的影响不容小觑。在这一维度上，与 UX 交叉的学科包括心理学、社会学、人类学等，我们在这里主要讨论社会心理学。

社会心理学关心认知、情感、动机和行为如何受人与人之间相互作用的影响。社会的影响力非常巨大，当我们把前几章的主题放在社会情境之中时，可能就会变成另一个故事了。为了帮你理解这种力量，让我们先来看几个著名的心理学实验。

社会情境的力量

社会角色

我们每天都扮演着很多角色，比如在父母面前我们是"孩子"，在孩子面前我们是"父母"，在老师面前我们是"学生"。**社会角色**指由社会界定的，在某个社会情境中人应该遵循的行为模式。社会角色会带来个人行为的巨大改变，其经典案例莫过于著名的斯坦福监狱实验。在实验中，研究人员选择了一些遵纪守法的大学生志愿者，并将他们通过掷硬币的方式随机分配给狱警角色和囚犯角色。随后，这些人被带到斯坦福监狱，狱警每天轮流上班，而囚犯则 24 小时待在监狱。随着实验的进行，"狱警"逐渐变得盛气凌人，有些甚至暴虐成性，他们开始通过剥夺基本权利、体罚、禁闭等方式折磨"囚犯"，而"囚犯"们也逐渐变得思维混乱甚至严重抑郁。由于实验的发展过于可怕，原本计划进行两周的实验仅仅进行了 6 天就被迫叫停。

斯坦福监狱实验引发了很多道德上的争议，但也揭示出社会角色的巨大影响。同一个人处在不同的社会角色中，态度和行为可能完全不同。在设计中，我们应该首先确定产品目标用户的社会角色，并在该角色下进行观察、设计和测试工作。此外，群体中还有很多关于角色应该如何行动的**社会规范**，如服务员应该热情而有礼，并时刻准备回应顾客的要求。如果我们希望产品能够充分融入用户的社会生活，就必须弄清产品使用情境中的社会规范，并让产品遵循这些规范。

从众

人在群体中会有采纳其他人想法和行为的倾向，这种现象被称为**从众**。从众有两种原因，一个是**信息性影响**，指人们希望在不熟悉的环境中准确行动（希望获得正确的信息）。比如遇到岔路，在你前边的人都走了左边，而右边没人走，你会选择哪一条？如果你直接跟着大家走了左边，那你就受到了信息性影响。使用信息性影响改变行为的例子比比皆是，一个最常见的例子是在网购商品上增加诸如"有156人已购买了该商品"会激发对该商品更多的浏览和购买行为。

另一个原因是**规范性影响**，指人们希望被别人喜欢、认可和支持。人们不希望显得不合群，因而往往会遵从大家的意见。心理学家 Solomon E. Asch 曾做过一个著名的实验，让由 6~8 名学生组成的小组回答类似图 12-1 所示的简单问题：

哪条线与左侧的线一样长？

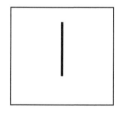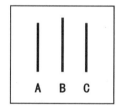

图 12-1 Asch 实验的问题示例

事实上，这些学生中只有一位是参与者，其他人都是事先安排好的"托儿"，他们会先正确回答三轮问题，然后在第四轮问题中一致地回答错误。尽管参与者感到十分困惑，但大部分参与者最终都屈从于多数人，选择了那个明显错误的答案。从众的力量是如此强大，即使人们知道不该这么做，但也往往不敢提出自己的意见。Asch 还发现，并非所有人都会从众，大约有 1/4 的人一贯坚持独立，也有 1/4 总是从众。另外，如果群体中的其他人有一个给出正确答案，从众的概率就会急剧减少。Asch

的实验解释了为何组织中的人们会对重大问题视而不见，也揭示出拥有独立性的人（UX 设计师也应该是这样的人）对组织的重要价值。

群体决策

在群体决策中有两种现象，一种是**群体极化**，指群体倾向于做出比个体更加极端的决策。比如你和几个朋友都喜欢一本书，在一起讨论时你们的想法会互相强化，进而变得更加喜欢。群体极化的现象在网络时代非常普遍，由于网络的便利性，有相同偏好的人很容易聚在一起形成社区，随后社区内产生的群体极化会使成员的原有想法更加偏激，最终形成一个个封闭的小圈子。另一种现象是**群体思维**，指群体决策倾向于过滤掉相反意见使其保持一致，尤其是保持与领导想法一致。

在设计决策过程中，群体极化和群体思维会导致团队固执地坚信错误的想法，UX 设计师必须保持警惕并在必要时进行纠正，特别是在领导的思路出现偏差时要敢于指出（相关的沟通技巧我会在第 39 章讨论）。此外，这也提醒我们要谨慎对待焦点小组的讨论结果。

服从权威

Asch 的学生 Stanley Milgram 做过一个著名的电击实验。研究人员身穿白色制服扮演权威专家，他们告诉志愿者正在进行一项关于记忆的研究，志愿者作为"老师"要帮助隔壁房间的"学生"学习（实际并不存在这个学生）。如果学习过程中学生出现错误，志愿者就要遵照"专家"的要求通过一台仪器给予电击惩罚。随着错误的增加，电击从 15V 逐渐增加至 450V，隔壁房间传来的声音也会越来越痛苦，直到哀求和呼救。但是，"专家"会不断解释电击的必要性并要求继续提高电压。

在实验前，Milgram 请 40 位精神病医生预测结果，他们认为大部分人不会施加超过 150V 的电击（这显然已经是很危险的电压了）。但结果却让人大跌眼镜：没有人在 300V 之前停止电击，且 65% 的人都达到了最高的 450V！这项实验带来了很多道德上的讨论，但也揭示出权威的可怕影响力。在组织中，这意味着群体决策产生的错误即使被意识到，也很可能被忠实地执行下去——很多糟糕的产品就是这样诞生的。

现在我们已经一瞥社会情境的力量，这也让我们得以利用社会情境影响人的行为。同时，我们可以通过改变人的态度来影响其行为。

态度与说服

我们每天都在对各种人、事物和观点等进行评价，比如"他人品不错""这家餐厅的服务不好"，这种积极或消极的评价就是**态度**。态度会带来行为的巨大差异，因而为达成目标，我们经常会去努力改变别人的态度，这个过程被称为**说服**。

精细可能性模型

让我们先来看一个经典说服模型——精细可能性模型。该模型指出人们在认知中可能精心或不精心地考虑说服信息，由此产生了两种说服路径。中心路径指仔细思考说服性意见，根据论据强弱决定是否采纳（高精细化），而外周路径则不怎么集中注意，仅凭一些表面信息思考（低精细化）。结合一下我们在认知（第8章）中的讨论不难理解，中心路径是系统2主导的，而外周路径是系统1主导的，这导致我们能用外周的时候肯定不用中心，因而也很容易被各种表面现象迷惑。例如，广告商会花重金请明星代言产品，就是为了避免你去认真思考——因为一旦系统1被说服，系统2一定会偷懒。摆清事实讲道理很重要，但利用系统1或两者结合往往更加有效。对UX来说，我们更关注如何利用低精细化模式潜移默化地影响人们的态度。

自我说服

人会自我说服，我们可以通过促进这一过程来说服他人。当人们的行为与信念不一致时，或当他们遇到和已有信念相冲突的新信息时，会出现不适感，这被称为**认知失调**。认知失调会激发人去减少失调，且失调的程度越大，保持一致的动机就越强烈。比如你不听朋友的建议买了件衣服，为了减少这种失调，你会努力发掘和强调这件衣服的优点（或者干脆否定你的朋友）。在设计中，我们可以在消费者刚刚购买后提供一些对该产品的积极评价，以弱化购买后可能出现的失调感，从而降低退货的可能性——如果人无法说服自己，那么很可能改变行为以确保一致。

另一方面，**自我知觉理论**指出人往往根据当前和过去与一件事相关的行为来反推对它的态度。比如被问到是否喜欢跑步时，人们可能说"喜欢啊，我最近经常跑步，我还特意买了双跑鞋"——显然，我们并非深入思考喜好，而是对行为做了一下总结。本质上说，自我知觉和认知失调都是人在努力使认知和行为保持一致，只是引发的原因不同。在设计中，我们可以通过激发积极的用户行为（如用奖励鼓励分享）来改变其对产品的态度（"我把产品分享给很多朋友，所以我一定很喜欢这款产品"）。

社会影响六原则

说服的最终目的通常是改变人的行为，即让人按照你的要求或请求做事，这被称为顺从。激发顺从行为的方法有很多，Robert Cialdini 在其著作《影响力》一书中总结了社会影响的六个原则，包括互惠、一致、社会验证、权威、好感和稀缺。

互惠原则指当人受到帮助和恩惠后，如果不能用某种方式回报，会觉得心里有愧，进而当有机会回报时，往往会进行超额补偿。我们之前提过"免费才是最贵"的禀赋效应版本（第 3 章），这里还有一个互惠版本：当顾客品尝了促销员的"免费食品"后更可能被说服购买那个产品。此外，互惠原则还有一个以退为进的衍生技巧，指先提大请求（被拒绝），然后提一个适中的请求（真正目的），对方更容易接受——因为他要回报你"降低请求"的努力。

一致原则指人们一旦做了承诺，会努力让结果与最初的承诺一致，以避免认知失调。比如有的弹幕网站会让用户在回答相关问题并承诺遵守弹幕礼仪后才能发弹幕，这可以减少用户对弹幕氛围的破坏性行为。相关的衍生技巧被称为登门槛，即如果你做出了一些小的让步，就很可能接受更大的与先前承诺一致的请求——如果一只脚迈进门槛，就很可能彻底进来。比如让人们先在一份安全驾驶的倡议书上签字，他们就更可能允许你在他们的院子前放置"小心驾驶"的宣传板。这里注意其与"以退为进"的不同，以退为进是由大及小，"小"是目的，登门槛则是由小及大，"大"才是目的。

社会验证原则指人们看到别人做一件事，自己也会做同样的事，尤其是当很多与你相似的人在做同样的事情时。因此，在设计购物网站时，一句"喜欢该商品的用户也购买了×××"往往比罗列该产品的优点更加有效。

权威原则指人们会遵从权威人士的指示或建议，即便这个要求看起来非常不合理——我们已经在电击实验中领略了其威力。值得一提的是，只是"让自己看起来很专业"也会显著提升说服的成功率。

好感原则指人们更容易接受他们喜欢的人或他们认为很有魅力的人的建议，比如明星的那句常用广告词"我是某某某，我推荐×××"。

稀缺原则指人总觉得稀缺的东西比充足的东西更好，毕竟"物以稀为贵"，得不到的永远是最好的——这也是"饥饿营销"背后的逻辑。

吸引力

社会关系是社会心理学的一个重要主题，其中关于吸引力的问题同样可以迁移到产品设计之中，我在这举两个例子。

曝光效应指由于经常见面，人会喜欢邻近的人。对于产品来说，这意味着人会对经常见到（曝光）的事物更有好感。广告的目的之一就是增加曝光率，演艺圈出道"先混个脸熟"也是同样的道理。

外表吸引力指人们存在刻板印象，认为外表有吸引力的人在其他方面也都会很优秀。对于产品同样如此，人们会对造型美观的产品更有好感，认为其更加好用——当然这往往也是事实。人的长相在很大程度上是天生的，但产品的设计则反映出设计者和企业的品位，因而好看与好用的相关性更高。好外表往往代表高品位，而由这些高品位的人设计出来的产品更好用的可能性显然更高一些。关于美学吸引力的话题我们会在第34章做进一步探讨。

文化差异

最后提一下文化。文化的定义比较复杂，本书中的**文化**指群体中的人所拥有的一些共有的心理程序，包括思维方式、价值观、生活方式、行为规范等。不同的国家、地区甚至网络社区的人所共有的心理程序会存在差异，这被称为**文化差异**。文化是长期形成的，很难在短期内改变，且对用户的想法和行为有深远的影响，因而产品的设计必须考虑用户群的文化特征（如用户群更偏个人主义吗？更关注长期价值吗？等等）并尽可能迎合这些特征。为了确保产品与文化的匹配，我们一方面可以邀请具有该文化背景的成员加盟组成跨文化团队（第38章），另一方面应该使用人类学方法展开实地调研，以充分理解用户群。

社会心理学的启示

关于社会心理学，UX设计师应该理解：

第一，无论是感知、认知、情感、动机还是行为，单人和多人的模式之间都存在很大的不同。社会情境的影响力非常巨大，甚至可以让人们做出完全违背自身信念的事情，而这也使我们得以通过社会情境影响用户的行为。

第二，除了摆事实讲道理，我们还有很多通过潜移默化的方式说服他人的方法，且这些方法往往更加有效。

第三，社会心理学为组织和团队的建设提供了大量有价值的建议，UX设计师一方面要确保设计不被各种社会力量带向错误的方向，一方面也要学会使用说服等技巧促进目标体验的落地。

第四，技术的发展会对社会带来深远影响，如网络社区和远程协作。在万物智能时代，人与产品的角色如何定位，如何优化人与人、人与产品之间的互动与协作等，都是值得UX设计师思考的主题。

社会心理

- **社会角色**
  特定社会情境下应遵循的行为模式；
- **社会规范**
  群体中社会角色的行动规范；
- **从众**
  在群体中采纳跟从其他人的倾向；
- **信息性影响**
  为在陌生环境中准确行动而从众；
- **规范性影响**
  希望被别人喜欢和认可而从众；
- **群体极化**
  群体倾向于做出更极端的决策；
- **群体思维**
  群体倾向于滤掉相反意见保持一致；
- **态度**
  对人、事、观点积极或消极的评价；
- **精细可能性模型**
  人有中心和外周两条说服路径；
- **认知失调**
  行为与信念的不一致会带来不适感；

- **自我知觉理论**
  人根据当前和过去的行为反推态度；
- **互惠原则**
  人在受到恩惠后会期望给予回报；
- **一致原则**
  人会努力让结果与最初的承诺一致；
- **社会验证原则**
  人看到别人做事，也会做同样的事；
- **权威原则**
  人会遵从权威人士的指示或建议；
- **好感原则**
  人更容易接受喜欢的人的建议；
- **稀缺原则**
  人总觉得稀缺的东西比充足的更好；
- **曝光效应**
  人对经常见到的事物更有好感；
- **外表吸引力**
  认为好看的人在各方面都很优秀；
- **文化差异**
  不同群体存在不同的共有心理程序。

第2部分

总结

老子云："人法地，地法天，天法道，道法自然。"大意是说人与天地万物都有其内在的运转规律。我们在与世界的互动过程中，应该对"自然"抱有敬畏之心，遵循事物的自然规律，不要逆势而行。遵循物理规律，我们才能上天入海，遵循心理规律，我们才能创造美好的体验。在我看来，UX 思想与道家的无为思想不谋而合。"无为"并非无所作为任其发展，而是在潜移默化之中积极地有为。当用户被迫按照产品的逻辑操作，会感受到设计的存在，这就是"有为的设计"；而当我们遵循人性的规律，如让用户使用系统 1 做出自然的操作，用户甚至不会感到设计的存在，这就是"无为的设计"。"顺其自然"其实是一个超级高的要求，因为顺的前提是了解"自然"，对于体验设计，这表示你要首先理解人性的本质——这需要大量的知识积累。强扭的瓜不甜，强迫用户也带不来卓越的体验。只有顺其自然，将设计遁于无形，你才有能力将体验导向你期望的方向，最终实现"无所不为"。由此来说，"无为而无不为"可以称得上是 UX 设计师的最高境界了。

顺其自然有两个要点，一是理解自然，二是懂得如何去"顺"。在这一部分中，我们通过六个心理学领域为你呈现出人的"自然"，而 UX 的原则、流程等都是"顺"的方法。这些方法都是基于对人性的理解开发的，要真正理解它们必然需要心理学的基础。掌握工具和原则，只是知其然却不知其所以然，虽然可以解决一些表面问题，却无法真正建立 UX 思维，也很容易导致工具和原则的滥用。因此，我将心理学放在首位，作为 UX 体系基础中的基础，以帮助你为学习如何"顺"做好铺垫。希望你能重视心理学，并在平时勤加积累。

不过，虽说如何强调心理学的重要都不为过，但显然不是学好心理学就能做好 UX。UX 真正要解决的是如何"顺"的问题，这是关于"自然"的心理学回答不了的。工科是应用基础科学原理，并结合生产实践经验来解决问题的学科。在这个意义上，心理学是理科，而 UX 属于工科范畴。为了实现"顺"，我们需要一套系统性的设计流程、方法和工具，以及更加具体的设计思想和设计原则。在下一部分我们先来解决流程与方法的问题。

第3部分
流程与方法

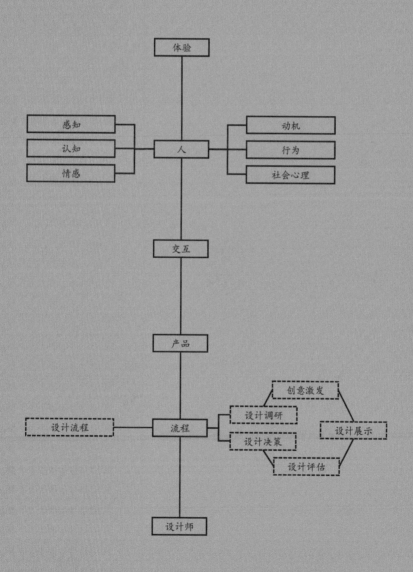

我们已经在第 6 章中初步认识了流程，并指出 UX 是一项拥有系统化流程的非常严谨的工作，那么 UX 流程是什么样子呢？在第 13 章我们首先讨论 UX 的主流程，而后在第 14~18 章分别讨论支持 UX 流程的五类工具和方法。

第13章
设计流程

设计思维

请思考一下：

有人被石头绊了一跤，请你把石头搬走，你会怎么做？

如果你帮忙搬开了石头，这很好，但设计师不会这样做，设计师会先问："这里为什么会有一块石头？"石头可能是从山坡滚落的，而石头能滚过来是因为雨水冲坏了围墙，因而真正要解决问题的是阻挡滚石。好了，现在问题清楚了，但设计师依然不会行动，他们会问："建墙是防止石头滚落最好的方法吗？"也许我们应该使用铁丝网。

当被问及需求时，人们通常会想到常见或眼前的问题，而很少注意可能存在更大的、更关键的问题，也不会质疑正在使用的主流方式。因此，设计师从不去解决被要求解决的问题，因为这些通常都不是真正的问题。现实中的问题往往是复杂且内涵的，只看到表面现象，再好的解决方案也是治标不治本。同时，设计师也从不认为常见方案就是最佳方案。这种首先花时间确定根本问题，然后充分思考潜在方案，最终得到最佳方案的思考过程被称为**设计思维**。

在学校里，我们学习的是如何用明确的方法解决清晰的问题，拥有解题思维当然很棒，但设计思维的培养却缺失了。现实往往不比学校那般简单明了，人们每天忙于解决各种问题，却很少有人去思考什么才是要解决的真正问题，也很少去质疑自己使用的方法。其实，设计思维并非设计师所独有，它是创新的源泉，是一切涉及创新工作的人都必须具备的能力，对 UX 更是如此。正如 Donald Arthur Norman 所言，UX 就是在"解决正确的问题，采用满足用户需求和能力的恰当方式"，这与设计思维完全一致——设计思维为 UX 流程提供了基本框架。

尽管 UX 流程因人和企业而异，但还是存在一些共同的理念和模式可供借鉴，其中包括两个设计思维的强大工具——双钻设计流程和以人为本（以人为中心）的设计流程。

双钻设计流程

英国设计协会在 2005 年提出了**双钻设计过程模型**，将产品设计过程分解为两个由发散和聚焦形成的"钻石"（见图 13-1）。

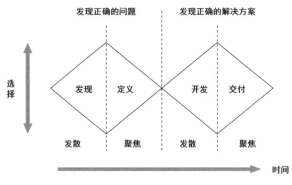

图 13-1　双钻设计流程

第一个钻是为了发现正确的问题，包括发现（可能的问题）和定义（真正的问题）。第二个钻则是为了发现正确的解决方案，包括开发（可能的方案）和交付（最佳方案）。是不是很熟悉？是的，这其实就是设计思维的模型化体现。很多企业认为第一个钻很容易，但设计最难的部分恰恰是搞清楚真正要解决的问题。为了确保产品方向和设计要求的正确，企业必须为两个钻都提供充足的资源保障。

双钻设计模型很有指导性，但过于顶层，我们该如何实现这四个阶段呢？这需要以人为本的设计流程的帮助。

以人为本的设计流程

迭代是一种从大量反复实践带来的失败中学习提升的过程（第 6 章），而人本设计流程本质上是一种以满足人类需求和创造优质体验为目的的迭代，我在这里讨论两个经典版本。

Norman 的人本设计流程

Donald Arthur Norman 在《设计心理学 1：日常的设计》一书中将人本设计过程描述为循环往复的四个步骤（见图 13-2）：

- 观察：获取用户有关的所有必要信息；
- 构思（激发创意）：通过发散思维获得大量想法；
- 打样：为每一个想法制作原型（第 17 章）；
- 测试：测试原型，并根据结果跳转到先前步骤继续优化，进而不断重复形成迭代。

从观察到构思（激发创意）是思维的发散，而打样和测试（排除错误答案）则是思维的聚焦，因此人本设计流程的四步实际上是一个完整的"发散 - 聚焦"过程。我们可以将人本设计流程嵌入双钻的每一个钻中以确定问题和解决方案。

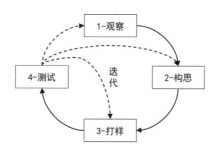

图 13-2　Norman 以人为本设计流程

ISO 人本设计流程

国际标准化组织在 2019 年发布了交互系统以人为本设计标准（ISO 9241-210/220）。该标准并未讨论 UX 工具，而是将体验看作一种"质量"——以人为本的品质（human-centered quality），从而聚焦于能够支持目标体验实现的流程。这是一个非常好的视角，我曾在第 1 部分末尾讨论过 UX 和质量管理存在很多相通之处，无论是体验还是质量，都必须有完整的流程体系作为保证。

ISO 9241-210/220 给出的人本设计流程包括五个步骤（见图 13-3）：

- 计划和管理：确保人本设计可以被系统化地执行和追溯；
- 使用情境：理解和明确使用情境（第 14 章）；

- 用户要求：将用户的需求转化为对产品的要求，即设计和开发的语言；
- 设计：产生设计方案；
- 评估：评估方案并迭代。

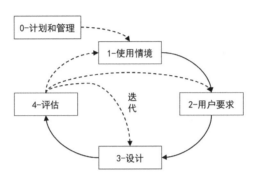

图 13-3　ISO 以人为本设计流程

抛开"第 0 步"的计划和管理，我们可以看到 ISO 流程与 Norman 的流程非常相似——都是在观察研究的基础上激发创意，而后通过原型和评估聚焦并不断迭代。ISO 流程的使用情境和用户要求两个阶段在目的上类似双钻的第一钻，但过程上又类似 Norman 流程中的"观察"，且整个流程只有一个迭代循环，因而并不足以支撑完整的 UX。但是，ISO 标准不仅肯定了 UX 流程及观察、用户评估等步骤的必要性，为 UX 的推广提供了权威支持，还详细定义了这些步骤的目的、输出和主要活动，为 UX 设计师提供了很好的参考。在这里我们可以暂且将其理解为人本设计流程的另一种形式。

综合 Norman 和 ISO 的流程，我们知道人本设计流程包含调研、创意、原型、评估四个主要迭代步骤，且可嵌入双钻之中，形成"问题四步循环 + 解题四步循环"的流程，但这在实践中依然有些抽象。不仅如此，这个流程并没有说清设计在整个产品流程中的位置。传统的设计就像一个封闭的空间，设计之外并不是那么重要，设计师的工作就是给出方案。然而，拥有解决方案并不代表拥有产品，如果目标体验最终没有落实在产品上，设计就没有意义。因此，必须打破设计与开发割裂的传统局面，从整个产品的高度来思考 UX 流程。

产品设计与开发流程

Karl Ulrich 和 Steven Eppinger 在《产品设计与开发》一书中给出了传统产品开

发的基本流程（以下简称"产品流程"，见图 13-4），共包含六个阶段：

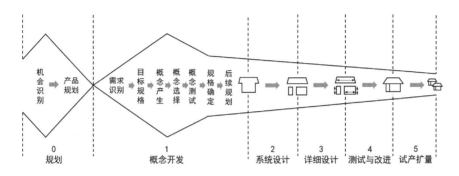

图 13-4 产品流程

- 规划：识别产品机会(第一个发散-聚焦)，明确要解决的问题,并制定产品规划；
- 概念开发：识别需求并划定初步规格，然后通过概念产生-选择-测试三步确定满足用户需求的最佳解决方案（第二个发散-聚焦），明确最终规格并制定后续计划，整个过程包含了原型和迭代；
- 系统设计：从工程化角度将解决方案拆解为几个子模块，并定义模块的整体要求、模块间的关系和接口；
- 详细设计：确定每个模块的具体尺寸、工艺、材料、软件算法（及相应代码）等详细指标和内容；
- 测试与改进：对模块和产品进行测试并改善；
- 试产扩量：进行小批量试生产，对发现的问题进一步优化，最终形成产品。

产品流程提供了从起始想法到最终产品的一套完整流程，但对设计的表述比较模糊。事实上，概念阶段结束时问题的解决方案已经明确了，因而"系统设计"和"详细设计"阶段在做的并非设计，而是开发，即寻找将解决方案落地的具体方法。

产品流程 VS 设计思维

你也许已经注意到我指出了两个发散-聚焦过程，没错，其实产品流程前半段的思想与双钻模型不谋而合。规划阶段的目的是识别有价值的机会，即要解决的问题，对应第一个钻；而概念阶段的目的是确定满足用户需求的解决方案，对应第二个钻。不过产品流程中的机会识别主要源于市场分析和用户研究，而将对用户的深入理解放在了第二个钻的"需求识别"。在 UX 流程中，以用户为中心的工作必须越早越好，因而 UX 设计师在机会识别的初期就应该介入。产品流程和设计思维的对照关系大体如图 13-5 所示。

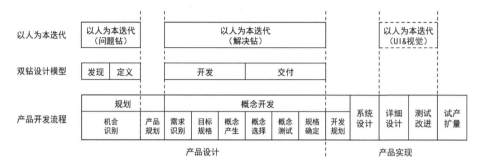

图 13-5　产品流程和设计思维的大体关系

在图中我们可以看到设计在产品流程中处于系统设计之前，系统设计及其后的阶段则属于产品实现的范畴。

需要注意的是，产品设计与产品实现的差异并不在于是否存在发散 - 收敛过程，而在于这个过程是否旨在提出满足用户需求的新的产品概念或模式。尽管系统设计和详细设计也需要发散 - 聚焦 - 迭代（如寻找更高效率的算法），但其目标是为了将确定的概念转化为具体的产品，而非发现新概念，因此不属于产品设计的范围。在这个意义上说，UI 设计和视觉设计虽然名字里有"设计"，但其实属于产品实现，因为呈现层（第 5 章）的设计并没有改变产品的本身（策略、机制和信息）。不过，这并不影响我们嵌入一个人本设计迭代以确保呈现层的体验品质。

整合模型：UX 三钻设计流程

现在我们已经对 UX 流程有了一个比较具体和完整的认识，但还不够清楚和系统。为了解决这个问题，我对设计思维和产品流程进行了整合与优化，并参考了双钻模型的版式风格，绘制出一个通用型的 UX 流程——**UX 三钻设计流程**，如图 13-6 所示。

乍一看有点复杂，但如果你理解了之前的设计思维和产品流程，其实并不难理解。先来看整体，三钻模型包括三个发散 - 聚焦的钻石：

- 问题钻：回答"问题是什么"，确保在做正确的事；
- 解决钻：回答"产品应该是什么"，确保在正确地做事；
- 实施钻：回答"产品是什么"，确保把这件事做好。

可见，问题钻和解决钻的作用与双钻模型是一致的，而第三个钻是将解决方案转化为具体的产品，以弥合解决方案与最终产品之间的鸿沟。下面我们来逐个看看每个钻的内容。

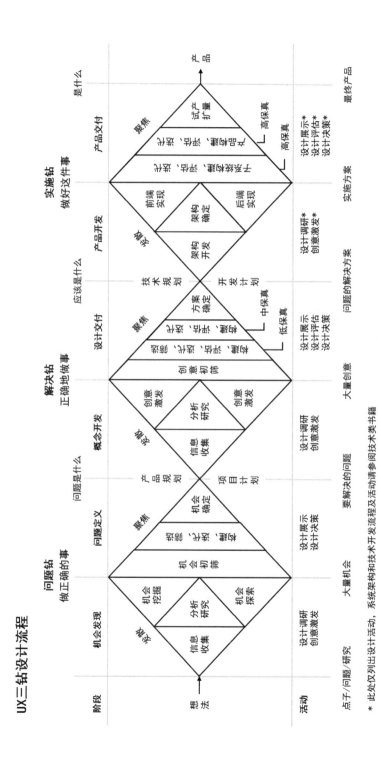

图 13-6 UX 三钻设计流程

115

问题钻：做正确的事

问题钻的本质是机会的识别。人们很容易将其理解为"识别用户的根本需求"，这是错误的。"机会"是一个相对的概念，同一件事对有些企业是机会，对另一些企业则不然。同时，企业的资源是有限的，而用户的根本需求又很多，企业必须有所取舍。因而，挖掘根本需求只是基础，问题钻的最终目标是识别出符合企业定位、发展方向、技术水平、资金条件等实际情况的最值得投入资源的根本用户需求——这才是真正的机会和要解决的真正问题。

问题钻分两个阶段。**机会发现**阶段整体上是发散的，它始于对用户、市场、企业等一切与产品设计相关信息的收集，而后通过对这些信息进行分析研究，得到对产品背景的基本理解（这也是一个发散 - 聚焦过程），并在此基础上洞察一切可能的机会，包括广度上的机会探索和深度上的机会挖掘。信息的收集和研究过程合在一起称为设计调研（第 14 章），它并不等同于问题钻。设计调研的很多结论相对通用，短期内可复用性强，这使得后续的设计调研可以参考先前的部分调研信息和结论（注意不是照搬），以减少工作量。而问题钻的机会识别结果有很强的时效性，今年的机会到明年可能就没意义了，且企业的情况和取舍标准也在不断变化，因而可复用性低，需要重新识别。

问题定义阶段是一个聚焦的过程，首先将发散得到的大量机会基于市场、技术、成本等多维度标准筛选至可以进一步研究的数量，而后对需要进一步研究的机会建立快速原型并适当迭代（这里的迭代并非评估设计好坏，而是初步评估技术生态、资源消耗等方面的问题，以辅助决策），最终确定价值最高的机会点。此外，品牌是问题钻的重要输入，机会必须与品牌相契合，若品牌尚未建立，则也应在此时进行品牌设计（第 30 章）。

需要指出的是，复杂产品的问题钻往往还会包含一系列的子问题或子需求，这些需求同样需要仔细挖掘和筛选，以确保产品方向正确。在问题钻结束后，我们会得到针对机会点的项目计划，同时对于一些很好但优先级较低的机会，以及需要先有一定产品基础的机会，则可以考虑纳入产品规划，以指引长期发展。

解决钻：正确地做事

如果说问题钻决定"对不对"，解决钻则决定"好不好"。解决钻关系到设计的水准与品质，除了品牌，产品策略、机制和信息三层（第 5 章）的设计，即深度体验设计、交互设计和工业设计的主要工作，都集中于解决钻。解决钻对应双钻的第二钻，其中的"开发"和"交付"都属于设计范畴，却很容易被误解为技术开发和产品交付，因而我将它们重新命名为"概念开发"和"设计交付"两个阶段。

概念开发阶段同样始于设计调研，但与问题钻的调研目的不同，设计调研包含了很多方法和工具，设计师应根据不同的调研目的合理选择。问题钻的调研旨在深入了解用户的真实需求以及市场、企业等情况，能够有效识别出机会即可。但解决钻是为了做好设计，这需要首先围绕要解决的问题深入了解潜在用户群的行为方式等详细信息，比如用户通常的操作方式、认知和行为能力、过往的经历与经验、可能支配其行为的文化习惯等。换言之，解决钻的调研更具针对性也更加深入。当然，部分信息在问题钻时已经获取，可以直接整合进来。在设计调研之后，通过创意激发发散出大量的解决方案。

设计交付阶段首先对大量解决方案进行初步分析，将方案筛选至可进一步研究的数量。而后，对每个值得进一步研究的解决方案建立低保真度原型（第16章），进行设计评估（第17章）及迭代，并根据对方案可行性、成本、体验等维度的分析和评估筛选出一两个或少数几个准方案。然后细化方案，建立中保真度原型并继续评估和迭代，以支持进一步决策，最终确定出一个最优的产品解决方案。

在解决钻中，从概念开发到初筛方案再到低保真度原型的过程是由UX主导的UX架构设计，面向产品的策略和大体机制，解决"大体应该是什么"的问题。而细化方案、建立中保真度原型的过程是由交互设计和工业设计主导的UX具象设计，面向具体机制、信息和物理结构，解决"具体应该是什么"的问题。

在中保真度原型的制作过程中，设计师们需要对方案进行详细设计，往往还需要UI、技术、制造、工艺、电子等板块的适当介入，比如展示视觉效果、搭建基本的电子组件等。这些工作对时间和成本要求很高，因而要注意控制制作的数量。到设计交付结束时，产品的策略、机制和信息层次已基本定型，且已经细化到足以指导技术、UI等产品实现工作的程度。

在解决钻结束后，我们会得到针对解决方案的开发计划。同时，若解决方案的技术尚不具备，则考虑纳入技术规划，以使方案逐步得以实现。此外，正式项目会有一个"立项点"，对于三钻流程来说，我认为把这个点放在UX和交互之间（即设计交付阶段的中期）较为合适。问题钻结束后可以对项目进行"预立项"，在确定了产品的策略和大体机制后正式立项，而后再进行更为具体的设计和开发工作。

实施钻：做好这件事

相同的产品解决方案并不一定导向相同的产品，我们可以使用不同的系统架构、算法、物理结构、材料、视觉效果等来实现这个方案。尽管这些技术和呈现方式不会对产品产生本质的影响，却关乎产品的最终形态。实施钻也包括两个阶段，**产品开发阶段**整体上是发散的，通常始于架构开发和确定，而后对每个模块进行详细开发。详细开发包括前端实现（产品的界面和前端环境）和后端实现（技术、后端生态和服务）。其中，UI、视觉等设计活动也需要遵循以人为本的迭代流程。

最后是**产品交付阶段**。首先对各子模块建立高保真度原型，并进行测试、评估和迭代。而后集成各子模块，建立产品级高保真度原型（如游戏的内测版本、汽车的样车等），并进行整体的测试、评估和迭代，最终得到可试生产和扩量的最终产品原型（原型级产品）。后续的试产扩量过程主要是将原型级产品转化为市场级产品，对虚拟产品主要是将产品上线（如确保千万级用户同时在线），对实体产品则主要是将产品制造出来（如生产线的调整、工人培训等）。当然，未来的产品通常是虚拟和实体的混合体，因而这个过程会更为复杂。此外，试产扩量环节还包括服务人员的培训、前端环境的施工等工作。

在上市后，会发现产品更多的问题和不足，这将返回来引发新一轮的 UX 流程，推动产品的不断升级。

三钻流程的通用性

三钻流程是 UX 的通用流程，因而几乎可以应用于任何生产与人类相关产品的行业（当然不同行业需要做一些调整），我在这里拿三个行业做简单分析，如表 13-1 所示。

表 13-1　三钻流程行业示例

行业	问题钻	解决钻	实施钻
互联网	• 由产品经理（第 38 章）确定要解决的问题 • 互联网的产品经理通常兼具 UX 设计师的职能	• 产品经理与交互设计师合作搭建低保真度原型，撰写需求文档并组织需求评审 • 由交互设计师主导完成方案的细化，搭建中保真度模型，撰写交互文档并组织交互评审	• 后端工程师完成后端开发 • UI 设计师完成 UI 文档 • 前端工程师根据交互文档和 UI 文档完成前端开发 • 子系统高保真度原型 • 集成为产品级高保真度原型 • 继续迭代至最终产品原型（可发布版本） • 测试工程师按需介入 • 上线

续表

行业	问题钻	解决钻	实施钻
汽车业	• 由 UX 部门协同市场、规划等部门确认要解决的问题	• UX 牵头设计团队完成低保真度原型并输出设计需求文档 • 工业设计师牵头造型、内外饰等实体部分的设计 • 交互设计师牵头交互设计（不只是车机，而是人车的完整互动逻辑） • 建立中保真度原型，形成技术需求文档和交互文档 • 技术、市场、制造、工艺等部门参与 • 对已确认的产品必需的技术可提前启动研发	• 架构部门完成架构开发 • 各技术部门完成子系统开发 • UI 设计师完成 UI 文档 • 前端工程师根据交互文档和 UI 文档完成前端开发 • 子系统高保真度原型 • 集成为产品级高保真度原型（样车） • 继续迭代至最终产品原型 • 测试部门按需接入，包括可靠性测试 • 试产扩量
出版业	• 编辑与作者确定图书主题，即要解决的问题	• 作者完成详细目录和样章，出版社评审后立项 • 作者完成全部章节 • 书籍设计师与作者确定书籍整体的品味和审美，以及大体形式 • 书籍实体的详细设计，以及每页的信息架构	• 书籍设计师完成封面和版式设计 • 迭代至最终产品原型 • 印刷

　　如果我说"作者"本质上是 UX 设计师和交互设计师，会不会觉得惊讶？读书的本质是信息的交互，因而我们得到这样的对应关系：主题和写作风格是策略，目录和段落是机制，文字和配图是信息，封面和版式是 UI。由此可见，作者的工作就是 UX（主题、目录、文笔）和交互设计（段落、内容），而编辑承担了项目经理的角色。当作者完成工作，解决方案就完成了，此时无论封面和版式如何变化，都不会对产品的本质造成任何影响。不过要注意，以上只是虚拟的"内容产品"，如果是兼具实体的"书籍产品"则拥有更多的内涵。吕敬人在《书艺问道：吕敬人书籍设计说》中指出，过去出版业的设计主要停留在"为书籍作打扮"的层面，但出版行业正在从"装帧"向"书籍设计"转换，这要求对书的整体进行全面统筹控制设计，"从知识结构、美学思考、视点纬度、信息再现、阅读规律到最易被轻视的物化规程，突破出版界中一成不变的固定模式。"眼熟吗？是的，这与我们一直讨论的 UX 思想不谋而合——或者更确切地说，出版行业也正在经历一场从功能主义向体验主义的

蜕变。

你可以自己将三钻模型和双塔模型（第5章）套用到你熟悉的行业，相信会发现很多有趣的事情。更有意义的是，一旦你能够在两者之间建立联系，便可以将本书的各种知识迁移过去。比如，写文章的正确方式不是提笔就写，而是收集信息、确立主题、明确目录或文章结构，再完成详细内容。提笔就写等同于跳过问题钻和机制层，直接进入信息层的设计，很容易迷失方向。UX至关重要，因而机构在撰写大型报告时经常会首先邀请专家讨论大纲（UX），只要大纲没有问题，报告就基本上不会出太大问题——这也是UX对产品的重要价值之一。

面对现实

三钻流程为UX设计提供了清晰的理论模型，但现实情况往往比理想状况复杂得多。

在思想层面，很多企业声称重视用户体验，也赞同UX流程，但实际推动产品设计的原因只有一个：为了跟上潮流或对抗竞争而增加功能。这种功能主义思想破坏了UX流程的根基，让设计师步履维艰。说一套，做一套，是做不出好产品的。口头支持显然不够，企业首先要转变思想，即"确保企业聚焦于以人为中心的品质"（ISO 9241-220），否则再好的流程也会被束之高阁。

在转变思想的基础上，企业在组织层面也必须清晰地定义UX流程、方针、方法和工具才能保证流程的执行，即"使以人为中心的设计可以执行"（ISO 9241-220）——既要"知道"，也要"实施"。一个很常见的问题是设计与工程的倒挂，尤其在传统制造业，这种现象尤为突出。图13-7展示了标准设计过程中的情况，我将功能以"用户是否需要"和"是否掌握"两个维度分为四种，并标明了每种功能的策略。假如已掌握的功能有6个（3个有需求、3个没有需求），经过设计后，没有需求的被删掉，增加了1个必要的新功能，并通过流程设计被合理地串连起来。而后，工程团队会开发新功能，并实现整个产品。

图13-8展示了设计与工程倒挂的情况。同样的6个功能，由于工程具有很强的功能主义倾向，使得不仅没有删除没有需求的功能，还增加了不确定有无需求的新功能（比如通过技术对标）。同时，任务流程由不具备专业设计能力的工程师定义，很多内容都不符合UX原则。更糟的是，设计接到需求时，产品已基本开发完成，

很多东西都动不了了，设计空间可以说已所剩无几——囤积的大量功能无法（通常也无权）删掉不说，对流程的修正能力也极为有限，而且即便发现了用户需要的功能也已经来不及实现了。最终，设计师能做的只有尽可能让流程清晰和有效率一些，或在 UI 层面做些修饰，但对比一下图 13-7 中标准设计过程的结果，你会看到产品依旧很糟糕。体验不是一种独立的"属性"（第 6 章），需要综合设计产品的各个方面，把菜烧糊了再拿给大厨，再牛的大厨也无法让其质变为佳肴。

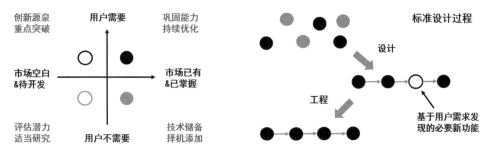

图 13-7　标准设计过程

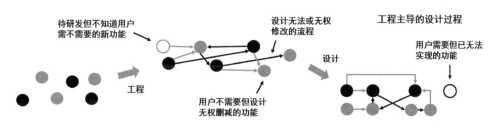

图 13-8　工程主导的设计过程

可见，当工程与设计出现倒挂，即便是设计大师也无力回天，但当产品反响不好时，"背锅"的却总是设计。用户会吐槽设计水平不行，工程师也往往不以为然，认为该实现的功能都实现了，产品不行是设计的问题，而企业也会要求设计师更加"尽责"。实际的情况是，问题的确在设计，但不在设计人员，而是企业没有遵循 UX 流程。只有企业将设计和工程的位置调整好，才能从根本上解决这个问题。

倒挂是大流程的问题，具体到项目层面的问题则更加复杂。导致 UX 流程遭遇挫败的一个常见原因是没有充足的预算和时间。设计的发散和迭代不能永无止境，需要项目管理来限定时间节点并控制预算，这是对的。但在现实中，往往项目一启动，项目经理就会说时间紧迫，而且预算紧张，不能支持"长达"几周的设计调研，要求尽快交付方案。这就是 **Norman 产品研发守则**[1]：产品研发流程启动的那一天，就

[1]　Donald Arthur Norman. 设计心理学 1：日常的设计 [M]. 小柯，译. 北京：中信出版社，2015.

已经晚点，并且超预算。每到这时，项目经理会说这次情况特殊，下次一定好好做产品，但请放心，"下次"永远不会出现，因为情况总是特殊的。另外，项目启动、团队磨合也需要时间，这些时间也经常被忽视。至于解决之道，Norman 建议将调研团队与产品团队分开，单独划拨预算，先于项目启动，以便产品团队成立时设计师已经完成一定的考察积累。

同时，设计师自身要合理规划。预算有可能被削减，设计过程中也可能出现严重问题导致迭代时间不足，这些都可能导致产品半途夭折。这里可以参考 Jesse Schell 的 50% 法则[1]：

- 无论预算是多少，确保产品在预算被砍掉 50%，不得不放弃一些特性后，依然能够得到一个基本功能完整的产品；
- 无论时间是多少，确保给迭代留出 50% 的时间，这样当设计过程出现问题时，依然能够完成重要的迭代。

当然，尽管很难，我们仍然希望企业在一开始能够给设计规划足够的时间和预算。但如果条件不允许，设计师必须指出，在保证品质的前提下，这会导致产品功能的减少。企业不能指望用五分的资源做十分的事，如果真想做到十分，那就必须增加投入。

流程遭遇挫败的另一个原因是，不少企业，特别是开发大型产品的企业，非常担心频繁的需求和方案变更会使流程失控，甚至视变更为失败的代名词。为了减少这些"失败"，他们会对设计变更施加审批、考核等附加流程，使得设计师在迭代过程中束手束脚。要想做好 UX，企业必须审视流程，确保为设计提供开放的创新环境。对于大型产品，设定里程碑来逐步固化设计是合理的，但可以在里程碑之间支持迭代。

[1] Jesse Schell. 游戏设计艺术 [M]. 第 2 版 . 刘嘉俊，杨逸，欧阳立博，陈闻，陆佳琪，译 . 北京 : 电子工业出版社 ,2016.

事实上，很多企业长期忽视设计，现有的里程碑其实大都处于实施钻阶段，而这个阶段本来也不该有大幅度的设计变更——这些企业真正要解决的问题不是如何在里程碑之间嵌入迭代，而是补全产品设计过程。

此外，技术、营销、运营等环节可能都有自己的规范。你所设计的解决方案会在实现过程中被不断修改，直到面目全非。要保证目标体验的落地，我们需要借助跨学科团队（第38章）和设计沟通（第39章），让各板块都参与到设计过程中，并努力形成共识。同时，UX设计师必须将视野从设计流程扩大到整个产品流程，从一开始就将产品实现纳入考虑范畴——这也是我在双钻基础上增加实施钻的一个重要原因。

当然，在推进UX流程的过程中还会遇到很多现实问题。UX流程是理想化的，它指明了正确的方向，为解决问题和创造优质体验提供了基础。但我们也必须意识到理想和现实会有很大差距，在对待各种问题时要采取现实的态度，根据企业和项目的实际情况做适应性调整。正视现实的挑战，然后谨慎应对，相信大多数问题都可以被解决。

角色参与度

图13-9展示了UX流程中的一些主要角色及其在各阶段的参与度：

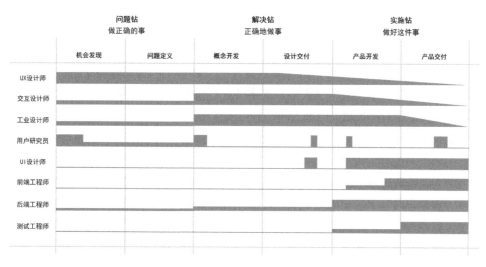

图 13-9　UX 流程主要角色参与度

在产品设计和开发的整个过程之中，UX、交互和工业三类设计师是贯穿始终的。问题钻由 UX 设计师主导，解决钻则由三方通力合作，并在设计交付阶段由 UX 设计师逐渐转为交互设计师和工业设计师主导。在实施钻中，UX 和交互设计师主要负责协调、把控和优化的工作，而工业设计师在物理结构确定（解决钻）之后，可能还会对造型细节、纹饰等呈现层进行设计和优化。同时，用户研究员的工作主要集中于设计调研中的用户研究，以及设计评估中的用户评估，较为分散。而 UI 设计师（和视觉设计师）的工作集中于实施钻，以及设计交付中制作中保真原型的环节。此外，近些年还出现了很多设计相关的热门名词，如产品经理等，我会在第 7 部分再做讨论。

再来看看技术侧，工程师大体上分为三类。前端工程师的工作是实现界面，因而其工作重心比 UI 更偏后一些。后端工程师比较广义，除了互联网中负责开发后端算法的工程师，还包括实体产品中负责自动化算法、信息通信、生产工艺等方面的工程师。这些工程师的主要工作在实施钻，但我们也需要他们在问题钻和解决钻中有一定的参与度，以确保机会和方案在技术上是可行的。需要注意的是，先设计后开发的节奏是合理的，但后端开发的工作也可以与交互设计并行开展（即提前到解决钻）以缩短开发周期，当然具体的节奏还是要视情况而定。最后，测试工程师是为了确保前端和后端工程师的产品实现方案满足技术要求，因而除了在产品开发阶段完成测试规范、开发用例等工作，主要工作都集中于产品交付阶段。此外，市场、营销、运营、售后、客服等角色也都应该参与到 UX 流程之中，而具体的参与度要视产品的具体情况而定。

需要注意的是，以上的职责划分是一种适用于实体与虚拟兼备的大型复杂产品的通用型划分。大型产品的团队往往包含几十甚至几百人，因而职责划分比较细，对于具体行业则应根据实际情况进行合理配置。在第 1 章我们曾讨论过，UX 设计师的兴起原因是数字产品的生活化（需要同步考虑现实生活）和实体产品的数字化，故而是虚实兼顾时的产物。因而对于一些纯实体产品或纯互联网产品来说，UX 设计师的职责很多时候是由具有 UX 思想的工业设计师、产品经理或交互设计师（互联网行业有时称这样的交互设计师为 UX 设计师）来承担的。在这种情况下，这些岗位上的人必须掌握 UX 才能真正胜任。而对于大型产品来说，UX 要整合实体、数字、品牌、技术等内容，再承担交互或项目管理等职责显然并不现实。但无论如何，UX 的主流程是不变的，UX 的职责也是必要的，只是团队成员的职位如何设置能更好地完成产品的问题。这里有两个要点，一是确保每个环节或职责都有人负责，特别是要有具备 UX 素养的人来打破领域壁垒并把控整体的体验；二是对职责划分要达成共识。关于团队职责，我们会在第38章做进一步讨论。

企业的定位

如果企业愿意，当然可以独立完成整个UX流程。但通常来说，产品设计和产品实现是由两类不同的企业来完成的，如表13-2所示。

表 13-2　完成产品设计和产品实现的两类企业

企业类型	举　例	主要工作
面向用户的企业	汽车主机厂 房地产开发商 手机制造商	产品设计 系统架构与集成测试（对产品实现的整体规划和把控）
供应商	汽车部件商 房地产承建商 手机部件商	根据甲方需求实现产品 生产

结合角色在流程中的参与度可知，面向用户的企业以UX、交互、工业设计师和架构、测试工程师为标配，而供应商以各类工程师、UI及视觉设计师为标配。当然，不同行业也存在很大差异。例如，互联网行业由于产品规模小，经常会包括完整的UX流程，不过如今很多大型互联网企业也会将产品实现的大部分工作转给专门的外包公司，从而聚焦产品设计。另一方面，汽车等大型制造业可能还需要具备诸如集成生产、核心部件制造和核心软件开发等能力。但是，面向用户企业的核心能力永远是产品设计——只要能提清楚需求，绝大多数具体工作都是可以委外的。在极端情况下，一些制造业中的企业甚至可以完全剥离生产，将生产工作都外包给代工厂，此时这些企业主要是在卖设计。此外，还存在一类"设计公司"，尽管做的是产品设计，但由于不面对最终用户，因而也属于供应商，但是，即使在全面委托设计公司的情况下，面向用户的企业中也应该有懂设计的人，以实现对设计的有效把控。

在现实中，很多面向用户的企业都没有搞清楚自己的定位。一些企业忽视了问题钻，无法发现新机会，从而不得不与大量企业比拼解决方案，难以建立品牌，只能在激烈竞争的夹缝中求生存。更糟的是，有的企业连解决钻都没有，既无法发现新机会，也没有新方案，只是将行业成熟的解决方案拿过来实现一遍，最终往往陷入残酷的价格战，即使花费大量精力降低成本，依然利润微薄。在产品的价值链中，三钻及其后的生产，利润率依次递减（第40章）。没有主见，把别人的想法实现得再好，终究也是难以被认可的。很多企业常把"短板效应"挂在嘴边，认为做产品最重要的是补齐相关的技术短板，这没错，但这并不只是技术问题，因为没有设计我们往往并不知道应该补哪块板子。不仅如此，短板效应默认了桶是正的，如果桶没有沿着正确的方向（问题和解决方案）制作，就算板子都够长，也一样装不了很多水，我称之为斜板效应，如图 13-10 所示。尽管应该避免，但短板效应在桶做出来后也还可以补救——把缺口堵上即可。而斜板效应的解决方法恐怕只有将桶拆散重做了，因而企业必须重视"设计双钻"，以避免斜板效应的出现。

图 13-10　短板与斜板

　　其实，"双钻缺失"的企业非常普遍。这些企业通常在行业中较为落后，以模仿行业巨头作为行动方针，很容易将技术视为企业的第一竞争力，这让设计被长期边缘化。在这些企业的流程中，只存在少量针对现有解决方案的调研，由于只有实施钻，也很少出现大幅度的方案迭代和变更，使得流程看起来非常线性。技术驱动能不断强化企业的产品实现能力，这适合供应商，但对于面向用户的企业，缺乏设计先导的技术研究只能优化已有方案，无法构建新产品，最终不得不继续模仿。于是，企业会陷入"模仿 - 设计弱 - 无创新 - 模仿"的恶性循环，在价格战的泥沼中苦苦挣扎。技术当然很重要，毕竟没有技术就不能实现产品，但对于面向用户的企业来说，只能做出"还不错"的产品，而非卓越的产品，只能保证企业活着，却不能使其强大，因为设计才是这些企业获取长期超额利润的根本保证（第 40 章）。因此，这些企业要想翻身，只有产品实现肯定是不行的，必须将用于模仿的大量精力和"学费"分一些给设计，并将设计视为企业的第一竞争力。引进几项新技术不会让企业实现"转型升级"，唯有转变思想，坚持设计驱动，才能让企业真正迈向高端。

　　最后，还存在一种更糟糕的情况，企业连实施钻中对核心系统的架构和把控能力，以及核心部件的实现能力都没有，只能从外部购买整个系统——此时企业能影响的就只剩下产品的主体结构和一些外围系统而已。在最极端的情况下，企业除了生产不具备任何能力，这样的企业已几乎丧失了面向用户的资格，主要以"代工厂"形式存在，成为其他面向用户企业的"生产供应商"。多年来，很多面向用户的企业一直在喊"自主"，但大部分指的是产品的自主架构和把控，以及核心部件的自主实现，要想做到真正的自主，还必须在"自主设计"上多下功夫才行。

现在我们理解了 UX 体系的主流程，而具体的设计活动主要包含设计调研、创意激发、设计展示（打样）、设计评估和设计决策五大类。其中，前四项活动对应了人本设计流程的四大步骤，而 UX 流程中还存在大量筛选、优先级排序等决策过程，因而我增加了"设计决策"以确保整个 UX 流程得到支持。对于每一类活动，我们都有很多 UX 的方法和工具，我会在接下来的五章逐类介绍。

设计流程

- **设计思维**
  先问题，再方案，后实施的流程；

- **双钻设计流程**
  发现 - 定义 - 开发 - 交付的四步流程；

- **以人为本的设计流程**
  旨在满足需求和优化体验的迭代；

- **产品流程**
  传统上从想法到产品的完整流程；

- **UX 三钻设计流程**
  从想法到产品的完整 UX 设计流程；

- **Norman 产品研发守则**
  流程启动时就已经晚点且超预算了；

- **50% 法则**
  如何控制预算风险并确保充分迭代；

- **斜板效应**
  板子方向不正的木桶装不了多少水。

第14章

设计调研

设计调研是一切设计活动的开端，包括"调"和"研"两个阶段。"调"是信息收集的发散过程及相应的初步结论，而"研"是对各方信息进行综合分析提炼的聚焦过程。通过调和研，我们能够深入理解用户及基本的设计环境，以支持后续对机会和创意的洞察过程。

情境化 VS 场景化

情境研究是设计师理解用户的核心方法，Norman 和 ISO 人本设计流程（第 13 章）的第一阶段都是情境研究，可见其地位之重。因此要理解设计调研，必须首先理解"情境"。

在设计中，情境与场景（设计中通常指使用情境和使用场景）经常被混淆。**情境**（context，也译为上下文、语境）是一个相对的概念，指用户相对于某个时间点的所有背景信息。情境是一个四维概念，包括过去（如用户的知识、文化、经历、偏好、熟悉的行为模式）、现在（如可用的资源、并行的场景、当前的任务）和未来（如目标、计划、预期）。**场景**（scene）则是在某个场所中发生的事，是一种当时的现场情况。此外还有功能和情景（scenario，这么多词难怪大家会困惑），**功能**是产品能做的事情，情境本质上是一种分析方法，我们留在"研"阶段讨论。功能运行在场景之中，而场景在情境之中，三者关系如图 14-1 所示。

图 14-1　情境、场景与功能的关系

可见，场景是功能的环境，情境是场景在时间和空间上（包括其他场景发生的事）的环境。我们读文章时知道，一句话要"结合上下文"才能完整地推得并理解其含义，情境在设计中的作用也一样。让我们来看一个例子，你如何设计以下提示功能：

- 点击"催单"按钮的提示（功能）。

"催单"按钮的提示在分拣、运输、派送等情况下的设计不尽相同，只给出功能时设计师完全搞不清楚状况，设计只能在"拍脑袋"的状态下进行。

- 用户在等待派送员（场景），点击"催单"按钮的提示（功能）。

现在给出了一个"等待派送员"的场景线索，设计就舒服多了。我们首先明确了这是与配送员相关的提示，用户如果不是误操作，那么一定是很着急，应该在提示中进行安抚（如"快递小哥正在全力配送，请耐心等待"）——在功能与场景都有时，我们至少可以完成设计。不过，相同的场景也会包含不同的情况，如"刚开始配送"和"久未送达"的提示应该有所不同，为了更好地设计按钮提示，我们还需要更多的信息。

- 用户在等待派送员（场景），派送员比预估时间超出 1 小时且用户已点击 2 次"催单"按钮（情境），点击"催单"按钮的提示（功能）。

在场景之上叠加了一些情境（背景）信息，超时后催单是合理的，且多次点击既排除了误操作，也说明用户极度焦急——这需要我们给出更多信息（如配送员预估到达时间、电话等）及与该情境相关的建议。

相信你已能大致体会到个中差异。只考虑功能的产品谈不上设计，我们常说做事要"分清场合"，因而必须将功能置于场景之中，以保证功能的合理和可用，这就是所谓的**场景化设计**。但只有场景时，我们无法深刻理解用户遭遇的状况，也就很难设计出优质的体验，因此需要我们在更大的情境背景下思考产品，这就是**情境化设计**（contextual design）。相对来说，场景偏重于支撑功能，而情境偏重于设计体验。可见，情境化设计的作用是帮助产品向高层次突破，它在 UX 时代才出现也就不难理解了。我将情境、场景在设计流程中的大致位置总结如图 14-2 所示。

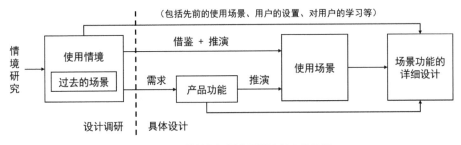

图 14-2　情境与场景在设计流程中的位置

在 UX 中，情境主要源自设计调研，设计师基于对情境的充分理解来明确需求，进而构建产品功能。基于功能，或再配合情境，我们可以推演出功能预期可能发生的场景，就像基于先前的文章预判故事的未来走向。同时，我们也可以借鉴用户过去解决该问题的场景（是用户过去经验的一部分，因而也是情境）来获取产品的场景。最后，我们基于对功能、场景和情境的完整理解来对场景下的功能进行详细设计——此时的情境不仅包括设计调研的结果，还包括用户已经历的场景、用户做过的设置、产品对用户的学习（如行为习惯等）等。情境和场景的主要区别在于：

第一，情境一直存在，UX 始于情境，是设计的输入。而场景是在设计过程中产生的，它依托于产品，是设计的输出。

第二，场景可通过对产品的推演获得，但情境必须依靠实地考察。闷在家里无法真正理解用户，靠凭空的产品推出的凭空场景也很难设计出好的产品，我们需要"情境化的场景化"——此时场景从根本上也是来源于情境的。

第三，情境能够带来"沉浸感"，当背景信息充足时，人们更容易对用户共情（第9章），这无论是对于设计体验还是对于让团队对用户情况达成共识都非常重要。场景则做不到这一点，比如在催单的例子中，第三条描述中用户的急迫之情溢于言表，第二条则显得干巴巴的。

第四，在作用上，场景偏重推演和分类，主要在思考产品面对的不同情况时使用，因而我们会说"有多少种场景"，此外在指导开发、评估等工作和日常沟通时也比较方便。而情境偏重通过"沉浸"深入理解用户及促进团队共识，因而主要在功能构建和对体验进行详细设计时使用，我们会问"产品或场景的情境是什么"。

情境化设计是场景化设计的升级版，将产品放入比场景更大的生活大环境之中来思考。用户不只在用产品，他们也有自己的生活。而在万物互联时代，人们的工作和生活将愈发碎片化，产品与生活会变得更加密不可分，要想创造贴心且愉悦的体验，就必须理解用户的生活。

情境就是生活。

设计调研：四类信息

在"调"阶段，主要有四类必须收集的信息：

- *用户信息*：通过情境研究和用户研究理解用户；
- *宏观信息*：理解市场、政策、经济、行业等宏观环境；
- *产品信息*：理解市场现有产品的基本情况；
- *边界信息*：理解各方限制。

获取用户信息

UX 获取用户信息的方式有情境研究和用户研究。此处有一个必须首先回答的问题：用户是谁——我们在为谁解决问题？没有哪种产品能满足所有用户，你也不可能为"用户"这个空洞的名词做设计。如果目标用户不清，那么定义的问题，以及之后为解决问题付出的设计工作都将失去意义。因此，在启动 UX 流程前，必须花些时间沟通和思考，以对目标用户有一个大致的描绘。当然，调研初期的目标用户往往是模糊的，随着工作的进行，你的思路会逐渐清晰。无论如何，在问题钻结束的时候，你必须确保拥有明确的目标用户。

情境研究

情境研究借鉴了人类学的方法，通过对真实情况的实地观察理解情境。情境本身我们已经讨论过了，它涉及用户的方方面面。可以说，一切与用户使用产品相关的信息都是需要收集的"用户信息"。

Karen Holtzbiatt 和 Hugh Beyer 在《情境交互设计：为生活而设计》一书中为情境研究提出了**师父 / 学徒模型**，就像学徒沉浸在师父的世界中一样，调查者可以通过沉浸在用户的世界中，在用户开展活动时观察和学习用户的行为，仅在必要时针对看到的内容提出问题。同时，他们提出了情境研究的四项原则。

- *情境化原则*：到目标用户所在的地方，观察他们做了什么，这是最基本的要求——任何事件都不是孤立的，很多问题只有在真实状况下才会遇到；

- **伙伴关系原则**：创造与用户之间的协作关系，让调查者和用户可以一起探索用户的生活和活动，双方都会影响探索的方向；
- **解读原则**：仅有观察结果是不够的，需要通过组织"解读会"来解读观察的意义——良好的事实只是起点，好的设计是建立在设计师对这些事实的解读之上的；
- **焦点原则**：可观察的内容很多，必须在项目焦点（目标用户、目标活动等）的指导下有重点地观察。

用户研究

尽管情境研究也是对用户的研究，但当我们说"用户研究"时通常指的是传统的用户研究（后文中也是如此）。UX 经常与用户研究相混淆，但两者并不在一个维度上。对 UX 来说，用户研究只是 UX 流程中调研和评估阶段的辅助性工作。我们刚才说过 UX 要以对用户沉浸式的现场研究为基础，而用户研究虽也有观察法，但主流上还是通过访谈、问卷等形式来间接了解用户的生活和活动。尽管如此，由于隐私等问题，情境研究很难做到事无巨细，因而需要用户研究来补充。因此，UX 设计师也必须掌握用户研究的基本方法。

我在表 14-1 中列出了常见的 12 种用户研究方法：

表 14-1 用户研究的 12 种方法

方　　法	介　　绍
一对一访谈	根据访谈提纲，用提问交流的方式获取用户的想法
焦点小组	针对一个或一类主题（焦点）与多人进行半结构化的访谈，以获取一组用户的看法
问卷调查	通过统一设计的问卷获取大量用户的想法
自我陈述	用户通过谈话、日记、笔记、开放式问卷等方式对生活和产品使用经历进行回忆和描述
情绪板	设计领域的方法，在用户研究中指让用户围绕某个主题对图像、文字等进行拼贴，以获取用户对该主题的直觉性认知
卡片分类	以卡片为媒介来获取人类认知结构的方法，在设计信息架构时对获取用户心智中的产品分类很有用，包括封闭式卡片分类（预设分组）和开放式卡片分类（自由分组）
网络研究	查询网上最新的相关用户研究成果
埋点法	通过在产品中预设触发行为和统计规则（埋点）收集用户的行为数据，如统计各页面的用户访问量，结果客观，但仅对可以设置埋点的产品可用——本质上是一种评估，也用于为下一代产品提供参考输入

续表

方　法	介　绍
观察法	调查者根据一定的目的和提纲，在现场或实验环境中，用自己的感官和辅助工具（如录像机、相机）去直接观察用户，但范围没有情境研究大
人种志	人类学方法，长时间深入某个群体对其文化进行研究
现场实验	在真实的社会生活环境中对产品进行针对性实验，如将两种设计放在店里分别让 100 人试用以观察消费者偏好
体力激荡	研究者沉浸在真实或模拟真实的环境中，通过对用户的角色扮演来进行身体体验，如通过蒙住双眼来理解盲人用户，对理解用户和形成共识是一种很好的补充

必须注意的是，尽管用户研究看似从用户处直接获取信息，但这些信息其实是二手的——是经过用户大脑转化的信息。读完本书的第 2 部分，我们知道人类的感知、行为、动机大多是无意识的，而记忆、决策、情绪也并不可靠，更糟的是，我们在社会环境中的表现可能与我们认为的全然不同。通常来说，除了满意度、品牌认知这种整体性想法相对可靠，关于思维、行为等大多数过程及自身的根本需求，即使用户没有骗你，他对自己的认识也是非常表面且错误百出的。因此，用户对自己的这些描述，在使用时必须慎之又慎——行为往往比说话更重要。

那么，用户对产品的建议又如何呢？如果用户能告诉我们该怎么做，那可就太棒了——但设计真的这么容易吗？

好设计不是问出来的

John Edson 在《苹果的产品设计之道：创建优秀产品、服务和用户体验的七个原则》中提到了一个有趣的例子：

2007 年第一款 iPhone 发布前，他的一家客户为了理解用户，对手机的偏好和习惯做了一次焦点小组访谈。小组的意见领袖开始时表示"手机应该是黑色和银色的"，其他用户纷纷附和（回忆一下第 12 章的群体思维），表示黑色和银色的比较好。这时主持人掏出了淡蓝色且带有银边装饰的摩托罗拉手机，于是大家又改变了意见，觉得多彩的产品看起来也不错。

可见，用户对产品的建议非常不可靠。有人认为 UX 就是做访谈、做问卷，或是找些人来给产品提意见，然后按照他们的反馈来做产品，这显然是不正确的。那么，我们应该如何看待用户研究的价值呢？

在这个问题上，乔布斯曾说过一句很受争议的话——用户根本不知道自己想要什么。这句话经常被拿来否定用户研究的价值，认为设计师要靠自己的想象力来创造产品。但作为 UX 的坚定倡导者和实践者，乔布斯真的如此"反用户"吗？

其实，这句话还有后半句。乔布斯在 1998 年对《商业周刊》杂志说的原话是："通过焦点小组的方式设计产品非常困难。大多数时候，人们并不知道自己到底需要什么，除非你给他们展示一个已经成型的产品。"[1] 我们又一次见识到了情境（上下文）的重要性：少了"除非"后这半句等于颠覆了整句话的意思——用户并非始终不知道他们想要什么，他们只是不知道自己不知道的东西。

首先要指出，乔布斯设计的对象是电脑和手机等电子产品。对于一些常用的、非常简单的事物，访谈还有些价值，但对于未来的、复杂的产品，用户给出的建议几乎对设计没有什么帮助。受限于知识和设计素养，用户提出的"想要的产品"往往只是他能想到的解决表面问题的最优方案，无论是否合理，都很难跳出现有产品的圈子，而基于这些普通方案做出的产品当然也只能是普通的产品。因此，设计师应该对产品的形态和品位拥有高于常人的洞见，而不是靠访谈、问卷等用户研究方法来获取设计灵感。

特别是如今，技术已悄然渗透进人们生活的方方面面。用户不仅无法理解技术的原理，甚至难以察觉到他们的存在——那么对未来技术会如何改变自己的生活便无从谈起了。在新的时代，UX 设计师不会寄希望于从用户处获取有关未来产品的建议，而是更加关注情境，即用户的生活本身。然后，基于对情境、人性和技术的深刻理解，UX 设计师会思考是否有更符合人类本能、行为习惯和认知情感的方式可以改善人与技术之间的交互，以创造更好的体验。有时，新技术（如触摸屏）带来了新交互的可能性，而 UX（如苹果基于触屏的操控设计）将这种可能性变为现实，产生了全新的使用体验——这就是所谓的"颠覆"。

UX 遵循的是"情境研究为主，用户研究为辅"，至于在此基础上如何创造技术与用户之间的交互，则几乎都要依靠设计师的知识、灵感和品位了。因此，乔布斯说"用户不知道自己要什么"绝非说对用户的研究不重要。恰恰相反，他是在提醒设计师们，要将关注点从一维的"用户反馈"转向多维的"用户情境"，进而更加全面、深入地思考用户与产品的关系——只有这样，才能达到"比用户更懂用户"的境界。

如果不能作为设计的直接输入，那么访谈、问卷这些方法应该用在哪呢？

[1] John Edson. 苹果的产品设计之道：创建优秀产品、服务和用户体验的七个原则 [M]. 黄喆，译. 北京：机械工业出版社，2013.

一方面，在设计调研阶段，用户研究可以作为情境研究的辅助，为深入理解用户提供线索。但要注意，这些只是辅助，且对这些问出来的想法决不能拿来就用。另一方面，用户的看法在 UX 设计中的最大价值是设计评估中的用户评估（第 17 章）。其实，乔布斯那句名言的精髓在后半句，"人们并不知道自己到底需要什么，除非你给他们展示一个已经成型的产品"。我觉得调整一下顺序就清楚多了：除非你将已经成型的产品展示给用户，否则用户并不知道自己需要什么。言外之意是，你要先设计出产品，然后拿给用户评估，这时的用户建议才是有价值的。用户虽然不知道如何从 0 到 1 创造产品，但给创造出的东西提几条意见还是没问题的。这与 ISO 的看法非常一致，ISO 9241-210/220 虽然要求设计必须基于情境，却并没有强调用户研究对设计输入的价值，相反，标准中将"以用户为中心的评估"摆在了很重要的位置。

图 14-3　用户研究对设计的价值

用户不是万能的，但没有用户是万万不能的。因此，乔布斯的本意绝非说用户不重要，而是说要在合适的地方借助用户的力量。产品终究是由设计师创造出来的，设计师必须首先拥有超凡的知识、洞见和品位，才可能创造出卓越的产品。

"以用户为中心"肯定没错，但它不是设计师用来偷懒的借口，而是对设计师提出的更高要求。比用户更懂用户，把握品位，寻找合适的方案，然后与用户一起持续改善，才是 UX 的真正逻辑。

获取宏观信息

虽说 UX 最关心的是用户，但用户和产品还受很多其他因素的影响，这些都会影响设计，需要在设计中加以考虑。同时，用户的需求很多，解决方法也很多，我们需要识别出哪个才是机会，这也需要设计调研提供足够的信息。因此，除了用户信息，我们还需要很多其他方面的信息。先说宏观信息，这是比用户生活更大更深远的背景信息，以各种潜移默化的方式影响着用户、产品和机会的识别。对于宏观信息，我们主要应关注如下几个方面：

- 政策信息：国家战略、政策方针、税收优惠等，我们不能因为某个方向有补贴就直奔那个方向，被蝇头小利冲昏头脑，但当几个方向都很合适时，显然有政策优势的方案更好一些；
- 市场：市场格局、流行趋势、消费行为等；
- 行业：行业整体情况、其他企业情况、相关技术发展情况等。

宏观信息的主要来源是政府和权威机构发布的研究报告、企业披露的业务和财务报告等。此外，市场人员会通过市场研究来获取市场信息，尽管设计调研不包含市场研究内容，但必须将市场研究的结果纳入考虑范围。

此处简单讨论一下情境研究与市场研究的区别。情境研究关心用户与产品交互时的心智和行为，通过研究微观的、少量的目标用户，旨在让产品"好用"；而市场研究关心人们如何做出购买决定，通过分析大量市场数据，旨在让产品"好卖"。好用和好卖的关系我们在讨论用户和客户的差异时提过（第 3 章），两者都重要，产品既要好卖也要好用。但有一点必须注意，市场研究可以支持对宏观环境的判断，但绝不能代替情境研究用来理解具体用户。大数据获取的市场需求配合漂亮的图表的确很吸引人，但往往会让人对用户形成错误的印象——我们知道用户对自身和产品的想法都是不可靠的，获取一万个不可靠的想法也不会有什么改善。市场研究既无法了解用户的行为和遭遇的具体问题，也难以了解用户的内在需求（挖掘需求往往需要依靠情境研究获取的线索）。因此，市场研究是理解现状的重要参考，但拿来理解用户及未来的产品需求则要慎之又慎。还是那句话，设计师要尽可能让一切相关信息为我所用，但要慎重，不能被它们牵着鼻子走。

最后，市场信息为品牌设计提供了重要基础，但可能与你的印象相悖：我们从这些研究中学到的不是"应该去哪"，而是"不应该去哪"。市场越是火爆，反而越要慎重，建立品牌的机会通常不在"好市场"，而在"零市场"，我会在第 30 章再做讨论。

获取产品信息

情境研究也会获取一些关于产品的信息，但更偏重使用行为。此处的产品信息指对产品技术、服务、界面和环境四要素（第 4 章）的系统性梳理，这包括两种情况。

一是开创性产品，这是 UX 的主要对象。由于市场上没有先例，我们需要获取符合公司战略的尽可能多的已有产品信息，甚至包括不在售的产品。注意，开创性产品往往也不是从零开始，在之前可能已有一些产品在解决相同的问题，就像手机出现前有有线电话，再之前有电报和信函一样。替代通常是站在巨人的肩膀上，那么首先要了解巨人。这既可以为思考机会提供灵感，也可以在考虑解决方案时取长补短。如果需要，对一些产品可适当做一些设计评估（第17章）。

二是升级型产品，这时市场上已有一些竞品或本公司已有上一代产品，设计要做的是提出更好的解决方案。此时要收集已有的同类产品的信息以提供参考，这被称为"对标"。但更重要的是，应挑选主要产品做一些设计评估，以发掘优化点和可借鉴的行为模式。

必须强调，对标是设计参考，不是设计指导。对标本质上是在对比其他企业的解决方案，靠对标做产品等同于跳过了问题钻和解决钻，而"双钻缺失"的企业是无法做出好产品的（第13章）。对标思想源于功能主义（第2章），也是"功能蔓延"（第25章）的重要原因，很多企业将对标当作"补齐短板"的方式，但世界上总有技术更多的企业或功能更多的产品——单靠技术对标永远有补不完的短板，单靠功能对标只会让产品越来越臃肿。另外，卓越的产品都有明确的方向，而功能和具体解决方案也是与方向相匹配的。盲目地对标大量产品看似综合了很多好方向，其实反而偏离了任何好方向，产生斜板效应（第13章）。当然，如果你完全对标某款产品的所有功能甚至完整解决方案，确实可以在没有设计的情况下避免短板和斜板效应，但那就变成了"山寨"，好产品肯定是谈不上了，甚至还可能有法律风险。企业必须革除这种旧思想，以设计思维为指导，才能让企业和产品真正焕发新生。

获取边界信息

最后，也是最容易忽略的是设计的边界信息。艺术家可以独立完成艺术品，但UX设计师设计的产品需要经历很多阶段才能实现并送到用户手上。现实与理想不同，每个阶段都可能存在诸多限制，如果发现不及时，其影响可能是毁灭性的。我拿本书的出版举个例子：

在本书立项前，我曾花两个小时与编辑沟通出版事宜，比如字数要求、图片版权、版式要求、合适的截稿时间等。结束时，编辑总结说："感觉你刚才一直在给自己划定各种边界。"我说是的，这也是UX的思维方式。只有明确边界，才能安心创作，否则等我随心所欲地写完了，才发现字数太多或图片不合要求，那时不仅改动量远超两个小时，书的整个结构也可能直接垮掉。

因此，有计划，才有自由。我们需要在设计前关注如下问题：

- 企业战略：产品要符合企业的战略、品牌、愿景和目标——如果这些内容缺失了，则必须在这个阶段明确；
- 内部诉求：甲方和战友（第 3 章）的诉求，特别是关于盈利的诉求——否则没人会支持你的设计；
- 技术限制：当前公司的技术水平，即产品实现能力；
- 资源限制：当前的人手、场地、预算、时间等；
- 法规限制：标准、法规、设计规范、隐私政策等必须遵守的要求；
- 侵权问题：了解专利、著作权、商标权等设计"雷区"，对于专利，尽管旨在解决新问题的 UX 很容易出发明专利，但不排除正好有人也有相同的想法——小心驶得万年船。

至于获取渠道，以上信息可能来自外部客户、领导及工程、项目、法务等各个部门，需要设计师在设计前做大量的沟通。但相信我，这绝对是一项性价比超高的工作。

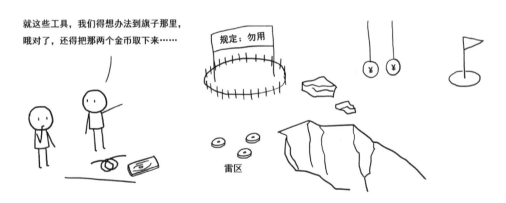

设计研究

当我们收集了足够的信息后，就可以进入设计调研的"研"阶段，对信息进行分析，理清思路以指导后续设计。当然，你可以随时回到"调"阶段补充必要的信息。

这个阶段的核心工作是对用户信息的提炼，情境研究和用户研究获取的信息非常庞杂且琐碎，需要我们浓缩成清晰且直观的结构，才能有效指导设计——这也是一个对用户的理解逐渐加深的过程。我在表 14-2 中总结了用户分析的 18 种方法。

表 14-2 用户分析的 18 种方法

分 类	方 法	介 绍
通用分析	亲和图	将现场数据整理成层次结构，并揭示常见主题的方法
挖掘需求	5why 分析法	通过连续的"为什么"不断追问问题背后的深层原因，直到挖掘出根本问题
	鱼骨图	从大问题逐层剖析可能原因的一种根本原因分析方法
理解用户	移情图	从说、做、想、感受四个维度描述用户，以帮助设计师站在用户的角度看问题
	知觉图	消费者对某一事物的认知的形象化表述，对理解品牌很有帮助
	角色模型 / 用户画像	提炼出几类有代表性的虚拟用户原型，并通过描述行为、价值观、态度、文化及人物小传的方式，力求做到有血有肉
	身份模型 *	呈现用户的骄傲和核心价值观，以确保产品能够反映并增强用户的身份认同感
	关系模型 *	呈现用户生活中的真正关系，以及在关系中的角色和情感联系
	协作模型 *	呈现用户如何与他人沟通和协作以完成活动，包括使用的技术手段
	感知板 *	基于情境研究制作的，反映用户情感体验期望的一组关键词和视觉元素
理解活动	以活动为中心的设计	建立活动模型，从活动的高度思考产品，力求打通整个活动的体验流（详见第 20 章）
	情景分析	把用户、行为、环境等要素串连起来，以故事的形式讲述用户与产品间的一段互动经历，与故事板（第 16 章）类似
	序列模型 *	基本任务分析方法，呈现用户的意图和活动步骤，引发用户活动的原因
	决策点模型 *	呈现用户需要做出的所有决策及其影响因素
	用户旅程地图	呈现用户达成目标过程中与产品的一系列交互
	生命中的一天模型 *	呈现用户日常生活的整体结构，以及用户的活动如何在技术支撑下适应于全天的时间安排
	用户体验地图	以故事化的方式直观呈现用户与产品交互过程中的情绪变化。
理解环境	物理模型 *	呈现活动发生环境的结构、作用及独到的见解，这对实体产品非常重要

注：标 * 的方法出自《情境交互设计：为生活而设计》。

关于**需求挖掘**，Donald Arthur Norman 在《设计心理学 1：日常的设计》中曾做过这样一个有趣的分析：想要钻头的人其实并不是真的想要钻头，而是想要一个孔；其实不想要一个孔，而是想要安装书架——所以为什么不开发一种不需要钻孔就能安装的书架，或是根本不需要书架的书呢？绝大多数时候，用户没有意识到自己的根本需求，他们提出的只是解决方案或表面问题，这需要通过根本原因分析来深挖。另一方面，设计师还要基于情境，通过横向（所有互动环节）和纵向（更多需求层次，第 10 章）的扩展，发现用户尚未发觉的潜在需求。

再来讨论一下**情景分析**。我们已经理解了情境和场景，其实还有**情景**（scenario）。情景可以理解为"用户 + 任务 + 环境"，是用讲故事的形式讲述用户与产品之间的一组互动过程。场景是在场所中发生的一个状态，可以理解为一张快照，而情景可以理解为场所中的一段动画，且包含了少量对用户的背景介绍。下面是一个情景的例子：

> 小明今年 20 岁，在读大二，有朋友约了他中午吃饭，但是他要迟到了，于是拿出手机，点开约车软件，选择了目的地并下单。10 秒后，有司机接单，显示 2 分钟后到达。不久车辆到达，司机打开窗户问，是去 XX 商场的吗？小明说是的，司机让小明上车，向商场出发。

可见，情景让用户的行为更加生动，有助于我们加深对用户与产品间互动过程的理解。请体会一下这种微妙的区别：场景化要求将视野扩大到场景，情境化要求将视野进一步扩大到生活，而情景要求关注互动——我们之所以觉得三个概念有点"拧"，是因为它们其实并不在一个维度上。

基于情景的设计也被称为"脚本法"，它有两种主要用途：一是从情景研究的数据中提炼出用户的行为模式，将其故事化以指导设计；二是描述产品如何在场景中满足用户的需求，以对概念进行思考和展示。显然，与情境和场景相比，情景的工具属性更强。功能在场景之中发生，场景以情境为背景，两者相加已足以描绘功能的环境。因此，我们还是将情景看作一种用户分析和展示设计的方法更合适一些。

以上是对用户分析工具的一些简单介绍。对于宏观、产品和限制信息，我们可以使用诸如亲和图、数据分析等方法加以梳理总结。

到此，我们已经介绍了 30 多个工具，每个工具都有其适用的场合和局限性。在设计中，你大可不必把所有工具都用一遍，只要"够用"即可。

此外有两点需要谨记，一是不要忘记心理学基础，要利用我们对人性的理解加深对用户的认识；二是设计调研的最终目的是指导设计，而不是做出炫目的研究报告，再漂亮的报告如果不能有助于设计过程（包括对外展示），对 UX 也是没什么价值的。

　　设计调研就讨论到这，会不会觉得对工具的操作讨论得有点少？要是把这些工具都展开，怕是一本书都不够用。本书的重点并不在于介绍具体怎么观察或做问卷，而是帮你澄清重要概念，并理解工具背后的思想——你可以把它当作是一本"武学心法"。工具只是设计思想的外在表现，就像武功的招式，就算你学了 100 招，不懂"心法"，终究只是一堆零散的动作。而理解思想，你完全可以自己来创造工具。关于具体的方法和工具，有大量书籍和网络资源可以参考，你可以根据需要自行扩展。

设计调研

- **情境**
  相对某个时间点的所有背景信息；
- **情景**
  用户与产品之间的互动故事；
- **情境研究**
  对真实情况做实地观察来理解情境；

- **场景**
  在场所中发生的事；
- **四类信息**
  用户、宏观、产品、边界；
- **师父 / 学徒模型**
  沉浸在用户世界中观察和学习行为；

- **12 种用户研究方法**

✓ 一对一访谈；	✓ 自我陈述；	✓ 网络研究；	✓ 人种志；
✓ 焦点小组；	✓ 情绪板；	✓ 埋点法；	✓ 现场实验；
✓ 问卷调查；	✓ 卡片分类；	✓ 观察法；	✓ 体力激荡；

- **18 种用户分析方法**

✓ 亲和图；	✓ 角色模型；	✓ 情景分析；	✓ 用户旅程地图；
✓ 5why 分析法；	✓ 身份模型；	✓ 序列模型；	✓ 生命中的一天；
✓ 鱼骨图；	✓ 关系模型；	✓ 决策点模型；	✓ 用户体验地图；
✓ 移情图；	✓ 协作模型；	✓ 以活动为中心	✓ 物理模型。
✓ 知觉图；	✓ 感知板；	的设计；	

第15章

创意激发

创造力是设计师的必备能力，总是与灵感、顿悟等词汇连在一起，听起来有点玄乎。你可能觉得创造力是天生的，或是所谓"右脑型人"的专利，担心自己不能胜任创新工作。其实，创新虽然是一个神奇的过程，但也并非无章可循，我们可以通过一些方法启动大脑中的"创新模式"。本章就来讨论一些能使人更具创造力的方法。

首先，你需要一个好问题

创新的定义有很多，我喜欢将创新看作一个"发现新方法以有效解决问题的过程"。新方法不难理解，但重点是有效解决问题。想象和幻想可以漫无边际，但创新不同，它必须针对某个问题，且要有价值。没错，又是"问题"，我们在讨论流程时不厌其烦地强调要先理解问题。但要想创新，知道问题还不够，你需要一个"好问题"。不同的**问题陈述**往往会对创新产生很大影响，先来看如下问题：

- 如何过河？

现在请发挥创意，会不会觉得无从下手？这是因为问题提得太空泛了。一个好问题应包含初始状态、目标状态、允许（及不允许）的操作三个基本要素，这被称为**问题空间**。只有在问题空间中发挥创意，才能得到有效的结果。其实，设计调研的本质就是理清问题空间，以便让创意过程有效。那是不是要把能写的都写上呢？再来看看如下问题：

- 面前有条河，身后是森林，有斧头可以伐木，如何造船过河？

问题空间是完整的，但它暗示了"造船"这个解决方向，这种额外的约束条件会限制创新——造桥不行吗？产品设计也经常会遇到此类问题，如"我们如何改善页面布局来提高用户的满意度"，这就把思考空间局限于页面布局上。好的问题陈述能够体现约束，但要避免过分约束。

在实际设计中，我们很容易在调研结束后就急于发散思维，而忽略了"把问题提清楚"的重要性，这对后续工作是不利的。因此，在开始启动创新思维前，请仔细审视你的问题陈述，努力确保：

- 问题空间清晰完整，且陈述良好；
- 问题不存在方向性暗示。

提清楚问题，我们就可以开启创意模式了，那么，灵感从哪里来呢?

灵感从何而来

让我们先来辟个谣，你可能听过"左脑逻辑，右脑创新"的说法，但创造力其实跟左右脑并没什么关系，所谓的"右脑开发"只不过是一个商业噱头。我们的左右脑的确分工不同，如左脑负责处理语言，右脑负责处理图形，但这些能力并不能等同于创造力。我刚才说过，创新是创造性地解决问题，只有想象力是远远不够的，还需要思维、记忆等很多机能的参与。其实，我们的左右脑本来就是相连的整体，每时每刻都在进行着大量的信息交换。有创意的人通常左脑右脑都很发达，而且更重要的是训练创新的思维模式，并懂得利用大脑的运行规律来获取灵感。

Susan Weinschenk 在《设计师要懂心理学 2》中讨论了人类大脑获取灵感的过程。创新过程大部分是无意识的，这得益于大脑中的三套系统。首先，创新始于**执行注意网络**，该网络活跃时人便会集中注意力。要想创新，必须先下决心解决问题，从而激活执行注意网络，并给它一个好问题。当执行注意网络锁定问题后，**默认网络**启动，这是人在没什么特殊任务时大脑的运行状态。但其实大脑并没有真的在休息，人在休息状态下大脑和平时一样活跃。默认网络会对事件可能发生的各种情况进行模拟，当有一个问题时，其实是在对各种解决方法进行预演。同时，**突显网络**负责对默认网络提出的各种方案的效果与执行注意网络锁定的问题进行对照，当发现一个好方案时，会把这个方案代入意识。在我们来看，这个方案就好像突然冒出来了一样，这就是我们常说的"灵光一现"。默认网络到突显网络本质上是一个"发散 - 聚焦"的过程，《认知心理学：理论、研究和应用》提到，创造性并不只是我们熟悉的发散思维，还包括聚合思维。发散确保"量"，而聚合确保"质"。发散和数量是创意的手段，而不是创新的目的，我们通常只需要一个创新且有效的方案，如果聚合能力不强，就算获得 100 个普通的新点子，也不如一两个好点子来的有价值。一些书籍拿点子数量作为创意工具的评判指标，其实是有待商榷的。

基于对大脑运行方式的理解，Weinschenk 给出了获得灵感的三步原则：（1）让执行注意网络关注要解决的问题；（2）转移注意力（手段不限，散散步、听音乐、打扫房间均可）以便让默认网络接受创新任务，这是因为执行注意网络和默认网络不会同时运行，如果你让注意力过于集中于一个问题，就会失去默认网络的支持，反而难以想出新点子，从而"越想越想不出来"，因而我们需要适当地转移注意力；（3）你不知道突显网络什么时候会"联系"你，为了防止想法过会儿就忘了，要准备录音设备或纸笔，以便能够随时记录下"灵光一现"的点子。

Weinschenk 的方法对产生创意很有帮助，但这不代表我们"想想问题然后就可以去干别的了"。我们切换的是有意识注意，而无意识注意此时还在问题上。做些轻松的事情可以实现这一点，但如果你跑去打游戏或聊天，注意力就会被完全切换，再想获取对问题的创意可就难了。此外，创造的过程在集中注意和非集中注意时都会发生，正如《认知心理学》所说，人们有意识地聚精会神于一个任务时会有创造性，而在幻想时产生的一些想法却并不一定有创意。因而，更好的方法是在放松的心态下保持一定程度的集中，当你发现注意力过于集中以致没有好想法时，就做点别的活动换换脑筋，但也不一定要时间太长，只要恢复状态即可。

提升创新力的 12 个技巧

我们现在知道，创意主要存在于无意识中，而无意识有自己的运行规律，要学会善用。Jesse Schell 在《游戏设计艺术》中将这种创造性无意识称为"无声的伙伴"，将其看作我们大脑中的一位朋友。这位朋友无法交谈、性格冲动、情绪化、贪玩、不受逻辑约束甚至荒谬。但这个"疯孩子"却是你的创意源泉，你如果希望富有创意就必须学会与这位无声的伙伴相处。我认为这种拟人化的方法很有帮助，它将问题转化成学会如何与"人"相处，更容易理解，你甚至还可以将人际关系的技巧应用其中。如此一来，Weinschenk 的三步原则就变成了：（1）告诉他问题；（2）给他点空间，别总盯着他看；（3）随时记录他告诉你的事情。此外，这里还有一些有用的相处技巧。

1.**给予尊重**。否定是创新的大敌，如果你每次把想法告诉别人,别人上来就说"这行不通"，长此以往，你肯定就不想说话了。同理，如果一个人每次都对无意识冒出的想法立刻否定，他得到的新想法就会越来越少，最终变成一个脑筋僵化的人。相反，创新之人对任何想法都持开放态度，无意识得到肯定，点子就会越来越多。就此来说，创新是一种由思维模式养成的习惯。想提高创新力，要从关注和尊重无意识的想法做起。

2. 跨学科学习。 无意识可以在你的思维空间里肆意游荡，找寻合适的想法，但它无法告诉你连你自己都不知道的事。再有创造力的画家想提出创新的国家政策也是很难的，因为缺乏相关知识——解决问题相关的知识和经验是必需的。同时你还需要尽可能不断扩展本领域和任何领域的知识（你无法预知哪些知识会有用）。很多突破性的创新都源于知识的跨学科迁移，要让无意识帮你去其他学科寻找灵感，你首先要掌握这些学科的知识。

3. 把杯子清空。 记下你的创意。如果不把想法找一个安全的地方存好，无意识就不会放心，从而带着想法一起跑。但无意识的能力是有限的，这样做低效不说，还可能无法捡起新想法。要想在杯子里装上新水，你要先把杯子清空。我在写作时会准备一个"暂存文档"，当冒出与当前主题不相关的灵感时，就把它们写下来留待有时间再想，以便能安心完成当前的主题。记下创意不只是为了备忘，也是为了卸下包袱，让创新力得以恢复。

4. 满足欲望，但要明智。 如果某些欲望太强，比如极度饥饿，无意识就会深陷其中，难以完成创新工作。如果要考虑高层次需求，就要首先解决低层次需求（第10章）。但要注意，有些满足需求的方式（如吸毒）会让人上瘾或迷失自我，因此满足欲望是必要的，但要注意方式。

5. 睡眠，睡眠，睡眠！ 睡眠对创新极为重要。在你很疲惫时，这位朋友经常不会出现。同时，人在睡眠时，大脑会将白天学到的信息回顾一遍，并决定哪些要遗忘，哪些要存储或巩固，这还是一个不断在新旧记忆间创造联系的过程，无意识也在这个过程中努力发现创新点。这样的例子有很多，最著名的莫过于门捷列夫在睡梦中想通了元素周期律，以及凯库勒梦到蛇而发现了苯的结构式。但要注意，单纯睡觉是没用的，门捷列夫在梦到周期表前做了大量研究，梦到后也对想法进行了深入探索，远不是睡觉这么简单。所谓"日有所思，夜有所梦"，你首先要在白天思考问题。睡眠是个系数，要是白天什么都不想，睡多长时间也没有用，毕竟 0 乘多少都是 0。额外的建议是，关注要解决问题的时间与睡眠时间不要隔得太久，好让无意识知道你想让他在睡眠中做什么。

6. 做做白日梦。神游（即所谓的"白日梦"）对创新很重要，却总是受到指责，特别是在企业中，"无所事事"被视为是混日子或不求上进。你不能指望一个久坐的人能一下健步如飞，同样，你不能要求无意识待着不动，然后在你需要创新时马上给你灵感。因此，你应该每天给自己一些神游的时间，特别是在你有一直想不通的问题时更是如此。当然，神游要有度。对于企业来说，应该关注成果而非过程，如果一个人每天看起来吊儿郎当，但能做出好设计，那么又有什么问题呢？

7. 保持愉悦。第 9 章提到，人在愉悦时才愿意尝试新鲜事物，思路也更加开阔，因而保持愉悦和开心的心情对创新很重要。

8. 考虑环境影响。我们还可以利用环境来提高创新力。环境并非越安静越好，适当的噪音有利于创新（70 分贝左右较为理想）。同时，高屋顶更利于抽象思考和激发创意，低屋顶则利于具体和细节化的思考，这被称为**大教堂效应**，因而需要为设计等创新性工作提供屋顶高且宽敞的环境。此外，听喜欢的音乐也会对创新有所帮助。

9. 内在动机。外在动机很高时，创造性会比较少。想想第 10 章中那个画画的实验，有奖励的孩子画的作品明显不够有趣。内在动机很重要，人在从事自己喜欢的事情并享受这个过程时会更有创造性。当然，少量的外在动机还是有益的，只要不过多就好。

10. 增加约束。你可能觉得设计师应该不受任何拘束，担心约束会限制想象力。但事实上，限制不会扼杀想象力，过多的限制才会，而且过少的限制同样不利于创新。在《Z 创新：赢得卓越创造力的曲线创意法》一书中，Keith Sawyer 提到了一项研究，先让人们列举尽可能多的白色物品（无约束），再让他们列举尽可能多的白色可食用的物品（有约束），结果有约束时人们列举出的物品数量通常会和无约束时的一样多。Sawyer 对此解释道："这是因为，相对于模糊、开放式的指令，详细、具体的指令更容易让人得出有创新性的答案。"也就是说，约束会在其限定的方向上激发出更多的想法，如果设置得合理，多个约束就会使获得的想法成倍地增加。因此，设计时增加适当的限制，给无意识一些方向是有益的。此外，有句话叫"截止日期是第一生产力"，适当的时间限制对创新非常有效——无意识需要一点压力。

11.尽力而为。我们说过，越集中注意力，反而越想不出来，因而不要给自己和无意识太大的压力。无意识已经尽力了，如果实在想不出头绪，那就暂时放下，也许过一段时间你就会收到一个满意的灵感。

12.适合才最好。最后，你需要找到适合自己的方法。这些步骤和方法只是建议，重点是让自己保持创造力，只有适合你的，才是最好的。

创新的 15 种方法

我在表 15-1 中总结了一些用于激发创意和引导思路（给无意识一点方向往往是有益的）的方法和工具。

表 15-1 创新的 15 种方法

类 型	名 称	介 绍
思维激发	墙面研究 *	将设计调研的输出贴在墙上，团队沉浸在用户信息之中，并将产生的灵感记下来贴在相应位置，也可以贴纸条评论他人的灵感
	头脑风暴	以小组讨论的形式，鼓励成员充分发表个人看法，自由发散，相互激发灵感，打破常规的创新工具
	书面头脑风暴	用书写代替言语，每个人写下想法传给其他人，其他人评论或写下新的想法，有助于弱化社会影响，并鼓励内向的人表达看法
	愿景规划 *	基于头脑风暴的原则来讲故事，在墙面研究后，为用户创造一个拥有新产品的新世界的故事，并不断加入其他成员的想法来完善
	参与者设计	邀请潜在用户参与设计过程以带来新的想法，由于用户的种种局限，此方法须慎用
解题范式	类比法	用以前解决相似问题的方法解决新问题
	手段 - 目的启发式	将大问题分解为几个次级的问题，从目的倒推手段，即要达到目标应该做什么事？为了做到这件事我又应该做什么？从而不断缩小要做的事情与当前状态的差距，直到打通
	爬山启发式	从初始状态出发，找到能最快拉近与目标距离的事情（斜率最大），不断减少与目标的差距，直到打通。但可能忽略需要迂回的更好的路线，有助于达成短期目标而非长期目标

类　　型	名　　称	介　　绍
思维突破	逆向思维	从相反的方向思考问题，如司马光砸缸的故事中，传统方法是让人离水，而司马光反向思考如何让水离人，并获得了灵感
	后退一步	暂时远离目标，寻找迂回线路
	鸟瞰	扩大思考维度，在更大的格局上观察问题
	颠覆假设	列出你在思考过程中使用的假设，特别是那些看似废话的假设，如"汽车转弯要靠方向盘"，然后打破每个假设来思考其影响
	积极设想	如果滑板有 2 米长会如何？夸张的思路可能带来创意
	无关刺激	从一些看似与问题无关的事物上寻找灵感
	另作他用	对物体功能先入为主的现象称为功能固着，如认为火柴盒就是放火柴的，这不利于创新。问自己"这个还能另作他用吗"可能带来灵感

注：标 * 的方法出自《情境交互设计：为生活而设计》。

头脑风暴

头脑风暴，又一个被普遍滥用的词。我们经常听到有人在会议上提议"我们来头脑风暴一下吧"，但这种会上的随意讨论根本不是头脑风暴。头脑风暴法是以小组讨论的形式，鼓励成员充分发表个人看法，自由发散，相互激发灵感，打破常规的创新工具。我们在第 12 章讨论过群体决策的弊端，且每个人思考问题的层面和节奏不同，显然，单纯的会议讨论反而会对创新产生负面影响。头脑风暴是群体行为，但是以个体的独立思考为前提的。成员在参与风暴前，必须首先对问题进行认真的独立思考，讨论中鼓励畅所欲言，但不允许在其他成员表达想法时做任何评论，以此来实现对群体决策和锚定效应的弱化。其实，相比于一起工作，团队成员单独工作一段时间后往往会产生更多更好的想法，因此完全没必要神话头脑风暴，为个人留出足够的独立工作时间，再搭配一些头脑风暴才是更佳的创新策略。

类比法

类比法是创新的重要手段，但并非简单的找寻表面相似的问题，而是找寻本质上相似（即**问题同构**）的问题，然后将其解决方案迁移到当前问题之上——灵感往往不在当前领域，你要到别处找。这里的主要挑战是发现问题的本质，人往往会注意到明显的表面特征，而无法看到结构特征。表面相似的东西本质上可能完全不同，而看起来风马牛不相及的事物却可能存在完全相同的内在结构。这需要设计师拥有"结构思维"，善于发掘问题的结构特征。当你在结构层面思考时，就很可能从自己或别人解决过的类似问题中获得灵感。此外，我们解决问题后也要思考一下问题的结构，勤于总结，为未来使用类比法做好积累。

创新与登山

很多时候，创新的过程就像登山，我们尝试向每个方向迈步，如果高度降低就把脚收回来，如果高度上升就向前迈一步，如此便可以一步步迈向山顶，这个过程被称为**登山法**，而这种登山式的创新被称为**渐进式创新**。登山法是很好的策略，但无论步子迈得多大，即便是产品层面的换代，我们仍在同一座山上，而山并不只有一座——登山法无法帮我们发现更高的山。诺基亚公司当年在"按键手机"之山上傲视群雄，却被处于更高的"触屏手机"之山上的苹果一举击溃。因此有时，我们需要跳出原有模式，去找寻另一座山，这就是**颠覆式创新**。

颠覆式创新能够发现更高的山，让人用全新的方式思考世界，进而改变人们的生活。这种质变影响巨大，因而备受追捧，但其实渐进式创新也会带来质变。登山的过程与产品进化的过程（第4章）很相似，当我们让产品的体验达到了足够高的层次时，量变就会带来质变（质变并不一定要换一座山，当产品的高度足够高，以至于在用户的心智中与原来的普通产品区隔开时，也可以看作一种质变），但这并没有改变人们的交互与生活方式，因而依然是渐进的，只是在山上的高度比其他产品高出很多。两种创新方式类似于佛教中的"渐悟"和"顿悟"，那么我们应该通过哪种方式领悟产品的真谛呢？颠覆往往是在渐进一段时间后才会产生，而发现新山之后，你通常处于山的底层（能用层），同样需要登山以获得卓越体验的产品。因此对UX来说，两种方式都重要，这也是UX提升产品的两种方式。这就好比游戏角色，你可以通过升满级产生质变成高手，也可以在一段时间后经由某个契机解锁更强力的角色直接产生质变。但是，低等级的强力角色很可能打不过高等级的普通角色，你依然需要练级，直到实现"强力角色＋满级"的双质变时，你才真正成为王者。

颠覆与渐进是一个很大的主题，我们会在第18章和第22章做进一步探讨。

其实，对创新最重要的工具是UX流程本身。创新需要环境，对于企业来说，只有当设计思维、迭代思维、原型思维等思想深入人心并逐渐形成文化，且在制度和流程上得到支持时，企业才会真正迸发出创新的活力。

设计思维和迭代思维我们已经讨论过了，那原型思维是什么呢？

创意激发

- 问题空间

  初始状态、目标状态和允许操作；

- 执行注意网络

  大脑中负责集中注意力的网络；

- 15 种创新方法

  - 墙面研究；
  - 头脑风暴；
  - 书面头脑风暴；
  - 愿景规划；

  - 参与者设计；
  - 类比法；
  - 手段 - 目的启发式；
  - 爬山启发式；

  - 逆向思维；
  - 后退一步；
  - 鸟瞰；
  - 颠覆假设；

  - 积极设想；
  - 无关刺激；
  - 另作他用。

- 默认网络

  人没有特殊任务时大脑的运行状态；

- 突显网络

  大脑中负责对信息对照筛选的网络；

第16章

设计展示

有想法不行动，想法就只是一个模糊的概念。要想真正看清创意的模样，就必须把设计想法展示出来。**设计展示**是一个以原型为载体的想法具现过程，这需要首先理解原型思维。

原型是一种思维

什么是原型？在很多人的认知里，"原型"这个词感觉上跟产品的"模型"差不多，比如用纸、泡沫或更逼真的材料制作的物理模型。模型偏重于展示结构和整体效果，的确属于原型，但原型的范围要大得多。在设计中，原型是在真正量产前能体现你设计想法的所有具象形式，你手绘的草图、任务流程图以及可以试产扩量的"原型级产品"，其实都是原型。我可以给一个更广义的定义：

原型是一切有成长空间的事物。

对设计来说，只要产品没最终量产上市，就存在改善的空间，由此从最初的草图到量产前的一切产品形式都是原型。如果产品能够持续改进或升级换代，那么产品也是原型。不仅如此，我写的这本书，甚至在读书的你其实都是原型——因为都有成长空间。变化是这个世界永恒不变的真理，因而一切事物在客观上都存在改善的空间，也都应该被看作原型，这种以成长的视角看待事物的思维方式被称为**原型思维**。对于同一件产品，大部分人看到的是可使用的物品，而拥有原型思维的人会看到改进的机会。

原型思维的另一个核心思想是将想法快速原型化。想法只有以某种形式具现才能真正清晰，而清晰是高效评估和改善的基础。因此不能等到"万事俱备"了再落实，而是一有想法就立刻建立原型——尽早落实，才能尽早进行有效率的优化。

原型思维与迭代思维是相辅相成的。原型是迭代的对象，迭代是原型升级的途径。成长导向和快速原型化为迭代提供了基础，而迭代思维提供了"小步快跑"的升级策略，快速检验，快速优化，并将新的想法快速原型化，以实现螺旋上升。

在上一章末尾，我提到原型和迭代思维是创新的基础。等想法让自己完全满意了再付诸行动，这种"创意完美主义"是创新的大敌，不仅难以看清想法和问题，而且由于对最终提出的想法非常满意，人会对批评和建议非常抵触。原型与迭代思维则认为不完美是常态，感觉再好的想法也很可能是错的，因而"等想法成熟再具象化"是没有必要的——哪怕再幼稚也要敢于说出来，这样才能让想法真正朝好的方向发展。不仅如此，这两种思维也让人能拥抱变化，并乐于接受他人的批评和建议。但要注意，拥抱变化并不与追求完美相矛盾，完美是一个目标，只有追求完美才能让体验趋向卓越——在这个意义上说，UX设计师都应该是坚定的完美主义者。

在UX流程中，UX设计师通常要一直紧密跟进到原型级产品，而试产扩量之后的工作则主要由生产团队负责，UX设计师只在重要时间点和需要调整方案时介入，以确保目标体验不受破坏，并提供必要的优化建议。

原型需要设计

原型的用途主要有五种：

捕获与理解。捕获新想法，或梳理并加深对新想法的理解，这些想法包括用户流程、产品结构、商业策略（商业模型也是原型）、视觉效果等。比如你觉得南瓜和土豆放在一起炖会很好吃，你也可能想象出大概的味道，但只有你真的把它们炖出来才能知道这到底是什么味道。

沟通设计想法。原型是设计沟通（第39章）的重要工具，能够帮助干系人更好地理解你的想法，特别是在倡导想法以获取支持时尤为重要。无论你用多少字解释南瓜和土豆放在一起是什么样，都不如直接端一盘看得见吃得到的菜来的有效。这里的要点是原型及展示方式要根据展示对象的不同而做出相应的变化。

设计评估与改进。原型能支持迭代，且越早迭代越好，这已经讨论过了。但需要注意，在产品设计的大部分时间里，原型都很难拿来评估完整的产品效果。比如电子产品在未量产时体积很大，完整功能的原型过于臃肿，难以评估佩戴舒适度，而能评估舒适度的原型又无法验证完整功能。虚拟产品同样如此，比如后端功能尚未实现时我们需要给一些"欺骗数据"来确保流程的畅通。这些限制使得我们必须针对希望评估的不同方面来设计相应的原型。

风险评估与消除。假如我们在设计一款游戏产品，担心游戏引擎无法同时绘制场景中的几百个元素，该怎么做？我们可以等游戏原型完整建立起来再确认这一点，但那时改动的成本就很高了。更好的方法是对一个典型元素建立原型，然后在场景中大量复制，看游戏引擎能否胜任。这个原型并没有实现任何游戏的机制或内容，却能有效帮助设计师尽早评估并消除（至少是降低）实现这个游戏想法在场景绘制方面的风险。

需求验证。我们可以在问题钻使用原型来帮助收敛问题。用户通常只在见到东西时才知道自己想要什么（第 14 章），你可以基于可能的潜在需求建立一些方案原型，以验证需求的存在，并评估需求的强烈程度。当然，你需要在解决钻中重新思考解决方案。

可见，制作原型或设计展示并非是把想法具现出来那样简单。我们在设计中要搭建很多原型，且每一个原型都是有目的的。无论是为了理解、沟通、改进还是验证各种假设，都要根据具体的目的及情况制作相应的原型——原型也需要设计。

原型保真度

原型并非越逼真越好，而是要看原型的目的。制作原型需要消耗时间和资源，大多数情况下比较粗糙的原型足以增进理解和验证假设，如果做得太逼真，不仅造成浪费，还会让人因花费太多心思对想法产生感情而不愿修改。但反过来，如果花的时间和资源太少，原型同样起不到作用。因而，原型设计中一项很重要的工作是确定原型与最终产品相比的真实程度，即**保真度**。对保真度有很多划分方式，我认为 Kathryn McElroy 在《原型设计：打造成功产品的实用方法及实践》一书中的三分法更加合理，且与三钻模型刚好匹配。三分法将原型分为三种保真度。

低保真度原型采用最简单和最便宜的材料，几乎不考虑细节，尺寸被缩放甚至没有实物，比如纸质原型、草图、线框图、电路图等，看起来完全不像最终产品。其优点是快、易、省，可同时构建大量版本，缺点是互动性和完整性差，也缺少细节和上下文。因而主要用于高层次概念的快速捕获、理解、优化和沟通，或是快速验证假设。

中保真度原型至少有一个方面看起来像最终产品，其互动性更强，并开始拥有真实的结构、材料及视觉设计等。比如可点击的线框图、电子组件等，虽然不够精致，但已拥有一定的真实感。优点是可以进行更细节的评估和更真实的测试，缺点是消耗更多的时间和资源（往往需要开发、制造、UI 等介入以提供少量"高保真切片"），而且无法对完整的设计进行评估。主要用于对低保真度阶段筛选出的想法做进一步的理解、沟通、验证（包括可用性测试）和优化。

高保真度原型功能完整且已非常接近真实产品，比如游戏的内测版本、汽车的样车等。优点是可以测试整体效果及详细的互动和审美等，缺点是消耗大量资源和时间，且需要开发、制造、UI 等多方介入（对于简单产品，能力全面的设计师有时也会独自完成整个实施钻，不过这不是本书的关注重点）。高保真度原型主要用于实施钻以验证最终方案，进行大量用户测试，以及展示设计的最终成果。此外，对于复杂产品来说，完整的子系统（如汽车的屏幕交互系统或座椅系统等）也可以视为高保真度原型，并最终集成为完整产品的高保真度原型。

除了整体性的低、中、高，Kathryn 还将保真度分为五个维度（我做了一些微调，见图 16-1），这有助于我们根据需要确定保真度的详细策略：

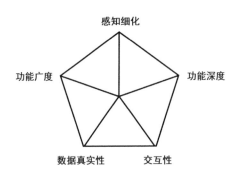

图 16-1　保真度的五个维度

- 感知细化：原为"视觉细化"，指像素级差异，不过感知不只有视觉，还存在听觉（如音质）、触觉（如触感）等维度；
- 功能广度：覆盖的功能数量；
- 功能深度：每个功能的详细程度；
- 交互性：交互能力及交互效果（如 UI 动效）；
- 数据真实性：原为"数据模型"，指在前后端交互数据的真实性，比如在后端功能尚未实现或无法从生态获取真实数据（如未与天气网站联通）时，前端无法获取必要数据，只能直接展示或由后端发送一些预设的内容或占位符，这时的数据真实性就低。

关于交互性，我曾见过"低保真 - 高保真 - 可交互原型"这样的分类，将可交互作为最精细版本，这是不合适的。交互性只是原型的一个维度，即使是低保真原型也可以交互。我曾做过一个纸质原型，在别人点击时通过设计师手动切换页面来实现基本的交互性。此外，具身认知（第 8 章）指出只有大脑和身体参与的认知往往不同，因而为了获取对效果更准确的评估，应尽早做出可互动的原型。

保真度与三钻流程（第 13 章）和产品层次（第 5 章）的对应关系如图 16-2 所示。低保真度原型用于问题钻（问题对不对）和解决钻前期（思路好不好），面向策略层和大体机制。中保真度原型用于解决钻后期（方案好不好），面向详细机制和信息层。而高保真度原型处于实施钻（最终效果好不好），面向呈现层和技术实现。总的来说，先用低保真度原型大范围捕获和收敛，再用中保真度原型进一步收敛，最终用高保真度原型确定。不过基于不同的目的，原型在 UX 流程中也可能在低中高之间来回切换，还是要根据具体情况灵活选择。

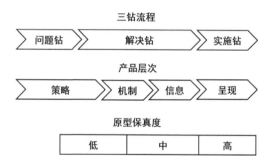

图 16-2　保真度与三钻流程和产品层次的对应关系

常用原型

要建立产品的原型，我们经常要用到三种类型的原型：

数字原型源于虚拟产品，通常由 UX 设计师、交互设计师、UI 设计师、软件工程师等构建，是基于屏幕交互的原型。

实物原型源于实物产品，包括产品外部和内部的物理实现，通常由工业设计师、机械工程师等构建。

电子原型在很多时候承担了虚拟与实物间桥梁的角色，软件的运行、物理结构的控制等都要依靠电子系统。比如，我们用手机控制智能汽车，是通过手机 App（数字）经过手机和汽车的系统（电子）最终控制车轮（实物）的。电子原型通常由电子工程师构建。

设计师如果懂一些技术的知识，能够在早期完成一些中低保真度原型自然是很好的。不过大部分时候，特别是对于复杂产品，还是应该在设计团队内安排少量相关领域的工程师（兼职或全职皆可），以使设计师专注于设计工作。此外，构建产品原型可能涉及其他技术领域，如电动汽车的电池技术、冰箱的制冷技术等，这些已远超本书的范围，可根据需要自行学习或与相关领域的工程师共同构建。

数字、电子和实物原型都有低、中、高三种保真度，我在表 16-1 中列出了一些常用原型。

表 16-1　常用数字、电子和实物原型

保真度	数字原型	电子原型	实物原型
低	业务流程图、任务流程图、页面流、用户体验地图 *、草图、概念模型（第 25 章）、信息架构（第 5 章）、站点地图、线框图、纸质原型 / 纸上原型、故事板、视频原型、情绪板 *、艺术效果图、低保真度可点击原型等	电路草图、基于面包板的电路构建、伪代码、低保真度组件原型等	结构图、造型图、布局图等
中	中保真度可点击原型、中保真度编码原型、奥兹向导等	中保真度组件原型等	比例缩放模型、结构原型等
高	高保真度可点击原型、高保真度编码原型等	定制电路板等	等比例模型、高保真度材料等

注：* 用于展示设计方案的期望效果，来自设计师而非用户，与设计调研不同

这里提一下故事板和视频原型，**故事板**是用漫画的形式展示用户与产品的一系列互动过程，也称为"可视化脚本"，即情景分析（第 14 章）的漫画版。同情景分析一样，故事板既可以用来理解用户，也可以用来展示解决方案如何发挥作用。不过相对来说，故事板用于设计展示（沟通设计思路为主）更多一些，而情景分析用于设计调研更多一些。另外，**视频原型**是视频的脚本，但由于制作成本较高，主要用于商业展示，如大型展会，以及收集大众的反馈。

再说一下**奥兹向导** [1]，这种工具常用于在设计早期模仿复杂的智能系统。简单来说就是用人来模仿后端系统，被试者以为自己在与软件交互，但软件的反馈其实是

---

[1]　Donald Arthur Norman. 设计心理学 1：日常的设计 [M]. 小柯，译 . 北京：中信出版社，2015.

由位于另一个房间的真人提供的。通过这样的交流，我们通常会发现用户与产品的真实信息互动与我们预想的大为不同，进而在设计早期对交互进行有效优化。

最后讨论几个交互设计的常用原型工具，其大致样式如图 16-3 所示。

- **业务流程图**：也称泳道图，描述业务执行过程中，各参与角色的任务分工及任务顺序；
- **任务流程图**：也称用户流程图，用状态、流转条件和箭头描述具体任务的操作过程；
- **线框图**：页面的图形框架，包括页面结构、导航、视觉元素示意（用色块或占位符表示）等；
- **站点地图**：各页面的层次结构；
- **页面流**：任务流程图与线框图的结合体，在流程基础上详细描述每个状态下的页面框架、显示信息和设计要点。

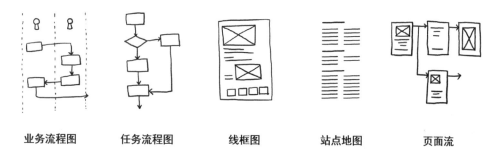

业务流程图　　任务流程图　　线框图　　站点地图　　页面流

图 16-3　部分常用交互设计原型

需要注意的是，我们讨论的都是方法级工具，而不是制作原型的工具软件。如今有很多数字原型制作软件，如 Axure、sketch 等，可以帮助我们更快速地完成原型构建工作。相关的资源网上有很多，你可以选择适合自己的来学习。不过最重要的还是理解原型思维及上述方法级工具背后的逻辑，用什么软件往往不是最重要的，如果理解思想，那么用幻灯片或草图同样可以完成这些工作——当然，好的软件会让原型的制作和迭代更有效率，制作出的效果也要好很多。

以上这些就够了吗？并没有。我们到现在只讨论了技术和界面（第 4 章）的原型，其实还有前端环境原型和服务原型，在这就不展开了，你可以根据具体情况对原型进行设计，基本思想是一样的。比如现场服务的低保真度原型可以使用故事板，中保真度原型使用一些话术的操演，而高保真度原型是在真实或拟真的场景中模拟完整的服务过程。

最小化可用产品

最小化可用产品（Minimum Viable Product，MVP）这个名字很容易给人一种误解，认为 MVP 是产品的最简版本，或是基础功能的集合。MVP 出自 Eric Ries 的《精益创业:新创企业的成长思维》，是一种创业工具，其核心思想是快速将概念推向市场，以增进对概念价值和市场的认知，避免团队投入大量资源后才发现产品没人要而产生的浪费。MVP 是能够以最小代价向潜在用户传递完整产品概念的任何东西。正如 Eric 所说："它并不一定是想象中的最小型产品；它是用最快的方式，以最少精力完成'开发 - 测试 - 认知'的反馈循环。"MVP 的"可用"指可用来验证假设，而不是可用性（usable）。MVP 本质上是一个验证基本商业假设的工具，而非解决技术或设计问题的工具。尽管存在非原型 MVP，但你大体上可以以将 MVP 理解为面向真实用户设计以评估需求水平的原型。

MVP 并不是把产品的所有方面都展示出来，它能用最小的代价让用户理解概念中的那个东西。Eric 给出了一些 MVP 的例子，比如 Dropbox 公司为其正在开发的文件分享工具制作了一段 3 分钟的视频，以演示其如何工作（即视频原型），并通过网民对这一未来产品的兴趣评估其需求程度，这段视频就是 MVP。另一个例子被称为贵宾式 MVP，团队首先以人工方式为第一位用户提供贵宾级待遇，以验证其预设的企业增长模式是否有效，然后随着用户增加而逐渐提升自动化率，最终得到一个自动化产品。此处的人工 VIP 服务就是 MVP，它不是产品，而是"企业增长模式的一种学习认知活动"，毕竟一上来就投入自动化开发是有很大风险的。

MVP 也可能不是原型，比如通过发送电子邮件告诉用户有这样一种产品，或是增加一个有关新功能的"无用按钮"，然后根据点击量来判断用户对该功能的兴趣——这个邮件或按钮也是 MVP。可见，MVP 跟产品实际的设计并没有必然的关系。

还有一种"MVP 的产品版本"，即先完成一个概念的简陋版本并直接推向市场，再根据市场的反应决定是调整方向还是追加投入。这很容易产生"第一款产品是 MVP"的误解。尽管存在一些实施钻的工作，但 MVP 产品依然只是用来验证解决方案是否满足用户需求的手段，因而依然处于解决钻甚至问题钻中，远不是最终的产品。严格来说，MVP 产品是一种用来获取大众评估的原型，且主要适用于虚拟产品。贵宾式 MVP 虽然看似"上市"，但其只为极少量用户服务，这本质上是一种用户测试的变体，故而也是处于解决钻中的原型。

这里有一个问题，如果能够使用 MVP 产品，每次修改都是在线迭代，那么原型和最终产品的界限如何划分呢？我觉得，当产品思路确定，并投入大量设计和开发资源完成了计划的所有内容，设计和开发团队基本撤出，只在运营团队需要时介入，这时的版本就是最终产品。此后的小规模改动称为改版或升级，而当整个结构都需要重新设计，需要设计和开发团队再一次正式介入时，就是换代或新产品了。当然，从原型思维来说，最终产品也是一种原型，因而界限也没那么重要，重要的是无论是实体还是虚拟产品，都要尽可能缩短上市周期，并努力迭代。对于能提前上市的产品，在明确思路后，要踏实做好 UX；而对于其他产品来说，除了要尽早把概念推给市场获取反馈，还要在 UX 与缩短周期上找到平衡，确保上市产品的品质，并持续迭代新产品以使体验日趋卓越。

此外还有**最小化期待产品**（Minimum Desirable Product，MDP），旨在以最小代价实现产品的核心体验，以尽早获取用户的评价。这么多概念会不会觉得晕？其实你无须太过纠结于这些概念，UX 既关心用户也关心市场，因而其原型的范围非常广，涵盖了 MDP 和绝大部分 MVP（非原型 MVP 当作一些额外工具即可）。这里讨论 MVP 主要是希望你能了解和借鉴精益创业思想。在这方面已经有一些先驱，比如 Jeff Gothelf 和 Josh Seiden 在《精益设计：设计团队如何改善用户体验》中提出了"精益用户体验设计（Lean UX）"。事实上，精益创业的"认知 - 开发（及 MVP）- 测量"与人本设计的"观察 - 创意（及原型）- 评估"高度一致，可谓是万变不离其宗。

为避免混乱，本书非必要时不再提及 MVP。

设计展示

- **原型思维**

  以成长的视角看待事物；

- **低保真度原型**

  用最简单和最便宜的材料的原型；

- **中保真度原型**

  至少有一个方面看起来像最终产品；

- **高保真度原型**

  功能完整且已非常接近真实；

- **保真度五维度**

  感知细化 - 功能广度 - 功能深度

  - 交互性 - 数据真实性；

- **16 种常用数字原型**

  - ✓ 业务流程图；
  - ✓ 任务流程图；
  - ✓ 页面流；
  - ✓ 草图；

  - ✓ 信息架构；
  - ✓ 站点地图；
  - ✓ 线框图；
  - ✓ 纸质原型；

- **数字原型**

  基于屏幕交互的原型；

- **实物原型**

  展示产品外部和内部的物理实现；

- **电子原型**

  虚拟与实物的桥梁；

- **最小化可用产品（MVP）**

  以最小代价传递完整产品概念；

- **最小化期待产品（MDP）**

  以最小代价实现产品核心体验；

  - ✓ 故事板；
  - ✓ 视频原型；
  - ✓ 艺术效果图；
  - ✓ 可点击原型；

  - ✓ 编码原型；
  - ✓ 奥兹向导；
  - ✓ 用户体验地图；
  - ✓ 情绪板。

第17章
设计评估

UX 是端到端的流程

你可能听说过**端到端**（end-to-end）这个词，但什么是端到端呢？在网络连接中，当两个终端通过一系列的线路和机器建立起连接，实现相互间的通信，我们就说建立了端到端连接。连接如何实现并不重要，重要的是渠道是否畅通。之于企业流程，起点端是用户需求（对供应商是客户需求，后文同），目的端是满足用户需求。因而**端到端流程**就是站在全局的高度，打通从用户需求开始，到最终满足用户需求的完整通道，并使流程顺畅、高效、避免浪费。举个例子，假设 A 端到 E 端有 B、C、D 三个板块，传统流程旨在确保每个板块的输出，如 B→C、C→D。而端到端流程关心 A→B→C→D→E，即 A 到 E 是否打通，无论 B、C、D 的工作做得多好，如果没有实现 A→E 的连接，就是失败的流程。

下面来看具体的产品流程。图 17-1 显示了非端到端的流程，用户需求与企业间存在着巨大的隔阂，企业内部壁垒森严，流程很多，但整体并不通畅。各部门从上游获取输入，不关心输入是否符合用户需求；向下游提供输出，也不关心输出是否有利于用户需求的满足。图 17-2 通过设计调研理解需求，并打通了企业内部的产品流程，每个部门都认可用户导向，最终将产品卖给用户，看起来确实形成了一个闭环。然而，端到端并非是从用户处获取需求，再卖给用户。产品生产出来肯定会拿到市场上去卖，但这只是交付，产品真的满足需求了吗？其实这只是一种"伪端到端"。我认为端到端的产品流程必须满足如下两点：

- 从用户需求出发，打通从设计到销售的整个链条；
- 最终确保用户需求得到满足。

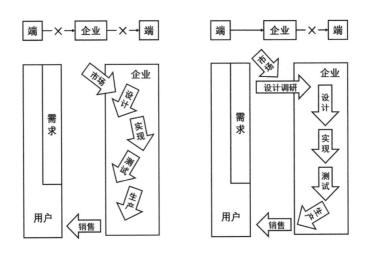

图 17-1　非端到端流程　　　　图 17-2　伪端到端流程

认可用户导向或喊几句口号是远远不够的，必须要去验证——这需要设计评估。从用户处来，到用户处去，不只是交付用户，而是要真的满足需求，这样的流程才是端到端的流程，如图 17-3 所示。显然，UX 流程是非常标准的端到端流程。从设计的角度，设计调研和设计评估确保了设计对用户需求的闭环，因而也可以称 UX 为**端到端设计**。设计调研我们说过了，下面我们来说设计评估。

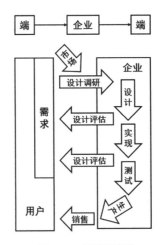

图 17-3　端到端流程

对设计的评估

在制作原型展示设计想法后，要通过**设计评估**来检验设计是否真的满足用户需求，以及是否达到了我们期望的目标体验。设计评估旨在完善设计，遵循"早发现早治疗"的原则，因而在解决钻和实施钻中会进行大量的评估。然而，很多企业都是在产品开发得差不多了才想起做评估，此时改动成本很高，就算知道如何优化往往也为时已晚。

设计评估与设计决策（第18章）看起来都是在做评价，却并不相同。设计评估是对设计好坏的评价，是事实性的，不同企业评估后通常会有相似的结论。而设计决策是对想法取舍或优先级的评断，会从更宏观的角度考虑品牌、技术、经费等因素，是价值性的，不同企业可能得出完全不同的结论。设计评估也不同于技术测试，后者指对性能指标、可靠性等进行验证。当然，很多指标都会影响体验，因而UX设计师也应该参与制定这些指标并关注测试结果。

设计评估主要分为三类：**专家评估**是具备UX素养的专家基于专业知识和原则对设计进行评估，**用户评估**是潜在目标用户对设计的评估，**数据分析**则是对通过技术手段获取的用户数据进行分析来评估设计。我在表17-1中总结了18种常用的设计评估方法。

表 17-1　设计评估的 18 种方法

类　　型	方　　法	介　　绍
专家评估	启发式评估	专家基于可用性原则对设计进行评估
	卓越评估	以可用、易用、愉悦和意义（第4章）的高要求为标准对设计进行评估，旨在将体验推向卓越
	认知过程走查	可用性专家通过与系统的交互对认知任务逐条逐步分析，以检查是否存在可用性问题
	一致性检查	邀请其他项目的设计师检查产品的操作模式是否与这些项目一致。
	专家主观评价	专家通过与系统的互动对手感、噪声、舒适度等身体相关的感觉进行评估

类　型	方　法	介　绍
用户评估	可用性测试	用户根据脚本完成任务，通过观察发现可用性问题，并搭配问卷、访谈等加深了解
	共同发现	在设计的最后阶段，邀请一对用户共同完成任务，以获得比单人更自然更丰富的评估
	日记研究	用户通过写日记或录制影像的方式记录与产品的日常互动
	受控实验	采用科学实验的方法，设置变量并对用户分组测试，经过统计学分析后得到结论
	远程测试	通过软件记录用户在日常环境中执行任务的交互过程，并收集用户反馈
	客服反馈分析	对用户的反馈进行分析，仅适用于能提前上市的产品
	SUS 系统可用性量表	通过让用户对 10 个简单的可用性相关问题进行打分，来获取对可用性水平的主观评价
	满意度调查	通过李克特量表等方式获取用户的满意度
	用户主观评价	用户通过与系统的互动对手感、噪声、舒适度等与身体相关的感觉做出评价
数据分析	量化自我	通过手环、计步器、用户定时使用 App 记录等方式获取用户活动指标，并进行分析
	A/B 测试	给两组用户使用两个版本（通常只有一个变量不同），根据统计分析确定更好的版本，仅适用于能提前上线的产品
	眼动追踪	使用眼动仪获取用户对产品关注点的动态数据
	运营数据分析	通过埋点对用户行为进行跟踪和分析，如点击率、转化率、页面停留时长、用户点击流、注册用户数、日 / 月活跃用户数、留存率、客单率等，仅适用于能提前上线的产品

典型的设计评估通常是专家评估和用户评估的组合，数据分析则根据具体情况和需要选择使用。评估过程大体上包括五个步骤：

- **目标**：评估要点沟通，确定评估目标；
- **方法**：选择评估方法，确定评估内容、度量指标、人员等，撰写评估提纲，制定评估计划；
- **准备**：邀请专家或招募人员，准备好场地和设备；
- **执行**：执行评估；
- **结果**：分析结果，撰写评估报告。

当然，以上是较为正式的评估步骤，对于日常设计的评估，设计师可根据实际情况和自身习惯灵活调整，达到评估目的即可。

专家评估

专家评估中的专家是精通 UX 知识和原则的高级人才，包括 UX 专家、UX 设计师、可用性专家等。通过系统性地排查，专家评估可以过滤掉大部分问题，这比招募外部人员做测试要划算多了，也不容易遗漏重要的方面——可用性问题在少数几次用户测试中可能不会出现，而且专家评估还能发现很多用户评估无法发现的高层次问题。但是，专家终究不是用户，无论做了多少次专家评估，最终都要经过真实用户的检验。因此，推荐的方法是先做专家评估，然后靠用户评估进行补充和确认。此外，专家评估必须建立在设计调研的基础上，专家要首先理解目标用户，而不是依靠自己对用户先入为主的理解，或是个人偏好来评估。即使是检查一些通用性的设计原则也需要用户信息，比如尼尔森可用性原则（第 23 章）指出要使用用户的语言，如果不知道用户是谁，也就无法判断是否符合该原则的要求。

现实中，一些企业会组织由无设计背景的领导和专家参加的"设计评审"。然而，与会者通常既不是目标用户，也没有深入理解用户，更缺乏 UX 的知识背景。更糟的是，评估是带有目的和计划性的，但这种会议通常只是围绕设计的随意点评。因而这种会议既不是专家评估，也不是用户评估，只是一种设计汇报。领导的想法自然要重视，但绝不能直接拿来指导设计——设计师必须跟领导解释清楚这一点。当然，对于非设计导向的企业，要得到领导层的理解的确需要费一番功夫，我们会在第 39 章继续探讨这个问题。

下面说说**启发式评估**。你可以把"启发式"理解为一个包含了很多原则的思考框架，只要按照框架逐条思考，就不会遗漏问题的重要方面。启发式评估通常指专家可用性评估，即专家根据可用性原则（有时也包含少量易用性和深度体验原则）来检查设计，这需要对原则的深刻理解。比较常用的框架是尼尔森可用性十原则（第 23 章），当然你也可以根据需要自行设计检查表。

检查可用性很有用，但它只能避免糟糕的设计，难以让设计更好，用户评估同样无能为力，因为用户甚至不知道还可以更好。设计评估不只用来发现问题，也是一个探索上升空间的过程——设计可以更简约吗？还能更体贴吗？是否足够有礼？对此，我们可以使用启发的方式，以可用、易用、愉悦和意义的高要求为标准来评估设计，我称之为**卓越评估**。卓越评估对评估者的 UX 水准有很高的要求，通常只能由 UX 专家、UX 设计师或交互设计师完成。卓越之路永无止境，但我们可以努力趋近。追求高标准的最大好处是能够激发新一轮的创意，这对实现卓越产品至关重要。如果说启发式评估基于可用性原则，那么卓越评估的思考框架是什么呢？答案是一切——能够使产品迈向卓越的所有设计原则和设计思想都可以纳入框架。我会在第 6 部分末尾提供一个参考框架，同时你可以自己总结一个卓越评估框架。但首先你必须深刻理解基本的 UX 思想和原则，我会在第 5 部分和第 6 部分讨论。

设计师能参与评估吗？

有人说，除非万不得已，设计师不能评估自己的设计，对此我并不认同。这就好比说，除非万不得已，大厨不能品尝自己做的菜。这种观点的逻辑是设计师不能完全替代用户，因而让用户来评估是最准确的。想法似乎不错，但在产品流程的大部分时间里，我们的原型都不是高保真的，用户很难做到真实的互动，加之招募用户的时间和经济成本很高，你很难指望持续获得有价值的用户评估。

更重要的是，用户评估远不是万能的，用户既不了解自己，也不能告诉你怎样做会更好。对于一道菜，用户只能评价"太咸""不够甜"，你因此知道要少放盐或多放糖，但然后呢？怎样做会让菜更好吃呢？此外，如果用户的评价是"简直不能再好吃了"，这表示这道菜真的没有提升空间了吗？满意度其实是个相对指标，"满意"只能证明体验符合用户当前的期望，是以用户目前认为的最好吃为标准的——依靠用户评估来做菜，你做的菜将很难突破用户的水平。用户评估只能保证产品"说得过去"，很多企业将以人为中心解读为"以用户评估为导向"和"让用户满意"，做出平平无奇的产品也就不足为怪了。

大厨对美食的评估标准与用户不同，用户想不出来菜还能更好吃，但大厨能用专业的高标准检查味道，来判断是否还有向更好吃进步的空间——这就是刚才说的卓越评估。在菜被端给用户品尝前，大厨已经做了大量的品尝和优化。同理，设计师也会不断评估和优化自己的设计，以探索如何让产品更加卓越。事实上，绝大部分设计评估都是由设计师完成的，当我们将想法付诸原型，并思考如何改进时，我们就是在做评估，只是很多时候评估和创意过于连贯，我们没有注意到而已。但设计师并非刚愎自用，因为我们的评估是建立在设计调研对用户的深刻理解之上的，同样围绕用户的需求（以及产品的体验目标）。当然，持续的设计师评估也不能替代用户评估，设计师所做的一切修改都要通过用户测试来验证。

若不考虑其他专家的作用，可以说，设计师评估决定上限，用户评估决定下限。在 UX 流程中，"大量设计师评估＋适量用户评估"才是设计评估的真正面目。

用户评估

用户评估是邀请以用户为主的外部人员来评估设计。无论我们对自己的设计有多满意，都必须通过用户评估的检验。但这不是说等最后再招募用户，而是在整个设计过程中持续穿插用户评估，以尽早修正设计问题——哪怕只是低保真度原型也应该进行用户评估。用户评估既有客观的（如观察用户操作），也有主观的（如使用问卷或访谈询问情绪、对设计的印象等）。但受限于人的局限性，与设计调研一样，还是以观察为主、用户研究为辅。关于可用性测试等用户评估的操作步骤，有大量书籍和网络资源可以参考，我在这里只强调一点——用户评估必须是有目的和有计划的。

对用户评估最大的误区莫过于将其理解为"找人给设计提意见"。企业随意找了一些人（通常并不是目标用户），让他们对设计随意评价，然后以"顾客为先"一类的理由要求设计团队调整设计。这种模式的结果通常是，有用的问题没发现，没用的建议一大堆，如果再强行推进设计修改，即使好的设计最终也会被折腾得千疮百孔。那什么是有目的有计划的评估呢？明确目标用户是大前提，这与设计调研是一样的。如果目标用户不清楚，你就不知道该找谁测试。更糟的是，这会导致任何人都可以以"我是用户"为理由将自己的感受作为产品的评价标准，并强加给设计师——这会让设计工作陷入混乱。在邀请目标用户的基础上，你必须想清楚你的评估要验证什么假设——这与原型设计（第 16 章）是一致的，也是原型设计的基础。然后，你需要根据评估的目的计划具体的评估过程。如果你要评估设计对新用户的友好程度，那你就让从没见过设计的人尝试弄清某个功能的机制；如果你要测试某个功能的易用性，那就为用户提供一个任务脚本，让他完成一系列操作，以便排查可用性问题。此外，设计评估需要训练有素的评估师全程跟踪，并在必要时澄清问题的细节。这里有个技巧叫**发声思考**，就是让用户在操作时把决定如何操作的思考过程自言自语地说出来，这种方法得到的即时信息更加可靠，而且可以大大减少询问对任务流的干扰。

以用户为中心的评估并非是"用户说了算的评估"，而是"以用户需求为标准的评估"，在这个意义上，专家评估也是以用户为中心的评估。用户评估需要有目的有计划地实施，评估结果也需要设计师进行分析和判断，不能直接拿来指导设计。企业必须认识到，用户评估只是理解设计效果的手段，设计师才是设计工作的主体，需要给予他们足够的独立性和话语权。

此外还有两个要点，一是要关注**生态效度**，即评估结果能推广到真实生活的程度。这要求我们在评估时尽可能模拟真实的使用环境，同时考虑先前任务的影响——刚开始没有问题的操作，等完成了一系列任务之后就不好说了。二是设计师要切记用户评估是一个倾听（第 1 章）的过程，你一定会发现用户做了很多与你的预期不符的事情，但千万不要表现出来，因为这通常恰恰是改善产品的绝佳契机。

李克特量表有用么？

尽管名字有点陌生，但你应该填过李克特表。表 17-2 是一个例子，简单来说就是让人在渐进的维度上对某个主题下的一组问题进行评价，再汇总得到对该主题的整体评价。有些用户评估也会使用这种量表，比如系统可用性量表和满意度调查。

表 17-2　李克特量表示例

问　　题	非常反对	反　　对	中　　立	同　　意	非常同意
我认为这道菜很咸					
我认为这道菜很好吃					

这些评估能告诉你可用性水平有多高或用户有多满意，但它们只能告诉你好还是不好，却无法告诉你为什么，这放在工作总结里体现价值还可以，但对具体设计实在没什么帮助。此外，正如我之前所说，满意度等指标都是相对的，这使得它们无法拿来与过去的结果进行对比——今年的 95 分真的比去年的 97 分差吗？也许是因为用户的标准提高了。因此，量表评估最大的作用就是在当前的设计达不到用户预期，或比同时期的其他产品差时给你提个醒。值得一提的是，系统可用性量表（SUS）是20 世纪 80 年代被提出的，那时虚拟类产品刚具雏形，可用性原则也尚未出现，其效用有限也就不难理解了。UX 设计师在使用工具前，应该多了解其逻辑和价值，根据需要合理选用，才能收到好的效果。

数据分析

数据分析简单来说就是使用一些技术手段获取用户的行为数据，并进行分析。最常见的方法是在设计阶段就将原型快速推向市场，以便尽快获取市场反馈（见第16章的精益创业），可以看作一种面向大众的评估。除了利用早期的简陋版本评估需求水平，我们还可以在中后期利用数据来评估设计细节，比如我们可以通过每步操作的退出率来确定是哪步出了问题。尽管这是个很不错的主意，但它只适用于上线容易且调整成本低的虚拟产品，对于有实体的产品几乎是行不通的。你不可能把缠满电线的手机或简单加固的汽车卖给用户，而如果提前生产，模具后续的修改成本很高，同样不现实。而即使能够上线，评估和修改也并非随心所欲，因为用户不会接受随意修改，这需要在发布新版本前仔细斟酌。此外，线上数据分析只能显示用户偏好或行为结果，对具体设计的帮助非常有限，因而只能作为专家评估和用户评估的补充。

此外，眼动仪可以记录用户与产品交互时的视线，是非常客观的数据。但要注意人类视觉包括中央视觉和周边视觉，除了中央视觉注意的那个"点"，你的周边视觉同样在影响你对事物的认知和感受。眼动仪只记录了中央视觉的轨迹，其对设计的指导价值有多大其实还是有待观察的。

主观评价

对 UX 的一个常见误区是认为设计评估就是主观评价，因而谁都可以做。我在第 2 章讨论过 UX 不是"主观的设计"，同理它也不是"主观的评价"。首先，专家评估基于系统化的原则和方法，因而很大程度上是客观的。比如按钮点击后没有反应，我们会基于"反馈原则"指出问题，能说这个评估是主观的吗？其次，可用性测试中我们通过观察用户的互动来发现问题，这同样是相对客观的。不过，设计评估的确包含了**主观评价**方法，其主要价值体现在对本能层次的评估，如舒适度、手感、噪音、动画效果等纯感官体验。这些体验都是瞬时的，很难通过行为观察到，采用主观评价更加合适。此外满意度等整体性体验的评价也可以算作是主观评价的范畴，但它们对设计的指导价值极为有限。诚然，设计评估在一定程度上反映了设计师的品位和审美，但这些素养也并非谁都具备。说设计评估就是谁都可以做的主观评价，显然是说不过去的。

其实，认为"主观评价谁都可以做"本身也是对主观评价的误解。主观评价有两类，专家主观评价和用户主观评价。**专家主观评价**的主体是专业评价师，比如美食体验师（美食家）或睡眠体验师，会吃饭会睡觉的人多了，但体验师却并非谁都能做，这要求丰富的知识和经验，并能够精准地定位问题、清晰表述并给出专业建议。**用户主观评价**的主体虽然是不专业的用户，但与其他用户评估方法一样，是由专业人员策划和组织的；因此无论是哪种主观评价，都是很专业的事，那些由不专业的人组织不专业的人得出的结论自然不会有太大意义。

如今有一个新兴的职位叫"体验官"，我的理解是具备 UX 知识背景、能够对产品体验进行系统评估的专家——显然这也不是谁都能做的。那么 UX 设计师与体验官的差别在哪里呢？我认为，从工作内容来说，UX 设计师重设计，而体验官重评价；从综合实力上说，UX 设计师通常要强一些，毕竟 UX 设计师也有很强的评价能力，这就像让大厨品菜，和让美食家做菜一样。不过有时，体验官是对设计拍板的人，这样的角色还是由专家级的 UX 设计师担任较为合适。

设计评估帮助我们检验产品是否满足用户需求和体验目标，这就够了吗？在设计调研一章我们已经看到了，用户并非 UX 唯一关注的目标。我们已经了解了相关的限制，在设计评估中自然要对其予以确认，我的方案符合公司的品牌战略吗？与众不同吗？能盈利吗？技术上可行吗？与其他设计师相比，UX 设计师要考虑更多的非设计内容，但这是 UX 设计师的职责所在——我们要真正满足用户需求。在本章开头我们说"端到端"不只是交付，而是要满足需求，但如果满足需求却没有将产品送到用户手上，不也是没有完成端到端吗？

设计评估

- **端到端流程**

  从用户需求到满足用户需求的流程；

- **端到端设计**

  从用户需求到满足用户需求的设计；

- **专家评估**

  具备 UX 素养的专家基于原则评估；

- **用户评估**

  获取潜在目标用户对设计的评估；

- **18 种设计评估方法**

- **数据分析**

  技术手段获取用户数据来分析评估；

- **发声思考**

  用户边操作边说出操作的思维过程；

- **生态效度**

  评估结果能推广到真实生活的程度；

- **主观评价**

  对本能层次体验的主观性评价；

✓ 启发式评估；	✓ 可用性测试；	✓ 客服反馈分析；	✓ 系统可用性量表；
✓ 卓越评估；	✓ 共同发现；	✓ 满意度调查；	✓ 眼动追踪；
✓ 认知过程走查；	✓ 日记研究；	✓ 用户主观评价；	✓ 运营数据分析。
✓ 一致性检查；	✓ 受控实验；	✓ 量化自我；	
✓ 专家主观评价；	✓ 远程测试；	✓ A/B 测试；	

第18章

设计决策

设计中的决策

设计评估评价的是优劣,而设计决策评价的是价值。**设计决策**是一个聚焦的过程,用来从大量机会、方案以及设计评估发现的大量问题中确定工作目标。在 UX 书籍中很少看到这方面的内容,但 UX 流程中其实存在大量需要决策的地方,因而我们有必要将其作为 UX 流程的第五类活动加以讨论。

设计决策包括两大类:优先级和取舍。**优先级**是确定两个或两个以上问题、功能等事项的先后顺序(排序题);**取舍**则是在两个或两个以上方案中做出选择(选择题),或判断是否要做某件事(判断题)。取舍容易理解,我们通常只需要一个解决方案,但对于需要解决的问题或用户需要的功能,为什么要排列优先级呢? 因为资源和时间——你永远无法做完所有你想做的事情。更糟的是,很多人把增加功能想简单了,觉得多一个功能无非是多一份工作量,然而事实上,功能与工作量的关系并非线性,而是指数的。《产品设计蓝图》一书提到了**测试矩阵**,指出每增加一个功能,除了要测试功能本身,还要测试功能与功能的结合,这导致测试工作随功能增加而快速增加。同样,每增加一个功能,设计师也要考虑新功能与其他功能的联系,使设计量大幅增加。假如做好 1 个功能需要 1 天,做好 2 个功能就要 3 天(2 个功能 +1 次整合,即 2^n-1,其中,n 为功能的数量),而 10 个功能需要 2^{10}-1 天(1023 天),也就是将近 3 年! 尽管实际情况通常没这么吓人,但复杂度和工作量随功能数量快速上升是不争的事实。一些企业增加功能却没有预留足够的时间,势必导致设计水准和可靠性的大幅下降,最终得不偿失。解决之道一方面是避免功能蔓延(第 25 章),另一方面就是正视"你无法做完所有工作"的这个事实,进而通过优先级将资源集中于最重要的工作，以确保能在开发周期内做出足够好的产品。

　　既然设计决策很重要，那应该由谁来做呢？最常见的错误就是让别人替你做决策。如今有一种"人群风暴法"，通过用户研究的方法让用户做决策，关于用户意见不可靠我们已经做过很多讨论，而且即使结论有效，这也只能证明该方案的用户需求较高，但这其实只是决策需要考虑的众多维度之一，因而我是不推荐的。对产品来说，设计师永远是设计的主体。当然，这并不代表要无视领导或用户，设计师会首先与干系人进行大量沟通，基于充分收集的信息做出决策，并尽可能确保所有人对决策达成共识（第 39 章，这对决策的贯彻至关重要），我称之为**沟通 - 共识法**，这样得到的决策才是最佳的决策。此外还有一种**内部投票法**，即多位设计师或 UX 专家在深入理解干系人及各方信息的基础上进行投票，这可以看作沟通 - 共识法的小组形式。不过，我并不建议将投票的结果直接拿来作为结论，而应将其作为设计决策的重要参考。这里的要点是，同一件产品的所有设计决策都要由特定的一位专业人士来拍板，不同决策由不同（甚至还不专业）的人拍板是产生糟糕设计的一个重要原因。

　　尽管大部分设计决策都是在非正式的情况下做出的，但无论正式还是非正式，我们都在有意无意间使用了一些框架或原则——UX 设计师应该对这些内容拥有清晰的认识。我在表 18-1 中列出了 20 种常见的设计决策方法、工具和原则。

表 18-1　设计决策的 20 种方法

类　　型	名　　称	介　　绍
决策模式	沟通 - 共识法	设计师基于大量干系人沟通做出共识性决策
	内部投票法	设计师或 UX 专家在深入理解用户的基础上进行投票
优先级排序	关键路径分析	找到解决方案中的所有必要项，建立最小基本功能模型，以确保产品的关键部分都拥有高优先级，与用于快速验证假设的 MVP（第 16 章）不同
	KANO 分析模型	根据用户需求划分功能优先级，将产品功能分为基本属性、一般属性和奢侈属性
	产品三要素分析模型	根据客户需求、技术可行性、商业可行性三个维度打分，根据总分排列优先级
	投资回报分数卡	优先级 =（客户需求 + 企业目标）/ 工作量 × 自信度
	MoSCoW 法则	将工作分为必须做（must）、应该做（should）、可以做（could）和不要做（won't）四类

类　型	名　　称	介　　　绍
优先级排序	How-Now-Wow 矩阵	将想法根据创新性和易实施性两个维度进行分类，难实施的创新想法要考虑如何做（How），易实施的普通想法现在可以做（Now），而易实施的创新想法就太棒了（Wow），能做一定要做
	产品层次分析	基于产品进化六层模型对工作进行分类
	80/20 原则	80% 的收益往往来自 20% 的核心工作，与其在所有工作上分散资源，不如确定优先级，然后将资源集中于前 20% 的工作上——但要注意其他方面至少要说得过去
取舍原则	成本效益法则	只有互动的效益大于成本时才会被用户认可，此处效益指完成目标的收获，不只是金钱
	奥卡姆剃刀	对两个功能相当的方案进行选择时，选择最简单的设计（详见 25 章）
	功能与易用取舍	系统功能性与使用性成反比，取决于用户对需求的明确程度
	性能与喜欢取舍	用户对产品的喜爱有很多原因，且往往与性能没太大关系，相比性能，让用户喜欢更重要
	颠覆与渐进取舍	颠覆式创新很有价值，但推动不能过于激进，要懂得顺势而为，在难以实现或风险过高的情况下，应该选择更加稳妥的渐进式创新
决策修正	拉远	在更大的格局下进行决策，这包括考虑事项的长远回报和长远风险，以及更广泛的其他因素对事项的影响
	悲观者	思考决策执行后可能出现的最坏情况，以认清风险，避免决策错误，同时在决定面对风险时也能提前做好心理和手段准备
	反派	自己或找人扮演假想敌，即蓝军，来讨论竞争者会从哪个角度发起挑战或突破壁垒，以发现未被考虑到的风险，避免做出错误决策
	唱反调	自己或找人从反对者的角度对决策提出质疑，弱化证实偏见（第 8 章），同时在团队决策时还能够弱化群体极化和群体思维（第 12 章）
	沉没成本效应	人倾向于对已有投入继续投入，在决策时要检视自己是否陷入沉没成本效应，将视线放在当下，以做出正确有效的决策，另外使用快速原型减少投入也可以降低沉没成本效应的影响

其实，优先级和取舍工具很多时候可以互换，你可以使用优先级的思考维度排序，然后取第一个；也可以使用取舍的原则来调整优先级。这与 UX 流程的其他四类活动一样，工具要根据具体情况灵活选择。此外，决策结果是动态变化的，比如 KANO 分析得到的奢侈需求慢慢会变成一般需求，这要求设计师与时俱进，在必要时重新评判工作项的价值。

优先级排序

优先级工具的基本逻辑有两种，一种是将事项进行分类，根据不同类型的重要度来排序，如关键路径分析和 KANO 分析；另一种是对各选项根据设定好的维度进行评分，根据综合得分来排列优先级，如投资回报分数卡。两类方法各有利弊，分类法简单明了，但往往过于粗犷；打分法有清晰的维度，分数清晰，但忽略了另一些维度。此处的要点是综合运用工具，在颗粒度、维度等方面相互补充，例如可以先用 KANO 分析划分大类，再用投资回报分数卡确定各类别中的顺序。不过要注意，你应该将这些框架看作辅助你决策的工具，而不能用其替你做决策。

这里讨论一个基于产品进化六层次（第 4 章）的优先级工具，我称之为**产品层次分析**。该分析首先根据六个层次的定义将工作项归到相应层次，比如操作遇到障碍处于第 3 层，而增加一个趣味元素则处于第 5 层，而后用"先低层后高层"的大体顺序排列优先级。但要注意，这并非是要把低层次问题解决完再解决高层次。如果是工作量小的工作，那么无论哪层都应该尽可能解决，而对于工作量大的，往往应优先处理低层级的工作。此外，无论工作量大小，为了保证产品的水准，都应该至少保证实现一两个高层次的元素，即将它们列为高优先级，使产品从其他普通产品中脱颖而出。

在排序完成后，你总会发现有些在项目内来不及做的低优先级工作。低优先级并不代表应该舍弃，你应该将它们作为候补，或是推迟到下一个版本或下一代产品，这常常会涉及规划工作。所谓"规划"，简单来说就是，我有一个目标，但一口气完不成，于是我就根据重要性和因果关系，将各项工作分配到不同的时间段上，循序渐进，逐步实现。其实，产品和技术规划本来就是 UX 流程的产出物，这在三钻模型中也有体现（第 13 章）——由目标到任务，到次序，再到规划。换言之，规划与设计是强相关的。如果搞不清优先级和联系，甚至不清楚长期目标，仅依据对标、行业研究等信息制定规划，是难以为企业指出一条卓越发展之路的。

设计中的取舍

相比于优先级的分类和打分，取舍很多时候更像一门艺术，因为选择或判断可能根本就没有正确答案（比如一个高风险高回报的方案，和一个低风险低回报的方案哪个更好）。在实际设计中，你会碰到各种各样的问题，我们在这里只讨论几个常见主题。

颠覆与渐进取舍

在第 15 章我们介绍了两种创新方式：通过升级和优化的渐进式，和直接改变生活方式的颠覆式，如图 18-1 所示。UX 流程更容易发现颠覆式创新（第 24 章），但颠覆式创新依然是很少见的，因而如果你发现了一个颠覆的机会，那么这真的是一件很棒的事情。但有颠覆就一定选颠覆吗？很多时候并非如此。颠覆式创新要面对技术成熟度、产品可靠性、市场接受度（第 36 章）、后端生态建设（第 22 章）等方面的巨大阻力，通常需要几十年甚至几个世纪才能成功，消耗的资金更是不计其数。比如燃油汽车用了几十年才逐渐普及，而电动汽车在 18 世纪末就被发明出来，但直到 100 多年后才真正实现大规模应用。推动颠覆性创新的大部分企业都会失败，即使是那些存活下来的企业，也需要超长期的不懈努力才能成功。如果想法过于激进，甚至超前于时代，那么强行推动无异于以卵击石。此外，颠覆让你换了一座山，但并不能保证这座山比原来高。人们总是对颠覆性创新抱有过高的期待，比如在电子书问世时，很多人都坚信纸质图书会快速消失，但至少到现在这依然没有发生。

渐进式创新　　　　　　　　　　　颠覆式创新

图 18-1　渐进式创新 VS 颠覆式创新

所以我是在劝你还是老老实实做渐进吗？当然不是。卓越产品既源于持续的渐进，也源于颠覆，而且颠覆的成就是巨大的。UX 鼓励颠覆式创新，但要懂得"顺势而为"，有策略地行事。顺势而为并非被动地等待，顺势一方面要看清"势"并主动利用，另一方面则要努力主动造势，但无论是借力还是蓄力，你都要确保有足够的势后再行动。具体来说，颠覆式创新在时间和资源允许的框架内，如果采取策略能够快速成势，有一定的成功希望，而风险不至于大到把自己赔进去，那就应该推动。如果短期难度太大或风险过高，那么该舍就要舍，但你依然可以保留方案以待时机——谁也不知道什么时候势就来了，比如新技术突破使你的概念一下子成为可能。如果你认为颠覆非常有价值，那么更好的策略是制定长远规划，一边布局造势，一边伺机而动，iPhone 就是一个绝佳的例子，我们会在第 22 章详细讨论。

功能与易用取舍

通常来说，功能数量与易用性是成反比的，比如瑞士军刀的功能很强大，但每一个功能用起来都不太顺手。反过来，简单产品容易使用，但功能又太少。功能和易用间的权衡是必要的工作，不过权衡策略并非一成不变，对于用户对未来没有明确预期的情况，（在不使易用性过差的前提下）尽可能满足各种可能需求的多功能产品会更有优势。但随着预期的逐渐明确，用户会渐渐转向更加易用且定制化的产品。可以说，从多功能性向专一性发展是产品发展的常见趋势。但无论何时，简约原则（第25章）一直是有效的，比如应当删除一切不需要的功能，以提高产品的易用性。

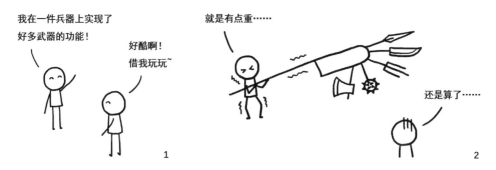

性能与喜欢取舍

如果你问用户是否希望产品性能更高，用户肯定会说是，然而实际情况是，用户是否喜欢一件产品往往跟性能没什么关系。用户通常只会在产品的性能不佳、影响使用时才会注意性能，相比拼命提高性能，不如将这些资源投放到美观、情感、趣味、意义等方面——让用户喜欢更重要。这里的要点是关注用户的实际互动体验而非询问是否需要更好，如果用户在使用时没有提出更高的性能诉求，那么就应该考虑转移设计的注意力了。有时，你会遇到性能成为产品卖点的情况，如果确实需要，那么提高性能也可以，但通常更好的策略是差异化（第40章）——卓越产品从来不是靠性能来取胜的。

决策修正

人在思考问题时很容易忽视一些重要视角，致使决策失败，因而在做决策，特别是重大决策时，你需要经常转换一下思维方式。工具表中的5种视角可以提供帮助，对于你个人来说，你应该经常练习视角切换，慢慢养成习惯，让多视角思考自然地发生。此外，对于决策中发现的风险点，你可用考虑使用原型来评估和降低风险（第16章）。

设计决策

- **优先级**
  确定两个以上事项的先后顺序；

- **取舍**
  在两个以上事项中做出选择；

- **20 种设计决策方法**

  - ✓ 沟通 - 共识法；
  - ✓ 内部投票法；
  - ✓ 关键路径分析；
  - ✓ KANO 分析模型；
  - ✓ 产品三要素分析；
  - ✓ 投资回报分数卡；
  - ✓ MoSCoW 法则；

  - ✓ How-Now-Wow 矩阵；
  - ✓ 产品层次分析；
  - ✓ 80/20 原则；
  - ✓ 成本效益法则；
  - ✓ 奥卡姆剃刀；
  - ✓ 功能与性能取舍；
  - ✓ 性能与喜欢取舍；

  - ✓ 颠覆与渐进取舍；
  - ✓ 拉远；
  - ✓ 悲观者；
  - ✓ 反派；
  - ✓ 唱反调；
  - ✓ 沉没成本效应。

- **测试矩阵**
  测试工作量随功能增加指数上升；

第3部分

总结

在本部分我们讨论了 UX 三钻流程，以及支持流程的五类活动——设计调研、创意激发、设计展示、设计评估和设计决策。希望你能对 UX 流程和基本思想有一个整体的认识。UX 绝非是零散的"对原则的应用"，而是一项极度系统化的工作，无论个人还是企业，都应将流程建设作为做好 UX 的重中之重。这是一个通用性流程，无论你在哪个行业，都可以尝试将其应用到你的设计工作之中。本书是一本"心法"，旨在帮你打通 UX 的经脉，至于具体"招式"（工具和方法）则未做过多展开，相关资源有很多，你可以自行扩展学习。当然，心法理解了，你也完全可以在实践中自己构建招式（有新招式欢迎与我切磋）。

对于 UX 流程的思想，我认为可以用四个字来概括——知行合一。知行合一是阳明心学的核心思想，尽管其讨论重点是良知，但与 UX 思想有颇多相似之处。王阳明在《传习录》中指出："知是行之始，行是知之成。"知与行本就是一体的，做而不知是妄作，解决不了问题；知而不行非真知，等彻底想好了才去做，"遂终身不行，亦遂终身不知"。在我看来，UX 流程中至少有三个"知行合一"。

第一，问题钻和解决钻是"知"，明确产品"应该这样"，实施钻是"行"，将"应该这样"转化为"这样"。设计与实现的分离，本质上是知与行的分离。如果在设计时没有充分考虑实现，使得设计没有落地或因被修改而偏离了目标体验，那就是知而不行，就不是真的为用户着想。我增加第三钻不仅是理清设计的定位，更重要的是强调 UX 设计师的任务是用产品真的去满足用户需求，而不只是想出一个能满足用户需求的产品。这需要 UX 设计师结合技术、商业等诸多方面的情况来调整设计，并一直跟进到产品上市，确保目标体验的实现。另一方面，双钻缺失的企业则是行而不知，产品实现了一堆，却难以为企业带来什么建设性的影响。

第二，了解 UX 流程和活动是"知"，将之落实是"行"。拿设计调研来说，知道应该调研而不做，是知而不行；用了些调研工具而不知道这样做的逻辑，是行而不知，都是不可取的。此外，只知道用户体验很重要，但不知道如何提升体验，这便是没有知，自然也没有行——这需要首先正确了解 UX。

第三，有设计想法是"知"，制作原型是"行"。有了想法就要落地，而不是等"想法成熟"再去实现，知而不行的想法不是真知，这与原型思维是一致的。

简而言之，UX 设计师应该做到三个统一：设计与实现的统一，理论与实践的统一，想法与具现的统一。知行合一，是 UX 设计师应该谨记的体验设计之道。

第4部分
产品

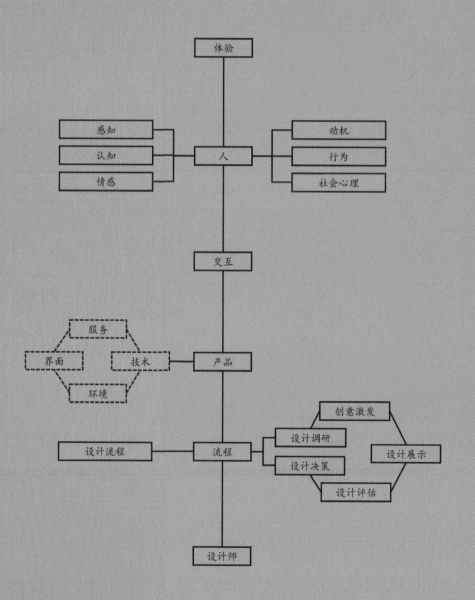

恭喜！理解了人和流程，你已经为 UX 打下了不错的基础。下面进入下一个环节，体验源于人与产品的交互，在讨论交互前，我们还要花点时间理解人与之交互的对象——产品。产品是设计的载体，我们做的一切设计最终都体现在产品上。在第4章中，我们知道产品有技术、服务、界面、环境四大要素，在接下来的四章中我们会对它们逐个进行剖析。

第19章
技术

设计师要懂技术

"更快的马"是产品圈的经典案例。汽车业先驱亨利·福特有一句名言："如果我当年去问顾客他们想要什么，他们会告诉我：一匹更快的马。"对这句话的常见解读是，你不能依靠询问得到的表面需求来做产品，而要挖掘其背后的根本需求——用户想要的并不是马，他们想要的是汽车。在我看来，这只说对了一半。关于不能依靠询问做产品，我在第 14 章已做过讨论，这要求我们挖掘根本需求。通过需求挖掘，我们可以知道用户想要的不是马（这只是他们能想到的最好的解决方案），而是更快的出行方式（根本需求）。但是，如果抛开事后诸葛的眼光，在福特那个时代，你怎么就知道这种更快的出行方式是汽车呢？

从 UX 流程的角度可能更好理解，需求挖掘是问题钻的工具，而汽车是解决钻的输出——依靠问题钻来发现解决方案是不可能的。因此，"更快的马"远非汽车故事的全部，而是开始。发现根本问题当然重要，但要解决问题，设计师还需要懂另一类工具——技术。福特是在对内燃机有充分了解的基础上设计汽车的，不了解最新的技术，即使他知道要比马更快，也不知道该怎么做。在传统认知里，设计似乎跟技术搭不上什么边，技术课程也很少出现在设计类专业的课程表里。然而，设计与技术密不可分，正如《情境交互设计：为生活而设计》所说："产品设计就是与技术打交道，重新设计生活。"

有些设计师对技术持一种很矛盾的态度，一说学技术就觉得很难，马上避而远之；一说做产品又觉得技术不难，就好像今天提要求，明天就能实现一样，说到底还是不了解技术。结果，不是使用的技术没有跟上时代，就是想出的方案落不了地。当然，这并不是说设计师要去抢工程师的饭碗。你要做的是尽可能了解可能有助于解决问题的所有技术，包括它们的基本原理、成熟度、优缺点、工作量、成本等，从而对这些技术建立起基本的心智模型（第 23 章）。尽管你也可以通过工程师获取新技术的信息或确认方案的技术可行性，但这样做的效率很低，也很难为你发散创意提供及时的帮助。卓越的解决方案是根本需求与新技术不断碰撞的结果，相比等别人给建议，脑子里对技术有概念时得到的灵感通常更多也更有效。不仅如此，如果你对技术一窍不通，那么你与工程师沟通起来也会非常困难。在某些极端情况下，工程师会用"技术实现不了"等理由来搪塞你，而你也只能认命——谁让你不懂技术呢。不过，你也不能因为懂了点技术就忽视工程师，在构建方案的过程中，你仍需要与工程师保持畅快的沟通，以获取更多灵感或确认技术细节。

UX 设计师的角色

尽管设计师不懂技术会带来一系列问题，但这种矛盾在过去并不是特别突出。工业设计师主要关注静态的结构，而交互设计师虽然要考虑产品的运行逻辑，但主要依托较为成熟的软件技术，不需要过于担心设计实现。但随着智能和万物互联时代的到来，与人互动的技术越来越多，人与技术间的互动也愈加复杂。设计师在考虑产品逻辑时不得不考虑大量技术，并结合不同技术的特点进行综合考量。

我们可以设想一个智能汽车的"靠边停车"的功能：当用户想临时停车办点事时，可以对汽车说"靠边停一下"，汽车就停在路边，等用户办完事上车再继续行驶。让我们想想任务流，语音识别→停车→等人上车→恢复行驶，很简单不是吗？还真不是。AI 时代最大的谎言就是智能可以取代人类，其实 AI 技术目前能做的事情非常有限。你可能觉得 AlphaGo 下围棋不是都打遍天下无敌手了吗？这的确是人类学术上的里程碑式突破，毕竟相比过去的算法，深度强化学习大大提升了机器的决策水平。但是，现实世界的规则要比棋牌规则复杂太多了，远远超过了当前 AI 技术的驾驭能力，智能汽车也是如此。现实的道路情况复杂多变，"想停哪就停哪"至少目前还是个无法实现的梦想，此外我们还会遇到很多异常状况。举几个例子，在交互端，你可能要考虑停不了车时如何告诉用户？用户如何重新选择？能提供一些备选地点吗？用户办事回来找不到车怎么办？在自动驾驶系统端，你可能要考虑接到指令后如何调整，需要先降低车速吗？多大范围内可以自行决定停车？车辆阻挡了其他车辆进出需要挪车怎么办？如果用户一直未归且超过停车时限，那么是否应该驶离？又该停在哪里？估计你已经有点晕了，但要做出一个能应用的好产品，这就是你要面对的现实。

　　除造型外，当前的汽车设计多集中于座舱之内，智能驾驶则由专门的技术团队负责。但在未来，人与智能驾驶系统的互动会越来越多，而设计与高科技的关系也会越来越紧密——这也是我一直不赞成将智能座舱与智能驾驶作为两个独立单元进行设计的原因。我曾见过一些设计师做的智能驾驶概念，基本上可以总结为"把冰箱门打开 - 把大象装进去 - 把冰箱门带上"，完全没考虑技术方面的实际情况。而一些工程师构建的方案，往往只专注于实现类似"接收指令 - 停车 - 接收指令 - 开车"这样的基本功能链条。事实上，一些技术团队甚至根本没有系统考虑过用户的实际需求，靠边停车这种功能可能根本就没有在开发计划里存在过。显然，单靠不懂技术的设计师，或是不懂用户和设计的工程师，都难以解决未来产品的复杂问题。要想满足万物智能时代的要求，需要有人将用户、技术结合设计思想综合考量。你应该已经想到了，是的，这个重任又落在了 UX 设计师身上。大多数工程师只专注于所在领域，UX 设计师不需要专注任何一项技术，但必须全盘了解产品的相关技术。可能与你的直觉相反，UX 设计师往往是团队中技术知识面最广的角色之一。

　　现在我们有能力在设计时考虑各种技术，但这并不够——我们还要预测未来。

预测未来

　　记得 2018 年智能驾驶风生水起之时，几乎所有人都坚信"车内大屏"是技术趋势，而我是少数反对者之一。但这并不表示我支持小屏，我只是反对盲目追逐大屏——重要的不是屏幕应该大还是小，而是多大的尺寸能够满足当前的座舱设计。跟我的预测相一致，大屏化的热度持续了不到两年就散去了，在 2019 年的车展上甚至出现了超小屏设计，那些跟风大屏的企业显然浪费了不少资源。

　　工程师们往往对技术过于狂热，以致忽略了用户的需求。如果说有什么人能够预见新技术的走向，那多半是 UX 设计师。预判技术的走势需要对新技术和用户需求的深刻洞见，这就是 Jesse Schell 在《游戏设计艺术》中所说的"科技 + 心理学 = 命运"。洞察力只能靠不断思考来锻炼，但我觉得还是可以送给你两点建议：

　　第一，设计师要对新技术有自己的洞见，而不是跟风去研究一些新闻或报告中的"热门"。"趋势""热点"这种词是最靠不住的，让一项新技术热起来的原因有很多，比如学术价值、市场呼声、巨头引领以及媒体炒作。成功的产品能炒热新技术，但热门技术却常常无法带来成功的产品。热点每年都在变，一项去年被大家公认为能拯救世界的技术，今年可能就无人问津了。技术的进步总是突然发生，我觉得 Schell 的一段描述非常贴切："几乎是一夜之间的感觉——新技术一下子就跨越了魔法的分界线，变成了'足够好'的东西，而所有之前持否定意见的人突然会'跳车'到另一辆更快、更便宜的'颠覆性技术'的列车上。"因此，你必须将视野打开，除了关注热点，还要关注那些大家不那么看好的新技术，并认真思考它们与用户需求的契合点，形成自己的预测。只有这样，当这项技术成功突破之时，你才能及时跳到快车上，但你靠的不是运气，而是对未来的预判和准备——你要紧跟时代，时刻准备用新技术为用户创造更好的体验。

第二，保持开放的心态，不要把眼光局限在行业内的新技术上。新技术往往会应用在意想不到的地方，而在物联网时代，行业的边界也将变得越来越模糊。还以汽车行业为例，未来的汽车更像是一个"会移动的电子消费品"或是一个"物联网终端"，只关心传统汽车圈子的新技术，你便会错失很多用全新方式改变人车互动的机会。

当然，没有人真的能未卜先知，预测失败是很正常的。真正重要的并非准确率，而是深刻理解技术和用户的过程，以及由此产生的深刻洞见——它们能在你思考产品时带来很多灵感。而且，随着不断地思考，你的洞察力会日趋敏锐，预测准确率自然也会有所提高。

人类的历史总是惊人的相似，技术的发展同样如此。唐太宗曾说："以史为镜，可以知兴替。"要想更好的理解技术的发展，有两个历史规律值得了解——技术成熟度曲线和分化法则。

技术成熟度曲线

技术成熟度曲线 [1]（见图 19-1）由高德纳咨询公司创造，反映了新技术发展所要经历的 5 个阶段。

- 技术萌芽期：新技术发布；
- 期望膨胀期：很少有人真正了解或使用，但大家都在谈论，并认为这将颠覆人们的生活；

---

[1] Jesse Schell. 游戏设计艺术 [M]. 第 2 版 . 刘嘉俊，杨逸，欧阳立博，陈闻，陆佳琪，译 . 北京 : 电子工业出版社 ,2016.

- 幻觉破灭期：美丽的泡沫破碎，热度快速消退，甚至遭到嫌弃；
- 复苏期：专业人士找到了新技术的正确打开方式，开始从中获益；
- 生产力成熟期：新技术的价值被广泛认识和接受，曲线的最终高度取决于新技术的应用范围。

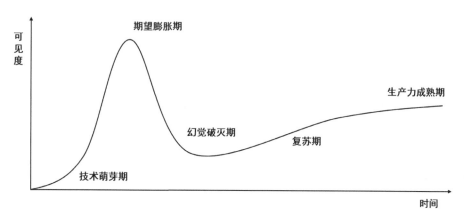

图 19-1 技术成熟度曲线

有趣的是，尽管这个故事在历史中一遍又一遍地上演，但后来的新技术还是会不断重复同样的模式。当然，理解技术成熟度曲线并非要否定技术进步（每一次新技术浪潮最终都会为我们的生活带来变化），而是让我们保持清醒。UX 设计师要始终对新技术的发展保持冷静：在期望膨胀期，避免陷入新技术狂热；在幻觉破灭期，也不要随意抛弃。最重要的不是新技术的热度，而是如何用新技术为用户带来幸福，找到那个"正确的打开方式"。不过，如果你想为新技术融资，或是希望为新技术的产品化研究争取资源，抓住期望膨胀期绝对没有坏处。在其他阶段，就要看你的说服能力，以及金主或领导的眼光了。

分化法则

除了新技术狂热，还有一个错误被不断地重复，那就是"融合狂热"。科技界和媒体圈特别喜欢"融合"这个词——飞机和汽车？融合一下。冰箱和饮水机？融合一下。Al Ries 和 Laura Ries 在《品牌的起源》一书中将这些想法称为瑞士军刀式思维，这导致了大批产品的失败。历史一次次证明，分化才是这个世界的主流法则，无论对生物的进化，还是对技术和产品的发展，莫不如此。乔布斯对分化问题看得很透，当被问及苹果公司是否会推出所谓的"媒体中心"产品时，"他回答说那种产品就像苹果推出能做烤面包的电脑一样不合情理"[1]。因此，当你听到"融合"这个词时，一定要提高警惕，因为这往往是失败产品的先兆。

不过，分化法则有一类例外，即当用户在一些方面受到限制时会需要融合的产品。便携性是一个常见原因，由于人们无法携带很多设备，导致手机的功能越来越多，比如可以用手机看电影。将床和沙发融合的沙发床也是一例，这通常是为用户较小的居住空间想出的权宜之计。在大多数情况下，便利市场不会成为某个产品大类的主流，因为当限制解除时，人们都想要分化程度更高的产品（部分原因是追求更好的易用性，见第 18 章）。比如，当人们拥有足够的居住空间后，都会购买标准的床和沙发，而当他们在家（没有便携性的问题）时，也更喜欢用电视来观看电影。

我们常说"学科融合"，但这其实是指学科的"交叉"。随着时代发展，心理学并没有融入其他学科，反而分化成一大堆子学科；设计师也没有融入其他职业，而是分化成了很多类型——UX 设计师就分化自交互设计师，而后者是从工业设计师分化而来的（第 1 章）。我从不认为 UX 设计师可以取代其他设计师的工作，知识面宽一些从来都没有坏处，但专业的事还是要由专业的人来做。

基础创新与实践创新

好技术并不等于好产品，这不难理解。技术只是产品的四元素之一，只有技术是远远不够的。企业要实现转型升级，需要从思想上转变，从技术驱动转向设计驱动，以体验为导向设计产品（第 4 章）。尽管新技术不是通往高端的捷径，但它仍是产品开发的重要内容，需要我们认真考虑。将新技术理解为"新的技术"太过笼统，《情境交互设计》一书将创新分为基础创新和实践创新，而这两种方式都能产生新技术，我们可以借此加深对新技术的理解。

基础创新能提供一种"新材料"，这种材料可以被用于改变人类的生活，但并不知道如何改变，比如触摸屏技术就是这样一种"材料"。**实践创新**则是我们找到利用新材料满足用户需求的方式，从而真正改变人们的生活，比如基于触摸屏的手势控制技术。当然，除了新技术，实践创新还会带来服务、界面和环境的创新。没有触摸屏，就没有手势控制，但没有实践创新发现基础创新的各种应用方式，触摸屏本

---

[1]　Al Ries,Laura Ries. 品牌的起源 [M]. 寿雯，译 . 北京：机械工业出版社 ,2013.

身无法解决任何问题，同样毫无价值。基础创新能够为多个领域提供可能性，实践创新建立在基础创新之上，但只有实践创新才能真正解决用户问题。这决定了面向用户的企业更注重实践创新，而基础创新往往由供应商完成。比如对手机或汽车企业，花大力气研发下一代曲面触摸屏是不划算的，如何将最新的触摸屏技术应用于产品才是关键。

因此，我们不能简单地认为要先研究新技术，然后交给设计。对基础创新可以如此，但旨在解决用户问题的实践创新一定是由设计主导的。事实上，由于基础创新主要由供应商完成，对于面向用户的企业，大部分时候反而是设计在先，新技术研究在后。下面就让我们具体看看两者的关系。

设计与预研的关系

在产品流程中，技术开发团队负责在实施钻实现设计团队给出的解决方案。但很多时候，开发团队并不具备足够的技术能力。为此，很多企业会在产品流程之外设置"技术预研团队"，以支持开发团队的工作。我将技术预研和产品流程的关系绘制于图19-2（所有讨论均针对面向用户的企业）。

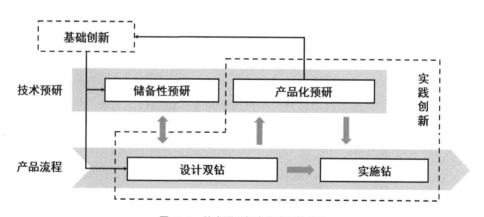

图 19-2　技术预研与产品流程的关系

技术预研的工作有两种：储备性预研和产品化预研。

储备性预研是对已有新技术的研究，旨在了解或掌握刚刚出现的新兴基础创新，以及行业公认但公司尚不具备的基础创新或（其他公司的）实践创新。比如对于智能手机企业，某种新型曲面屏就是一个预研的对象。这并非是要研发曲面屏，而是充分了解这种曲面屏的特性、成熟度以及技术搭载的可行性。储备性预研一方面可以帮助设计团队了解新技术，另一方面也进行了技术储备，确保开发团队具备一定的产品实现能力。要注意，储备性预研并不是纯技术研究，因为所谓的"核心技术"其实是行业公认解决问题所必需的技术，而别人的实践创新本来就是解决方案，从根本上说都源于设计。此外，设计团队对未来的预测也是预研的重要输入，设计团队还会对预研的技术进行产品化价值评估（包括用户需求度、品牌战略匹配度等），明确需要深入储备的内容并反馈给预研团队。但是，这些说到底都是别人的基础创新或解决方案，因而储备性预研并不会产生新的技术。

产品化预研是产生新技术的研究。当设计团队发现了全新的解决方案，但技术水平不足以支撑时，直接进入实施钻开发会有很大风险。更好的方式是先转入预研，待预研团队解决了技术难题，再转回产品流程。比如设计团队想出了"靠边停车"的解决方案，但存在一些技术难点，是否具备产品化条件也不确定，这种情况就可以转入预研，待算法实现并进行了充分验证，再移交产品团队做进一步设计并完成量产搭载。可以说，产品化预研承担了"技术攻关"的角色，在设计与实现之间建立了桥梁。产品化预研拥有清晰的输入（设计方案）和明确的目标（支持产品化），从一开始就保证了预研内容的创新度和落地能力——这也是企业值得用专利保护的财富。其实，对于面向用户的企业，"设计 - 预研 - 新技术 - 专利"往往是获取高价值专利最有效的路径之一。

产品化预研还有另一种情况，解决方案源于设计师对某种基础创新的预判，而这种创新尚未就绪甚至尚未出现。这是很多颠覆式创新（第18章）都会遇到的情况，预研团队要时刻关注并积极推动相关基础技术的发展。另外，尽管有风险，但此时以基础技术成熟为前提进行适当的产品化预研是很有价值的，未来一旦基础技术成熟，提前掌握的技术以及获得的专利将为你带来巨大的竞争优势。当然，这需要设计师对未来的深刻洞见。

预研为何会失败

很多企业意识到了预研的重要，却没想明白设计对预研的意义。他们建立的预研机构与设计完全脱钩，缺少设计的输入，预研就是漫无目的的技术储备。预研团队依据行业调研和对标开展了一些技术研究，但由于并未系统考虑过技术的应用方式,导致大量技术在研究完后就被束之高阁。另一些企业虽意识到预研要与产品结合,但只是在预研后期靠预研团队空想应用。这些"为了预研而预研"和"预研之后拍脑袋"的过程都不是预研的真正形态。

有的企业说,因为我们落后啊,技术问题都没解决,哪有时间考虑产品和用户。但要不要有目标地工作,与落不落后没什么关系。无论是设计还是预研,最终目的都是做出产品。不考虑产品的纯技术研究是高校和供应商的事情,面向用户的企业做纯技术研究,是在做别人的工作,定位本身就偏了。与设计脱节的预研带来的收益非常有限,跟着别人盲目储备,储备完了再去拍脑袋想怎么落地,最后往往是获得了一堆可用的技术,却没有真正用它们为用户解决问题。即便有些能够落地,实现已有的解决方案也不会给企业带来很大价值。事实上,储备性预研的所谓"新技术",大多都是领先企业玩剩下的技术,只是相对新的技术。真正的新技术或"黑科技"是那些能更好解决问题的潜在技术,这需要通过设计来发现——产品化创新才是企业的财富之源。另一方面,脱离设计的技术储备也是低效的。新技术层出不穷,企业的资源又非常有限,合理的做法是先用少量资源进行摸底,然后结合设计团队的意见对重点技术进行深入研究。反之,盲目的储备性预研将资源分散到大量技术上,结果重要的技术没深入,深入的技术又用不上,造成资源的大面积浪费。长此以往,预研工作前没支持设计,后难支持开发,还挤占了本可以用于设计和产品化预研进行实践创新的大量资源,甚至使企业进一步落后。在我看来,越是落后,就越要收紧预研的范围,就越要关注产品和用户。对一个想改变现状的企业来说,集中优势资源打造一款卓越的产品,远比掌握一百项核心技术有价值得多。

上一章我们讨论过规划,产品要有规划,技术也一样。无论是储备性预研还是产品化预研,都需要纳入技术规划,从一开始就有一个清晰的思路。这里的要点是,技术规划一定是与产品规划强相关的,也是与设计强相关的。只有知道预研的目的,用产品设计倒逼技术,才能理清预研工作优先级,让资源的产出最大化。

对于面向用户的企业,纯技术研究是投机,与设计结合的技术研究才是投资。技术只是手段,实现解决方案才是目的。重点不是新技术,而是解决用户问题所必需的新技术。卓越企业从来不是因为跟上潮流而成功的,他们想的不是"要跟上时代潮流,我需要研究哪些新技术",而是"要实现这样一款产品,解决这样一个问题,我需要研究哪些新技术"。对于卓越企业而言,只有要解决的需求,没有要跟上的潮流,因为他们的产品就是潮流。

技术

- **技术成熟度曲线**
  新技术发展的五个阶段；

- **分化法则**
  产品会趋向分化而非融合；

- **基础创新**
  创造可被用于改变生活的"新材料"；

- **实践创新**
  找到利用新材料满足需求的方式；

- **储备性预研**
  为了解或掌握已有新技术进行的研究；

- **产品化预研**
  为实现解决方案进行的攻关研究。

第20章
服务

技术解决不了的问题

Margaret Matlin 在《认知心理学：理论、研究和应用》中提到了一个案例：

多年前，纽约摩天大楼的工作人员发现人们都在抱怨等电梯的时间太长，因为它太慢了。为此负责人邀请了无数技术专家来解决电梯慢的问题，但抱怨却与日俱增。在人们威胁要搬出大楼时，建筑学家最终决定引进昂贵的新电梯来彻底解决问题。但就在电梯施工前，有人建议在电梯旁加装镜子，镜子装上后，抱怨立刻就消失了。原来，人们抱怨的根源并不是电梯的速度，而是等电梯时的无聊感。

Matlin 用这个例子来强调理解真正问题的重要性，我们在设计思维（第 13 章）时已做过讨论。但它也揭示了另一个重要事实：很多问题看似是技术问题，其实都是服务（或体验）问题。我相信技术专家们也晓得根本原因分析，但他们只看到了产品的技术面，将其当作一个技术问题来解决，自然难以发现真正的问题。从服务视角来看，"电梯"这项产品并非一个能上能下的物理设备，而是一项帮助人们快速上下楼的服务。用户无法体验技术本身，他们所说的"功能"指的其实是产品所提供的服务。工程师会因为通信延迟降低 50 毫秒而欢呼雀跃，但用户不会这样思考——"不错，"他们会说，"通话很流畅。"用户是在说技术很流畅吗？并不是，他们说的是服务。

服务设计本质上是对体验流的设计，是"流思维"（第 5 章）的体现。好的服务会让用户有一种行云流水般的畅快感觉，在电梯案例中，等待环节打断了活动流，带来无聊和烦躁感，我们需要抹平这个体验的"低谷"。完全消除等待环节很好，但这往往很难做到。这里的要点是关注体验，真实活动是否流畅其实并不是那么重要，只要主观感受流畅就好。显然，这远不是单靠技术就能解决的。在稍后你会看到，优质的服务设计不仅能抹平等待的低谷，甚至还能将其化为一种令人愉悦的体验。

流程设计

在抽象程度上，产品包括策略、机制、信息和呈现四个层次（第 4 章），服务即流的设计自然也是分层的。UX 关注宏观的**大流程设计**，将整体活动拆解为一系列任务和子任务。UX 设计师基于任务流评估用户的体验流，并在策略和大体机制层面对流进行设计，如图 20-1 所示。大流程相关工具包括以活动为中心的设计、用户旅程地图、用户体验地图等。

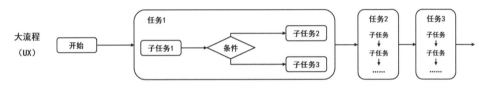

图 20-1　大流程设计

交互设计则关注微观的**小流程设计**，即人与产品之间的详细交互过程，在具体机制和大体信息层面对流进行设计。设计师将任务流细化为操作流、状态流和信息流（此处会涉及界面的信息架构，第 5 章），评估体验流并迭代，如图 20-2 所示。小流程相关工具包括业务流程图、任务流程图等。基本的步骤是首先梳理人与产品交互的所有**接触点**。接触点有操作和呈现两种。操作指用户对产品做了什么，本质上是信息；而呈现指产品给用户提供了什么，包括信息和承载产品机制的具体服务（如空调降温、座椅按摩等）。然后，我们就可以将它们根据合理的逻辑连接在一起。对用户来说，好的模式应该是"呈现 - 操作 - 呈现 - 操作"依次进行下去，不能中断，直到活动结束。状态与呈现通常是一体的，但每个状态可能包含多项呈现，如"制冷状态"可能包括空调启动和屏幕显示相关信息两种呈现方式。需要注意的是，流程设计只定义了大体要呈现的内容，而不包含具体信息层和呈现层的设计，后者是界面设计（第 21 章）的范畴。此外，还要认真考虑操作后和状态中可能出现的所有异常情况，并进行相应设计以最小化其负面影响。

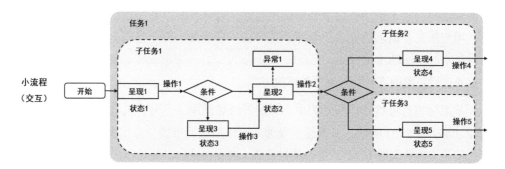

图 20-2　小流程设计

　　总的来说，服务设计通常先由 UX 设计师来主导，在整体服务架构和大流程搭建完成后，再转由交互设计师主导具体的小流程设计。对流设计最基本的要求是流畅感，在 UX 层面要打通任务流，优化路径（属易用性范畴），并尽可能抹平因等待等原因带来的体验低谷；在交互层面则主要是可用性（第 24 章）、易用性（第 25 章）和差错（第 27 章）。除流畅感外，服务设计还应当考虑更多高层次体验，如控制（第 26 章）、贴心（第 33 章）、趣味（第 34 章）、公平（第 37 章）等。本章我们主要讨论大流程的设计，小流程设计属于"微交互"的范畴，我们会在第 28 章再做讨论。

以活动为中心的设计

　　普通企业关注任务，卓越企业关注活动。**以活动为中心的设计**是 UX 的核心工具，在理解用户和设计解决方案时都非常有用。以活动为中心的设计出自《设计心理学 1：日常的设计》一书，强调从用户的需求出发，剥离具体功能和任务，把活动作为整体进行系统设计。用户做事的结构包含三个主要层次：活动、任务和操作。比如活动可以是"听音乐"，任务可以是"用 MP3 听音乐""给 MP3 充电"，而操作可以是"切换歌单""调大音量"这些具体的互动。层次越低，思维受到的限制就越大，比如"用 MP3 听歌"只是"听音乐"活动的一个可能的步骤。更糟的是，以任务为中心往往使视野局限于设备之上，而忽视其他重要的内容。相比之下，活动比任务具有更高的层次，因而从活动的角度考虑能帮助我们摆脱这些限制。对比刚刚讨论的流设计，活动层和任务层对应 UX 主导的大流程，而操作层对应交互设计主导的小流程，显然以活动为中心的设计主要是作为 UX 设计师的工具被使用。

　　以活动为中心的设计是一个系统化的思考过程，从服务的视角看待产品，思考如何为用户的整个活动提供全套的优质服务。孤立设备只是实现目标活动的一个载体，用户的真正需求是完成一项活动或解决一个问题，而不是得到设备本身——设备只是手段，活动才是目的。此处的要点是"广"，一方面要看到整个活动，另一方面也要在设备范围之外寻找更好的解决方案。

苹果公司已经将"以活动为中心"的设计思维融入血液，其代表作就是音乐播放器 iPod。在 MP3 时代，有大量企业涌入音乐播放器市场。在很多企业看来，MP3 不过就是"能听歌的 U 盘"，重要的是音质、内存、显示以及外形，非常简单。然而，无论这些企业设计出多么亮眼的外形、炫目的显示界面或是扩充容量，甚至给出更低的价格，都无法撼动 iPod 在音乐播放器市场的地位，因为他们与苹果对音乐播放器的理解完全不同。

苹果在设计 iPod 的时候并没有将其看作一个独立的设备，而是将其视为"听音乐"活动的一个环节。他们将活动分隔为若干主线场景，并针对每个场景深入分析用户可能遇到的问题。在小型设备上管理音乐是很困难的，苹果公司没有将视野局限于设备，而是将这项"音乐管理"任务交给了 iTunes 软件，用户可以将歌曲、播放列表自动同步到 iPod 上，实现 iTunes 与 MP3 播放器的无缝集成。不仅如此，苹果公司还注意到版权问题。当时大多数用户需要通过购买 CD 等方式获取音乐，翻录为 MP3 格式，再传输到播放器中，这是一个令人烦躁的过程。苹果公司于是建立了"音乐商店"，由苹果公司帮用户购买版权，而用户只需选择歌曲，并支付 0.99 美元 / 首的低价，就可以完成下载并同步到 iPod 上，iTunes 4 就这样诞生了——此时 iTunes 已成为名副其实的大型音乐平台。利用这样的思路，苹果最终帮助用户打通了许可、导入、管理、共享、播放等与"听音乐"相关的各个环节，让整个活动行云流水。苹果甚至考虑到了产品的相关配件，允许其他厂家生产音箱、麦克风等硬件来扩充 iPod 的功能。

如此一来，苹果的产品就从"MP3 设备"变成了"听音乐的全套服务"——由 iPod、iTunes、配件等组成的完整解决方案。当用户购买了 iPod 时，他们购买的不仅有美妙的音乐，还有"代买版权""音乐管理""轻松共享"等一系列服务。比起那些推出单独设备的企业，iPod 提供了愉悦且流畅的用户体验，能牢牢抓住用户们的心也就不足为奇了。

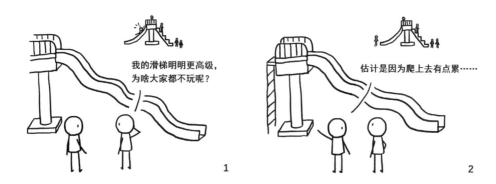

在进军高端的过程中，很多企业都遇到了一个颇感费解的问题：对标企业的功能和配置我们都实现了，很多指标甚至是对标产品的数倍，为什么用户还是不买账？一个很重要的原因就是他们仅将产品当作孤立的设备来看待——就像大多数 MP3 制造企业那样。

我经常看到很多手机和汽车公司的广告，全程在宣扬其强悍的配置，比如使用了多少核的处理器、多大的内存或是增加了某些驾驶功能。在我看来，这些产品都难以形成真正的竞争力。我并非反对将性能做卖点，但如果一个企业眼里只有这些，那就说明这个企业也就是这个水准。

有人认为高端产品就是"更加豪华"，其实不然。用户买宝马只是因为真皮座椅吗？买苹果笔记本只是因为金属外壳吗？如果真的如此，那高端未免太容易实现了——何以能屏蔽掉如此多的企业？在我看来，低端产品与高端产品差异的本质在于：低端市场拼的是设备的功能、性能与成本，而高端市场拼的是服务：能用多好的品质、多让人愉悦和意义深远的方式解决用户的需求。靠优质的设备或许可以称霸低端市场，但却难以突破高端市场的壁垒——因为游戏规则本就不同。

在高端市场拼价格是徒劳的。如果你能提供足够优秀的服务，用户就会出钱购买。正如 iPod 的例子那样，苹果的产品之所以售价高昂，是因为它帮助用户彻底地解决了问题。用户购买的不只有设备，还有服务，而后者才是产品的核心价值所在，这也是其他企业的 MP3 卖不出高价的根本原因——他们只有设备。

近些年汽车圈有一种说法，说未来汽车 60% 的价值都在软件，很有道理。不过我觉得这里对"软件"更好地诠释应该是"软品质"——也就是车载应用所带来的服务体验。当产品的硬品质（功能）实现后，软品质（服务体验）必然会逐渐占据产品价值的核心。汽车如此，其他产业也是如此。很多企业在产品功能碾压的局面下，依然被对标企业吊打，根本原因是他们努力的方向偏了。问题的本质在于服务，而非设备。对标只能看到设备的差异，却难以理清服务的细节——量化硬件参数容易，量化服务体验却很难。企业想在高端市场占据优势，就不能只靠对标去做产品。归根到底，产品是为用户服务的。卓越的企业应该面向用户，利用以活动为中心的设计理念，从系统的角度全面思考整个活动。

等待的设计

当系统尚未准备好满足用户的需求时，等待就会发生，比如用户要等到系统加载或升级完成才能使用。更糟的情况是前面还有其他用户希望使用产品，这往往会带来数分钟、数小时甚至更久的等待。无论你设计的流程看起来多么流畅，总免不了出现等待的局面。人在等待时会觉得时间格外漫长，并带来无聊、烦躁等各种负面情绪。特别是在医院等用户本已非常焦虑的场景中，未经设计的等待过程往往会助长患者和家属的焦虑情绪，甚至激发医患矛盾。尽管各行各业都在努力解决等待问题，但大部分工作都专注于提升系统的效率，就像电梯案例中的技术专家们做的那样。提升效率自然是必要的，但这些工作忽略了"人"这一最重要的因素——我们要解决的不是技术问题，而是体验问题。我以 Donald Arthur Norman 在《设计心理学 2：与复杂共处》中提出的等待设计六原则为基础，给出九条设计原则。

1. 提供概念模型。概念模型（第 23 章）指用户对产品运行模式的主观理解。比如你去餐厅吃饭需要排队，店家说"等会儿喊你"，排队机制对你来说就是一头雾水，此时要是有比你晚来的人先进去就餐，你一定会感到困惑甚至愤怒。而如果店家给了你一张写着"A12"的纸条，然后告诉你 A 代表小桌，B 代表大桌，数字代表次序，你就对这个等待过程建立了概念模型。此时，如果有多人进入餐厅，你知道这是大桌就餐，便不会有什么负面情绪。另外，反馈（第 23 章）也很重要，如果你能在大屏幕或手机上时刻看到当前叫到的号码，你就能了解现状并对就餐时间有一个预期，这也会让你在等待时感到安心。

2. 让等待看起来合理。如果你去银行，6 个窗口 5 个有人，但只有 3 个窗口在接待用户，那么你多半会产生怨气；但如果 6 个窗口 2 个有人，而 2 人都在接待用户，这时你反而可以容忍。为什么会这样呢？这是因为你认为前一种情况的等待是不合理的：如果服务人员需要休息，最好从用户的视线中消失。合理性原则本质上是在为等待的原因建立概念模型（银行是如何运作的？那些窗口为什么不接待用户？），其要点是对等待的原因做出合理的解释，并确保公平性（第 6 条原则）。

3. 超越期待。给用户一个对等待时间的高于正常值的估算，并提前结束等待。人们对排队经常报以消极的期望，这使得"超越期待"更容易实现，从而带来意外的惊喜和积极的体验。不过要注意，即使你知道超越期待的概率很大，也不要提前告知用户,一则避免出现意外情况,二则这也能提升等待结尾的情绪(第 7 条原则)——"欲扬先抑"总是一个不错的手法。不过有些时候，超越期待并不一定最好。比如网上购物时，用户需要等待包裹寄送。用户不喜欢等太久，但包裹提前到了也不一定会让用户满意，因为在这种情况下，用户更希望时间是可控的。

4. 给人信心。尽管欲扬先抑不错，但期望过低让用户感到沮丧也是不好的。迪士尼乐园在树立信心方面做得很好，他们让队列呈曲线排列，这样在视觉上看起来并没有排成超长的一队那样遥不可及。

5. 让人们保持忙碌。人在有事可做时会觉得时间过得更快，也会感到更加愉悦。海底捞火锅店在这方面做得非常到位，他们会为顾客提供棋牌游戏和零食，避免用户干坐着。我也曾见过一家店让顾客叠千纸鹤，每折一只可以抵扣一元餐费，这就将等待变成了一场有趣的竞赛——顾客甚至希望等待的时间再长一些。这样不仅解决了等待的问题，还让用户觉得占到了便宜，比直接给一个折扣效果好多了（当然等待时间很长时不能这样做）。不过要注意，人需要理由才会做事，因此你要确保让用户做的事是有意义的。如果没有抵扣餐费这个前提，只是把纸和折纸教程交给用户，用户是不会参与的。

6. 确保公平。如果有人因为你无法接受的特权而优先享受了服务，或是有人不断插队而一直没有被组织方制止，你会做何感想？当用户对等待机制（概念模型）的公平性产生怀疑时，就会产生怨恨的情绪，因此你必须努力确保公平并帮助用户建立正确的概念模型。此外，你还要面对一个有趣的现象：当有多个队列时，人总是觉得其他队列移动更快。这是因为当别人的队移动快时，我们会注意到；但当自己的队移动快时，我们往往会忽视这一点。解决之道是避免使用多队列，比如你可以将所有人放在一队，然后通过叫号码来指派不同的窗口，就像银行做的那样。关于公平性的问题，我们会在第 36 章再做讨论。

7. 峰终定理。峰终定理（第 2 章）指出结尾体验对事件回忆的重要影响。如果等待后获得的服务让用户感到非常满意，他们对整个过程的回忆就会是积极的。等待的过程很重要，但对等待的回忆往往更重要，人的记忆是可重构的（第 8 章），因而我们要努力让用户的记忆变得更加积极。此外，峰终定理也指出峰值体验对回忆的重大影响，如果你能在等待过程中制造一两个惊喜那真是太棒了，反之，如果你让用户在等待的过程中产生了非常消极甚至愤怒的情绪，则很可能直接毁掉整个体验。

8. 等待也有好处。 相比直接获得产品，在等待后获得产品的用户往往会拥有更加愉悦的使用体验，评价也更为积极。其背后的机制是认知失调（第 12 章），用户会觉得"我这么辛苦得到的东西一定是好东西"。因而有时，适当的等待对提升用户体验也是有好处的，但要结合实际情况谨慎使用。

9. 给等待一个价值。 人们不喜欢等待的一个重要原因是认为这是在浪费额外的时间，而人们厌恶损失。因此如果能赋予等待一些价值，就会让用户觉得等待是值得的。千纸鹤抵餐费就是一个例子。另一个例子是我曾去过的一家餐厅，店家在顾客点餐后会在餐桌上摆放一个"半小时沙漏"，如果半小时还没有上菜，顾客会得到一个不错的折扣。如此，顾客一方面得到了一个预期（店家敢这样做就表示半小时内基本上没问题），另一方面会觉得等半小时也没关系，甚至还会有点期望等上半小时。

关于等待的设计原则就讨论到这，在设计中，UX 设计师应该仔细梳理所有可能出现等待的情况，然后尽力改善每一处等待的体验。

服务

- **大流程设计**
  活动和任务层面的流设计；

- **小流程设计**
  操作层面的流设计；

- **接触点**
  人与产品的触点，包括操作和呈现；

- **以活动为中心的设计**
  把活动作为整体进行系统设计；

- **等待的设计**
  通过设计改善等待过程的体验。

第21章

界面

UI 不等于界面

一提到界面，很多人会首先想到 UI 设计（用户界面），其实不然。界面是技术和服务的前端呈现，也是 UX 和交互设计的主要载体（第 4 章）。因而真正意义上的界面设计实际上包括与界面相关的 UX 和交互，这是一个相当大的范畴。就好比菜品是味道的载体，设计菜品自然也包括设计味道。不过，我们常说的"界面设计"指的是流设计完成后对每一个接触点（第 20 章）进行的具体设计，包括信息层和呈现层（第 5 章）。界面是人在使用产品时与之交互的一切对象，打游戏的手柄、汽车的座椅、餐厅的服务员都属于界面设计的范围。

UI 设计的范围比界面设计要小得多，通常仅关注虚拟产品的信息呈现，而且较少涉及艺术向的视觉设计。信息层则由交互设计师负责，待界面上要呈现的信息架构和具体信息明确后，UI 设计师才开始设计工作。目前，虚拟产品的信息呈现方式主要是视觉和听觉，与之相对应的 UI 设计被称为**图形用户界面**（GUI）和**语音用户界面**（VUI）。由于 UX 设计师主要关注上层设计，而 UI 的工作非常细（如按钮、字体），因而 UI 设计并不是 UX 的核心技能。举个简单的例子，对于某个按钮的颜色，UX 设计师会从色彩心理的角度确定使用红色，但具体配色（深红，浅红还是玫瑰红？）则由 UI 设计师完成。我们经常会看到企业在招聘"UI/UX 设计师"，这就是没有分清两者区别的表现。正如 Joel Marsh 在《用户体验设计：100 堂入门课》中所说："UI 和 UX 是两种不同的工作。如果有的公司有'UI/UX'这一职称，那说明这家公司根本不了解什么是 UX，或者他们想花一份钱就让人做两份工作。要当心。"当然，UX 设计师应该对 UI 设计有所了解，但更重要的是理解真正意义上的"界面设计"的本质。

界面设计的本质

界面是人使用产品时与之交互的一切对象，但并非能触碰的部分都是界面。这里的要点是"使用"，比如一把椅子的界面是你坐下时身体自然接触的部分，尽管你把椅子翻过来可以看到或碰到其他结构，但这些不是界面，而是技术。另一个要点是"产品"，产品是设计和加工过的，界面也是如此。找三块木板给自己搭个板凳，这谈不上产品，也就谈不上界面。要想将其产品化，你可能要在木料外刷一层有色漆，这个漆面就是界面。其实你也没必要过于纠结，产品四要素是用来帮助你分析较为复杂的产品的，对于削皮器、椅子、衣服这些简单产品，大可抛开界面这些概念。因此，在设计中说"界面"通常指汽车、互联网、电子游戏、智能家居等复杂产品的界面（本书后文皆如此）。

在物理学上，界面指两种物质（如液态和固态）之间的分界。Jesse Schell 在《游戏设计艺术》中使用太极图来理解游戏界面，认为界面是分隔阳之玩家与阴之游戏的一层"无限薄的薄膜"。这是个很棒的视角，我以此为基础给出我对界面设计的理解：界面设计是在人与技术/服务间建立一层无限薄的薄膜，将人与"产品的复杂性"隔离开来，帮助人们更好地理解和控制产品，如图 21-1 所示。也就是说，界面是简单与复杂之间的分界。好的界面设计有两个最基本的要求，一是化繁为简，二是有掌控感，与易用性、简约（第 25 章）和控制感（第 26 章）关系紧密，而顶级界面还需要考虑高层次的体验。对界面设计最大的误解莫过于将其理解为"美化产品"，但若只考虑美而没有改善交互过程，那就是失败的界面设计和失败的产品。显然，这已经超出了 UI 的范畴。举个日常的例子，我曾在第 13 章讨论过写作也是一个设计过程。你正在看的这页书是什么？它是你与抽象理论之间的界面。交互设计负责内容，而 UI 负责排版。对于复杂且抽象的理论，好的写作不是用复杂的方式表达复杂，而是将复杂转化为一种简单易懂的形式，更进一步还要有趣（令人愉悦）并带有启发性（意义深远）。如果内容晦涩难懂，版式再好看的界面对你也起不了什么帮助。此外要注意，"简单"是相对于技术的复杂性而言的，并非绝对的简单，复杂系统的界面依然需要一定的复杂度，这并不冲突，我们会在第 25 章进一步讨论复杂性的问题。

在设计界面时，设计师需要首先考虑两个问题：

- 我的界面简化了产品的复杂性吗？有没有更好的帮助用户理解产品的方式？
- 我的界面是否让用户有"一切尽在掌握"的感觉？如何进一步增强控制感？

图 21-1　界面

界面的演化

在工业设计时代，界面的结构较为简单，主要是包裹产品的外壳和一些通过机械方式与产品内部连接的操纵装置。比如沙发有一套复杂的内部结构，但用户接触到的只是沙发的表面——造型、色彩、材质，以及坐感（人与沙发界面互动后的体验）。这层界面隔绝了沙发内部的复杂性，将其转化为一件看起来简单的家具，也让产品更加好用——这比起坐在木质结构支撑的坐垫上显然要舒服得多。我们将这种能直接交互的界面称为**物理界面**（见图 21-2）。在这个时期，工业设计师除了研究产品的物理结构外，有相当一部分工作是在设计实体产品的物理界面。造型和表面的美感很重要，但这远非物理界面的全部。工业设计首先要保证界面功能的可用和易用，再去尽可能兼顾美感等方面的需求。

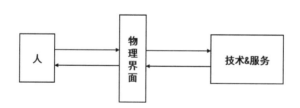

图 21-2　物理界面

进入电子时代后，产品的复杂性大幅提高。由于产品内部的电路由电子工程师负责，工业设计师的工作开始外移，逐渐转向物理界面的设计。外壳还是必要的，用户可通过指示灯等方式理解产品，并通过电子连接的按钮和旋钮等施加控制。显示屏技术虽然能够显示影像，但还只是单向的信号投射，没有降低复杂性，也不支持控制。交互方式的确发生了变化，但依然还是物理界面。

颠覆性的改变始于电子计算机的出现，产品的复杂性提高到了前所未有的高度。

在计算机出现早期，人们通过显示屏上显示的和键盘输入的计算机语句来理解和控制程序，因而只有少数专业人员能够使用计算机。交互问题素来是专业产品成功普及的核心瓶颈，显然，单靠物理界面已难以应付如此高的复杂性——虚拟界面出现了。**虚拟界面**（见图 21-3）处于物理界面和技术 / 服务之间，将产品的复杂性转化成一种更加丰富、直观和动态的形式，从而大幅强化物理界面的能力。在理解方面，虚拟界面利用显示技术将复杂的技术图形化，并提供了有效的概念模型（第 25 章）。比如我们在电脑上经常使用的"文件夹"，信息在技术上只是存储在硬盘上的数据，并不存在真的文件夹，但它使数据间的联系变得直观且易于理解。在控制方面，单纯的物理界面灵活性很差，每个按钮通常只对应特定的控制任务，如调节音量。但虚拟界面是动态的，可以根据场景的不同赋予物理界面不同的意义，比如手机上的同一个按钮在音乐模式下用于调节音量，在拍照模式下则是快门键。此外，虚拟界面的图形化属性也使控制过程更加直观，极大地改善了用户的控制感。

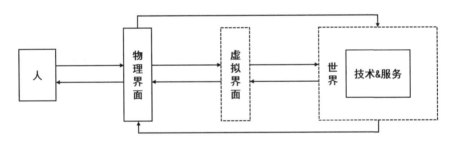

图 21-3　虚拟界面

　　需要注意的是，虚拟界面必须依托于物理界面才能发挥作用，就像是武器上附着的魔法。即使你使用触摸屏，看似是在与虚拟界面交互，但与指尖真正交互的其实是物理的屏幕，点击屏幕与按下物理按键本质上是一样的。虚拟界面实际上充当了物理界面和技术之间的"转换器"，当用户完成了一次物理交互后，计算机会将这个操作与虚拟界面对照，通过"物理叠加虚拟"的方式确定用户的控制意图。同时，虚拟界面必须借由物理界面（屏幕）才能显示出来。虚拟界面也是计算机程序，但计算机的运行并不需要这套程序，虚拟界面存在的核心意义就是配合物理界面，在用户与技术 / 服务之间建起一座沟通的桥梁。

　　伴随虚拟界面出现的是交互设计师和 UI 设计师，而物理界面依然由工业设计师负责。但随着触摸屏的出现，大量物理按键被基于屏幕的控制所取代，在手机领域，虚拟界面几乎成了界面设计的代名词。大量产品的"屏幕化"是工业设计师不得不面对的一个残酷现实。

UX 设计师是产品生活化和需求层次提高的产物（第 1 章），与界面演化关系不大。UX 偏重策略层和机制层，对具体界面设计的关注点主要在情感化等深度体验。对 UX 设计师来说，界面的属性并不重要，基于屏幕的界面也不见得就最好，重要的是从用户需求出发寻求界面的最佳形式。特别是在物联网时代，像智能汽车这样虚实兼备且复杂度极高的产品，纯靠物理界面或屏幕（虚拟界面）都无法驾驭。我们需要根据用户的需求和能力在两者间合理分配，而这就是 UX 设计师的工作了。

语音界面

UI 包括 GUI 和 VUI，我们常说的"UI 设计"通常指 GUI 设计，关注基于屏幕的视觉界面，比如按钮、配色、字体等。UX 设计师应该了解一些 GUI 的知识，有关 GUI 的书籍非常多，你可以根据需要自行扩展，本书只简单讨论一下 VUI。

语音界面是一个新兴领域，随着 AI 技术使机器的语音识别能力大幅提升，我们能够以很高的准确率识别出人说话的内容，这为基于语言的交互打下了基础。但就像有好的显示屏不代表有好的视觉交互，拥有语音识别技术并不代表就有了好的语音交互——能说话和会说话是两回事。技术只是基础，要想实现人与产品的自然对话，设计工作才是重头戏。有些产品能识别，能说话，但没有按照人的交流方式设计，导致实际的沟通交流非常困难，难以使用，这样的产品其实称不上具备了语音交互能力。

设计语音界面需要掌握大量知识，比如语言学。举个例子，像"嘿，帮我看看外边天怎么样"这句话，我们的大脑可以将其轻松转化为"今天天气怎么样"。但对产品来说，首先需要过滤掉"嘿，帮我看看"，然后将"外边天"转换为"天气"，再补上一个"今天"——这可不是一件容易的事。当然，我们可以通过对海量同类对话的深度学习来获取答案，但计算量可不小。别忘了，这只是问天气的一句简单的语句而已。

当进入具体对话时，问题就更多了。我们经常见到一些产品能够回答用户的特定提问（-"今天温度是多少？"-"15 摄氏度。"），但这并不是真正意义上的对话。Cathy Pearl 在《语音用户界面设计：对话式体验设计原则》中举了一个 Google 语音产品的例子：

用户：OK Google，我的下一个日程是什么时候？

Google：你明天有一个日历项，主题是"唐人街实地考察"。

用户：OK Google，能请你重复一下吗？

Google：……

Google 直接结束了对话，仿佛第一轮对话从来没有发生过。人类很少进行单轮对话，因而真正的**对话式设计**指通过设计使人与 VUI 能够进行一轮以上的交互——你不能强行结束对话，让用户重新开始。这需要完成很多工作，比如保留近期的对话内容，并预测用户可能要说的话，等等。说到这，相信你已经能感觉到语音界面设计的复杂性了，而这也只是冰山一角而已。VUI 与 GUI 的设计逻辑完全不同，如果你未来想在 VUI 方向发展，那么建议还是多阅读相关的书籍。

对于视觉界面，信息层和呈现层的工作量都很大；而对于语音界面，呈现层的设计空间很小（只有声线、语气、重音、音量等），信息层的设计比视觉复杂很多，这使得 VUI 的工作更多处于信息层而非 UI 的呈现层。因此，尽管名称里有 UI，但 VUI 设计主要是交互设计师及 UX 设计师的工作。语音界面设计的核心是对信息流的设计，这也是我更愿意称之为"语音交互设计"的原因。

最后谈一下 GUI 和 VUI 的选择。VUI 有很多好处，比如它可以解放双眼和肢体，这在驾驶等环境中非常有用。VUI 也可以迅速跳转到需要的任务流上，这是 GUI 做不到的，比如你需要多次点击甚至输入文字来找到需要的歌曲，但语音只要说"播放 XXX"即可。但 VUI 也有很多劣势，比如在嘈杂环境中 VUI 的效果远不如 GUI。而且人的短时记忆能力非常有限（第 8 章），你可以用 GUI 为用户罗列 10 条信息，但用 VUI 时用户很快就会忘记先前提到的关键信息——文字可以反复查看，语音却稍纵即逝，这使得 VUI 不太擅长应对多信息多步骤的复杂任务。总之还是那句话，各有利弊，具体问题具体分析。我本人是非常看好语音交互的，因为对话是人类最自然的交流方式。不过目前来看，GUI 技术已十分成熟，而 VUI 技术要想做到深度应用还有很长的路要走。

好界面是看不见的

在一些网页 UI 设计师眼中，UI 设计的主要工作就是做出"好看、有高级感"的视觉效果。这也导致很多培训材料在讲解 UI 时将按钮大小、字体设置、配色等作为重点内容。这对于静态网页还说得过去，但对于支持任务流的动态界面来说，美学的重要性很大程度上会被"透明原则"所替代。无论是通过界面驾驶汽车、玩游戏还是网上购物，我们都希望用户能够拥有**沉浸感**，即将自身映射到任务环境中。举个例子，在玩游戏时，用户需要点击"左"键移动，然后点击"跳跃"键跳过围墙。但如果你问用户刚才做了什么，他会说："我往左跑，然后跳过围墙。"手机购物也是如此，用户在各种商品间来回游走，根本没有意识到做了哪些操作，更不用说按钮长什么样了。一个完全沉浸的用户根本不会顾及界面就在眼前的事实，就好像整个过程是自己"直接"完成的一样。

对沉浸感的一大误解是认为屏幕足够大就会有沉浸感，但两者其实没什么关系。设计得当，一个小型手机游戏都能带来沉浸感，而设计得不好，就算你用 VR 眼镜或画面做得再逼真也做不到沉浸。界面是影响沉浸感的关键因素，优质的界面非常直观、流畅、无须思考，用户甚至意识不到理解和控制的过程，自然会带来沉浸感。界面不是艺术品，而是用来帮助用户更好地理解和控制产品的手段。无论是因为界面太炫或太丑，或是让人感到困惑，只要用户的注意力从任务流转移到界面上，即意识到了界面的存在，那就称不上是一个优秀的界面——对用户来说，"没有"界面才是最好的界面。

透明原则 [1] 指出，好的界面应该是透明的，当然在界面作为产品外形时除外。很多时候，UI 设计师费尽心思改变了按钮的样式或位置，但其实对体验的影响微乎其微，甚至还可能让用户陷入困惑（"之前那个按钮哪去了？"）。回想一下你手机里的任何一款 App，你有多少次停下来端详品味过这个界面的细节？可能一次都没有——我们在评审界面时反复推敲的东西用户可能根本就不关心。这有些残酷，但是事实。我并不是说界面不该关注美，好的界面应该是主题明确且赏心悦目的，细节的设计感也很重要，美甚至还会改善易用性（第 34 章）。但我们要当心过分陷入对细节的设计和微调，更不要让界面干扰到用户。界面设计不是为了参加选美大赛的，而是帮助用户完成目标的，仅关注美观的界面评价是远远不够的。面对一个弹窗，在考虑如何让其更美观之前，设计师首先要考虑的是：这个弹窗会打断用户的任务流吗？真的有必要打断吗？有没有不打断任务流又能传递这条信息的方式呢？不过，透明原则也有例外，当出现紧急事件时打断用户是必须的——但如果仔细思考，你就会发现很多情况其实并没有那么紧急。

---

[1] Jesse Schell. 游戏设计艺术 [M]. 第 2 版 . 刘嘉俊，杨逸，欧阳立博，陈闻，陆佳琪，译 . 北京 : 电子工业出版社 ,2016.

无界面交互

最好的界面就是没有界面，这就是**无界面交互**的指导原则。这个话题我们好像讨论过了？并没有。透明原则是一个通用性原则，指的界面应该让用户意识不到它的存在，但界面是存在的——而无界面交互是真的没有界面！

随着移动互联时代的到来，出现了一种"万物皆可 App"的趋势。无论要解决什么问题，首先想到的都是做一个手机 App，认为这样就是"智能且高级"的产品。Golden Krishna 在《无界面交互：潜移默化的 UX 设计方略》一书中严厉抨击了这种思想，并用汽车 App 解锁车门举了一个例子。当用户使用 App 解锁时，大致需要经历如下步骤：

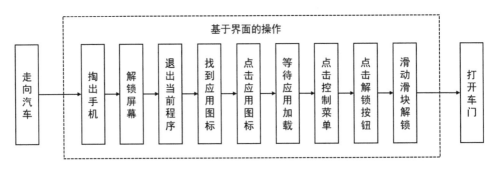

图 21-4　基于界面的开车门流程

在钥匙的时代，开车门的流程是"掏出钥匙 - 插入钥匙 - 解锁"，多亏了 App，我们现在只需要 9 个步骤就完成了当年 3 个步骤的工作，这很棒，不是么？有没有觉得哪里不对？很多时候，人们过于迷信 App，以致忘记了要解决的问题——用户希望的是快速开车门，而不是炫耀手机的强大。那么更好的方案是什么？西门子公司在多年前给出了一个无界面的方案，并首先被奔驰汽车公司应用。方案是这样的：当你打开车门后，车身便会自动发送一个低频信号来检测车钥匙是否在附近，如果在的话，车门瞬间打开。现在"走向汽车"和"打开车门"之间还有什么？什么也没有——而且这个方案还避免了将钥匙锁在车内的情况，因为这时车门并不会上锁。当我们跳出"必须有界面"这种先入为主的观点后，可能发现更好的解决方案。其实，无端增加界面恰恰是功能主义和设计惰性的表现。改善一下汽车设计？加个界面吧。改善一下冰箱设计？加个界面吧。最讽刺的一个案例是伦敦街头的一种垃圾箱也安装了屏幕界面，这样你就可以了解当前的天气！但你看到垃圾桶时不就站在室外么？

需要注意的是，无界面交互针对的是具体任务，而不是产品本身，比如在车钥匙的案例中车门及把手就是物理界面。人只要与产品有互动，就会有界面，但有些任务其实并不需要通过界面来完成，特别是基于屏幕的虚拟界面。Krishna 并不是反对使用界面，而是反对盲目使用界面。我们已经讨论过界面的本质，如果界面没有改善用户与产品的交互过程，那就是失败的设计。特别是虚拟界面，我曾见过一些产品的所谓"高配版"，就是放一块屏幕，然后把物理按键的设计直接平移过去，这完全没发挥出虚拟界面的价值，也实在谈不上高级——高级感源于设计，而不是屏幕。Krishna 认为企业使用"UI/UX 设计师"是一个危险的信号，因为这表明企业的眼里只有屏幕，进而会严重限制其创造科技体验的方式。他还给出了 UI 和 UX 设计师眼中的世界，我觉得对理解两者的区别非常有用：

UI 眼中的世界：导航、菜单、下拉列表、按钮、链接、窗口、圆角、阴影、错误提示、警报、更新、复选框、搜索框、文本框、悬停状态、横幅广告、滑动效果、滚动……

UX 眼中的世界：人、幸福、解决问题、理解需求、爱、效率、娱乐、快乐、灵魂、温暖、个性、满意、兴奋、便捷、生产力、成效……

对 UI 设计师来说，界面就是一切；而对 UX 设计师来说，界面只是解决问题的一种手段。我们始终要寻找最好的、最有效、最具创意的方式来解决问题，而不是用屏幕来解决问题。无界面交互的理念对 UI 设计师并不友好，但未来这样的事情只会越来越多。在物联网时代，与人类互动的高技术设备数量将极速增加，但界面显然不能成比例增加，因为人们需要平静（第29章）。我们关注的是如何改善人与产品的互动，如果对于一些任务来说没有界面效果更好，那么去掉界面又有什么不可以呢？

多模态界面设计

物理界面、视觉界面、语音界面、无界面，讨论了这么多，那么哪种界面更有前途呢？答案是：这个问题并不重要。重要的是要解决用户的问题需要哪种界面。每种界面各有利弊，针对具体问题取长补短才是王道——这种综合利用触觉、视觉、听觉等多种信息形式的界面设计被称为**多模态界面设计**。游戏手柄对很多游戏来说是必不可少的，你可以用无界面的方式开车门，但手机上也该有个能检查车辆信息的 App。VUI 的信息稍纵即逝？为什么不显示在 GUI 上呢？你完全可以用 GUI 显示而用 VUI 控制。这里的要点是，你不能等某种界面设计得差不多了，再考虑如何加入其他界面，也不能独立设计各个界面，再堆在一起——各种界面从一开始就要一起设计。只有"合适"，没有"最好"，这同样适用于设计具体的界面元素。将按钮或图标单独拿出来评价往往难说好坏，应该将按钮放在使用环境中，在整个界面的大背景中进行评价。

最后强调一下，界面设计是建立在流程设计（第 20 章）基础上的。在流程设计中，UX 设计师牵头完成大流程，交互设计师完成小流程，明确了界面的变换逻辑和大体信息流。在界面设计中，工业设计师负责物理界面，虚拟界面方面则先由交互设计师完成信息流的细化，再交由 UI 设计师完成呈现。因此，如果流程设计失败，那么在界面上如何努力都很难挽救糟糕的产品体验。一些企业听到用户反馈"界面难用"，就使劲在 UI 上找原因，但从我的经验来看，问题往往并不在界面，而在流程。

界面

- **界面设计**
  将人与产品复杂性隔离开的薄膜；

- **UI 设计**
  对虚拟产品信息呈现的设计；

- **图形用户界面（GUI）**
  基于视觉信息的用户界面；

- **语音用户界面（VUI）**
  基于听觉信息的用户界面；

- **物理界面**
  能够在现实中直接交互的界面；

- **虚拟界面**
  以直观和动态形式呈现产品复杂性；

- **对话式设计**
  使人与 VUI 能够进行超过一轮的交互；

- **沉浸感**
  用户将自身映射到任务环境中；

- **透明原则**
  好的界面用户应该意识不到其存在；

- **无界面交互**
  最好的界面就是没有界面；

- **多模态设计**
  综合利用多种信息形式的界面设计。

第22章

环境

有了技术、服务和界面，产品主体的形态已经完整了，但还有一种要素应该被归入产品的设计范围，那就是环境。在第4章中，我们说过环境包括前端环境和后端生态。**前端环境**不是指使用场景（第14章），而是指设计师能够精心设计、为用户营造的环境，显然这也是用户体验的重要组成部分。而**后端生态**指支撑技术或服务有效运转的一切元素，是产品普及的前提条件。因此，前端和后端环境是 UX 设计师必须考虑的内容，让我们先来看看前端环境。

前端环境

你走进一家高级咖啡厅，里面有华美的传统欧式装潢，镶嵌着精美图案的咖啡器皿。你找了个靠窗的位置坐了下来，点了一杯咖啡，温暖的阳光从擦得净透的大玻璃窗照射进来。不久，服务员端来咖啡，你一边品着咖啡，一边聆听空气中环绕着的肖邦的钢琴曲。

思考一下这个案例，产品是什么？是那杯咖啡吗？如果换成快餐店式的装潢和嘈杂的人流，即使是同样的咖啡，你八成也不会选择。咖啡确实属于产品，但不是主要部分——你买的是咖啡厅的环境，更确切地说，是一种空间体验。**空间设计**属于建筑学的范畴，后者包括外部的造型设计以及内部的空间设计。其实，尽管造型是建筑不可或缺的一部分，但建筑的真实目的其实是打造内部空间及人在空间内的体验。正如 Jesse Schell 在《游戏设计艺术》中所说："如果我们想要的所有体验都能不费吹灰之力地在自然界中找到，那么建筑就变得毫无意义了。但是那些体验并不常有，所以建筑设计师设计了一些东西，来帮助我们获得我们想要的体验。"因此，建筑学本身就包含于 UX 之中，拥有相同的设计哲学。由于建筑学是一个相当细分的领域，我不会在本书进行深入讨论，但了解一些建筑学知识对 UX 设计师来说还是有必要的。

特别是空间体验设计的应用非常广，室内的装修、汽车的座舱等其实都是在设计一种空间感受。

建筑大师 C. 亚历山大在《建筑的永恒之道》中阐述了通过精心设计的空间与物体带给人的一种难以名状的体验：有生气的、完整的、舒适的、自由的、准确的、无我的、永恒的，是"摆脱了内部矛盾的一种微妙的自由"。其实不仅是空间设计，所有好的设计都应该是没有内部矛盾的，用亚历山大的话来说，当系统自我同一、忠实于自己的内在之力、自身和谐时，便具有这种特质。我觉得这是一种让你觉得很自然的感觉，你认为它应该如此，而它就是如此，如果它没有"忠于自身"，你就会觉得别扭。设计师应该对细微的矛盾之处拥有敏锐的直觉，并尽可能降低设计中的内在矛盾。亚历山大的书哲学气息很浓，三言两语很难说得清楚，但具有很强的启发性，如果你想深入了解这些建筑设计思想，那么建议你花点时间仔细品读。

除了空间设计，环境设计还有三个要点。

第一，环境设计必须与产品的品牌、品位、风格等保持一致，也就是说，你首先要有清晰的品牌定位和对品味、风格的定义。消除内在矛盾最好的方式就是明确一个方向，然后让所有的设计都围绕这个主题。

第二，环境设计应该建立在服务设计的基础上，在理清活动设计的各项任务及环境需求后，进行有针对性的设计。

第三，对具体环境的设计应考虑不同的需求层次，比如如何营造愉悦的感受，以及如何用环境彰显用户的身份和品位以赋予产品更多的意义。

实体不灭

前端环境的设计对与用户有直接互动的实体店非常有帮助，除餐饮业外，还有游乐场、商场、医院、学校等。尽管互联网行业一再宣称实体时代即将终结，但这不过是一种自我陶醉而已。互联网廉价、高效的特性更适用于解决小问题，而很多大问题依然要在实体场所解决。比如网上就医可以让你在头疼脑热时不用专程去医院，但大型检查和手术依然需要在医院进行——互联网的价值在于改善实体医院的工作效率和患者的就医流程，而不是替代实体医院。只要实体医院还存在，就应该对环境进行精心设计以改善患者的焦虑情绪。不仅如此，实体场所的体验通常远远好于虚拟场所。比如在手机软件上可以花几元钱买到最新的电影，但人们依然愿意花几十元到电影院观看，因为电影院的观影体验更好，而曾被互联网判了死刑的实体书店也正以一种新的模式重获新生。使用互联网很多时候是经济限制下的不得已选择，就像因为空间小而购买沙发床一样（第19章），但当人们有了足够的经济基础之后，自然会追求更好的体验。当然，如今的实体也融入了大量虚拟成分，重点不在于虚拟好还是实体好，而是如何利用它们更好地解决用户的问题。无论如何，实体场所及其前端环境是产品设计应当考虑的内容。

那么像手机、汽车这种直接交付用户的商品是否就不用考虑实体场所了呢？既是，也不是。你可以通过网络渠道进行销售和售后，但卓越的企业不会放过任何提升体验的好机会。苹果公司的实体苹果店就提供了绝佳的例子，整个店铺从内到外都经过精心的设计，清晰诠释出苹果的品牌形象、设计理念和设计品位，与其说是"卖手机的地方"，它更像是一个展示苹果产品的艺术馆。苹果店通常选在闹市区，路过的人群很容易被这种极富未来感和艺术气息的空间所打动。徜徉其间，你会对苹果公司产生更为立体的印象，即使你不会立刻购买，这种潜移默化的影响也很可能在将来的某个时机发挥作用。对于汽车来说，提供销售和售后服务的4S店同样是需要与产品共同设计的对象。尽管传统观念中这是市场或销售部门的工作，但体验从用户进入4S店就已经开始了，而体验是整体性的，如果产品主体与其展示空间在体验上存在矛盾，就会破坏为产品主体精心打造的体验，因而将这些空间视为产品的一部分更加合适。

另一个例子来自宜家家居（IKEA），作为全球知名的家居用品零售商，宜家高质量的店内消费体验一直为顾客所称道。在前端环境方面，宜家公司做得更为深入——不仅细致考虑实体环境，甚至还原了家具的使用场景。宜家在卖场打造了大量精心布置的样板间，柔和的灯光、全套的陈设和物品摆放的细节，让人觉得真的有人在这里生活。顾客可以看到宜家的产品如何成为其生活的一部分，购买欲自然会提高。宜家的服务设计堪称教科书级别，顾客的行走路线设计巧妙，他们会首先经过样板间区域，而后进入小型家具挑选区，最后进入大型商品挑选区，还有购物过程中和购物后的休息区。在服务设计基础上，宜家设计师对每一个区域的环境进行针对性的设计，除了体现品牌形象，还包括易用性等方面的设计，比如既保证顾客有足够的停留选购空间，又确保行进的人流不被阻塞。

在我看来，环境设计是企业或设计师"精益求精，追求卓越"态度的自发体现。优秀的设计师不会放过任何可以提升体验的机会，而这种态度也会通过所打造的环境自然地传递给用户，在信息严重过载的今天，这种真实的感受往往比广告的效果更好。对于用户来说，一个如此精益求精的企业，怎么可能做出粗制滥造的产品呢？

后端生态

在生物学上，生态系统指生物与环境构成的整体，生物与环境相互影响，即便是处于食物链顶端的老虎和大象，脱离了生态系统也只能活活饿死。产品的后端生态就是支持技术和服务有效运转的一切元素，生物离开生态系统难以生存，产品也是如此。

我们曾讨论过颠覆式创新（第 18 章），这种改变人类生活的创新通常需要几十甚至上百年才能真正普及。人们常把问题归结于观念的超前，但市场接受度只是原因之一，还有一个很重要的原因是产品对后端生态的要求超前于时代，以当时的生态无力支撑产品的普及。电动汽车在 18 世纪末就被发明出来，但直到 100 多年后才真正应用。即使是现在，电动汽车本身的技术已经较为成熟，但由于充电桩覆盖率不足等问题，其使用依然受到很大的制约。再比如阿里巴巴集团如果早十年在中国做电商，那么就算市场认可，由于互联网设施不完善，也是做不成的。设计师在设计时，必须理清解决方案所需的后端生态，并评估各生态元素当前的水平是否足以支持解决方案的普及。

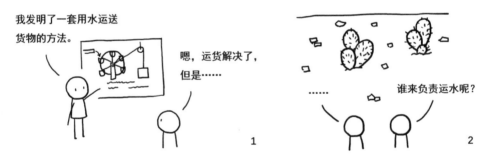

在智能汽车领域有一个热门功能被称为 AVP（自主代客泊车），简单来说就是汽车能自动进出停车场并完成泊车。由于 AVP 的行驶环境简单、车速低、法律风险小等特点，被誉为最有希望落地的自动驾驶技术，但真的是这样吗？用户对 AVP 有强烈的需求（大家都不愿意自己停车），在自动驾驶技术里 AVP 的实现也相对简单，看似一拍即合，但这项功能其实对后端生态的要求极高。AVP 的解决方案有两类，一类是改车，让车具备完全智能，但为了一个泊车功能增加这么多成本可能有些划不来；另一类是改停车场，即在停车场内安装大量智能设备，这样车辆只需要一些基本的配置就可以完成泊车。从长期看，建立完善的基础设施肯定是最好的，因为智能系统可以被大量车辆共用，但停车场的生态搭建并不是那么容易。另外，车辆从停车场开出来后停在哪里？如何避免造成拥堵？这需要停车场所在建筑的管理者对场地进行合理的规划，这也属于生态的范畴。因此，从后端生态的角度来看，AVP功能要想真正大面积推广还有很长的路要走。

看起来考虑生态的结果就是否定方案？并非如此。还拿AVP举例，尽管生态方面限制很大，但我对AVP的发展还是乐观的。考虑生态让我们知道哪些事是可以做的，哪些事是暂时不能做的，这让我们能够从更现实的角度设计产品。又要控制成本又不能强求后端生态，AVP功能就实现不了了吗？其实我们可以换一个角度来看，将后端生态看作一种限制条件——在这样的生态下，我能否在某些场景中实现AVP，比如自家住宅或公司的停车位？如果找寻车位实现不了，那么能不能让用户开一遍车，利用记忆下来的路径指挥车辆？或者更激进一点，能不能找到其他更好的停车场解决方案？当你将生态纳入考虑范围的时候，你就可能发现当前方案中蕴含的风险，进而去思考新的解决方案，避免在短期无法实现的技术路线上越陷越深。

新技术都会经历技术成熟度曲线（第19章），处于期望膨胀期的人们总会被新技术耀眼的光芒冲昏头脑，而忽略了支撑"伟大前景"的后端生态。UX设计师必须保持清醒，将后端生态纳入产品设计的范畴，尽快发现风险，提前止损，将有限的资源投入更有可能落地的方向上去。新技术研发几十年不落地对企业是不可接受的，设计师的任务就是找到现有技术与市场需求的匹配点，让技术尽早落地——哪怕只是解决一两个小问题也是好的。设计师面对的往往是一手烂牌，而把烂牌打好也未尝不是一种乐趣。

颠覆需要策略

当你发现生态不足以支撑解决方案，但又对方案非常有信心时，也可以不改变方案，转为"战略收缩"的模式——暂时收敛锋芒，积极酝酿，为未来的"战略推进"打好基础。但这不是简单地等待，而是在力所能及的范围内努力推动生态的构建。

Karen Holtzablatt和Hugh Beyer在《情境交互设计：为生活而设计》一书中提到了iPhone发展的案例。苹果公司在1999年就注册了iPhone.org的域名，但直到2007年才推出iPhone产品。iPhone看似是"凭空出现"的，但其上市过程其实非常漫长——苹果公司一直在等待时机成熟。他们在等待什么呢？

首先是技术方面，到2007年，移动网络随处可见，手机被广泛使用，全球3G

注册用户超过 2.95 亿。触摸屏技术已足够成熟可靠，开始在游戏机、电话亭等产品上应用。没有这些基础创新（第 19 章）的成熟和广泛应用，iPhone 就没有可靠的技术生态。

在服务方面，到 2007 年，人们逐渐从台式机转向从手机获取信息和服务。零售、旅游、社交媒体、流媒体等在线服务和内容大量涌现，并逐渐成为人们生活的一部分。iPhone 想要提供更好的手机体验，没有内容和应用服务肯定是不行的，否则 iPhone 就只是个"漂亮的盒子"而已。在这个过程中，用户也已做好准备迎接新的互动模式——市场接受度也有了。

要想确保技术和服务落地，还要确保产品能卖出去并且有利可图——商业（第 40 章）也很重要。苹果公司先是找到了设计和销售计算机的成功商业模式，构建了零售店的分销渠道，而后又与 AT&T 公司合作来分销手机并提供移动网络。同时，苹果在 iTunes Store 这一成功在线销售模式的基础上扩展出了 App Store，用以销售手机应用，并构建了应用程序开发者网络来确保 iPhone 的内容。经过多年的努力，苹果公司终于找到并实现了最适合 iPhone 的商业模式。

可以看到，苹果公司一方面在等待技术和内容的成熟，一方面也在积极地为 iPhone 上市扫清各种障碍。技术、服务、政府的投入与支持等后端生态、用户的接受度（第 36 章）以及商业模式，任何一方面不成熟，产品都难以成功。很少有颠覆性创新一出现就成功，很多都是像 iPhone 一样，这些产品的主体早就构想好了，而后一边等待一边积极地努力，待时机成熟之时一举成功——很多人将苹果的成功归结为创意和灵感，却没有看到苹果长远的战略眼光和长期的努力。

颠覆式创新的普及需要渐进式的策略，这不是指小步迭代的渐进式创新，而是一种有计划地为产品构筑必要元素、逐步提高产品成功率的策略。绝大部分颠覆最终都是通过或多或少的渐进实现的——看似突然，实则渐进。道家思想提倡"顺势而为"，后端生态就是一种很重要的"势"，设计师既要"待势"（等待时机），也要"造势"（努力创造时机）。顺势而为不是随波逐流，暂时的后退是为了更好地前进。另一种顺势的做法是基于新生态打造颠覆性产品，但无论是基于需求还是基于生态，设计师都必须综合考虑用户和产品各要素，需要大量的设计工作和周密的计划。

最重要的是，企业必须拥有清晰的愿景和使命，并以此为方向不断创新。苹果公司首先设想下一代产品，然后在推动技术和内容发展的过程中将所有能利用的资源都运用到能够上市的新产品之中。他们在推出 iPhone 前进行了大量的尝试和铺垫，如 Newton、ROKR、iPod、iTunes 等。在清晰的方向下，任何产品都不是孤立的，它们有的成功，有的失败，但都为 iPhone 提供了宝贵的经验和积累，iPhone 也在这个过程中不断演化——当然，这也是在为更未来的产品进行铺垫。正如 Holtzblatt 和 Beyer 所说："他们的愿景并不需要做出改变——这只是苹果公司的'下一个'正确的产品而已。"颠覆是一个长期的过程，如果企业总是经不住潮流和短期利益的诱惑，无法保持专注，那么注定是做不成大事的。

环境

- **前端环境**
  设计师精心设计为用户营造的环节；
- **后端生态**
  支撑技术或服务的设施和商业模式；

- **空间设计**
  对建筑物等内部空间的设计。

第4部分

总结

在这一部分中，我们深入讨论了技术、服务、界面和环境四大产品要素。通过思考这四个维度，我们能够用一个更宏大和系统的视角来看待产品，进而创造出更加完整、优质的体验。需要注意的是，这不是让你把四元素拆分开来单独思考。服务和界面要靠技术实现，界面和环境设计要以服务设计为依托，而所有的设计都要反映相同的品牌战略和产品品位。因此，在用四要素拓展思路的同时，你仍然要保证从整体的视角考虑产品的设计。

第5部分
交互

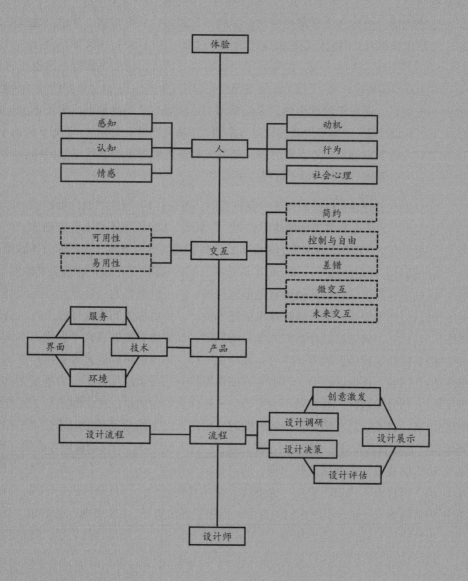

现在你已经完成了半本书的学习，在继续后半本书前，有必要说一下前后两部分的关系。在前半本书中，我们在理解人性的基础上，明确了 UX 的完整流程，以及产品四大维度的设计思路。凭借这半本书，我们知道了如何系统化地为用户解决问题，但要想为用户创造卓越的体验，我们在设计和评估时还要遵循 UX 设计原则——这就是后半本书的核心内容。

系统化和原则，二者缺一不可。系统化需要原则来提升，而原则一定要建立在系统化之上，这也是我为什么花了半本书来帮你理解整个 UX 系统。经常有初学者跟我抱怨学了几个月 UX 了，也听了很多讲座，但还是搞不清 UX 是什么。问题的根源在于绝大部分书籍和文章都是在讨论原则，比如简约、情感化、有趣，这些原则每一个拿出来都对，但它们是在系统化的设计过程中来使用的。UX 原则是让一切设计活动达到更高层次的手段，如果脑子里没有这些活动，那么再多的手段也没有意义。对于有经验的设计师，了解 UX 原则至少可以将它们应用于自己已知的设计活动，收到一些效果。而对于设计小白，直接学习 UX 原则的结果就是东西学了不少，评估一下现有设计还行，但要说真去设计点东西，还是会觉得一头雾水，不知从何入手。此外，对人性的理解是 UX 原则的理论基础，只知其然而不知其所以然同样会限制原则的应用。因此，我们一定要重视前半本书。

那后半本书的必要性又如何呢？我也被问到过这样的问题："设计师难道不应该自由思考吗？为什么非要遵循那些原则呢？"其实，UX 原则不仅不会限制你，反而能让你更加自由。UX 原则本质上是前人设计时积累的通用经验，告诉你怎样做能避开陷阱，以及怎样做会更好。如果你了解这些已知的规律，就可以快速解决基础问题，从而将精力节省下来放在其他更有创造空间的工作上。烹饪的一个原则是把水烧干再倒油，而你不知道，结果油被炸出锅把手烫了，然后你才知道这样做不行。这个原则一直存在，只是通过什么方式学习的问题，如果你提前知道这个原则，本不必通过把手烫伤这种痛苦的方式学习。设计也一样，你当然可以通过大量用户测试发现可用性问题，再加以总结，但很多可用性原则都已经被总结好了，如果遵循这些原则，大部分问题从一开始就不会出现——让你从大量测试、优化和总结的工作中解脱出来，这不就是在增加自由吗？同时，可用性之上的原则是难以通过用户测试学到的，比如自然设计、平静设计、简约设计，这需要对设计的深邃理解才能领悟到。即使你能够在设计中领悟这些道理，通常也需要相当长的时间。设计师当然应该是自由的，但自由不代表不听劝，也不代表排斥其他思想，而且没人强迫你用，而是根据需要借鉴——你有不用它们的自由，但用了往往更好。UX 原则不是诸如"下拉列表如何做"一类的规范性原则，与其说是原则，不如说是设计的思想，是卓越设计背后的哲学。这些原则提供了新的视角，为你打开了通往新世界的窗户，让你可驰骋的空间更加开阔，这也是在增加自由。这些原则支撑了 UX 的技术性（第 1 章），即便是道行尚浅的设计师，遵循这些原则至少能保证体验还说得过去。而 UX 也有很强的艺术性，在每一扇"原则之窗"后面都有足够的空间让你发挥自由——就算每个人在技术上都理解"设计应该简约"以及实现简约的大体方式，但如何具体设计以实现简约，则要看设计师的水平和发挥。但在创造艺术前，还是应该理解技术性的 UX 原则。因此，你也应该重视后半本书。此外，UX 原则是通用的，正如 Donald Arthur Norman 在《设计心理学 1：日常的设计》中所说："一个人如何才能在很多不同的领域游刃有余？这是因为以人为本设计的基本原则在所有领域都是一样的。人类有共性，所有设计原则也是相同的。"为了加深理解，建议你在学习原则时多联系自己熟悉的产品，并在未来尽可能将这些原则应用于任何领域之中。

好了，现在我们就来开启下半本书，详细了解 UX 各大"门派"的设计思想和设计原则。UX 原则主要涉及两个层次：行为层的交互原则和反思层的深度体验原则（第 2 章）。在第 5 部分，我们先来讨论交互层次的十大设计思想。

第23章

可用性

可用性设计思想

可用性是产品进化的第 3 层（第 4 章），其基本思想是卓越的产品不该让用户在使用时遭遇困难。在此思想基础上的**可用性设计**旨在扫清用户使用产品时可能遇到的一切障碍，**可用性测试**则是为了发现这些障碍。那么什么算是"障碍"呢？障碍指用户与产品互动时感到困惑、别扭甚至难受的地方。障碍不会导致产品无法使用（那是"能用"层次的问题），但会扰乱甚至中断用户的任务流。障碍产生的负面情绪通常不会致命，不过当大量可用性问题积累起来，就会带来"产品很难用"的印象，严重降低产品体验。大多数时候，用户只能记住这个印象，至于具体的可用性问题则只能在用户测试中通过观察行为来发现。在障碍出现时，用户往往会有如下表现，需要我们提高警觉。

- 停顿，认真思索，徘徊不前；
- 正常行为受阻，或使用非常规的身体姿态；
- 进入错误的任务流，发现后又退回来。

当然，设计师们也总结了可用性原则以指导可用性设计和专家可用性评估，最著名的是尼尔森的可用性十原则。在每次用户测试前，你首先应该参考可用性原则尽可能消除常规问题，再依靠用户测试查缺补漏，以努力使工作效率最大化。

尼尔森可用性原则

Jakob Nielsen 在总结分析了 200 多个网页可用性问题的基础上，于 1995 年提出了十大可用性原则，表 23-1 是一个广为流传的版本。

表 23-1　尼尔森可用性十原则

序号	原　　则	解　　释	层　　次
1	系统状态可见性	系统应当在合理的时间以适当形式向用户反馈当前的系统状态	信息
2	系统与现实匹配	使用用户的语言和用户熟悉的概念，符合真实世界的使用习惯	机制 / 信息
3	用户控制和自由	在用户出现误操作时提供明确的"出口"来帮助他们回到先前的状态，因此应支持撤销和恢复	机制
4	一致性和标准化	产品的语言风格、交互方式、视觉呈现等应保持一致，同时要遵守平台标准	机制 / 机制 / 呈现
5	错误预防	防止出现容易混淆的选项，或在可能出错时提醒	机制 / 信息
6	再认而非回忆	减少用户的认知负荷，将已知信息列出让用户确认，比让用户填写更好	信息
7	使用灵活性和效率	系统可以满足新手和老用户需求，允许用户进行频繁操作	机制
8	审美和简约设计	展示的内容不应包含无关紧要的信息	信息
9	识别、诊断和修复错误	让用户知道和理解错误，并提出建设性的解决方案	信息
10	帮助和文档	在必要时提供帮助信息，信息应当易于查找、针对具体任务、列出步骤、尽量简短	信息

　　尼尔森的这些原则非常具有启发性，也是现在应用最为广泛的一套可用性原则。尼尔森原则主要集中在信息层及机制层是因为可用性的行为属性，单靠 UI 设计师想做好可用性几乎是不可能的。你在网上可以找到大量对尼尔森原则的讨论，但我还是要强调几点。

　　第一，大可不必神话尼尔森原则。要知道，尼尔森原则是（20 世纪 90 年代）网页设计时代的产物，我们可以将其迁移到其他领域，但显然这些原则不可能覆盖移动产品的可用性设计，更不必说实体产品了——更重要的是理解可用性思想本身。有一个检查表总是好的，无论是尼尔森原则还是你自己开发的清单（建议你这样做），都能帮助你避免遗漏重要方面。但千万不要教条地盯着检查表，完成检查表只是手段，做好可用性才是目的。你还要在理解可用性思想的基础上，不断思考你的设计如何与人互动，并尽可能发现并消除一切可能的障碍。

　　第二，"做不出好产品是因为你不懂尼尔森原则"的说法也是错误的。做好可用性只是刚实现下三层而已，离卓越产品还远着呢。尼尔森原则很棒，这是 UX 的基础，但千万不要因此而自满——你要学的还很多。

第三，不要局限于尼尔森的解释。我认可尼尔森原则是因为其提供了很好的思考维度，这些维度都有很好的延展性，重要的是这些原则背后的思想，而不是那些（通常是基于网页的）解释。限于篇幅，我在表 23-2 中给每条原则一句话的思想提炼，算是抛砖引玉。

表 23-2　尼尔森十原则基本思想

序号	原　　则	基本思想
1	系统状态可见性	让用户理解自己和系统做了什么、在做什么、要做什么
2	系统与现实匹配	利用用户在现实中已有的知识和经验
3	用户控制和自由	让用户在流程中进退自如
4	一致性和标准化	利用用户对产品模式的知识和经验（与原则 2 同源）
5	错误预防	尽可能避免用户出错，并在出错时尽可能拦截
6	再认而非回忆	回忆会打断任务流，给用户一些线索，避免凭空回忆
7	使用灵活性和效率	基本操作上手快，高级操作简捷快速不卡顿
8	审美和简约设计	避免过于复杂使用户困惑，审美更多属于易用性范畴
9	识别、诊断和修复错误	交互过程中断时要让用户清楚发生了什么以及该怎么办
10	帮助和文档	针对具体场景为用户提供精准有效的帮助

简约（第 26 章）、差错（第 28 章）等都是很深的设计思想，尼尔森原则只是基于网页设计做了一些探讨，如果对这些思想没有深入理解，那么你很容易被一些解释误导。比如一些网页设计师会将原则 8 命名为"易扫原则"，即扫一眼就能看到重要信息，从结果上不能说是错的，但"易扫"很容易被理解成用颜色、字体等方式突出重要信息——它们跟简约其实并没有什么关系。

情感比可用性更重要吗

Donald Arthur Norman 在《设计心理学 3：情感化设计》中提到了一种"外星人榨汁器"，这款榨汁器的外形非常另类而美观，颠覆性的外观能激发反思层次的很多体验，但却不适合用来榨汁（接触酸性物质可能损坏镀金涂层）。如此来看，该产品的本能和反思层次设计出色，但行为层次的设计却似乎很糟糕。Norman 在书中对这款产品做了非常积极的评价，但我发现很多人将这个案例理解为"只要情感化做得好，没有可用性也没关系"，这就完全背离了作者的初衷。事实上，Norman 在更早的著作《设计心理学 1：日常的设计》中几乎通篇都在讨论可用性和易用性，希望"把可用性的地位提升到它在设计界应有的位置，即与美和功能齐平的位置"[1]。也就是说，Norman 早就肯定了可用性的重要性，他在《设计心理学 3：情感化设计》中讨论"不能用也有人买的榨汁器"是想表达可用性不是产品的全部，还要重视美和情感因素，这完全符合产品进化层次理论。Norman 在书中将该书的观点总结为："一件产品的成功与否，设计的情感要素也许比实用要素更为关键。"让我来置换一下主语：一个人的成功与否，理想也许比金钱要素更为关键——这是说金钱不重要吗？

对卓越产品来说，情感化和可用性（及更高的易用性）缺一不可。人们被产品的独特外观吸引而购买产品，这并不表示他们不关心使用，可能是因为人总觉得好看的东西更好用，因而在购买时忽略了可用的问题。一个"好卖但不好用"的榨汁器真的是一个卓越的榨汁器吗？我并不这样认为。卓越产品一定是既好卖又好用的，不好用的产品都是一锤子买卖，因而不能认为只要外观能吸引人购买就是好产品，这一点首先要明确。

但是，我依然认为"外星人榨汁器"是一款卓越的产品，这并不矛盾。我们要想清楚一个问题：这款产品真的是为了解决榨汁的问题而设计的吗？造型奇特的产品很适合用来作为装饰，展示个人品位，或在朋友聚会时拿来把玩——这不算日用品，而是一件榨汁器形状的艺术品。事实上，它的设计师飞利浦·斯塔克也是这样说的："我的榨汁器不是用来压榨柠檬汁的，它是用来打开话匣子的。"[2] Norman 对其的评价是"在行为层次的设计上，它的得分是零"，但我却不这么认为，因为对于"打开话匣子"这个需求，这款产品的可用性并不差——它很适合拿来把玩。而如果它外形锋利，那么很容易伤到手，致使用户必须小心地把玩，那可用性就有问题了——这样的产品很可能就卖不出去。可用性永远是针对要解决的问题而言的，而与产品看起来像什么无关。一个"榨汁器"如果设计初衷就不是榨汁，那么无论榨汁方不方便都不会影响其可用性。这个案例也经常被拿来作为"形式追随功能"（第 34 章）的反例，这是将功能先入为主地定位于榨汁。我认为"功能"的本意应该是"需求"或"需求的功能"，即形式追随需求。外星人榨汁器的形式完全追随其"打开话匣子"的需求 / 功能，并不存在问题。

毫无疑问，外星人榨汁器的成功在于其本能和反思层次的设计，你几乎不需要

---

[1][2]　Donald Arthur Norman. 设计心理学 3：情感化设计 [M]. 小柯，译 . 北京：中信出版社，2015.

在可用性上投入什么精力（能把玩就行），但这并不表示可用性不重要。而且这种功能与"应有功能"不一致的产品其实很小众，通常只适用于一些简单的小物件，比如茶壶、榨汁器、旅游纪念品等。你不会为了"打开话匣子"而购买一套好看但坐起来很不舒服的沙发，也不会容忍手机中的一款界面美丽却无法使用的App——你可能为了欣赏而收藏一个不能用的艺术茶壶，但你会收藏一个不能用的 App 吗？因此，大多数时候可用性都是针对产品"应有的功能"的，也是必须精心设计的。Stephen Anderson 在《怦然心动：情感化交互设计指南》中给出了一个很好的图示，将可用性视为阻力，而将情感等提高用户动机的因素视为拉力，如图 23-1 所示。

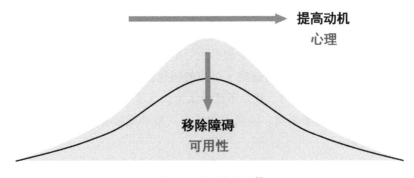

图 23-1　阻力与拉力 [1]

　　显然，只有可用性好是远远不够的，但只考虑情感化同样难以让用户满意。即使是外星人榨汁器也要考虑可用性，比如不能太锋利，只不过这些都是常识，没有消耗我们过多注意力而已。正如 Anderson 所说："我会先确保这个工具很容易使用。在一个不好用的工具上添加'好玩'的元素，只会使它变得更复杂。"与其抱有侥幸，还是将可用性作为设计必须要考虑的内容更安全一些——这也是设计师应该抱持的态度。

交互六原则

　　Donald Arthur Norman 在《设计心理学 1：日常的设计》中提出产品必须具有**可视性**，让用户理解产品能做什么、如何工作以及该如何操作产品，这需要考虑交互设计的六个基本原则（以下简称"交互六原则"）——示能、意符、映射、约束、反

[1]　Stephen P.Anderson. 怦然心动：情感化交互设计指南（修订版）[M]. 侯景艳，胡冠奇，徐磊，译. 北京：人民邮电出版社,2015.

馈和概念模型。交互六原则是易用性的重要概念，但对可用性也很重要，在此做简单介绍。

　　示能反映了人与物体间可能的交互方式，对用户来说，这是一种"我觉得能对它做什么"的感觉。比如看到一个低矮的平面，我们会觉得可以坐在上边，这个平面就是一种示能。示能不是物体的一种属性，一个 1 米高的平面，成年人认为可以坐，小孩子却不会有这种感觉，因此示能是由人与物体共同决定的。这个概念源于心理学家 James Jerome Gibson，需要注意的是，Gibson 讨论的示能是一直存在的，即使有时并不可见，而 Norman 在其书中讨论的主体其实是可见的示能，因为"对于设计师来说示能的可见性至关重要"。我认为 Gibson 的示能作为心理学概念非常完整，但 Norman 的示能作为一个设计原则更加合适。设计师要通过示能向用户传递如何互动的信息，而用户无法感知到的示能对设计师来说是没有意义的。此外，示能并不只局限于物理世界，比如在数字界面上可以通过增加阴影等方式将按钮在视觉上凸显出来，从而向用户暗示这是一个可以点击的对象。大多数时候，对示能的判断是由系统 1（第 8 章）自动完成的。

　　意符是从示能分化出的概念，指向用户传递可以做什么及应该如何操作的提示，包括符号、标签、图示等。示能与意符经常被混淆，我举个例子，将门的把手替换为金属板来暗示推的操作（没有把手也就不能拉开了），这是示能；而在把手处用一张写着"推"的贴纸提示推的动作，这是意符。示能是一种"就是那样"的感觉，不同的人感觉可能不同。意符虽然也可以快速甚至直觉性地判断，但通常存在明确的解释，比如文字、箭头或图标的含义。意符也可以是无意间产生的，比如前人留下的脚印提示了前进的合理路线。

　　映射在设计上指"自然的映射"，即利用类比等关系得到对控制器和被控对象关系的直接理解。比如我在第 8 章中提到的灯泡和开关的例子，当两者的排列结构一致时，用户很容易理解灯泡的控制关系。颜色也能用于映射，比如电视的数据线，你知道应该将不同颜色的插头插入相应颜色的插孔中——没人告诉你应该如此，但你却很自然地这样做了。映射也包括格式塔心理学（第 7 章）的使用，如邻近原则指出人倾向于将彼此靠近的元素视为一组，因而可以将控制器放在被控对象附近，或是将功能类似的控制器放在一起。此外，人对映射的感觉有时存在文化差异，因而也要考虑文化因素。

　　约束将操作限定在特定范围，比如早期的数据线为了防止用户将方向搞错而设计为不对称的形状，这样只有当方向正确时数据线才插得进去，这就是一种物理上的约束。约束还有其他形式，比如文化中的行为准则会限制人们的行为，因而在红色表示危险的文化中，人们通常不会随意点击红色的按钮。

反馈用以沟通行动的结果或出现的状况。当用户点击了按钮却毫无反应时，会感到困惑和焦虑，并很可能反复点击以确保操作的完成，因此我们需要提供反馈以消除这种糟糕的体验。行为反馈必须是即时的，比如游戏界面如果不在 1/10 秒内对指令做出反应，玩家就会觉得界面出问题了 [1]。反馈必须提供信息，特别是沟通当前状况时，比如只有闪光或哔哔声的警报不仅非常恼人，还会让用户因搞不清状况而惊慌失措。反馈需要精心设计，正如 Norman 所言："糟糕的反馈可能比没有反馈更差劲，因为它分散了注意力，不能提供详细信息，并且常常刺激和引发焦虑。"除了反馈本身，反馈的场景也很重要，你的反馈可能被淹没在其他设备的反馈中，同时过多的反馈也是一件很让人崩溃的事。随着物联网时代的到来，人与产品间的交互越来越多，反馈的设计会变得愈发重要，用户需要"平静的设计"（第 29 章）。

概念模型是关于产品如何工作的高度简化的说明，与之相关的概念是心智模型。Norman 没有刻意区分两者，但我觉得还是有必要辨析一下。**心智模型**指人基于过去的经验对事物如何运行形成的主观认知和预判，用户在使用产品前就会对其有一个先入为主的理解。而概念模型是在人与产品交互的过程中形成的对产品如何使用的理解。心智模型一直存在，概念模型则是在交互的过程中产生的。概念模型的重点是有用，而不是展示真实情况。比如电脑中的文件和文件夹就是一套概念模型，硬盘上并不存在文件夹，但这比复杂的计算机指令更能让用户理解计算机的操作。概念模型是 UX 的核心概念，UX 设计师要精心设计产品的概念模型。这里的要点是概念模型要尽量与心智模型匹配，以最小化用户的学习成本，显然这需要你首先通过设计调研了解用户的心智模型。而如果是新产品或是全新但更好的互动方式，没有可利用的心智模型，那么你可以通过教学的方式（如播放教学视频或提供新手引导）来调整用户的心智模型使之与概念模型匹配。此外，提供给用户的信息组合（如物理结构、界面、操作手册等）被称为**系统映像**。设计师无法直接与用户沟通，因而需要借助系统映像来帮助用户建立概念模型。好的概念模型能帮助用户更好地理解和控制产品，而好的系统映像能确保用户的模型与设计师的模型一致。

在第 11 章，我们提到过交互六原则可以帮助消除行为的鸿沟。当鸿沟出现时，用户会产生困惑，一种常见的表现是用户在产品旁粘贴小贴士甚至整页的说明，试图说明产品该如何操作。当你的产品不能为用户提供足够的信息时，会迫使用户"自

---

[1] Jesse Schell. 游戏设计艺术 [M]. 第 2 版 . 刘嘉俊，杨逸，欧阳立博，陈闻，陆佳琪，译 . 北京 : 电子工业出版社 ,2016.

救"，这就是可用性差的表现，是失败的设计。示能、意符、约束、映射和概念模型可以帮助理解产品的操作方式，消除执行的鸿沟；而反馈和概念模型（有时需要借助概念模型来理解反馈的意义）可以用来消除评估的鸿沟。因而它们与尼尔森十原则一样，都是可用性设计和评估时需要考虑的内容。不过，交互六原则除了消除困惑，还要考虑传递信息的更好方式，因而也适用于易用性。其实，尼尔森原则也适用于易用性，重点并不在于这是可用性还是易用性原则，而是它们解决问题的方式是避免"难用"还是力求"好用"（第4章）。我在这里先给出交互六原则的可用性版本，如表 23-3 所示。

表 23-3 交互六原则（可用性版本）

序号	交互原则	解释（可用性）
1	示能原则	通过示能提供如何与产品互动的信息
2	意符原则	通过意符提供关于产品如何操作的信息
3	映射原则	无可用性版本
4	约束原则	通过约束将操作限定在特定范围
5	反馈原则	提供关于操作和状态的必要反馈，并确保在场景中有效
6	概念模型原则	提供清晰合理的概念模型和系统映像

可用性关注消除障碍，因而对解决方式的要求不高。比如灯泡开关的例子中，你可以使用意符（图 23-2 左）来指明灯泡与开关的对应关系，我曾使用过的一款电炉灶就使用了同款意符。这种方式能够避免用户困惑并减少误操作（如果是炉灶还会避免浪费时间，因为要发热后才能发现错误），因而解决了可用性问题。但用户经常会忘记意符，需要仔细确认后再操作，甚至偶尔也会出现误操作，显然这是不易用的。更好的解决方案是使用映射原则（图 23-2 右），用户仅凭直觉就可以判断灯泡与开关的关系——映射原则先天就是以易用性为导向的。

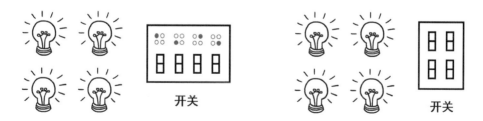

图 23-2 可用解决方案 VS 易用解决方案

同样的道理，一些开发者会使用操作说明或操作手册来传递产品的操作信息。

从可用性的角度不能说有问题，但阅读大段的文字实在是一件让用户十分烦躁的事情。逻辑再清晰的说明，都不如几个简单明了的提示来得有效。可见，仅仅帮用户消除障碍是远远不够的，我们还需要寻找解决问题的更好方式，我们会在下一章深入讨论这个问题。

包容性设计

　　UX 的一个重要理念是"为所有人设计"，这不是指要满足所有人的需求，而是指设计师必须在考虑可用性（及更高层次体验）时考虑到产品的所有目标用户。你可能觉得这并不难，毕竟我们已经确定了目标用户群，但是你脑子里的那个形象真的就是"所有人"了吗？

　　想想路上的交通信号灯，色盲人群显然属于交通灯的目标用户，但有多少交通灯在设计时考虑过这个群体呢？其实，色盲只是冰山一角，你的用户群中可能有视觉障碍、听觉障碍、认知障碍、活动障碍等各种情况的用户。除了先天功能障碍，还有因年龄增长而带来的各种障碍——上网看看统计数据，你会发现这个群体的比例比你想象得要大得多。设计师大多是身体健全的年轻人，很容易将目标用户想象成具有跟自己一样能力的人。但是，很多在你看来天经地义的事，对很多人来说却困难重重，因而在设计时必须考虑这些特殊群体，这被称为**无障碍设计**。关于交通灯的问题，加拿大给出了一个无障碍的解决方案，在原有模式下增加了形状的区分：圆形的红灯、菱形的黄灯和方形的绿灯——这使得色盲人群可以根据灯的形状判断当前信号。很多时候，无障碍设计的阻碍并非产品复杂性或技术难度，而是设计师没有考虑，或是难以在组织中推动。对于后者，你可以邀请几位特殊用户试用产品，当团队看到这些用户是如何艰难地使用产品，就更有可能支持你的无障碍设计方案。

　　比无障碍设计更大的概念是**包容性设计**或通用性设计，指尽可能让所有目标用户平等地使用产品。无障碍设计通常关注在某些方面存在障碍的特殊群体，而包容性设计还要考虑不同的性别、语言、文化程度、社会地位、左 / 右撇子等。《设计的陷阱：用户体验设计案例透析》一书给出了一些例子，比如各类手术工具中有高达50% 是为男性医生设计的，手小的女性医生用起来很不舒服。而一项对美国交通事故的研究发现，系安全带的女性司机受重伤的概率比男性高 47%，因为汽车的安全设备在设计时大多是以男性的身体结构为参考的——考虑不周的设计不仅影响可用性，还会危胁用户的生命！包容性设计并非做些表面文章，比如提供粉色款的笔记本或汽车并不算真的在为女性用户考虑。包容性设计要切实地考虑一个群体的实际情况，沃尔沃公司曾提供了一个很好的案例，当女性用户购车时，经销商会测量用户的身形并定制驾驶数据，这些数据会存储在车钥匙中，当用户将钥匙放在中控台上，座椅、踏板、安全带等会自动调节到合适的位置，以确保女性用户的舒适和安全——这才是真正为女性着想。

要实现包容性设计，取得正确的用户数据很重要，比如上一代人的人体测量数据很可能不再适用于当前用户群，需要我们对实际用户加以了解。同时，为"平均人群"设计看似考虑了绝大多数人，实则不然。个体实际上存在很大差异，统计学上有个词叫"正态分布"，在平均值左右一个标准差范围内的数据比例只占总数的 68%。也就是说，为一个标准差内的"平均人群"做设计会让你忽略 1/3 的用户。基于一套平均值指标做设计更是不可取的，这被称为**平均值谬误** [1]，看似考虑了很多人，但各项指标都完美符合平均值的人其实根本就不存在。

在前述的几个例子中，设计师并没有故意要排斥某类人群，但对特定群体的忽略的确给很多用户带来了不便。作为 UX 设计师，应该秉持无障碍和包容性设计的思想，始终努力为最广大用户群体创造优质的体验。这不仅有益于被忽略的群体，也扩大了潜在用户群，为企业带来更多的利益。不仅如此，很多只针对少数人的设计，最终基本上让所有人都受益了。最经典的案例莫过于设计师 Sam Farber 为患有关节炎的妻子设计的 OXO Good Grips 削皮器，其易用性之高让有关节炎的人都可以轻松使用，而一个高度易用的产品对每个人来说都是好的设计。其实，包容性设计，特别是无障碍设计，可能根本就不需要给出理由，正如《设计的陷阱用户体验设计案例透析》所说："即使从商业角度来说在无障碍性上投入时间和精力没有意义，但这就是一件应该做的事。"

最后要注意，无障碍设计旨在让产品尽可能满足更多人群，但包容性设计是要"考虑"更多群体，而不一定要用一种设计满足各种用户。如果你发现一种设计无法很好地包容所有用户群体（这很正常），那么你可以设计产品的不同版本，比如适用于左撇子用户的版本，或手术刀的女性用户版本。而如果某个群体足够大，那么将其作为一个细分市场设计专属产品也许也是个一个不错的选择，比如专为女性医生定制的手术刀。

---

[1] William Lidwell,Kritina Holden,Jill Butler. 设计的 125 条通用法则（全本）[M]. 陈丽丽，吴奕俊，译 . 北京 : 中国画报出版社 ,2019.

可用性

- **可用性设计思想**
  用户不该在使用产品时遭遇困难；
- **可用性设计**
  扫清用户可能遇到的一切障碍；
- **可用性评估**
  发现用户可能遇到的一切障碍；
- **尼尔森十原则**
  确保产品可用性的十条法则；
- **可视性**
  产品应该让用户理解其如何操作；
- **交互六原则**
  确保可视性的六项法则；
- **示能**
  人与物体间可能的交互方式；
- **意符**
  关于可以做什么及如何操作的提示；
- **映射**
  利用类比传递控制与被控间的关系；

- **约束**
  用以将操作限定在特定范围；
- **反馈**
  用以沟通行动的结果或出现的状况；
- **概念模型**
  基于互动产生的对产品模式的理解；
- **心智模型**
  基于经验产生的对产品模式的理解；
- **系统映像**
  提供给用户的信息组合；
- **无障碍设计**
  为各方面存在障碍的目标用户设计；
- **包容性 / 通用性设计**
  尽力让所有目标用户平等使用产品；
- **平均值谬误**
  各项指标都为平均值的人并不存在。

第24章

易用性

易用性的设计思想

易用性处于产品层次的第 4 层，其基本思想是卓越的产品要让用户高效、顺畅、舒适地使用。易用性的含义是"很容易使用"而非"更容易使用"，后者是相对的概念，解决可用性问题也是让产品（与难用比起来）更容易使用，但这不是易用性。不过我觉得更好的说法是"好用性"，因为高水平的行为层次互动还包括舒适性，比如一把坐感很舒服的椅子，说"好用的椅子"比"易用的椅子"更贴切。但易用性已广为传播，因而本书还是使用易用性，你可以用好用性来辅助理解。我把易用性的内涵总结为如下公式，公式中各组件的所属层次及解释见表 24-1。

易用性 =（易操作性 + 易懂性 + 舒适）× 美观

表 24-1　易用性组件

易用性组件	层　　次	解　　释
易操作性	机制 / 信息	极低的体能负荷，提供解决问题的最优路径
易懂性	信息	极低的认知负荷，几乎不需要动脑子
舒适	呈现	身体上舒适和享受的感觉
美观	呈现	有吸引力的产品更好用

我曾将产品看作帮助用户抵达目的地的路径（第 4 章），从这个角度来说，**易操作性**也可以看作在求解"最优路径"，以求尽可能降低"体能负荷"，即让用户用最少的能量办成最多的事；此外，易操作性还包括更好的指令（信息）传递方式，比如通过手势放大图片就比点击角落的"放大"按钮更易操作。而**易懂性**解决的是降低"认知负荷"的问题，用户应该能够轻松理解产品——我能进行哪些操作？我应

该在哪里进行操作？产品的内部是如何运作的？对于如何实现易操作性和易懂性，Joel Marsh 在《用户体验设计：100 堂入门课》中提供了四条策略：简单（步骤更少）、容易（步骤更明确）、快速（完成某一过程的时间更短）和简约（功能更少）。再说**舒适**，这里指身体上的舒适，比如"坐着很舒服"或"手感很好"，这是一种我们都能体会但很难形容的感觉，需要主观评价（第 17 章）的支持。舒适与结构、材质等因素有关，通常是工业设计的范畴。最后，**美观**也能够影响易用性，比如人们用外观好看的产品完成任务时耗时更少（第 34 章）。但要注意，美观是一个增值系数，系数很重要，但决不能忽视增值的基础。如果"括号里的内容"做得不好，再美观也没用——毕竟 0 的 10000 倍依然是 0。

可用性与易用性的边界

可用和易用绝对称得上是 UX 的高频易混词，很多企业笼统地使用"可用易用性"的说法，将其理解为优化用户测试中发现的问题，但这只是可用性而已。混淆的根本原因是没有真正理解 UX 思想，而是从字面上将易用性简单理解为"容易使用"，那么多容易算"容易"？这就很模糊，自然难以区分。我依然推荐使用"好用"这个词来理解：可用就是"用起来还行但谈不上好用"，而易用就是"觉得好用"。更具体地说，可用性关心"障碍是否消除"，而易用性关心"是否有更好的解决问题的方式"——可用减少"不好"，而易用增加"好"。即便你消除了所有"不好"，也无法做出"好"。如果完成任务需要漫长的 100 步操作，而用户完成时没有碰到任何问题，那它就是可用的，但并不易用。畅通无阻不代表快速有效，这就是可用和易用的区别。

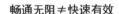

畅通无阻 ≠ 快速有效

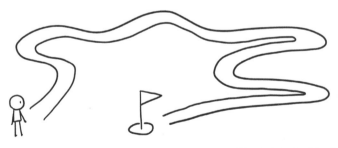

我们再从双塔模型（第 5 章）加以理解。机制层关心用户完成任务的"路径"，可用性确保路径的畅通（如确保误操作后可回退），而易用性提供更佳的到达方式。

机制层上的易用性不一定要以原先的可用版本为基础，你可以参考也可以另辟蹊径，其实最好是从一开始就从易用的角度来构思并不断优化。易用性设计经常会颠覆原有的模式，这是颠覆性创新的重要来源，比如用触屏交互代替手机按键，而以已有版本为基础很可能限制思维的发散。不过无论何时，可用性都是必须要保证的——你也需要消除新方案的障碍。在机制层上，"易用以可用为基础"是说易用的同时必须保证可用。产品层次是一种评价，易用的产品比可用的产品好，但并不是说一定要先有一个可用的版本再思考易用。另一方面，信息层关心信息的传递。可用性确保必要信息都有且明确，而易用性确保信息传达的方式最佳。此时大体上可以认为"易用是以可用为先导的"，即先考虑可用性确保信息交互的合理，再考虑易用性来优化信息交互的方式。从根本上说，可用时的信息传递虽然合理，但大多需要系统2（第8章）介入处理，而易用性设计是将信息传递的难度降到系统1的水平，尽可能减少系统2的介入。最后，呈现层涉及舒适和美观。可用性消除不舒服的地方，易用性则创造舒适的体验，后者的设计不必要建立在前者之上，但可用必须保证，这一点与机制层相同。至于美观，则完全是易用考虑的内容了。

还有一个分辨可用和易用的好方法：可用性问题能被用户测试发现，而易用性（以及更高层次的深度体验）问题很难用这种方式测出来。用户能告诉你当前方案有没有问题，但他们很少会考虑是否有更好的方式，也很少会注意易用的细节。用户的体力和认知负荷越少，就越难发现这些设计，这是优秀易用性设计的表现，但也越难证明其价值。对产品价值贡献越大，反而越难体现价值，我称之为**易用性悖论**。易用性悖论使得易用性工作很容易被可用性的风头淹没（可用性能够清晰表明"解决了多少问题"），这也是很多企业无法突破第4层的重要原因。有一个拥有体验主义思维的领导当然好，但很多时候我们还是需要证明易用性的价值，而且尽管遵循易用性原则设计通常是有效的，设计师还是需要真实测试（哪怕是少量的）来验证自己的易用性设计。易用方案比可用方案更好，因而要证明易用性需要依靠对比。对于易用性设计量小的产品或具体设计点，通常需要让用户去体验原先或其他可用方案，并与易用方案对比。不过对于易用性设计量大的产品，如果产品的易用性达到了"质变"的量级（希望你的产品如此），用户虽然不记得交互的过程，但还是能记得流畅与舒适的感觉并给出"好用"的印象——这就超越了易用性悖论。解决所有可用性问题只能让用户不再抱怨，唯有解决大量易用性问题，才能让用户真正对产品刮目相看。当然，对比永远都是需要的，因为如果你不能在一开始证明易用性设计的价值，也就很难有实现质变的机会，而具体的设计点也需要通过对比来验证。

整体来说，可用偏重功能和技术性，而易用偏重体验和艺术性。掌握可用性原则并配合用户测试通常可以保证消除大部分可用性问题，确保不错的可用性。但在易用性上，不同水准的设计师掌握易用性原则后做出的方案差异要大得多。尽管如此，遵守这些原则至少做出一个易用性还可以的产品是问题不大的——无论如何也比只考虑可用要好得多。

越高级，越原始

你可能在网上看过黑猩猩玩智能手机，或是两三岁的孩子玩平板电脑的视频，人们不禁惊叹：动物和孩子都进化了吗？为何如此优秀？其实，并不是使用者进化了，而是交互的方式"退化了"。世界如此凶险，如果什么都要从头学起，生物恐怕都难以生存。在漫长的进化过程中，生物逐渐演化出一套本能系统，尽管人类进化出了高等思维，但很多本能行为却与动物惊人的一致（回忆下第11章中的条件反射）。在神经科学上有大脑的三位一体理论，根据进化的先后顺序，将人类大脑分为爬行动物脑（生理机能、本能行为）、边缘系统/古哺乳动物脑（记忆、情感）和新皮质/新哺乳动物脑（抽象、逻辑、艺术）。爬行动物脑先天可以处理触摸，但使用工具则需要在新哺乳动物脑的帮助下进行后天学习，这也是人类在近几百万年才发展出的能力。

在《游戏设计艺术》中，Jesse Schell 认为触摸界面之所以如此直观和容易使用，是因为其"原始性"（不依赖新哺乳动物脑）。鼠标、键盘、手机按键这些都是工具，需要学习并逐渐形成习惯，而工具并不原始。因此黑猩猩和幼童不会使用台式电脑，却可以轻松上手触摸屏就不难理解了，不是使用者变聪明，而是触屏交互降低了对大脑层次的要求。而且相比习惯了工具需要重新适应触屏的成年人，孩子上手触屏甚至还要更快一些。iPhone 被誉为人类伟大的创新成就，但它实际上是让交互回归了其"本来的样子"（**原始性原则**），这也是 UX 的一个有趣之处——越高级，越原始。

自然的设计

其实，原始性原则背后蕴含了一个更大的设计思想，这就是**自然设计思想**。自然设计的基本思想是卓越的产品应该让用户自然地与之交互。那么什么叫"自然"呢？我认为自然有四层含义：

第一，原始性。这我们已经深入讨论过了，当互动过程贴合人类的本能行为模式时，人会觉得非常自然。

第二，遵循系统1的模式。当互动由负责直觉和本能的系统1处理时，我们就会觉得很自然。系统1是一种自发的思维过程，比如上一章示能的例子中用金属板替代门把手时，人会很自然地推门，几乎不需要思考；而如果使用写着"推"字的意符，则需要系统2介入来识别文字的含义，这就不那么自然，而且对不识字的人来说根本无法理解。映射原则（第23章）之所以被称为"自然的映射"也是这个道理。不过要注意，自然设计具有普适性，过度学习（第11章）通过大量重复也能使操作无须思考，但这种依靠长期努力获取自然行为的方式不属于自然设计的考虑范畴。

第三，使用隐喻。**隐喻**是将功能做成与用户之前见过的东西类似的样子，帮助用户更好更快地理解。隐喻本质上是利用已有的心智模型为陌生事物建立概念模型。比如文件和文件夹就是一种隐喻，人们都理解文件和文件夹的关系，因而很容易理解电脑上的"文件"是放在"文件夹"里的。《游戏设计艺术》提到了一个可用性问题，由于多人游戏的网络延迟，玩家对角色的控制要在半秒后才能反映到角色身上，这让玩家非常迷惑和别扭。在可用层面，我们可以给出"指令发送中"的文字提示，但游戏设计师给出了一个更加自然的解决方案。他们做了一个从按键到角色的无线电波动画并配上了声效，这让玩家立刻理解了当下发生的事情，并且丝毫不觉得有什么奇怪——角色要收到电波才能行动，这不是很正常吗？不同于遵循系统1的规律，隐喻使用了系统2，比如玩家需要稍微理解一下无线电波。但由于借用了用户熟悉的事物，这个理解的过程其实非常短，对用户来说，这依然是一个很自然的过程。

这里有必要提一下常用于软件界面设计的**拟真/拟物设计**（Skeuomorphism）。苹果的 iOS 系统大量采用了拟物，比如将备忘功能设计成纸质备忘录的样式、将按钮设计成物理按钮的样式、在按快门拍照时模仿传统相机的快门音等。一种对拟物设计的理解是模仿实物及纹理，或是一种能带来熟悉感的"设计风格"，这不能说是错的。但从 UX 视角来看，我更愿意将拟物设计理解为模仿一种真实存在的物品及其互动模式。纹理只是表象，其本质是提供了一种隐喻，使互动过程更加自然，就好像在使用日常物品一样——拟物不是一个视觉问题，而是一个心智问题。隐喻起作用的前提是概念模型与心智模型一致，即存在类比关系。如果备忘功能的交互方式与纸质备忘录完全不同，将其做成纸质备忘录的样式就是毫无意义的，甚至还会让用户觉得别扭，导致可用性问题。因此，是否使用拟物在于要解决问题的实际需要，而非单纯的视觉风格选择。我曾见过不少讨论拟物设计和扁平化设计（第25章）哪个才是趋势的文章，但对 UX 设计来说，拟物是自然设计的手段，而扁平化是简约设计的手段，两者其实并不矛盾，也都很重要——UX 设计师从不看所谓的"趋势"，只有要解决的实际问题。

第四，没有内在矛盾。这一层理解源于亚历山大的空间设计（第 22 章），即一种"我觉得应该是那样，而它就是那样"的状态。内在矛盾会引起系统 2 的注意，而当设计没有内在矛盾时，就会给人带来一种自然的感觉。

从整体上说，自然设计的核心在于最大限度降低用户的学习成本，即尽量让用户不用动脑子（系统 2）就能使用产品。但这并不是说应该"把用户当傻子"，后者是一种非常冒犯人的说法，也是对自然设计的极大误解。我们确实要努力让"傻子"甚至动物也能用，但这是在说原始性和系统 1，是说要遵循神经学和心理学规律来做设计，即本书第 2 部分结尾提到的"道法自然"。"把用户当傻子"则暗示把"用户什么都不会"当作设计假设，也很容易误导那些对设计一知半解的设计师和产品经理。一方面，这种理解考虑的是系统 2，完全偏离了自然设计的轨道——降低学习成本不是把用户当孩子教。另一方面，这也表现出对用户极大的无知和傲慢。假设用户像自己一样专业是不对的，但认为用户什么都不懂同样是将自己的理解强加给用户。教孩子似的产品不仅会让用户感觉智商受到了侮辱，也降低了完成任务的效率和易用性。此外，把用户当"傻子"等同于没有可利用的心智模型，也就谈不上隐喻的设计。用户不傻，他们只是懒得动脑子而已。显然，唯有理解人性和用户的实际心智，才能做出真正自然的设计。

自然设计包含了大量让互动更加快速的手段，能够显著改善产品的易用性。可用的产品不绊人，而自然的产品遵循了人的规律，让人能大步流星地迈进——自然即快速。

自然即快速

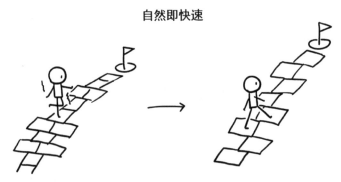

自然设计的最高境界是**优雅**。拿洗手间的指引举例，如图 24-1 所示，左图中"洗手间请左转"的牌子可以解决可用性问题，中图则是一个易用性较好的意符，直

观的箭头比阅读文字消耗的脑力资源更少，也更加自然。但还有更好的方案，我在北京一家商场通往洗手间的墙壁上看到过一个洗手间指引的标志，大概是右图这个样子，与真人差不多高。这是一个非常优雅的意符设计：没有文字，甚至没有箭头，这个设计用人类沟通最自然的方式传达了全部的必要信息——洗手间，男士，左转。

图 24-1　优雅的设计

事实上，在我被它指引而左转时，我甚至没有意识到它，也几乎没有思考。这才是真正的自然设计，而靠"把用户当傻子"是做不出这样的设计的。在形容易用性时，优雅是我很喜欢用的一个词。何谓优雅？信手拈来，便是优雅。

难用性

所以好的设计一定是易用的，对吗？这可不一定，在有些情况下，好的设计反而是难用的。比如说灭火器，你在灭火前需要先拔掉灭火器上的保险销，这就增加了使用步骤，降低了易用性。但是，保险销确保了灭火器不被误操作，这非常必要。而有时，我们设计出难用的产品是为了确保只有特定群体才能使用。《设计心理学1：日常的设计》提到了英国一所残疾儿童学校的大门设计。在门的顶部和底部各有一个插销，既不容易看到，也不容易触摸到，很难使用。之所以如此，是出于安全考虑。这扇大门只有成年人才有力气同时打开两个插销，能够有效避免学生在没有大人陪同的情况下擅自离校，因而是一个优秀的设计。另一个例子来自我曾用过的一款松节油，松节油是油画的必要原料，喝下去对身体显然是有害的。这款松节油瓶盖被设计为必须用力下压并转动才能打开，而普通拧瓶盖的动作无论拧多少圈都打不开瓶子——这样的设计能够有效避免儿童将其当作饮品误服。可见，出于安全、隐私或保密等要求，我们需要产品具有一定程度的**难用性**，即故意给用户或其他人群制造困难。

其实，难用性也可以看作易用性的体现。这听起来有点矛盾，那么请思考上述案例，出于安全考虑的常见做法是什么？我们会为大门设置物理锁或密码锁，同时将物品锁进柜子或放置在很难够到的地方。但对于需要使用产品的用户来说，这样做非常烦琐和麻烦，特别是对于灭火器这类产品，烦琐的操作可能带来严重后果。难用性设计并不是要"封印"功能，而是通过巧妙的设计，既排除了误操作和非用户群体，又保证了对用户具有相当程度的易用性——相比于从高处的橱柜取用松节油，一个简单的按压瓶盖动作可是方便多了。因此，难用性本质上是考虑了安全、隐私、保密等要求后的易用性方案，并不违背"产品要尽可能易用"的原则。为了实现难用性，我们可以反向使用易用性规则，如隐藏操作信息或增加操作的物理难度。此外，除了必要的难用部分，产品的其他部分依然必须是尽可能易用的，而且也要想办法让真正使用产品的用户知道如何操作难用的部分，比如灭火器上的使用说明及必要的操作培训。

可用原则的易用版

在上一章，我曾提到尼尔森十原则和交互六原则都不限定于可用或易用。易用性关注的是解决问题的更好方式，如果将可用性原则看作思考的维度，并结合自然设计等易用性思想，我们就可以得到这些原则的易用版本，如表 24-2 所示。当然，我做的只是抛砖引玉，易用性的灵活性非常大，你完全可以进一步扩展其内涵。

表 24-2　尼尔森十原则和交互六原则的易用性版本

序号	原　则	解释（易用性）
1	系统状态可见性	用更自然的方式帮助用户理解自己和系统做了什么、在做什么、要做什么
2	系统与现实匹配	利用现实中的隐喻
3	用户控制和自由	在保证用户进退自如的前提下尽可能减少步骤
4	一致性和标准化	利用用户对产品已有的心智模型
5	错误预防	通过难用性尽可能避免用户出错
6	再认而非回忆	为用户提供易懂的线索
7	使用灵活性和效率	易懂且易操作的基本功能和高级功能
8	审美和简约设计	努力让简约达到极致，通过提升美观性改善易用性

续表

9	识别、诊断和修复错误	交互过程中要用易懂的方式让用户清楚发生了什么以及该怎么办
10	帮助和文档	为用户提供易懂的帮助和文档
11	示能原则	通过示能使用户更自然地获取如何与产品互动的信息
12	意符原则	使用自然、易懂、优雅的意符提供产品如何操作的信息
13	映射原则	通过自然映射提示关于控制与被控间关系
14	约束原则	通过自然、易懂的约束将操作限定在特定范围
15	反馈原则	使用更加易懂、自然的反馈提供关于操作和状态的信息
16	概念模型原则	提供有良好隐喻的或与已有心智模型一致的简单易懂的概念模型，以及易懂的系统映像（可利用其他交互原则）

对这些维度来说,可用还是易用看的是设计的水平。比如之前提到的洗手间指示,同样是意符,有的只是可用,有的一般易用,有的则高度易用。可用版本不能解决易用问题,但易用版本可以拿来解决可用问题,即寻找好用的解决方案来消除障碍,使其直接达到易用水平。需要注意的是,可用版本的易用方案很多时候并不是其易用版本。比如数据线通过物理约束限定了其方向,但这并不易用,因为用户经常要插错一次才能插对。对于这个问题,易用的设计不一定是"更好的约束",还可能完全没有约束,比如没有正反之分的Type-C接口。原则提供了很好的建议,但设计师的视野必须保持开阔,不能被原则限制了找到更好方式的可能性。

最后还要指出一点,尽管讨论可用性和易用性时提到了本能和表达方式,但这与本能层次和呈现层的设计不同。本章的"本能"指本能的行为模式,而隐喻、映射、示能等表达方式指的是信息的传递策略,因而都是行为层次和信息层的问题,呈现层则是根据确定的信息和表达方式完成具象化。因此,可用性和易用性的设计主要是UX设计师和交互设计师的工作。

愿望线

在花园或公园中,我们经常能在草坪上看到被人踩出来的小路,显然很多人并没有按照设计师规划好的道路行进。很多人对这样的行为报以谴责,但大部分时候的问题在于,尽管道路是可用的,但设计师并没有为用户提供解决问题的最短路径（可用但不易用）,当用户发现了更好的路径时,他们就倾向于走捷径,尽管这可能破坏"完美的环境"。这些被用户开辟出来的捷径被称为"愿望线",暗示了用户期望的产

241

品路径。通常来说，愿望线的出现意味着产品的易用性有待改进——人们不是故意要践踏草坪，他们只是想快点解决问题。美观很重要，但美要建立在易用的基础上，那些为了美而让用户被迫绕远的设计师是在为自己而非用户设计，而最终产生的一条条愿望线也会破坏最初的美感。

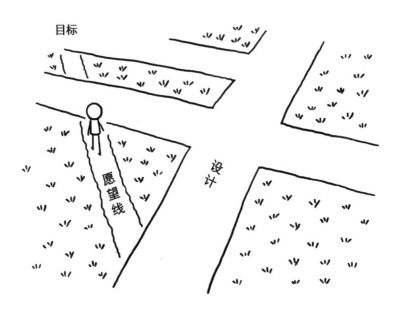

其实，愿望线不只出现在草地上，比如长椅上"不合理"的磨损，或软件用户开辟的新的操作路径。因此，我更愿意将愿望线理解为用户以期望的方式使用产品所留下的偏离设计师初衷的痕迹。设计师要以积极的心态看待这些痕迹，将愿望线当作用户的真实需求和改进产品体验的机会，用以人为本的思想指导设计，正如Donald Arthur Norman 在《与复杂共舞》中所说："为使用它们的人们的利益服务，考虑到他们的真正需要和愿望。"此外，并非所有的愿望都要满足，如果让用户绕远是出于安全等方面的考虑，那么愿望线则代表了用户可钻的漏洞，这时我们就需要通过修改设计来加以阻止——当然，在封闭愿望线前还是要考虑采取难用性设计的可能性。

在交互层次上，除了可用、易用及自然设计，还有很多其他设计思想。尼尔森十原则中提到了简约，在下一章我们就来聊聊简约这个话题。

易用性

- **易用性设计思想**

  让用户高效、顺畅、舒适地使用；

- **易用性公式**

  （易操作性＋易懂性＋舒适）× 美观；

- **易操作性**

  求解最优路径，降低体能负荷；

- **易懂性**

  让用户轻松理解，降低认知负荷；

- **易用性悖论**

  易用性做得越好，越难体现价值；

- **三位一体理论**

  爬行动物脑、边缘系统和新皮质；

- **原始性原则**

  使交互回归本能的行为模式；

- **自然设计**

  让用户自然地与产品交互；

- **隐喻**

  利用已有心智模型建立概念模型；

- **拟真／拟物设计**

  模仿一种真实物品及其互动模式；

- **优雅**

  自然设计的最高境界；

- **难用性**

  出于安全、保密等原因故意制造困难；

- **愿望线**

  用户以期望方式使用所留下的痕迹。

第25章

简约

世界正变得越来越复杂，计算机、手机、物联网……人类很快被淹没在功能和信息的大潮之中。"我们要简单的产品！"人们呐喊道。"是的"，很多企业也喊出了口号，"我们要为用户打造简单的产品！"

但是，什么是简单呢?

简单是一种体验

要理解简单，首先要区分"简单的产品"和"感觉简单的产品"。这看起来像是一件事，感觉简单的产品难道不就是简单的产品吗? 让我们来看一个例子。

我曾到访过北京的一栋写字楼，按下电梯的按钮后，我发现这部电梯没有安装任何指示电梯所在楼层的装置。随后便是漫长的等待，让我一度怀疑电梯是否在正常运转，甚至下意识地按了几次电梯按钮。与其他电梯比起来，这部电梯真的是太简单了，简单到除了按钮再无其他，但体验实在是糟透了——我被一个简单的产品搞糊涂了。如果"简单感"来自物理或视觉上的简单，那么这部电梯应该让人感到简单易懂，但事实并非如此。这部电梯违反了尼尔森的"状态可见性"原则，当产品太过简单而掩盖了很多信息时，会让用户感到困惑和迷茫——如果一个人什么都不说，你不会觉得这个人"很简单"，产品也是如此。

看看汽车内的各种控制器和仪表，你就知道我们生活在一个多么复杂的世界里。不过，在大多数时候，复杂是必须的，比如自行车比汽车简单，但要想更快速地移动通常只能依靠更复杂的产品。有趣的是，当控制装置和显示内容都被合理地分组和配置时，开车的人通常并不觉得控制汽车是一件多么复杂的任务——物理上复杂的产品并不一定让人感觉复杂。

Donald Arthur Norman 在《设计心理学 2：与复杂共处》中用"复杂"（complexity）描述世界的状态，而用"费解"（complicated）描述思维的状态，我觉得这样区分很好。在物理或视觉上，简单是客观的"不复杂"；而在体验上，简单是"不令人费解"，即主观的不复杂。简单的产品可能是令人费解的（如没有楼层显示的电梯），而复杂的产品也可能是感觉简单的（如设计良好的汽车）。产品之所以让用户费解，并非因为客观上复杂，而是因为没有被合理设计。高水平的复杂带来的费解需要高水平的设计来化解，当复杂性大幅提高，而设计没有跟上时，人们才会感到费解。可见，"简单的产品"和"感觉简单的产品"是两回事。更高的需求势必带来更复杂的产品，随之而来的过多和未合理组织的内容让用户不知所措，但他们并不是真的想返璞归真，而是希望使用不令人费解的产品——不是简单的产品，而是简单的体验。一种对简单的常见理解是设计拥有简单功能和简单样式的产品，这显然是不正确的。设计的任务不是消除复杂本身，而是消除伴随复杂的费解和烦琐，在复杂中建立秩序，这需要 UX 设计师和交互设计师的大量努力。正如 Norman 所说："驯服复杂是个心理学任务，不是物理学的。"

提供"简单的体验"，这成为简约设计思想的基础。

简约的设计

与设计"简单的体验"相关的常见单词是 simple 和 simplicity，中文有简单、简洁、简约等，基本思想相差不多。从中文字面感觉上，简单和简洁多指外观和样式，因而我觉得用"简约"一词来描述这种思想更合适一些。此外，还有一个易混词叫作 minimalism（极简），极简比简约更加极端，更多是作为一种视觉或美学风格，并非必须采用，而简约是所有产品都应遵循的一种设计思想。**简约设计**的基本思想是卓越的产品应该给用户一种简单的感觉。我认为简约设计需要消除三种类型的复杂性：无必要的复杂、可转移的复杂和可秩序化的复杂，如图 25-1 所示。

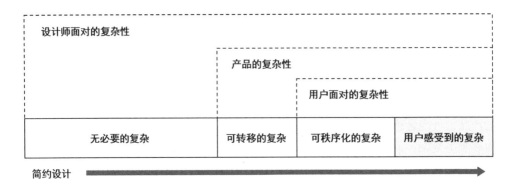

图 25-1　复杂性的类型

第一类是**无必要的复杂**，即"非必要不添加"，这是简约思想最常见的讨论维度。我们的目标是消除主观的复杂性，但在考虑主观之前首先应该消除客观上不必要的复杂性，包括不必要的功能、模块、按钮、文字、装饰等——如果客观上可以砍掉，也就不需要主观上的设计了。与之相关的表述诸如建筑大师路德维希·密斯·凡德罗的"少即是多"和著名的**奥卡姆剃刀定律**（在其他条件都相同的情况下，首选的就是最简单的解决方案）。老子在《道德经》中的一句话也有很大的启发性："为学日益，为道日损，损之又损，以至于无为。"这些思想都在强调"做减法"的重要，也无一例外地总是被误解为"越少越好"。但是，奥卡姆剃刀的前提是"其他条件都相同"，而为道日损前边还有"为学日益"。损的前提是有，有的前提是学，先学以尽可能满足需求（做加法），再损以减少不必要的复杂（做减法）。用户需要依靠复杂来解决问题，不能为了让产品看起来简单就连必要的复杂都砍掉了——（适当的）少即是多，但太少还是少。

第二类是**可转移的复杂**。砍掉了无必要的复杂后，我们要面对产品必要的复杂性。在考虑主观前，可以进一步减少用户需要面对的复杂，即将复杂转移到幕后或其他设备上。比如自动挡汽车的操控比手动挡汽车容易，但其变速装置更加复杂，也就是说，驾驶者更简单的操作是以（隐藏的）更大的技术复杂性为代价的。《设计心理学2：与复杂共处》一书提到了一个**特斯勒复杂守恒定律**：系统复杂性的总量是不变的，使用用户用起来更容易，意味着增加设计师或工程师的难度。自动挡汽车本质上是将一部分复杂性转移到了技术侧，那么继续转移下去会发生什么呢？是自动驾驶汽车，而后者是以更复杂的技术为代价实现的——必要的复杂没有减少，只是被转移了。需要注意的是，即使技术上能够实现，很多复杂性也是不能转移的。我们曾讨论过"骑手与马"的比喻（第5章），产品的控制权是在人与产品之间动态分配的。

机器更擅长执行，人更擅长计划和决策，而即便机器能做计划和决策，很多时候人也不愿意将这部分控制权交给机器。比如用户通常会允许软件推荐服装款式，但不会允许软件直接为自己下单，哪怕那件衣服确实不错，因为他们需要自由感（第26章）。因此，对可转移的复杂进行更准确的描述是"将必要的复杂性在用户和产品之间进行合理分配"。

第三类是**可秩序化的复杂**。经过减法和转移，剩下的就是用户必须面对的（客观）复杂了，我们可以通过建立秩序来消除用户主观的复杂感。概念模型（包括隐喻）是个重要工具，良好的概念模型可以帮助用户理清元素间的关系和大致的操作，降低复杂感。简约和概念模型其实是相辅相成的关系，消除前两种复杂也为建立良好的概念模型打下了基础。在概念模型之外，还有组织、隐藏等方法，我们稍后再来讨论。至此，用户感受到的复杂已远远小于设计师最初面对的程度，这个逐步削弱主观复杂性的过程，就是简约设计。

本质上说，简约设计的工作就是"把复杂留给自己，把简单留给用户"。不仅是可转移的复杂，复杂在整体上也是守恒的，因为用户减少的每一份复杂感，都是设计师用不懈的努力换来的。真正简约的设计远不像它的结果那样简单，这需要设计师投入大量的工作。有些企业觉得自己看到了捷径，他们做了一些功能简单的产品，并美其名曰"极简主义"，这其实只是逃避必要的复杂性和设计工作的借口而已。这与卓越企业的想法大不相同，苹果公司前高管托尼·法德尔就曾指出："苹果公司不能接受捷径。"[1] 为了打造让用户满意的卓越产品，这些企业总是与那些喜欢寻找捷径的企业背道而驰，而这些地方通常才是真理之所在。正如老子所说："水善利万物而不争。处众人之所恶，故几于道。"

简约设计五步法

理解了要处理的三类复杂，现在来看看简约设计的具体步骤。先说两个"伪简约方法"，如图25-2所示。一种是挑一两个功能实现，这样的产品确实很简单，但产品的能力很弱，而且还可能偏离用户需求。另一种是把复杂藏起来，很多产品只是简单地将元素隐藏，比如将功能都放进一个名为"更多"的按钮里。产品从表面上看确实简捷了，但用户要面对的复杂性和实际使用中的复杂感并没有减少。这就好

---

[1]　John Edson.苹果的产品设计之道：创建优秀产品、服务和用户体验的七个原则 [M].黄喆，译.北京：机械工业出版社,2013.

像家里来客人时急忙把乱七八糟的东西都堆到储藏室里一样，屋子看起来整洁了很多，但实质上并没有什么改善。有时，不合理地隐藏信息还会起反作用，比如前面提到的看不到楼层显示的电梯。显然，它们都不是真正的简约设计，我们在设计时不应采用这些偷懒的方法。

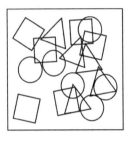

设计师面对的复杂性

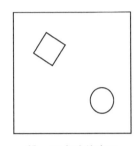

挑一两个功能实现

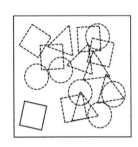

把复杂藏起来

图 25-2　伪简约设计方法

那么真正的简约设计是什么样的呢？ Giles Colborne 在《简约至上：交互式设计四策略》一书中给出了简约设计的四种方法：删除、组织、隐藏和转移。尽管Golborne 讨论的内容以数码产品为主，但这四个方法具有很好的通用性，我在此基础上增加了"策略"步骤，将它们串联并配合概念模型，形成**简约设计五步法**，如图 25-3 所示。

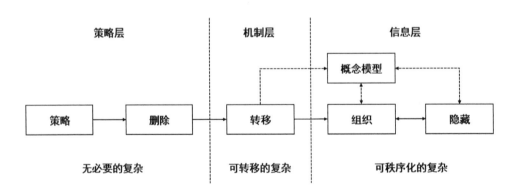

图 25-3　简约设计五步法

五步法的本质是分步减少三类复杂性，当我们将其与双塔模型（第 5 章）放在一起时，可以看到非常清晰的对应关系。在策略层上，"策略"和"删除"两步负责消除无必要的复杂；在机制层上，"转移"负责消除可转移的复杂；而在信息层上，"组织"和"隐藏"负责消除可秩序化的复杂。此外，在转移完成后，我们还需要考虑为用户建立良好的概念模型。鉴于概念模型本身是 UX 的核心概念,与简约相辅相成,因而未嵌入简约步骤。为了帮助你更好地理解,我以图形的形式将简约设计的五个步骤展示,如图 25-4 所示。

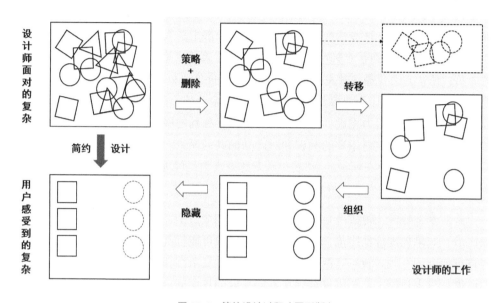

图 25-4　简约设计过程（图形版）

第一步:策略。有关简约的书籍很少讨论策略,但我觉得这是简约设计的大基础,应该单独拿出来强调。"策略"指的是产品策略,包括企业战略、品牌、品位、审美、要解决的用户问题等,即我们在策略层需要考虑的所有内容。定位和目标是做减法的前提,无论是对产品还是对个人,如果不知道自己想干什么,那么无论是做计划还是做减法,都是没有意义的。如果你拿着列表去问用户哪些是需要的,用户一定会说都需要,因为更多总是好的。没有什么东西是绝对需要的,需要与否要看针对的标准。对于清新的审美,复杂的纹理就是不必要的,奢华的审美则不然;而对于年轻用户,超大字体的选项就是不必要的,老年用户则不然。要想删除"不必要的复杂",你必须首先搞清楚用以判定必要性的标准,这就是"策略"步骤的意义。

第二步:删除。删除就是去掉所有不必要的功能、步骤和元素,减到不能再减。Golborne 对此给出了一些建议,比如:

- 不能因为实现难度大就删除功能,简单功能只能叠加出平庸的产品;
- 留下核心体验,即那些"最能打动用户的东西";
- 有缺陷的功能必须果断砍掉,不要因沉没成本而犹豫不决;

- 发现并去掉那些（在同一界面下）执行相同任务的重复控件；
- 减少用户的认知负担，避免分散用户的注意力。

很多时候，功能还是太多，那么就要使用优先级排序和"80/20 原则"（第 18 章）来选出对体验最重要的功能。无论如何，删除一定要建立在明确判定标准的基础上，除了支持删除工作，这些标准也能够让你有效抵御干系人对产品体验的破坏。正如 Golborne 所说："不要等着别人不分青红皂白地、无情地删除最有意思的功能。要纵览全局，保证只交付那些对用户体验而言真正有价值的功能和内容。"除了降低复杂性，"删除"步骤也让企业聚焦于关键功能，使企业的资源能够被更为有效地利用。但删除工作的推动阻力重重，设计师不仅要拥有独到的眼光和毫不妥协的精神，还要努力推动团队建立对用户的共识和对产品的共同愿景。开始说"不"是企业迈向简约的关键，就像乔布斯说的："我们总是想着我们能够进入新的市场，但是只有学会说不，你才能专注在真正重要的事情上。[1]"

第三步：转移。转移是 Golborne 讨论的第四个方法，但我认为转移应该紧随删除之后，如果先进行秩序化，复杂性的转移就很可能打乱已构筑好的秩序，因而先转移更加合理一些。转移有两个主要方面，一是复杂性在用户和产品间的分配，我们已做过深入讨论；二是将复杂性在不同平台或界面间合理分配。比如将电视遥控器的一部分控制按钮转移到电视屏幕上，通过遥控器的上下左右和确认键来完成控制——这种方法本质上是利用了虚拟界面的动态性（第 21 章）来简化静态的物理按键。此外还有不同物理 / 虚拟界面间的分配，比如将一部分手机界面的功能转移到车载屏幕上（功能转移），或通过手机控制屏幕内容（元素 / 组件转移）。但与之前的讨论一样，这些转移的本质也是合理分配，而不是要么这边，要么那边。比如电视遥控器的音量控制放在电视屏幕上就非常不方便，而让用户开车时不得不在屏幕上点击操作一些常用功能也是不合理的。关于多设备体验设计我们会在第 29 章再做讨论。

第四步：组织。组织是按有意义的标准对元素进行整理，主要是信息架构的工作。信息架构要考虑的内容很多，比如将信息分配到不同的信息通道、将信息分层和分块、利用用户熟悉的模式、突出重点信息等。这是一个很大的主题，有很多书籍专门讨论信息架构，我在这不做过多展开，仅强调一下其核心思想。**信息架构**本质上是以符合用户需要和认知的方式合理组织信息的过程（第 5 章）。重要的是用户与产品互动时的感觉，而不是架构的逻辑是否合理。功能列表、站点地图、视觉布局等只是信息架构的表现，而不是信息架构本身，后者一定要建立在对用户心智的深刻

---

[1] John Edson. 苹果的产品设计之道：创建优秀产品、服务和用户体验的七个原则 [M]. 黄喆，译. 北京：机械工业出版社 ,2013.

理解之上，并在恰当的时间提供正确的信息。当信息以匹配用户心智（没有内部矛盾）的方式被组织起来时，用户就会觉得简单且自然。

组织的另一项工作是**模块化**，这是将大系统拆分为多个独立的小系统，以降低复杂性的方法。比如电脑的内存、显示器等采用了模块化设计，这样你可以根据需要更换不同的模块，而不需要重新购买整个产品。其实，不仅软硬件可以模块化，本书的章节同样是模块化的产物。通过模块化，产品的结构层次更加直观，也减少了主观复杂性。但模块化必须量力而行，复杂性守恒定律意味着模块化系统的设计比普通系统复杂得多——模块化必须建立在对系统的深刻理解之上，基于简单理解划分的模块不仅难以有效降低复杂性，甚至会增加混乱。模块化是系统发展的趋势，但正如《设计的125条通用法则（全本）》所说："如今大部分模块系统并非一出现时就是模块，只有增加了对系统的了解之后，它们才能逐渐走向模块化。"

第五步：隐藏。隐藏是把必要但不重要（非核心且不常用）的功能或元素存放在下层空间，避免分散用户的注意力。隐藏其实也是一种删除——将复杂性从用户的视线中删除，仅在需要时展示。Golborne 对此也给出了一些建议，比如：

- 隐藏是在元素与用户间增加了一道障碍，必须谨慎选择要隐藏的内容；
- 欲删从速。隐藏空间不是用来存放"考虑删除的元素"的回收站，不需要的内容在删除阶段就该果断删掉，而不是都堆在隐藏空间；
- 将一些专家功能隐藏在某个或某些按钮之下，用户可根据需要自行展开隐藏界面的**渐进展示**是一个不错的方法，而根据用户常用的操作自动显示和隐藏某些功能的**自动定制**会破坏用户养成的习惯，是一种给用户添乱的行为；
- "彻底隐藏 + 适时出现"是一个巧妙的隐藏方法，比如在用户想复制网页上的生词到字典时弹出单词注释的链接，比直接将单词以链接样式显示或提供一个隐藏的词汇表要好得多，还会带来一种贴心感（第31章）。过分强调隐藏的功能会导致混乱，试图炫耀隐藏的功能"就好像把电视遥控器上的按钮藏在玻璃仓盖底下一样"。

此外还要注意，并不是所有不常用的图标都应该隐藏。有些功能虽然不常用，但在用户心智中是基本功能（属于"核心"的范畴），这样的功能就不应该隐藏。比如现在短信的主要功能是收信息（如接收验证码），发信息已不是一个常用功能，但对用户来说，收和发是短信的两个基本功能，将"发信息"按钮隐藏起来并不符合用户的心智模型，一旦需要发信息，用户便会陷入困惑。因此，不能简单地将"从数据上看不常用"等价于"对用户不重要"，数据是一个很重要的参考，但是否重要还需要考虑一些其他因素。碗筷虽然不常用，但对日常生活很重要，你不会因为不常在家吃饭就把碗筷藏床底下——只有那些不重要（非核心且不常用）的才是真正应该隐藏的东西。

最后总结一下五步法：明确想要做的，删除不必要的，转移分配好的，组织要提供的，隐藏不重要的。如果设计师能贯彻好这五件事，产品想做得不简约也是挺难的。

扁平化设计

尽管简约设计的核心工作在双塔模型的上三层，但也必须考虑呈现层的简约。**扁平化设计**就是基于简约思想产生的一种视觉风格，旨在去除冗余繁杂的装饰效果以突出信息本身，同时使用更加抽象、简单和符号化的视觉元素，比如 Windows10 系统开始菜单中的"磁贴"。

在上一章我提到了拟物设计，苹果过去使用拟物，但现在有扁平化的趋向，于是出现了大量讨论拟物和扁平孰优孰劣的文章。但从 UX 的视角来看，拟物的核心是隐喻（自然设计），以信息层为主，而扁平化的核心是构建简单的视觉体验（简约设计），是呈现层的问题，两者本来就不是取舍关系，也并不矛盾。不考虑隐喻，只是把扁平图标立体化不是真的拟物；而不考虑简约，只是压扁一个立体图标也不是真的扁平。有时，与电梯案例同理，过于扁平化的设计弱化了示能等信息，反而让用户感到费解。

拟物和扁平只是一种手段，自然和简单的体验才是目的。是因为自然设计的需要选择了拟物，但自然不一定必须拟物，拟物也不是一定自然，简约和扁平也是这个道理。如果有拟物的需要，那拟物就是必要的复杂性，扁平可以考虑，但不能为了视觉上的扁平而舍弃必要的复杂。事实上，"扁平化的拟物"也是没有问题的，关键是当前情况下什么样的设计能带来更好的体验，而不是拟物和扁平哪个更好——设计师应该在领会两者背后设计思路的基础上开展设计。

还是要强调，呈现层的设计很重要，但无论是自然设计还是简约设计，首先都必须保证上三层。拿简约来说，如果上三层的复杂性没有消除，那么面对一个功能臃肿、机制混乱、信息泛滥的产品，在呈现层无论做多少努力，都如同钻冰取火，是无法实现真正简单的体验的。

功能蔓延

功能蔓延（出自《设计心理学 1：日常的设计》）是技术驱动型企业的典型症状，指产品功能不断增加直至臃肿的现象，这与消除不必要的复杂背道而驰，给简约设计带来了巨大的阻力。功能蔓延通常有如下几种原因。

- 拿着功能列表询问用户哪些功能需要，用户表示都需要；
- 竞品对标，别人有的我都要有；
- 技术团队将功能数量视为成功的标志；
- 领导每次基于单个功能决策，而每个功能看起来都很好。

当企业中的所有人都在做加法时，功能蔓延在所难免。人们都希望功能多，但任何功能都会增加复杂性，都不是白要的，甚至可能毁掉原本很好的核心功能。问题的根源依然是功能主义（第 2 章），企业只关心功能和性能，看不清要解决的问题，甚至不知道用户是谁——没有目标，自然什么功能都可以加，功能至上的思想让不必要的功能像杂草一样丛生。然而，产品的品质并非功能之和，100 个不错的功能合在一起产生的往往是糟糕的产品。功能蔓延的冲动很难消除，但我们可以通过体验主义来加以抑制——设计驱动是必要的。做加法容易，做减法难，而设计师的工作之一就是在所有人都在做加法时，努力抑制功能扩张的冲动，删减不必要的功能，使产品保持简约。如果将文字拆开，那么"智"是日和知，即每天知道更多；"慧"是彗（扫帚）和心，即扫清心灵。设计师既要懂得"智"（做加法），也要懂得"慧"（做减法），既要在理解用户的基础上尽可能满足用户的需求，又要使产品尽可能保持简约，这就是"为学日益，为道日损"的道理。

此外，企业还要认识到功能只是一个解决方向，而非方案——解决方案还包括具体的设计。功能的好坏在于设计，一方面要看解决问题需不需要，另一方面还要看设计的好不好，因而拿一个功能列表去说哪个功能好是没有意义的。功能多并不意味着产品强大，设计师应该为用户提供真正需要且强大的产品，而不是简单地堆砌功能。呼声再高的功能，设计得不好照样得不到用户的认可。

为三层用户设计

当我们针对目标用户进行设计时，很容易忽略一个重要的事实:用户是会成长的。《About Face 4：交互设计精髓》一书将用户分为新手用户、中级用户和专家用户三个层次。**新手用户**是刚接触产品的用户，通常关心产品有哪些基本功能以及如何完成最基本的任务；熟悉产品后，新手会进阶为**中级用户**，这些用户通常不会频繁使用产品，或只使用基本功能，因而需要在各方面提供充足的信息；只有少量的中级用户会进阶为**专家用户**，他们是重度使用者或高级功能使用者，希望能够更高效地使用产品。需要注意的是，"老用户"不等于专家用户，而是长期使用产品的中级用户和专家用户的集合。三类用户对产品的需求和感知不同，如何在一款产品中平衡三者呢？答案是以中级用户为核心进行设计。当然这不是说不管新手和专家用户，但很多时候，团队要么把用户想得像自己一样专业，要么为了迎合市场和销售的要求过多考虑新手的体验，而忽略了一个重要的事实——中级用户才是目标用户的主流。因此，无论可用、易用还是深度体验，设计师首先要满足中级用户的能力和需求。

简约是需要考虑的一个很重要的方面。面对的可选项越多，人越不会选择其中任何一个，这被称为**选择的悖论** [1]。如果你不想中级用户被大量选项困扰或吓跑新手用户，就要将那些不常用的选项隐藏起来。特别是那些自定义选项，产品团队大多是专业用户，因而总觉得用户也像自己一样喜欢各种设置，比如给汽车用户提供一大堆自定义设置，认为这会给用户带来更多的掌控感。但就像 Golborne 所说："这是典型的专家行为——专家想要掌握自己的汽车，并且选择很多个性的配置。但主流用户只想买辆车开开。"同时，过于简约的产品对新手很友好，但他们很快会进阶为中级用户，因此应该以中级用户为中心来考虑简约，确保中级用户能很容易地找到核心功能，最好无须任何操作。

新手和专家也必须考虑。对于新手用户，你应该通过简单的快速引导等方式使他们快速成为中级用户。《About Face 4：交互设计精髓》指出，新手"非常聪明且忙碌。他们需要一些提示，但不是很多，学习过程应该快速且富有针对性。"这再一次说明"把用户当傻子"（第 24 章）思想的错误。为新手设计有两个要点，一是关注操作而非原理，我曾见过一些汽车智能功能的帮助信息里一上来就是大段对功能及原理的介绍，但新用户并不关心原理，他们只想知道"这是什么"（最好一句话解决）以及如何操作。二是一旦新手熟悉了产品成为中级用户，就不要再提供额外帮助——新手需要帮助，但他们不喜欢一直被当作新手。

对于专家用户，应该提供一些快捷操作和高级功能。同时，应该允许他们对功能进行个性化设置甚至根据需要进行额外编程，而对于新手和中级用户则应提供一个默认值使其能够直接使用。这些高级功能和设置应该容易被找到，但不应该始终可见，比如可以将它们隐藏在某个按钮之下，使用渐近展示的模式让专家用户根据

---

[1]　Joel Marsh. 用户体验设计：100 堂入门课 [M]. 王沛，译. 北京：人民邮电出版社，2018.

需要展开或关闭高级窗口。这里的要点是不要使用含糊的"更多"或高高在上的"高级"这类词语来指明入口，Golborne 的评论非常到位："隐藏复杂性的一个原因，就是不想让用户产生自己什么都不懂的感觉。而为按钮打上'高级'的标签，显然就是在讥讽用户不配使用这项功能。这种感觉可不好。"一种更好的方式是使用精心设计但不那么明显的图标，这种隐藏方式会带来优雅的感觉。不要担心专家用户会忽略它们的存在，专家用户喜欢探索产品，只要不藏的太深（比如图标缺少可互动的示能），他们是一定会找到的。

简约的时代

《简约至上：交互式设计四策略》中提到了一项实验，研究人员让两组人在两款播放器（一款有 7 个功能，一款有 21 个功能）中做出选择，一组只能观察，而另一组可以试用。结果观察组有 2/3 选择了更多功能的产品，而试用组只有 44% 选择了多功能，而且还不敢确定自己选得对。可见，功能多对于没接触过真实产品的消费者更有吸引力，但当消费者使用产品之后，偏好就会改变，从重视功能变成重视可用和易用性。那么我们应该让产品看起来更复杂（好卖）还是更简单（好用）呢？在《设计心理学 2：与复杂共处》中，Norman 对于企业开发越来越复杂的自动化设备感到奇怪，毕竟自动化的初衷是让人们的生活更简单。但他也承认市场倾向于更复杂的产品，因而设计师也不得不做出妥协——"那个所谓的对简单的需求是个神话，如果它曾经存在过，那它就已经过时了。"但时代在变，而新的时代更需要简约的思想。

一方面，我们已进入所谓的"后电视时代"。在过去，人们通过电视广告了解产品，很少有试用的机会，这时不堆积大量功能很难吸引消费者的注意。但如今，广告已让位于视频网站、直播、朋友圈等口碑传播，人们也有很多试用产品或观看别人试用产品的机会，对包括简单在内的各种体验的关注度正在逐渐提高。对于践行简约思想的企业，应该推销体验而非产品，苹果公司的体验店就是一个不错的例子。相比让产品引人注目，让用户试用并努力创造口碑更加重要。

另一方面，我们也进入了"智能时代"。Norman 认为，"如果一个公司花了更多的钱来设计和制造一个工作得很好、自动到只需要一个电源开关的设备，人们会拒绝接受它。"这种判断的基础是人担心被机器所掌控，或是认为看起来复杂的产品更高级（更能显示身份地位），但在智能时代这可就不一定了。如今人们更相信自动化的设备，而"智能"这个词更是帮了简约大忙，当智能这个词深入人心，简单反而成了一种高级的象征。人们会因为智能汽车的控制器变少而拒绝使用吗？并不会，相反他们会问"什么时候我不用操作也能使用汽车"——人们需要控制感，但他们更需要"可控的简单"。

不过，我们确实需要为用户提供一些非必要的高级功能。除了满足专家用户的需求，"存在更强大功能"这件事对新用户和中级用户也很重要，尽管他们通常用不到，甚至不知道怎么用，但拥有这些功能会让他们感到安心。特别是在购买时，这些功能消除了用户对"功能万一在未来不够用"的担忧。但靠拍脑袋增加功能肯定是不对的，无论何时，功能都应该建立在对用户的理解和精心的设计工作之上。

简约

- **简约设计**
  卓越产品应该给用户简单的感觉；

- **无必要的复杂**
  不必要的功能、模块等包含的复杂；

- **奥卡姆剃刀定律**
  其他条件相同时首选最简单的方案；

- **可转移的复杂**
  可转移到幕后或其他设备的复杂；

- **特斯勒复杂守恒定律**
  复杂总量不变，不在用户就在别处；

- **可秩序化的复杂**
  可通过建立秩序消除的主观复杂感；

- **简约设计五步法**
  策略 - 删除 - 转移 - 组织 - 隐藏；

- **信息架构**
  组织信息以符合用户需要和认知；

- **模块化**
  将大系统拆分为多个独立小系统；

- **扁平化设计**
  去除冗余装饰，使用简单抽象元素；

- **功能蔓延**
  产品功能不断增加直至臃肿的现象；

- **新手用户**
  刚接触产品的用户；

- **中级用户**
  通常不频繁使用或只使用基本功能；

- **专家用户**
  重度或高级功能的使用者；

- **选择性悖论**
  面对的选择越多，人越不会选择。

第26章
控制与自由

人们需要控制感

想象你进入了一间装潢精美的餐厅，服务员衣着得体，举止优雅。你坐下来，发现桌子上没有菜单，服务员直接端上来一盘蔬菜沙拉。

"不，"你说，"我不吃沙拉，我想来一份鹅肝。"

"哦这可不行，"服务员微笑着回答，"您今天的热量摄入太多了，您应该吃沙拉。"服务员转头离开，无论你如何呼唤都没人理睬。

感觉如何？相信没人会喜欢这样的就餐体验，但这样的体验却真实地发生在很多产品上，甚至像苹果这样精于体验设计的公司也不免犯错。Giles Golborne 在《简约至上：交互式设计四策略》中提到了一个苹果东京专卖店电梯的例子，这家店的玻璃电梯装饰着金属拉丝，非常精致，但最与众不同的是这部电梯一个控制按钮都没有！电梯在专卖店的四层楼间上下往返，每层都会自动停下，开门，关门，继续。在视觉上，这部电梯可谓将简单做到了极致，但就像上一章我提到的没有状态显示的电梯案例一样，这并没有给用户带来简单的体验，反而让用户感到非常费解——我怎么让电梯开过来？为什么没人的楼层还要停？是不是按钮比较隐蔽我没看到？上一章的电梯因为缺少反馈而让用户搞不清楚状况，苹果的电梯倒是显示了楼层，但控制装置却完全缺失了。显然，这又是一个"物极必反"的简约设计反例，但它的杀伤力比缺少反馈要大得多。砍掉控制装置不仅会让用户困惑，还剥夺了一种对用户非常重要的体验——控制感。

人们都希望能够掌控局面，当他们发现自己无力改变局面时，会感到非常焦虑和无助。我曾讨论过未来的人车交互会更加侧重驾驶意图的传递（第5章），汽车需要通过交互获取必要的用户信息，而用户也要通过交互对车辆进行高层次的控制，这是非常重要的。即使汽车真的能够完美满足用户的出行需求，但坐在完全不听指挥的汽车里就好像把性命交给机器一样，这是一件非常令人恐惧的事情。就像人类天生惧怕黑暗一样，对控制感的需求也源于人类的本能，黑暗中可能潜藏着危险，而不可控意味着一旦出现危险也无力做出改变。可控是安全层次的需求（第 10 章），底层需求未满足时高层需求做得再好也很难让用户获得良好的体验。不仅如此，控制也是能力和权力的象征，这使得人在安全需求之上依然有着强烈的控制欲——人们喜欢驾驭的感觉。因此，控制感对用户非常重要，必须在设计时认真考虑。

就像简单的产品不等于简单的体验，"控制的能力"和"控制的感觉"也是两回事。用户需要的是控制感，**控制感设计**的基本思想是卓越的产品应该让用户有一种"一切尽在掌握"的感觉，而让用户有控制感并不一定非要给予他们真实的控制能力。比如给电梯安装一个无用的"关门"按钮（点击按钮并不会真的让电梯门关得更快），用户的感觉会比没有这个按钮时好得多，因为点击这个按钮让他们产生了"自己的努力对结果有影响"的错觉。其实，迷信之所以奏效，也是因为它给予了人们控制的感觉，当人们遭遇挫折又无力改变时，一件"能改变运势"的物件会带来一种能够掌控命运的错觉，尽管这并不是真的。当然，我举这些例子绝非鼓励你去设计假按钮或给别人算命，而是说设计师应该将重点放在体验而非功能上——控制的能力只是一种手段，控制的体验才是目的。此外，控制感不只包括提供控制装置，还包括提供系统运行的持续反馈（状态可见）。如果一个人答应了你一件事，但两个月过去都没有消息，你就会感到焦虑，产品也是一样。在产品运行时，只有时刻了解它做了什么、在做什么、要做什么，你才会有"一切尽在掌握"的感觉。

除了控制感，控制的缺失也可能影响易用性和解决问题的效率。控制的主要任务是需求传递，缺少需求输入时产品往往很难做到高效。比如电梯的目的是将用户快速送达指定楼层，但苹果的电梯为了在没有用户输入的状态下完成接送任务，只有每层都停，在没人的楼层也是如此，显然这是非常低效的——对简单的过分追求导致了易用性的大幅下降。更糟的是，用户还意识到了这种低效，让他们觉得产品浪费了自己的时间。等待时的无聊感和损失感都是相当糟糕的体验，而希望改变但无法施加控制的现实也会进一步破坏用户的控制感。在这些情况下，为了保证优质的体验，控制的能力就是必须具备的。

无论是为了提高控制感还是易用性，我们都必须对用户控制进行精心的设计。但要注意，没有控制不行，但太多也不行——简约设计原则依然要遵守。另外，提供控制感也不是说产品要对用户"唯命是从"。你不会喜欢一个不听话的助手，但也不会喜欢一个不说清楚就不知道怎么干的助手。人们想要的是对大局的掌控，但并不想操心细节，这就是第 5 章中"H- 比喻"（在人与产品间合理分配控制权）的思想基础。

自由感

自由感与控制感关系紧密，也很容易被混淆。**控制感**指外部世界尽在掌控的感觉，而**自由感**指不被外部世界所掌控和限制的感觉。也就是说，控制感是人（能）影响产品，而自由感是产品（不能）影响人，两者的作用方向是不同的。举几个例子，只能在偶数层停留的电梯是可控的，但不够自由；到处乱跑的扫地机器人没有降低人的自由感，但不可控；而刚刚案例中一个控制控钮都没有的电梯既无法控制，又强迫用户在没人的楼层毫无意义地等待，因而既不可控也不自由。两种感觉都很重要，用户希望能控制产品（控制感），同时不希望被产品控制或限制（自由感）。卓越的产品应该让用户有一种无拘无束的感觉，这就是**自由感设计**的基本思想。

控制感　　　　　　　　　　　　自由感

破坏自由感的常见形式包括强迫用户完成特定行为、过多的限制条件、过少的选项、替用户做决定、对用户的决定指手画脚等。随着产品的智能化水平越来越高，开始出现干涉用户决策甚至替用户做决定的倾向。Giles Golborne 在《简约至上：交互式设计四策略》中谈到其曾经制作的一款旅行规划软件，这款软件非常智能，可以提供时间、就餐、住宿等各种信息，如果用户的日程安排过满还会给出提醒，看起来很不错，不是吗？但用户对这款软件的反馈很差，他们觉得限制太多了，"因为这个智能型旅行规划程序在不断评判他们的规划。"用户不希望智能产品过分干涉自己的生活，但这种情况在未来会越来越多，甚至可能出现与本章开头类似的情景，如你的智能冰箱为你定制了瘦身计划并拒绝提供碳酸饮料。自由感的破坏甚至会招致用户激烈的反抗，智能技术能够为人们的生活带来很多改善，但不应该让他们感到束缚。如何在提供智能化服务的同时保证用户的自由感，是设计师在未来必须考虑的问题。

同样的，"不受到控制的现实"和"自由/不受到控制的感觉"是不一样的。设计师希望用户完成期望的行为，并在此基础上设计体验，但如果给予用户完全的自由，用户的很多行为就会变得难以预测，也很难对体验进行设计。好消息是，用户想要的通常只是自由的感觉，设计师并不必要给予用户真正的自由。当你对用户施加直接控制，比如强迫他们完成一些动作，会破坏用户的自由感，但不能直接控制并非不能控制，我们可以对用户的行为施加间接控制。Jesse Schell 在《游戏设计艺术》中给出了一个很好的例子，在一款虚拟现实游戏中，设计师们希望玩家能到宫殿中的王座处听取信息，但玩家进入宫殿后都喜欢到处乱逛，没人关心那个王座。设计师给出了一个看似简单但非常巧妙的方案，他们在宫殿的地板上画了一条通向王座的红线，结果绝大部分玩家进门后都沿着红线直接去往王座，而在之后的访谈中，玩家甚至完全不记得有这么一条红线！北京地铁也采用过类似的设计，最有效率的上车方式是"先下后上"，但有些等车的人会站在靠门中央的位置，阻碍了下车人的路线。于是工作人员在门两侧画了两条向外的斜线，在我观察的时间里，绝大多数人都自然而然地沿着斜线站队，比起两条垂直于门的线，这种方式为下车的人留出了更多的空间。在这两个案例中，人们的自由度和自由感都没有变化，但他们在不知不觉中被引导做出了期望的行为。这与自然设计非常相似，虽然目的不同，但两者都是利用大脑的系统 1（第 8 章）给用户提供了一种直觉性的判断。**间接控制的基本思想是引导用户完成期望的行为，又让用户觉得这是自己的主意，这是控制的最高境界。**正如 Schell 所说："间接控制可能是我们所将接触到的任何技巧中最巧妙、最精致、最具艺术性也是最重要的一种。"

需要注意的是，绝不能打着"给用户自由"的名义将设计工作推给用户。主流用户通常既没兴趣也没能力自定义详细的功能属性和界面细节，这些工作不仅与解决问题无关，还需要对各种功能属性和界面设计知识有足够的了解，而且往往非常耗时。用户希望产品经过精心设计，并提供推荐配置和完整的主题效果，少量、简单且不占用很多时间的"个性化设置"（比如更换主题风格或桌面背景）是可接受的，但他们并不想真的去设计产品。与可用性类似，自由感也是针对解决问题来说的，比如一款图形编辑软件，主流用户希望能够灵活自由地编辑图片，但在任务之外考虑自由感通常没多大意义，甚至可能给用户带来困扰。当然，专家用户可能期望自定义的能力，除非你的目标用户就是专业人士，否则就像上一章说的，这些功能对其他用户应该是不可见的。设计是设计师分内的工作，把选择权赋予用户听起来是在为用户着想，但很可能好心办坏事，而且很多时候，这只是设计师偷懒或掩盖自身设计能力不足的借口而已。

此外还要注意，自由的提供要有度，选择的悖论（第25章）指出人都有选择恐惧，因而过度的自由也不好。大多数时候，人们希望产品能提供建议或将选择限制在合理范围。用户不能接受产品直接给自己下单购买商品，但通常乐于接受建议（只要营销性质不是那么明显）。适当的默认选项或限制不仅不会降低用户的自由感，还能让他们感到舒适，并节约用户的选择时间和操作步骤，而适当且有效的建议还会给用户一种智能（第31章）的感觉。也就是说，你应该让用户的自由感保持在一个合理的范围内，而这对使用默认、限制等方法实施间接控制显然也是有利的。

助推

与间接控制类似的术语还有两个，一个是**助推**（nudge，本义是用手肘轻推），另一个是说服技术（persuasive technology）。三个词各有定义，但大体思想是一致的，即以一种可预测的方式潜移默化地改变用户的行为。"间接控制"容易给人一种操纵用户的感觉，而"说服技术"感觉上像是改变态度，因此我比较倾向于使用"助推"——有一种辅助和引导的感觉。中国有一个著名神话传说叫"大禹治水"，为了应对上古的大洪水，禹的父亲鲧采用"堵"的办法（直接控制），面对自由流动的水，连续几年都失败了；禹则认为"堵不如疏"，要想治水应该顺水性，于是开凿河道，将水导入大海——就像用红线将玩家导向王座那样，这就是助推/间接控制的方法。助推比直接控制更有效，但也复杂得多，禹在施工前对地理环境进行了细致的考察，并进行了周密的规划。同理，助推也必须建立在对人性的深刻理解和精心设计之上。助推的方式有很多，且灵活性和创新空间很大，我在这里仅列举一些常见的助推方法。

1.**默认值**。切换选项需要额外操作，用户倾向于选择默认的选项。相同的请求，用户在默认选项是"同意"时比默认"不同意"更有可能同意。也就是说，你应该将你期望的用户行为设为默认值。比如在 App 的会员购买页，我们希望用户选择订阅时间更长的选项，那么就应该将默认选项设为"季度会员"而非"单月会员"。有人认为大多数用户会购买单月会员，默认为季度会员会让他们多一步操作，因而"从易用性角度出发"应该将默认选项设为单月会员，这个观点是值得商榷的。易用性很重要，但 UX 也要兼顾企业的商业利益（第40章），需要设计师进行权衡。购买页并非核心功能，用户的使用频率不高，少一步操作对易用性并不会产生明显影响，而默认值对用户购买选择的影响是比较大的。对于购买页这种页面，关键是扫除障碍、避免干扰，让用户快速决策，并通过助推增加一些消费。在大多数时候，用户的体验绝对是第一位的，但对于购买等少量环节，只要不以损害用户权益为代价，设计师就应当优先考虑商业目标。不过还要注意，用户通常只有在面对模棱两可的选择时才会有选择默认值的倾向，因而默认值的设置应该让用户感觉是"有道理"的。企业当然希望用户直接订阅"年度会员"，但如果用户认为一次买 12 个月费用增加过多，就会切换为单月，这时的效果很可能不如默认为季度会员；而如果年度会员有一个很大的折扣，用户认为按年度订阅也有道理，那么这时助推年度会员就是有价值的。此外，AI 技术可以使默认值更加有效，比如可以对首页的内容推荐栏（也是一种默认值，其他内容需要额外的搜索操作）使用智能推荐系统，或根据用户先前的消费情况确定会员购买页的合理默认值。

2. 限制。你很难预期一个开放性问题的答案，比如"请给出你喜欢的口味"；而提供几个选项则容易很多，比如"请选择草莓、杧果或菠萝口味"，你也可以将期望的选项放入选项中以引导用户的行为（间接控制）。将选择空间从"无限"缩小到几个并不会让用户失去自由感，毕竟他们仍然有选择的自由，还避免了用户因选择困难而放弃（选择的悖论）。但与默认值一样，你提供的选项应该都是"有道理"的，比如"请选择草莓、泥土和消毒水口味"这样的问题就会破坏用户的自由感，因为这与逼用户选择草莓口味没什么差别。不仅如此，看似大方实则强迫的选项会让人觉得很虚伪，甚至更令人反感。

3. 目标。阿姆斯特丹机场男士小便池的设计一直是助推的经典案例，为了减少清洁工作，设计师在小便池的排水孔旁印上了一只苍蝇的图案。这只苍蝇为正在方便的人们提供了目标，从而改变了他们的行为，使洒出小便池外的尿液大量减少。

4. 社会影响。社会情境和社会关系对用户行为有巨大影响，比如 Robert Cialdini 的社会影响六原则（第 12 章）。

5. 启发式。通过决策启发式（第 8 章）和情感启发式（第 9 章）影响用户的认知和偏好，进而影响其行为。比如先给一个高的价格锚定再给出低价格，可以促进购买行为，但这也可能破坏用户对商家的信任，需要谨慎使用。

6. 动机。通过激发用户的动机来改变用户行为，比如通过游戏化（第 33 章）来促进用户的节能或健身行为。

7. 预期。提供一些线索来为用户建立能做什么和不能做什么的预期，进而限制用户的可选项。如果游戏用户控制的是一个"兽人"角色，那么用户不会因为"不能飞"而觉得自由受到了限制；而在一间西式装潢的餐厅，用户也不会认为餐单里没有煎饼果子有什么问题。想选但选不了会降低用户的自由感，而预期的作用就是让那些"其他的选项"根本不会出现在用户的大脑中。

8. 视觉引导。通过动效、色彩等方式可以吸引用户的注意力，线条也是很好的视线引导方法。视觉上的引导也会对行为产生影响，就像通过红线将用户引向王座那样。

9. 音乐。音乐作为一种前端环境（第22章）也能影响用户的行为，比如人在快节奏的音乐中会吃得更快，因而快餐厅适合播放一些节奏稍快的曲子以提高收益。

10. 趣味。人们往往更倾向于去做有趣的事情，因而趣味性设计（第32章）也是助推的重要手段。《UX设计师要懂工业设计》一书提到了"趣味助推"的概念，还讨论了法国维特尔公司的瓶盖案例。这个瓶盖内置了定时器，当瓶盖拧紧后一个小时，就会弹出一面小旗子，来提醒人们该喝水了。这种助推的方式非常温和，给予了人们充分的自由感，又促进了期望的行为。值得注意的是，如果改用手机App（如定时提醒）效果则会差很多，因为这是一种不自然的"打断"，而自然（更少的精力消耗和摩擦）对助推行为是很重要的。相反，通过物理交互的助推能够更好地融入物理环境，因而对于人与物理世界的互动，物理助推（助推与物理交互相结合）往往更加有效，而对于人与数字世界的交互，通常更适合使用数字助推。当然，如果需要，那么将两者搭配起来使用也是可以的。

《道德经》有云："太上，不知有之。其次，亲而誉之。其次，畏之。其次，侮之。"这是说最好的执政者让百姓察觉不到其存在，其次是得到百姓的亲近和赞誉，再次是（通过赏罚等）让百姓畏惧，最差的情况是百姓不信任也不服从。"不知有之"是执政的最高境界，无为不是不作为，而是做了但不让人察觉，这也是设计师设计助推时的目标。通过助推，设计师既达成了目的，又让用户认为这是个人自由选择的结果，正如老子所说："功成事遂，百姓皆谓我自然。"

控制与自由

- **控制感**

  一种外部世界尽在掌控的感觉；

- **自由感**

  不被外部世界所掌控和限制的感觉；

- **控制感设计思想**

  卓越产品给人一切尽在掌控的感觉；

- **自由感设计思想**

  卓越产品给人一种无拘无束的感觉；

- **助推**

  以可预测的方式潜移默化地改变行为；

- **助推设计思想**

  功成事遂，百姓皆谓我自然。

第27章

差错

差错设计的基本思想

回忆一下可怜的 Jenny 的案例（第 3 章），护士在使用医疗软件时漏掉了"静脉水化"项目使 Jenny 失去了生命。表面上看这起事故源于护士的"粗心大意"，但问题的根源在于糟糕的界面设计——人们往往将差错的责任归咎于用户，但这些"人为因素导致"的问题绝大部分都是设计问题。人类在感知、记忆、行动等方面有很多局限，而且很难改变，如果产品的设计没有遵循这些自然规律，用户出错就在所难免，如果设计得当，则完全可以有效避免或减少差错。也就是说，无论在设计时还是发现问题后，我们都不该将减少差错的责任甩给用户，而要将关注点放在对差错的设计上。

同时，设计师不应该将用户所犯的错误视为"不正常行为"加以责备。犯错很多时候发生在用户对产品的探索过程之中，这是学习的必要过程。而即使用户真的做错了，他们也是在努力做正确的事情，并不希望受到责备。正所谓"人非圣贤，孰能无过"，犯错是很正常的，相比一出现差错就责备用户，设计师真正应该考虑的是在可能有消极影响的差错出现后如何拦截以避免其影响，以及拦截失败时如何降低影响。此外，当差错出现时，我们也应该提供必要的信息告诉用户正确的做法，并帮助他们回到正确的轨道上。

简而言之，卓越的产品应该通过设计尽可能减少用户犯错和产生严重后果的可能性，而非责备用户，这是**差错设计**的基本思想，也是设计师必须端正的态度。

差错的分类

对差错的常见理解是人为的错误，这不能说是错的，但很容易将矛头指向用户而非设计，因此我将**差错**定义为人与产品间的不正确互动，而技术故障、产品规则/机制本身的错误等不属于差错的讨论范围。对差错的划分方式有很多，Donald Arthur Norman 在《设计心理学 1：日常的设计》中将差错分为错误和失误。**错误**指因不正确的目标或计划导致的差错，而**失误**指未能按照计划完成行动。举个例子，不知道炒菜该放盐，这是错误；而知道该放盐但炒菜时忘记放了，这是失误。为了避免多种分类维度产生的混乱，我在 Norman 差错分类的基础上重新梳理了差错的类型，并绘制在图 27-1 中。

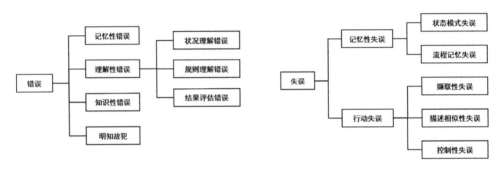

图 27-1　错误和失误的分类

错误主要有四种。**记忆性错误**指因遗忘信息而制定了错误的计划，如忘记炒菜应该放盐。**理解性错误**指对外部世界理解不正确而制定了错误的计划，包括状况理解错误（如将表示更多功能的"＋"按钮理解为添加内容）、规则理解错误（如以为点击"删除"后能找回文件，结果彻底删除）和结果评估错误（如以为门锁上了，但是并没有）。**知识性错误**指因缺乏必要的知识而制定了错误的计划，比如因不了解比赛规则而犯规，或在系统出现异常时胡乱操作。以上三类都是因不知道正确的计划而犯错误，**明知故犯**则不同，后者指知道正确的计划，但因某种动机而故意执行错误的计划，比如为避免上班迟到而超速行驶。明知故犯是法律或组织层面的错误，本章主要讨论前三类错误，旨在帮助用户制定正确的计划。

失误主要有两大类：在执行过程中出现遗漏而产生的**记忆性失误**和执行了错误动作的**行动失误**。记忆性失误包括状态模式失误和流程记忆失误。**状态模式失误**指因忘记当前模式而在错误的模式下执行了操作，其根源在于产品使用了"状态模式切换"。当同一个控件在不同的状态下具有不同的功能，这样的每个状态就是一个"状态模式"，用户需要另一个控件对状态模式进行切换。最常见的例子是键盘上用于大小写切换的"CapsLock"键，通过点击该键可在大小写两种模式间进行切换，在大写模式下字母键输入的是大写字母，而在小写模式下，同样的字母键输入的是小写字母。你是否经常忘记大小写模式而输入了错误的大小写？这就是状态模式失误。模式切换使得按键数量大量减少，让产品看起来更简单，但可能降低易用性。更重要的是，模式切换是差错的一个重要来源，甚至会带来灾难性的后果。我们曾讨论过 148 航班的案例（第 2 章），机长忘记了模式已切换为下降速度，以为输入的"-33"是下降角度 3.3 度，但实际却是下降速度 3.3 千英尺 / 分钟，导致飞机撞山，87 人遇难。在实际设计中，盲目使用模式切换是设计的大忌，不到万不得已不要使用，即便使用也要万般小心。**流程记忆失误**则是遗漏了步骤（炒菜忘记放盐），因忘记已执行的步骤而重复步骤（忘记放过盐于是又放了一次），甚至因忘记目标（"我刚才想干什么来着？"）或整个计划（"我刚才想怎么干来着"）而导致行动停止。

另一方面，行动失误则包含了撷取性失误（capture slips）、描述相似性失误和控制失误。**撷取性失误**指想要做的动作被某个经常做的或刚做过的动作所取代。听过这样一个故事，一个人在海边的石碓里找金子，是石头就扔进海里，这样一直扔下去，结果有一天他真的找到了金子，但一顺手把金子也扔进了海里，这就是撷取性失误。撷取性失误源于大脑对行动顺序的无意识记忆，比如你经常做的是 A → B，那么当 A 出现时大脑就会自动准备 B，此时如果你想做的是 A → C，而对 C 的想法没有强过对 B 的自发，就会出现撷取性失误。**描述相似性失误**指将行为作用在与目标相似的对象上，比如炒菜时想拿酱油瓶子结果拿了醋瓶子。描述相似性失误的根源在于人对事物的记忆经常是含糊不清的，通常只要能从环境中辨识出事物即可，不需要精确的描述。回忆一下，100 元人民币正面中间那朵大花有几个花瓣？几乎没人能想得起来，因为我们不需要记住这朵花也能分辨出百元钞票，因此这部分记忆并没有存储在我们的大脑中。也就是说，我们记住的往往只是事物的几个关键特征，对于具备关键特征但细节不同的对象，我们则需要意识介入进行分辨。而对于无意识的动作，很容易将这些对象混淆，产生描述相似性失误。描述相似性失误对图标的设计影响很大，UI 和视觉设计师通常更关注图案的艺术感和细节，对他们来说图案的细节很清晰，辨识度也很高，但对用户往往并非如此。除了设计师几乎没人会在意图标的细节，这导致很多图标对用户来说难以辨识，极易引发描述相似性失误。因此，艺术感和细节很重要，但对用户的辨识度也很重要，这也是 UX 设计师必须介入图标设计的一个原因。撷取性失误和描述相似性失误来自《设计心理学 1：日常的设计》，但我认为还有一种**控制性失误**，指动作没有执行到位，比如想点击按钮但是点偏了一点，导致按钮没有被触发。大部分人对身体的控制并没有那么精确，对于上了年纪或受疾病困扰的人则更甚。特别是在处理不那么在意的日常小事时，控制性失误是很常见的，也应该纳入差错设计的范围。

错误是发生在意识中的差错，而失误是发生在无意识中的差错。对比行为七阶段模型（第 11 章），错误大体上对应上层阶段（计划、目标、比较），而失误大体上对应下层阶段（确认、执行、感知、诠释）。行为的经验越丰富，无意识的占比就越高，甚至包括高层阶段，因而新手更可能出现错误，而老手更可能出现失误。

此外，还有一种基于结果的分类，对判断差错的处理方式非常有用。错误可被分为三种，积极结果的错误（为了探索和发现正确的操作而犯的错误，用户对犯错是有预期的）、中性结果的错误（没什么影响，只是浪费了时间）和消极结果的错误（带来负面影响），失误则只有中性和消极两种结果。这三类都是差错设计的内容，但重点是消极差错。积极和中性差错的设计要点是效率，应提供必要的信息，但要尽可能避免打断用户造成时间消耗，并让用户能够快速回到正常流程上，而对于消极的差错应该尽量拦截和降低影响。但有一点需要注意，差错不可避免并不代表差错本身的合理性。任何差错都是不必要的，即便是积极的差错也是在消耗用户的时间和精力，如果设计能让用户正确理解，用户探索过程中的差错就会大大减少，带来更佳的使用体验。因此，无论何时，设计师首先应该考虑的是尽可能减少差错发生的可能性，然后才是如何处理差错的问题。

差错设计的三个阶段

理解了各类差错，现在我们来讨论差错的设计思路。James Reason 曾提出过一个著名的**瑞士奶酪模型** [1]，用以说明事故的缘起。瑞士奶酪的特点是布满了大大小小的孔洞，每片奶酪代表完成任务的一个步骤，而小孔代表了这个步骤的漏洞。世界充满了不确定性（原始风险），当它们穿过奶酪的孔洞，问题就产生了。通常，前一片奶酪的问题会被后面的某片奶酪挡住，但当问题恰好穿过了所有小孔，就会出现损失，如图 27-2 所示。瑞士奶酪模型说明事故的发生通常是由一系列因素导致的，只考虑单片奶酪往往很难有效解决问题，我们需要系统性地考虑问题。要想最小化原始风险带来的损失，我们可以：

[1] Donald Arthur Norman. 设计心理学 1：日常的设计 [M]. 小柯，译. 北京：中信出版社，2015.

- 减少或减小奶酪上的孔，即消除或减小漏洞，进而减少技术故障、差错等出现的概率；
- 增加奶酪的层数，即冗余设计（如使用多条麻绳拉拽重物，一条断了不会掉落）和多重保护（如在重物下设置安全网，掉落不会危及地面）；
- 让孔的排列位置尽可能不同，即对不同的部件设计不同的运行机制（相同机制的部件对抗某些因素时很可能全部失效，比如面对大火时多少条麻绳都没有用，更安全的方式是麻绳和钢丝绳混用，麻绳断了短期内还能拉住）。

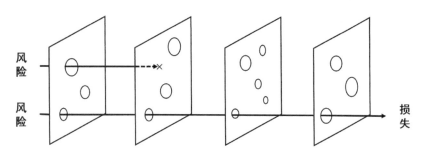

图 27-2　瑞士奶酪模型

在考虑差错设计时，我们也可以使用这个思路。一方面减少出现各类差错的可能性（消除孔洞），另一方面为可能的差错提供保护机制以避免或减小损失（增加更多奶酪）。尽管事故分析和改进很重要，但更重要的是通过系统性的差错设计尽可能避免事故的发生，以及在事故发生时最小化损失。我认为差错设计需要考虑三个阶段，如图 27-3 所示。

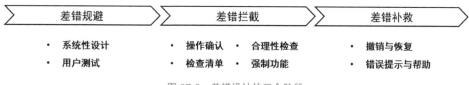

图 27-3　差错设计的三个阶段

- *差错规避*：通过设计尽可能消除差错或降低差错发生的概率；
- *差错拦截*：当（消极）差错发生时，尽可能拦截；
- *差错补救*：如果拦截失败，提供补救措施以尽量消除或降低损失。

差错规避是在消除孔洞，差错拦截和补救则是增加奶酪层数，下面先看差错规避。

差错规避

为了通过设计有效规避差错，我们应该采取系统设计与用户测试相结合的方式。差错的类型能够帮助我们系统地考虑交互过程，提前发现可能出现的各种差错，进而基于各类型的通用规避方法思考具体对策，我在表 27-1 中给出了不同类型差错的常用规避方法。只靠用户测试发现差错时，运气的成分很大，很可能考虑不周，因而系统化的差错设计才是核心。但在系统化的基础上，用户测试有助于对差错进行查缺补漏，因而也是很重要的，应该结合使用。对于偶然想到或用户测试发现的差错，也应该进行归类，并依托分类思考措施。此外，过去类似产品的差错列表及对策也能够提供辅助，而你也应该整理好当前产品的差错及措施，以帮助后续产品设计得更好。

表 27-1　差错类型及规避方法

差　　错	类　　型	规避方法
错误	记忆性错误	最小化步骤数量，提供必要的提醒
	理解性错误	通过示能、意符、约束、映射、反馈、概念模型等方式帮助用户正确理解状况、规则和执行结果
	知识性错误	以简明易懂的方式提供规则的说明或必要的知识
	明知故犯	在组织和社会层面进行设计
失误	状态模式失误	尽可能避免使用模式切换，若使用也要尽可能减少模式数量，同时必须提供足够的反馈让模式间的界面差异足够大（建议用多种方式传递模式改变的信息，以降低漏看风险）
	流程记忆失误	同记忆性错误
	撷取性失误	避免相同的步骤，特别是相同的起始步骤
	描述相似性失误	使控制器等行为对象有明显差异，比如飞机上的很多按钮被设计成不同的形状以增大差异
	控制性失误	提高对动作的容错能力，比如适当增大按钮的响应区域，使稍微偏移的点击也能触发按钮

关于差错规避还有三个要点。

第一，考虑使用情境和场景。比如人在压力之下更容易犯错，按照人的正常状态考虑很可能遗漏差错，或低估差错出现的概率，你提供的措施对高压下的用户也可能是无效的。

第二，考虑设计之外的更深层次原因。压力和疲劳是差错（特别是失误）的重要来源，这似乎是用户的问题，但有些时候，问题既不在产品也不在用户，而是来自更深层次。比如医生在缺少睡眠的情况下做手术更可能失误，但问题不在医生，而是医院的作息制度导致了医生的疲劳作业，更深的原因可能是医生数量不足，等等。在这些情况下，良好的产品设计是不够的，只有对组织等更高层面进行设计才能从根本上解决问题。

第三，避免多任务处理。人脑并不具备并行处理能力，而是在任务间不断切换（第7章），这会导致对每项任务的跟踪不周，更容易错过重要的信息，甚至错过躲避危险的最佳时机。不仅如此，任务的每一次切换都会导致思维和记忆的中断，人在回到原任务时必须让相关的思维和记忆恢复到被打断之前的状态，这需要不少时间，而且很可能遗漏重要信息——这是差错的重要来源。多任务处理会带来低效和差错，我们在设计时应该尽可能避免。当然，用户依然可能被各种事情打断，这需要产品提供足够的信息帮用户快速恢复到先前的状态。

差错拦截

尽管设计师让差错发生的概率大幅下降，但差错行为还是会发生，这时我们就需要额外的"奶酪"来阻断风险的去路。第一类奶酪叫作差错拦截，处于差错行为和真实差错之间，力图在行为真正演变成差错前进行阻断。一些常见的拦截方式包括：

- 操作确认：比如用户在未保存文档时无疑中点了关闭按钮，软件会弹出诸如"您确认不保存直接关闭吗？"的提示；
- 检查清单：系统根据清单检查工作项是否都已完成；
- 合理性检查：系统检查用户的操作是否合理，并在可能有差错时做出提醒，比如用户在转账金额中输入"100000"，系统会提示"您确认要转账 10 万元吗"；
- 强制功能：在差错行为出现时启动相应机制防止其蔓延，包括互锁、自锁和反锁。

强制功能本质上是一种约束，《设计心理学 1：日常的设计》一书讨论了三种强制功能，我在这里简单介绍一下。互锁要求行动必须按照正确的顺序进行，比如将微波炉设计成只在炉门关闭时启动才有效，能够有效避免用户在炉门打开时启动微波炉。自锁是将系统保持在某个状态，防止用户过早退出，上面提到的操作确认其实就是一种自锁，防止用户在未保存的状态下关闭软件。反锁则是阻止用户进入危险区域或进行不当操作，比如必须拔掉灭火器的保险销才能使用，避免了平时的误操作。

需要注意的是，拦截（以及稍后要说的错误提示）势必会打断用户的操作流，而频繁地打断很招人讨厌，因而不能滥用。对于积极和中性结果的差错来说，用户需要快速回到正常流程，打断只是浪费时间，并无必要。而即便是有消极结果，对于大部分能够随时撤销的小差错，也是没必要拦截或提示的。在考虑差错拦截和提示时，设计师必须首先对差错进行甄别，以确定哪些差错是真正需要被系统检测和处理的。

差错补救

无论我们如何努力，差错还是会发生。特别是错误的情况，拦截机制对失误很有效，对错误则不然，因为用户当时就计划这样做，比如用户错误地认为一个文件没用而点击删除，弹出的操作确认并不会改变他的选择。因此，在拦截奶酪之后，我们还要继续增加奶酪，即补救措施。产品内部的保护机制不在本书的讨论范围，我们仅讨论交互部分的措施。常见的措施有两种：一种是让用户能够撤销操作，另一种是为用户提供帮助信息。

撤销与恢复

撤销功能就像一种操控时间的魔法，让我们在差错发生时能够全身而退。比如电脑的"回收站"就是一种撤销机制，当我们删除文件时，电脑并没有删除文件，而是将其移到了回收站，这样当用户发现误删后还可以将其恢复。事实上，删除功能常常包含了多重保护机制，先是在删除文件时进行拦截，再在拦截失败后提供撤销选项，而在用户清空回收站时还会再次拦截，以防"错上加错"导致无法挽回。《About Face 4：交互设计精髓》一书用大量篇幅讨论了撤销的分类和设计方法，我在这里仅讨论三个要点。

第一，撤销应当遵循心智模型。撤销绝不是"提供一个撤销按钮"那样简单，很多产品的撤销功能用起来很别扭，其根本原因是它们并没有遵循用户的心智模型。比如某些办公软件的撤销功能是逐项回退先前操作，这对于消除刚发生的差错很不错，但要想撤销 100 步操作之前删除的某个段落，用户必须先把这 100 步撤销掉。换言之，用户不得不在希望找回的段落和 100 步操作间进行抉择，这是一件很让人崩溃的事情。其实，被删除的那个段落就躺在存储区，技术上完全可以直接将其取回来恢复而不影响那 100 步操作，只是开发者没有这样做而已。工程师往往以功能为中心，直接依据实现模型（技术实现的逻辑）来建立概念模型，而没有考虑用户的真正心智。在上述案例中，撤销功能严格遵循后进先出（LIFO）的顺序，对于软件工程师来说，这样的逻辑再正常不过了，但对普通用户则不然。为了让用户正确理解，产品不仅会高亮被撤销的所有操作，还会附加文字说明（如"28 步操作被撤销"）——不得不使用文字提示往往是设计不到位的表现，此处的问题在于（基于实现模型产生的）概念模型与用户的心智模型不符。撤销是为人设计的，而实现模型往往与心智模型完全不同，这要求我们使用以人为中心的方法，正如《About Face 4：交互设计精髓》所说："撤销最不应该按照其构造方法（即模型）来建模，而最应该贴近用户的心理模型。"不过，考虑心智模型需要投入大量的设计工作，以"仅恢复某个操作"举例，恢复删除的段落比较容易，但很多操作会相互影响。比如你将所有的"1"替换为"2"，又将一部分"2"替换为"3"，那么如果你仅撤销第一次操作，第二次操作的 3 是否要变回 1 就是个问题。设计师需要考虑哪些操作能撤销，哪些不能，以及撤销的内部机制，这其实是个非常复杂的功能。但就像我们在第 25 章说的，设计师的工作就是将复杂留给自己，将简单留给用户——在力所能及的范围内尽可能改善用户的体验是设计师义不容辞的责任。

第二，撤销也是协助用户探索的主要工具。不仅是消极结果的差错，积极和中性的差错同样应该尽可能支持撤销，以便使用户能够快速回到正常的任务流中。此外，撤销功能的存在也能让用户安心，这会增强他们进一步探索产品的意愿，对用户和企业都是有好处的。

第三，撤销要能恢复。恢复功能是对撤销的撤销，用户可能在需要多次撤销时撤多了（撷取性失误），或是觉得不撤销更好，这时恢复功能就能帮忙补救。撤销和恢复是尼尔森第 3 原则（第 23 章）的典型应用，以支持用户在操作的过程中能够进退自如。

差错提示与帮助

想象你去银行办一项业务，窗口的工作人员让你填一份表格，你填过之后将表格递给工作人员。

"填写错误，错误编号 68。"工作人员回答，将表格交还给你。

你检查了一遍，觉得没什么问题，将表格再次递给工作人员问："我哪里填的不对吗？"

"填写错误，错误编号 68。"工作人员回答，将表格再次交还给你。

无论你说什么，回答都一样。

如果现实中发生这样的情景，估计打起来的可能性都有，但这种事却在产品使用时不断发生。比如上网时常见的"404错误"，工程师一看就知道这是说网址指向的网页不存在，但很多用户并不知道，向用户简单粗暴地甩一个"404错误"会让用户不知所措。用户在出错时，最希望了解的是发生了什么和怎么办，而不是一遍又一遍地被告知"你错了"。也就是说，仅提示有错是远远不够的，我们还要向用户提供必要的信息和帮助，比如告诉用户刚做了什么，解释出了什么问题，正确的做法，如何修正差错或减小损失，如何回到正常流程，以及纠错或回归正轨的链接——对积极、中性和消极结果的差错都应如此。这里的要点是提供的内容要简单易懂，使用用户的语言，同时采用对话而非冰冷的陈述语气。比如用户点开了一个收藏的视频页，但视频不存在了，相比简单的"404错误"，更好的说法是"您访问的页面不存在"并配上"该页面不可见的原因可能是：1.UP主删除了该视频；2.该视频因违规被官方删除；3.网址输入不正确。"

在设计差错提示时还有一个常见的坑，我称之为**404陷阱**，指将技术相关的术语暴露给用户。当然这适用于任何产品，但"404错误"实在太经典了，因而我用其来为这个"坑"命名。搜索404的页面设计，你会发现很多设计都把"404"用巨大的字体放在了显要的位置，而"网页不存在"等用户能看懂的内容要么缺失，要么用小字放在一旁，甚者使用"404 not found（找不到404）"这样的英文或"404出错了！"这样的迷惑性文字。对大多数用户（特别是中国用户）来说，这些"404"相关的内容除了令人困惑毫无意义，根本就不应该出现。《鬼谷子》有云："即欲捭之贵周，即欲阖之贵密。"是说若要把实情告诉对方，务必要谋划周全；若不把实情告诉对方，务必要严格保密。差错提示也是如此，要提示就把有用的信息说全了，要么就完全别提示，而且提示时也不应该透漏任何一点用户不该知道的信息。能看得出，为了让这三个数字看起来美观，视觉设计师付出了大量努力，但将不该显示的信息做出花来，也改变不了其不该被显示和让用户困惑的事实——这不是UI的问题，而是交互的问题。

人们往往过分关注"正常情况"，当一切运转正常时，产品看起来很不错，但当异常事件发生，便不可避免地导致困惑、混乱甚至悲剧。无论是人还是技术，出错都不可避免，对于产品来说，这意味着人的差错和技术的异常都是正常的，两者都必须加以重视，并投入足够的资源进行设计。正如Susan Weinschenk在《设计师要懂心理学》所说："错误的代价越大，越要避免它发生；越是要避免错误，越要花费很高的成本去设计。"

差错

- **设计思想**
  尽量减少差错和损失而非责备用户；
- **差错**
  人与产品间的不正确交互；
- **错误**
  不正确的目标或计划导致的差错；
- **失误**
  未能按照计划完成行动；
- **记忆性错误**
  因遗忘信息而产生错误的计划；
- **理解性错误**
  对世界理解不正确而制定错误计划；
- **知识性错误**
  因缺乏必要的知识而制定错误计划；
- **明知故犯**
  知道正确计划但故意执行错误计划；
- **记忆性失误**
  因执行过程中出现遗漏产生的失误；
- **行动失误**
  执行了错误的动作；
- **状态模式失误**
  因遗忘而在错误模式下执行了操作；

- **流程记忆失误**
  忘记步骤、目标或整个计划；
- **撷取性失误**
  动作被经常做或刚做过的动作取代；
- **描述相似性失误**
  将行动作用在与目标相似的对象上；
- **控制性失误**
  动作没有执行到位；
- **瑞士奶酪模型**
  将事故比作风险穿过多片奶酪的孔；
- **差错设计三阶段**
  差错规避、差错拦截、差错补救；
- **互锁**
  要求行动必须按照正确的顺序进行；
- **自锁**
  将系统保持在某状态防止过早退出；
- **反锁**
  阻止进入危险区域或进行不当操作；
- **404 陷阱**
  将技术相关的术语暴露给用户。

第28章

微交互

细节决定成败

在产品设计过程中，设计师很容易过于关注具体的功能而忽略大局，因而我多次强调了全局视角和系统化设计的重要性。但拥有宏观视角还不够，设计师还必须拥有微观视角。你可能奇怪，缺乏全局观难道不是因为关注细节吗？还真不是，细节是比微观的功能更微观的东西。还拿 iPod 举例，在第 20 章我们提到苹果公司通过关注"活动"为用户提供了听音乐的全套服务，这使用了宏观视角，但苹果公司同样注重细节。这个"细节"有多细呢？ John Edson 在《苹果的产品设计之道：创建优秀产品、服务和用户体验的七个原则》中讲述了一位包装设计师将自己关在小实验室里与成百上千种原型较劲，只为找到一种最合适的、能贴在 iPod 透明包装盒顶部的标签，而这个标签的作用只是告知用户应该往哪个方向打开包装盒！这才是真正的微观视角，也是我所讨论的"细节"的粒度。大多数企业显然做不到这一点，毕竟像标签这种小地方对产品的整体效果影响不大，没必要这样"吹毛求疵"。的确，细节的影响小得可以忽略，但问题在于，产品不只有一个细节。我经常用一组数学计算来说明这一点：

$$（1+1\%）^{100} \approx 2.70 \qquad （1-1\%）^{100} \approx 0.37$$

假如一个细节的好坏对产品的影响只有 1%，那么 100 个好的细节设计堆叠在一起会让产品的品质提升近 3 倍，而糟糕的细节会让品质大幅缩水。"从量变到质变"说的就是这个道理，几个细节不算什么，但成百上千个细节加在一起，就能将一款"还不错"的产品推向一个新的高度。卓越的产品会给人一种与众不同的"品质感"，成就这种感觉的并非某一个或几个特别的元素，而是无数精心打磨的细节。正如 Charles Eames 所说："设计不仅仅是细节，而是设计。"[1] 细节决定成败，小看细节

---

[1] Dan Saffer. 微交互：细节设计成就卓越产品 [M]. 李松峰，译 . 北京：人民邮电出版社 ,2013.

的企业注定是平庸的企业。

当然,过分关注细节会导致只见树木不见森林,使细节难以构成一个统一的整体,因此宏观和微观都很重要。在设计中,关注大局被称为**拉远**,而关注细节被称为**推近**,UX 设计师要综合运用这两种设计策略。对细节的关注孕育了**微交互设计思想**,其基本思想是卓越的产品是一整套精心打磨的交互细节的集合。尽管微交互是交互设计师的主要工作,UX 设计师通常不该过于陷入细节,但理解微交互的设计思想还是必需的。此外,自然、简约、控制、差错等设计思想也都涉及对细节的设计,设计师应该将这些思想综合运用于微交互之中,打造出精致而卓越的细节体验。

微交互设计

微交互(microinteraction)是一个较新的概念,Dan Saffer 在《微交互:细节设计成就卓越产品》一书中将其定义为"产品中涉及一种使用场景的交互,只体现一种功能,只完成一件事"。也就是说,微交互是为实现某个小目标而执行的一小组操作。如何理解这个"小目标"呢? 我们在第 20 章讨论了流程设计,通常来说,UX 会给出产品的"大流程",明确大体的运行逻辑及各项子任务(如"登录""选择目的地""支付"等),这些子任务就是微交互的目标。微交互设计就是对各子任务进行详细设计,包括操作流(即"小流程"设计)和信息流(控件类型、标签、反馈方式等)——这与交互设计的职责几乎是重叠的。对于 UX 和交互同时存在的大型产品来说,UX 设计师偏重宏观的体验架构设计,交互设计师则主要负责微交互的设计。大型产品或功能包含了大量微交互,但也有很多仅实现单一目标的小型产品,比如手机上的一款闹钟应用,这时产品本身就是一个微交互。简而言之,微交互思想就是把整个产品看成一系列微交互的集合,通过精心打磨每个微交互来实现高品质的产品体验。Saffer 将微交互拆解为触发器、规则、反馈、循环与模式四个部分,如图 28-1 所示。

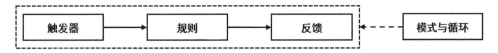

图 28-1　微交互的四个部分

触发器用于启动微交互,包括手动触发器和系统触发器。手动触发器就是用户要操作的对象元素,比如一个物理或虚拟的按钮,这需要考虑三方面的内容。一是控件的选择，需要用户触发的微交互至少要有一个控件，具体的选择则要视情况，如单个动作可使用按钮，而双状态切换可使用拨动开关。二是梳理所有的控件状态，如默认、点击、鼠标悬停、不可用等。三是（文字）标签，但 Saffer 又强调仅在触发器本身无法提供相应信息时才使用标签，因此我将这一步定义为确定每个控件状态的传达方式，即能帮用户理解如何操作的必要信息及信息的表达方式，包括文字名称、图标、示能、映射等。但要注意这是信息层的设计，控件的具体呈现效果不属于微交互的范畴。另一方面，系统触发器是由系统在满足条件（如收到邮件或用户进入某个区域）时自动触发的。系统触发器的设计与界面设计无关，本质上是触发规则的设计。对触发器来说，最重要的是把用户代入实际交互之中，因而可用和易用永远是第一位的。触发器不是展示品牌创意和艺术审美的舞台，个性和美感很重要，但如果让用户困惑而没有触发，那交互过程再好也无法为用户创造任何价值。

规则决定了微交互如何使用，Saffer 建议使用"逻辑关系图"对规则进行可视化以支持设计，这个关系图其实就是流程图——规则设计本质上就是（小）流程设计。

反馈用于帮助用户理解规则并建立良好的概念模型，以及了解系统的情况。除了视觉反馈，常用的反馈还有听觉和触觉。听觉反馈包括**耳标**（earcon，能传达信息的独特的几个音符，如收到信息时的"叮咚"声）和**语音反馈**（将反馈通过语音播放，如"您有新消息"，注意与第 21 章的语音交互不同）。触觉反馈的形式主要是振动，通常用于手机、方向盘等贴身设备以传达一些简单的信息。

模式指规则中的分支，当用户切换模式时就会进入另一种状态，比如点击"设置"按钮进入设置模式，上一章提到的状态模式也是模式。模式很容易导致困惑和差错的出现，因此要尽量少用。**循环**是一种基于计时或计数而重复执行指令的规则，比如每 5 分钟获取一次邮件数据（系统触发规则）、铃声播放 2 分钟后停止（运行规则）或每收到 10 封邮件发送一次提醒（反馈机制）。循环的价值之一是延长了单次微交互的"生命"，如设定闹钟的微交互，单次的闹铃到铃响时微交互就结束了，但若是每日循环的闹铃，微交互就会长期存续。

让我们重新梳理一下微交互的结构。模式和循环以及系统触发器（本质上是一种触发机制）都属于规则，因而微交互其实有三个部分：手动或系统触发器启动微交互，基于规则运行微交互，并给用户提供反馈。事实上，这只是微交互中的一次交互，而反馈的信息中会包含下一个（手动）触发器，引导进入下一个"触发 - 规则 - 反馈"环。也就是说，微交互的真实结构是一系列的"触发 - 反馈 - 触发 - 反馈"，而所有的运行逻辑合在一起组成了规则。在讨论小流程设计时，我曾说理想的流程图是包含一系列"操作 - 呈现"的流程。操作就是手动触发，而呈现就是反馈，换句

话说，微交互的"规则设计"和"小流程设计"只是同一件事的不同说法，如图28-2
所示。

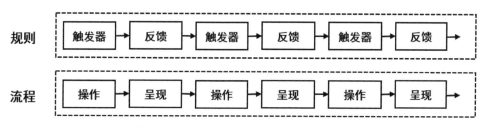

图 28-2 微交互与流程设计

当然，小流程只是微交互设计的一部分，后者还涉及触发器和反馈的具体设计。
触发设计（操作前信息）和反馈设计（操作后信息）本质上都是信息的传达，因而
本部分的各大设计思想都可以应用其中。至于更具体的控件和反馈形式，则要根据
具体的产品来做细分研究，如设计移动 App 时需要深入了解手机（物理）和移动操
作系统（虚拟）的各种基础控件及反馈形式。

至于微交互的设计过程，我并不建议按照上述顺序逐项设计。将微交互的各部
分对应到双塔模型（第 5 章），可以看到：

表 28-1 微交互与双塔模型的对应关系

双塔模型层次	微交互的组成部分
机制层	规则（含系统触发、模式、循环）
信息层	手动触发器、反馈

机制先于信息，因此规则的设计应该先于触发器和反馈，具体的设计过程如下（当
然现实中会存在步骤间来回跳跃和迭代）：

- 明确微交互的目标（对大型产品就是大流程中各子任务的目标）；
- 列出能想到的核心规则；
- 结合设计调研的信息细化规则，绘制流程图；
- 触发器设计（控件选择→控件状态→信息传达方式）；
- 反馈设计。

微交互设计与偏宏观的服务设计（第 20 章）是互补的关系。服务设计通过布局
大流程，确保产品能够真正解决用户的问题，而微交互通过打磨小流程和信息层使
细节更加精致。顶层设计不可或缺，细节也必须精雕细琢，就像 Saffer 说的："往小
处想，改变世界。"

有效反馈设计六步法

我曾体验过一款某知名科技公司的智能音箱，我对音箱说"帮我定一个两点的闹钟"，音箱说"好的，已为您定好两点的闹钟"，我让音箱播放音乐，就去忙别的事情了。1个多小时过去，突然正在播放的歌曲变成了一首轻音乐，这让我觉得很奇怪——音箱怎么还自动切歌了？过了一会儿，我反应过来，2点了，这应该是闹钟的声音，但我是为什么要定这个闹钟来着？

显然，这是一个失败的闹钟设计。问题并不在于闹钟功能的实现，而在于作为一种（延迟）反馈，它的设计没有遵循有效反馈的设计原则。只是提供反馈是远远不够的，作为 UX 设计师，我们需要为用户提供"有效反馈"，这需要解决两个问题——反馈什么（反馈内容）和如何反馈（反馈方式）。

反馈内容

反馈本质上是信息的传递，那么首先就要想清楚信息是什么，我们可以先问自己两个问题：

问题1：当前用户应该知道什么？"应该知道的内容"指对用户很重要的事情，比如危险的警报、产品运行的关键信息等。仔细思考，用户的目标是什么？哪些信息是实现这个目标所必需的。拿闹钟举例，用户的目标是提醒自己做某件事，因此向用户传递"你有个闹钟到时间了"的信息是远远不够的，你还要提醒用户要做的事——人的记忆力是很差的，经常想不起来定闹钟的目的。"唤起注意＋提示内容"才是提醒功能的完整形态。

问题2：当前用户想要知道什么？"想要知道的内容"源自用户的期望，这些信息不一定影响交互的效果，却能从主观上让用户产生控制感和安全感，比如系统当前的运行状态。不要低估这个问题，通常用户想要知道的要比应该知道的多得多。

反馈并不是越多越好，过多反馈会让用户迷惑和烦躁，甚至严重干扰正常任务。因此，在想清楚反馈什么后，应该对我们的设计做一个必要性检查，补全必须的内容，并去掉一切不必要的内容（简约）。此外，我们还要对必须反馈的内容设定优先级，这是选择反馈方式的基础。强反馈会打断当前任务流，为了最小化干扰，我们应该只对很重要的信息进行强反馈，而划分优先级的过程帮我们定义了重要信息。通常来说，用户"应该知道的"比"想要知道的"优先级要高。

反馈方式

在思考反馈方式时需要考虑三个问题：当前你希望用户感受到什么？当前用户希望感受到什么？如何创造这种感受？这是设计师的创造力真正有发挥空间的地方，视觉元素、声音、触感、气味及各类反馈的组合，只要能达到目的都可以使用。前提是你的反馈方式与反馈优先级相对应，即对重要的信息使用强反馈（打断任务流），对日常信息使用弱反馈（参考平静设计原则，第29章）。这里的要点是用户和场景，反馈的强弱和有效性不是绝对的，要根据实际情况灵活选择反馈方式，比如再炫目的视觉反馈，如果目标用户是盲人，也没什么意义——达成目的才是唯一的评判标准。在反馈方式确定后，你还需要从三个方面检查反馈的有效性：实时性、触达性和易懂性。

反馈实时性。反馈必须是实时的，想想玩网络游戏时的网络延迟多让人抓狂，你就能理解实时性的重要。当然，不同场景下对实时性的定义也不同。操作类反馈的实时性通常是百毫秒级或更短，比如游戏界面应在1/10秒内对用户的指令给予反馈（第23章）。而对于一些持续展示类的信息，比如电动汽车的剩余电量，反馈的实时性可能是秒级甚至更久，只要能够保证产品正常使用且符合用户期望就可以了。

反馈触达性。无论强弱，反馈必须让用户能够注意到，同时避免过分干扰用户。回到智能音箱的案例，闹钟使用了音乐进行反馈，但由于我当前的任务本来就是听音乐，我的第一反应是切歌了而不是闹钟，这种反馈的辨识度很低，因而触达性就弱。此外，我们应该让反馈保持足够长的时间，确保用户能够注意到。例如，将汽车仪表上的视觉提示设置为1秒消失，用户就很可能错过信息。但是，太长的停留时间也会造成干扰，因此在设计产品时必须进行可用性测试，来保证反馈的持续时间是合理的。

反馈易懂性。反馈要让用户能够快速理解，最好自然且优雅。其中动画的认知负荷更高，要谨慎使用，如果使用则要确保其与用户的行为模式相一致，比如用户向右滑动屏幕，过渡动画却自下而上进入，就会让用户困惑——为了动画而动画只会拉低反馈的易懂性。

最后，我将有效反馈设计六步法（2组问题+4个检查点）总结如图28-3所示。

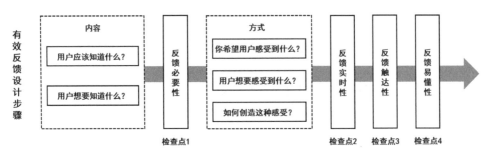

图 28-3 有效反馈设计六步法

设计模式

接下来我们讨论一下设计模式。设计模式与上文提到的模式不同，是一种经验化的设计套路。Joel Marsh 在《用户体验设计 100 堂入门课》中这样定义设计模式："当许多设计师都面临相同的问题时，某个人将问题漂亮地解决了，于是其他设计师也开始采用那种解决方案，这就是设计模式。"简单来说，**设计模式**就是被广泛用于解决某类问题的设计套路。UX 关注用户的实际问题和架构级设计，模式化的解决方案比较少，但操作级的微交互和 UI 能够沉淀出很多解决模式，如抽屉式导航、汉堡三线等。设计模式的优点是为设计师提供了一种现成的可行方案，帮助设计师节约了时间，同时使用相同的模式遵循了一致性原则（尼尔森第 4 原则），往往能使产品更加易懂。但是，设计模式也给那些懒惰的设计师提供了温床，导致了对设计模式的大量滥用。

最疯狂的模式滥用可能要数"汉堡三线"了。你一定见过图 28-4 左侧由三条线组成的图标，这个模式的应用非常广泛，通常在页面的左上或右上角，因其形状酷似汉堡包而常被称作"汉堡三线"。汉堡三线的功能是隐藏不重要的功能，从而使界面更加简捷，对简约设计的"隐藏"环节（第 25 章）很有用。它还有很多变体，比如图 28-4 中的纵向三点、横向三点、加号等，但功能都是一样的。

图 28-4 汉堡三线及其变体

这类"隐藏菜单"图标被大量设计师使用，是一个很不错的设计模式。但就像我在第 25 章中讨论的，隐藏的对象是不重要的元素，也就是说，我们需要首先根据用户需求将重要和不重要的元素区分开，然后将不重要的元素用汉堡三线隐藏。但现实是，很多设计师不考虑用户需求，甚至完全不考虑是否真的需要这样一个汉堡三线的图标——他们只是觉得用户界面就应该有这么一个图标。我曾见过一个非常极端的例子，点击某知名 App "系统通知"页的隐藏菜单，里边只有一个被称为"浏览器打开"的按钮。且不纠结这个按钮有啥用（我至今想明白为啥要用浏览器打开系统通知），只说整个隐藏菜单就这一个功能，实在没必要使用一个隐藏菜单——不仅难找，还增加了一次额外操作。这种滥用隐藏按钮的案例可谓多如繁星，糟糕的是，现实中很多用户根本注意不到隐藏的图标，他们要么在界面中迷失方向，要么直接放弃并离开这种"不友好"的界面。

我觉得设计模式滥用有两个主要原因。一是主观上的懒惰或客观上的项目压力，使得设计师希望"走捷径"。为什么汉堡三线那么好用？因为你要做的只是把一堆图标扔进去，不需要纠结用户需求，也不用考虑页面布局，甚至这些图标的美观都不那么重要，反正用户平时也看不见。"我们采用了 XXX 公司的经典设计"或是"我们遵循了国际流行的设计趋势"是很棒的借口，甚至设计师自己都以此为荣。然而，这样的态度对用户是很不负责任的。拿来却不消化，套用而不活用，学到的终究只是空壳而已。正如 Marsh 所说："有些设计想法之所以流行，是因为它们能让懒惰的 UI 设计师无视那些具有挑战性的功能。这就好像因为某个人长得很丑，于是在他头上蒙个袋子一样。"二是缺乏理论基础，我曾在一篇博文中剖析过"签到"功能，为什么要持续提供奖励，为什么要在 3 天和 7 天提供大额奖励，都有其心理学依据在，而汉堡三线的使用也是建立在简约思想之上的。如果拥有扎实的理论基础，完全可以活用这些模式，反之就只是知其然而不知其所以然——既然不懂人家为什么这么设计，除了直接拿来，还能怎么办呢？

设计模式很重要，特别是对设计新人来说，可以使其快速上手做出一些还不错的设计，因而设计师都应该了解常见的设计模式。不过，这与简约等设计思想不同，后者是一种普遍适用的、但需要深刻领会的设计哲学。而设计模式是基于这些思想衍生的具体方案，这是一把双刃剑，立竿见影，但灵活性很差，也很容易使设计师误入歧途。对此我有两点建议。

第一，创新才是核心，模式只是借鉴。UX 旨在更好地解决用户问题，创造卓越体验，而对模式的依赖会制约创新过程，使产品趋向同质化。设计师很容易陷入模式依赖的陷阱，毕竟拿来比创新容易得多。但无论何时，设计都应首先围绕要解决的问题和目标体验进行创新，设计模式要考虑，也可能最后选用，但决不能用设计模式取代创意发散过程。

第二，即使借鉴，也不能盲目地全盘接收。常见的设计不见得是优秀的设计，而即便是优秀的设计，换一种环境之后也可能很糟糕，不能随便拿来，正如《About Face 4：交互设计精髓》所说："模式永远不能脱离应用背景而像饼干模具那样机械地拼凑使用。"不考虑设计背后的思想，只是照搬国际趋势和著名企业的设计，这不是借鉴，而是模仿，而且很多时候都只是在复制别人糟糕的设计而已。同时，由于没有深入领会设计背后的思想，当别人对设计进行优化后，除了继续复制，毫无他法。真正的借鉴，是把拿来的东西消化吸收，取其精华，去其糟粕，然后形成自己的设计哲学和设计思路，最终在合适的时机实现超越。

无论是借鉴与否，还是如何借鉴，我们都应该具体情况具体分析，并做到理性取舍。而在这其中，在对理论知识的学习和对 UX 的理解上，是着实要下一番功夫的。

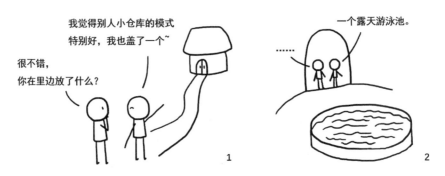

细节是一种态度

卓越之路没有捷径，细节设计亦然。就像苹果公司为了包装盒上的一个小贴纸制作了成百上千的原型，打磨细节意味着企业要对每一个不起眼的元素投入大量工作。但在质变出现前，对细节的努力看起来往往没什么成效。相信"量变产生质变"可以抵消一部分阻力，但在我看来，卓越的企业或个人之所以能够在细节上下足功夫，根本上源于一种精益求精的态度和信念。这种精益求精不是对方案的持续优化那么简单，而是不断追求对用户更好的方案，不轻易放弃任何可能，甚至为所相信的正确之事不惜代价。正如苹果公司前高管托尼·法德尔所说，当苹果公司知道什么会与用户产生共鸣时，"你就要义无反顾，不遗余力。"[1] 对完美主义者来说，完美不需要理由，这就是一件理所当然的事。权衡是设计后的工作，一旦在还没设计时就开始

[1] John Edson. 苹果的产品设计之道：创建优秀产品、服务和用户体验的七个原则 [M]. 黄喆，译. 北京：机械工业出版社,2013.

权衡细节的得失，就很容易得过且过，而如果每一个细节都得过且过，最终必然只能做出平庸的产品。

企业都希望做出"上档次"的产品，很多高科技产品却让人觉得很"low"，这是因为档次的高低并不在于材质本身或是多高的造价，更不在于使用了什么高科技。档次源于对细节的考究，更准确地说，是对细节的态度。我一直认为，产品的设计反映了企业和设计师对待用户的态度，而用户也能够通过产品感受到这种态度。一个肯为用户花心思甚至下血本的企业，用户自然会感受到，而他们的产品也自然会显得高档，至于材质或高科技，其实只是这种努力的一部分外在表现。Dan Saffer 在《微交互》中也指出："细节彰显人文关怀、思维方式，以及关注重点"。以人为本，精益求精，这是每一个追求卓越的企业和个人都必须抱持的态度。

最后还要强调一点，尽管本章讨论的主要是数字产品的细节，但微交互的范围实际上覆盖了人与产品接触的所有细节——外包装盒上的标签也是一个微交互。此外，细节设计还涉及更加高层次的体验，如贴心、有趣等，我们会在第 7 部分讨论这些内容。

微交互

- **设计思想**
  卓越产品是精心打磨的细节的集合；
- **拉远**
  一种关注大局的设计策略；
- **拉近**
  一种关注细节的设计策略；
- **微交互**
  为实现某个小目标的一小组操作；
- **触发器**
  用于启动微交互的元素；
- **规则**
  微交互的运行逻辑；

- **耳标**
  能传达信息的独特的几个音符；
- **语音反馈**
  将反馈通过语音播放；
- **模式**
  规则中的分支；
- **循环**
  基于计时或计数重复执行的规则；
- **有效反馈设计六步法**
  包含 2 组问题和 4 个检查点的六步法；
- **设计模式**
  被广泛用于解决某类问题的套路。

第29章

未来交互

时代性设计

在交互部分的最后，我们来聊聊交互的未来。时代在改变，新技术正以前所未有的速度重塑着我们的生活。20 年前大部分人还不知道触摸屏为何物，10 年前很少有人想过汽车还有可能自动行驶，10 年后人与世界互动的方式又将如何呢？2011 年，Orange-Vallee 公司的首席执行官让·路易斯·康斯坦茨发布了一段网络视频。视频中，康斯坦茨一岁的女生正在玩 iPad，康斯坦茨递给她一本杂志，小姑娘开始按压和滑动纸质页面，但杂志没有任何变化，于是她失望地将杂志扔到一边。我们曾讨论过小孩子也能用 iPad 是因为交互的原始性（第 24 章），但在这里不是重点，重点是孩子看待杂志的方式。我们出生于"模拟时代"，因此会将 iPad 上的图文看作电子版的杂志，但出生于"数字时代"的人会将杂志看作无法使用的 iPad，Brian Solis 在《完美用户体验：产品设计思维与案例》一书中将这种以数字化视角看待世界的方式称为**数字优先**。

当新事物出现时，人们会利用已有的心智模型加以理解，这对设计自然易用的产品很重要。但是，对于企业和设计师来说，以旧视角看待新事物会对思维产生极大的限制。比如智能手机出现时，很多企业简单地将手机应用看作"小版本的台式应用"，但移动时代人与应用的关系已不再局限于固定场所和时间段的人机互动，用台式机时代的思维思考移动产品难以抓住要点，而事实也是如此——如今的手机应用已分化成与台式应用完全不同的东西。这样的例子还有很多，比如将触摸屏看作物理按键的电子版，把智能家电看作能跟手机应用连接的传统家电，把智能汽车看作能自动控制和联网的传统汽车，等等。然而，未来产品与人互动的方式将大为不同，这将极大地影响产品的形态及详细设计，基于旧思维很难看清这些变化。就像 Solis 所说："虽然我们抓住了新机遇，但做事情的方式还是以往的老一套。"

用户同样是与时俱进的，人的本性很难改变，但每代人的心智模型都有所不同。网易云音乐是一款互联网音乐产品，在播放音乐时使用了"黑胶唱片"的拟物设计——唱片图形随着音乐而旋转。不用说，这是 80/90 后设计师们的杰作，对于经历过模拟音乐时代（唱片 /CD/ 磁带）的人们来说，这是非常易于理解的、很有情怀的设计，我个人还是蛮喜欢的。然而，对于 20 世纪出生的人来说，数字音乐是模拟音乐的电子版，对于 21 世纪那些出生在数字音乐时代的用户则不然，对他们来说，数字音乐就像 iPad 一样天经地义，模拟音乐则变得像那本杂志一样难以理解。切换视角往往会带来有趣的发现——如果我们抛开唱片的隐喻重新看待这个拟物设计，会发生什么呢？我看到的只是一个旋转着的黑色圆环，还有一个不知道干什么用的"杆子"。也就是说，拟物对数字时代的用户既不能辅助理解、也难以带来情怀，反而成了一个需要努力理解的东西。好在他们的父母能提供一些关于模拟音乐的信息，但到他们的下一代时，还有多少人能理解这个设计呢？至少我是不太乐观。拟物设计（第 24 章）其实包括模拟自然事物和人工制品两类。模拟自然的设计生命周期很长，因为自然的变化很慢，我们和几百年前的人对"像蛇一样的东西"的理解是一样的。但模拟人工制品就没那么保险了，因为产品不断更新换代，几十年前的人能够理解"像寻呼机一样的东西"，但现在的人会问"什么是寻呼机"。模拟旧时代的事物是有效的，但要格外小心，你必须确保用户拥有相应的心智模型。

很多企业在考虑用户群体时喜欢根据年龄来划分，如年轻人、老年人，这其实是有问题的。不同年龄段确实存在差异，但差异的根源并非年龄本身，而在于他们不同的成长环境。"中年人不擅长学习新电子产品"的表述目前来说还算正确，但 10 年后的中年人经历过数字时代，如果还用老眼光来看待产品就会出现问题。重点不是年龄，而是心智——住在偏远山村的年轻人可能需要非常基础的帮助，而大城市的老年人反而可能是专家用户。

产品具有时代性，产品设计应该与时俱进。我将这种思考产品的方式称为**时代性设计**，其基本思想是卓越的产品应该与其所处的时代高度契合。我们已经讨论了很多关于用户心智的问题，因此时代性设计的第一条建议是：产品应该符合所处时代用户的心智模型。这要求设计师以发展的眼光，沉浸于用户的世界，进而对用户心智建立正确的认知。

互动决定形态

时代性设计的第二条建议是：产品形态应该符合所处时代的互动模式。是交互方式决定了产品形态，而非产品形态决定了交互方式，我称之为**交互决定形态**原则，理解这一点非常重要。如果生物与自然的互动是从巢穴取食白蚁，那么长舌头就是匹配该互动方式的绝佳形态，尽管让互动适应形态（如靠利爪刨土）也能吃到白蚁，但比长舌头要费力得多，在竞争中就会处于劣势。长此以往，具备长舌头的物种逐渐强盛，其他形态的物种则走向灭绝。需求（取食白蚁）决定了互动的对象，而与这一对象的互动模式决定了生物的最佳形态，因而相同的需求及其互动必然进化出相似的形态，比如亚洲的穿山甲和南美洲的食蚁兽，这就是趋同进化。产品也一样，用户的需求决定了与之互动的产品概念（如触屏手机），产品的具体形态则取决于互动方式（触屏交互），只有与互动方式相匹配的产品形态才能够生存下来——如今智能手机都长得差不多，就是长期趋同进化的结果。在第 23 章我说"功能决定形式"其实应该是"需求决定形式"，如果结合对交互的讨论，可能"需求的互动决定形式"更准确一些。

"交互决定形态"原则带给我们两方面的启示。一方面，对于旧时代的产品，不要轻易做大幅度的修改。经过长期的发展，产品已逐渐接近其最佳形态，比如茶壶的形态能方便喝茶，如果你设计的茶壶没有把手那么显然是不合适的。另一方面，对于新时代的产品，不要使用旧时代的产品思维，而要从新的互动模式的角度思考产品。比如人与手机的互动方式与台式机完全不同，这意味着手机应用将具有与台式应用完全不同的形态。将手机应用看作"小版本的台式应用"，使用旧的台式思维设计产品，逼用户在新交互下适应旧形态，这样的企业注定会被时代遗弃。同时，新时代的产品形态尚未稳定，因而也不要随意借鉴，企业应该从交互出发对形态做出自己的判断。上一章中我们讨论的"设计模式"本质上是微交互层面沉淀下来的产品形态，因而也遵循相似的原则——对于旧交互不要轻易远离模式，对于新交互则不要轻易借鉴模式。

此外，用户的角色很多时候也是由互动方式决定的，比如"驾驶人"这个角色只在传统的人车交互模式下才有意义，而汽车产品其实并不必要有驾驶人。在未来，汽车能够自动驾驶，那么在自动驾驶场景下驾驶人角色也就失去了意义——车内只有"乘车人"。显然，基于驾驶人和乘车人构建的产品形态有很大差别，后者更适用于高度自动驾驶的互动模式，也更接近该场景下产品的最佳形态。

当自然环境发生改变，只有适应新的互动方式的物种能够生存下来。同样，当时代发生变化，也只有适应新的交互模式的产品和企业能够成功。在设计产品，特别是新时代的产品时，问问自己：人们在生活中会如何与产品交互？我如何调整产品形态以更好地满足这些交互？

新时代的交互

时代性设计的第三条建议是在对人性和新时代技术深刻理解的基础上思考人与产品的关系。产品是由技术实现的，人与产品的互动本质上是人与技术的互动，只有同时理解人性和新技术才能对未来人与产品的互动模式进行有效的判断，进而依托对互动的理解构建满足时代要求的产品形态。作为 UX 的核心，人性的问题我们已经讨论了很多了，那未来技术是什么样子呢？显然这已经超出了本书的范围，我在这仅做一点简单的讨论。

每当提到新时代，我们常能听到很多有趣的名词，比如物联网、人工智能等。物联网使我们身边的大小设备相互连接；大数据基于海量历史数据预判世界的走向；人工智能提供媲美高等生物的理解和决策能力；云计算将计算负担从设备转移到远处的中央计算平台；普适计算使计算机融入人们的生活环境，让大小设备都拥有计算和通信能力；可穿戴计算则让纽扣、耳环等随身物品拥有计算能力。这些技术间的关系非常紧密，比如物联网为大数据提供了丰富的数据，大数据计算支持了人工智能，而云计算、普适计算和可穿戴计算都需要物联网来传递信息。总之，我们即将面对的是一个"万物互联、万物智能"的时代，技术会渗透到人类生活的方方面面，而人与技术之间的互动也变得更加微妙。互动几乎无处不在，却难以察觉，而我们与单个设备的互动也会牵连更大的"生态系统"。设备数量将增长到几百亿甚至更多，不只与人，这些设备之间也在进行着复杂的交流和互动，正如 Amber Case 在《交互的未来：物联网时代设计原则》一书中所说："我们正在走向一个生态系统，它有着更多生物性特征而非机械性特征。"

在这样的技术环境下，智能手机时代的互动模式也将不再适用，设计师需要重新思考新时代的互动模式。Michal Levin 在《多设备体验设计：物联网时代产品开发模式》一书中提出了生态系统设计的 3C 框架，包含一致性（consistent）、连续型（continuous）和互补性（complementary）三个设计方法。**一致性设计**指使内容、意符等用户体验的核心元素在各设备上保持一致，仅根据设备特征稍做调整。未来的产品很可能包含多个设备，你要让用户觉得自己在使用同一产品的不同部分，而非不同的产品。当然，这并不是简单地把相同的设计投射到不同的设备，各设备不同的互动模式决定了产品形态的差异——需要一致的是核心体验，而非产品形态。**连续型设计**指多设备能够相互衔接确保用户达成目标。未来的用户可能通过多个设备完成相同的任务，比如在手机上购物到一半乘坐智能汽车，而在汽车上继续购物，最终在家里的智能电视上完成购物。连续型设计的基础是流程设计（第 20 章），需要考虑完成活动的各项任务以及可能出现的场景和设备切换，进而在切换时确保状态的衔接并提供需要的信息，保证任务流的平滑顺畅。**互补性设计**指多设备并行使用，相互补充和协作以支持用户目标。互补性设计有两种形式，一种是控制关系，如用手机控制智能冰箱；另一种是合作关系，如用手机做游戏手柄，车载屏幕做游戏屏幕。合作关系也包括了复杂性转移（第 25 章），如使用电视的虚拟界面和遥控器的物理按键共同控制电视。智能汽车曾出现过"多屏是趋势"的说法，但多设备只是途径，满足用户需求才是目的。正如 Levin 所说："我们在多设备设计中应该关注设备与人的关系，以及怎样利用这些关系更好地满足用户需求，帮助他们达到目标。"这也给出了时代性设计的第四条建议：在对互动关系的理解之上思考更好地满足用户需求的方式。

3C 框架讨论的是以智能手机、平板电脑、台式电脑和电视为核心的生态系统，为我们提供了一个不错的参考，但未来的生态系统显然要比这复杂得多，需要我们根据时代的发展不断思考新的互动模式及相应的设计方法。这里需要注意，不要将视野局限于人与产品，其他一些可能的思考维度包括：

- 人与人（通过产品）如何互动；
- 产品与其他人如何互动，如汽车与路上的行人；
- 人与机器人如何互动，这里的"机器人"指具有自动化能力的实体智能产品——智能汽车其实也是一种机器人；
- 产品与产品如何互动，这一方面关注为实现用户目标，产品间需要交互哪些信息（技术搭建了管道，设计要考虑在管道中传输什么内容）；另一方面则关注没有技术连接时，产品间如何像人一样通过声音、视觉等方式交换信息（但交互规则通常与人际交互有所差异）。

此外，未来技术能够记录大量有关用户的历史数据，这使得我们可以更好地利用用户情境预测并增强未来的交互，以及提供更好的个性化服务。

最后让我们重新整理一下**时代性设计**的四个原则，其逻辑关系如图 29-1 所示。

- 在对人性和新时代技术深刻理解的基础上思考人与产品的关系；
- 产品形态应该符合所处时代的互动模式；
- 在对交互模式的理解之上思考更好地满足用户需求的方式；
- 产品（的具体设计）应该符合所处时代用户的心智模型。

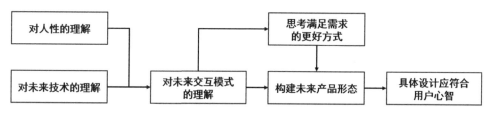

图 29-1　时代性设计逻辑

平静设计

目前，人们经常交互的高技术产品还屈指可数：手机、电脑、平板、家电等。但即便如此，我们也已经被大量的推送、消息、提醒等各种信息搅得不得安宁。随着万物智能时代的到来，人均设备数量正在急速增长，但人类的注意力却极为有限，为了创造卓越的体验，设计师必须让设备与人类和谐共处，这催生了平静设计思想。Mark Weiser（普适计算之父）和 John Seely Brown 在 1995 年提出了"平静技术"的概念，Amber Case 在《交互的未来：物联网时代设计原则》一书中以此为基础提出了平静技术设计的八项指导原则：

- 应该尽可能减少设备所需的注意力；
- 设备应该提供信息并创造平静生活；
- 设备应该有效利用注意范围的边缘（周边视野及其他感知层面）；
- 应该充分放大机器和人各自的优势（不要让双方去做对方的工作）；
- 设备可以交流但不需要说话（少用语音）；
- 设备应该在出现问题时仍然可用；
- 应该使用所需的最低技术含量解决问题（简约设计）；
- 设备的使用应该遵守社会规范（被习惯和接受的产品不会打扰用户）。

产品应该为用户创造一种**平静感**，这是一种不被其他事情打扰也不用为其他事情操心的感觉，需要设备少打扰、少喧哗、少故障、少维护等。简单来说，**平静设计**的基本思想是卓越的产品应该尽可能避免打扰用户的生活。我们在第 21 章讨论的"无界面交互"思想与平静思想有很多共通之处，界面意味着注意力（使用手机 App 打开车门），而无界面使交互过程更加平静（车钥匙自动解锁车门后用户直接打开车门）——平静设计要消除一切不必要的界面。

尽管源于普适计算这一新时代的技术，但平静其实是一个普适原则。任何产品都应该遵循平静思想，为用户创造尽可能平静的生活，而普适计算技术也能够使产品更加平静。也就是说，为了让产品更加平静需要普适计算技术，而普适计算技术的发展也需要以平静设计为指导，两者密不可分。普适计算思想不是让小物品能够计算这么简单，而是让计算真正融入人类的生活以至无形，在平静之中解决问题，用道家的话来说就是实现"无为而无不为"的境界。平静思想本就是普适计算思想的一部分，是对普适计算时代互动模式的理解。只有理解平静思想，才能真正领悟普适计算的内涵。

概念产品

最后讨论一下概念产品。在各大展览会上，你总能看到概念产品的身影，比如车展上车企展出的各种"概念车"。一些企业将概念产品看作一个独立于普通产品的"异想天开"的展示物，这其实远没有发挥其价值。我认为**概念产品**本质上是一种原型，用以展示企业对未来产品的思考，更准确地说，是对未来交互模式和产品形态的思考。企业在对未来技术深刻理解的基础上思考产品的互动模式，进而构建未来产品的形态，并将研究成果与外界分享，这就是概念产品——概念产品其实是时代性设计的产物。因此，概念产品绝不是一个"单独的东西"，它源于踏实的概念设计，而企业也确实希望将其实现，只是因为思想过于超前而暂时不具备实现条件而已。概念产品至少有三点价值：

第一，显著提升企业的品牌形象。极具前瞻性的概念产品是展现企业开拓精神和卓越性的利器，它向潜在用户传递了一个非常重要的信号——我们始终走在时代的前列！走在前沿的企业必然卓越，卓越企业的产品必然高端，这种感觉会潜移默化地影响用户对品牌及企业当前在售产品的认知。概念产品甚至会影响产品最高的"意义"层次（第 4 章），卓越产品能够彰显身份和品味，而给大众留下"引领者"的品牌印象，自然会吸引那些希望彰显出众的用户购买同品牌的产品。

第二，呼吁政府和供应商跟进。超前于时代的一个主要原因是缺少后端生态（第 22 章），概念产品可以给政府和供应商以启发，而大众对概念产品的强烈反应也会为各方的加入提供动力。汽车企业如何推动智能交通？向大众展示一套未来交通的美好图景会很有帮助。

第三，了解大众看法的重要机会。概念产品本质上是一个原型或 MVP(第 16 章)，能够用以测试大众对新概念的反应。从这个意义上说，展会也可以看作一场大型的用户测试，能够为时代性设计的产出提供反馈。企业应该乐于让大众体验概念产品，这既能让大众进一步理解品牌，也能从大众与产品的互动中获取信息。有些企业将概念产品与大众隔离开，就失去了这样的机会（当然也可能是对设计不自信或设计时压根没考虑交互模式）。

需要注意的是，尽管外观对产品很重要，但外观的概念展示对以上三个方面的贡献远不如交互模式。外观受到潮流等因素影响，很多时候无所谓是否前瞻，而交互源于对未来的深刻思考，前瞻通常就是前瞻，也更容易引起广泛的共鸣。同时，今年大众喜欢的外观明年可能就不流行了，因而对互动模式的评价也比外观评价稳定得多，对企业的未来决策也更加有用。

此外，既然概念产品是企业真的想做的东西，那就要考虑保密的问题。保密可以防止竞争对手过早的模仿，也能为产品创造神秘感，因此哪些部分可展示，哪些部分要保密也是企业需要慎重考虑的问题。专利在这里的作用巨大，如果企业为创意申请了专利，自然也就不用担心抄袭的问题了。

概念产品不是用炫酷的外形来博取眼球，也不是用来展示设计师的艺术想象，更不是为了概念而概念。我们不是要向用户展示一个与众不同的东西，而是展示一个企业可能为世界带来的更加美好的未来——不是"哇,这个东西挺特别"，而是"哇,原来生活还可以这样"。

未来交互

- **数字优先**
  以数字化视角看待世界的方式；

- **时代性设计思想**
  卓越产品应与其所处时代高度契合；

- **交互决定形态**
  产品的交互方式决定了产品形态；

- **3C 框架**
  物联网生态系统下的一种设计框架；

- **一致性设计**
  体验核心元素在各设备上保持一致；

- **连续性设计**
  多设备能够相互衔接确保目标达成；

- **互补性设计**
  设备相互补充和写作以支持目标；

- **平静感**
  不被打扰也不用操心的感觉；

- **平静设计思想**
  卓越产品应尽量避免介入用户生活；

- **概念产品**
  展示对未来交互模式理解的原型。

第5部分

总结

在本部分，我们讨论了交互 / 行为层次的十大设计思想，如表 29-1 所示。

表 29-1　交互 / 行为层次的十大设计思想

序号	设计思想	基本思想
1	可用性设计	卓越的产品不该让用户在使用时遭遇困难
2	易用性设计	卓越的产品要让用户高效、顺畅、舒适地使用
3	自然设计	卓越的产品应该让用户自然地与之交互
4	简约设计	卓越的产品应该给用户一种简单的感觉
5	控制感设计	卓越的产品应该让用户有一种"一切尽在掌握"的感觉
6	自由感设计	卓越的产品应该让用户有一种无拘无束的感觉
7	差错设计	卓越的产品应该通过设计尽可能减少用户犯错和产生严重后果的可能性，而非责备用户
8	微交互设计	卓越的产品是一整套精心打磨的交互细节的集合
9	时代性设计	卓越的产品应该与其所处的时代高度契合
10	平静设计	卓越的产品应该尽可能避免打扰用户的生活

这些思想都很深邃，远比我在本书中讨论的要复杂。本书的目的是希望帮你理清思路、端正理解，要想深刻领悟，你还需要扩展学习，并在设计中尝试运用这些思想，从实践中获取经验。在设计中多问自己：我的设计可用吗？易用吗？自然吗？等等。相信你会有很多新的发现，进而让产品为用户带来更好的使用体验。当然，只考虑交互层次还不够，在下一部分，我们将学习深度体验层次的各大设计思想。

第6部分
深度体验

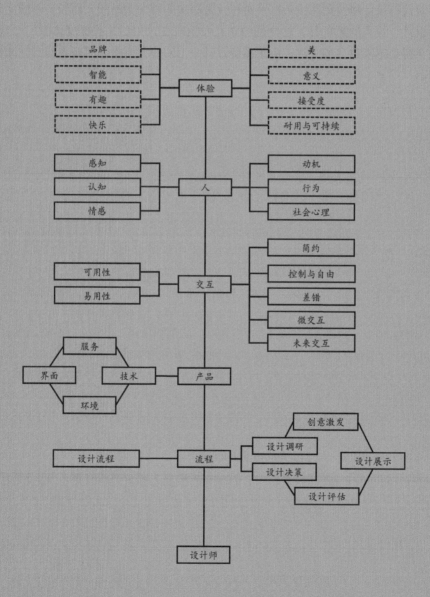

在上一部分，我们讨论了交互 / 行为层面的十大设计思想，做好交互部分的工作可以确保产品突破可用的瓶颈进入易用层次（第 4 章）。但是，要想真正实现卓越，产品还必须突破更上层的"愉悦"和"意义"层次，我称之为**深度体验**，指互动行为产生的更为深远的反思（情感和深度认知）体验。愉悦主要涉及智能、有趣、快乐和美四个维度，意义则包括品牌、故事、跨媒体世界等内容，此外还有接受度、耐用和可持续等维度。尽管积极的情感和意义是人们真正希望追求的体验，但过去心理学的大部分研究都集中于理解和消除焦虑、抑郁等负面情绪。另一方面，交互设计时代的设计师们更关注人机界面和行为层次的可用和易用，而较少考虑反思层次的设计。令人欣慰的是，这个趋势正在发生改变，相信这些深度体验的"蓝海"未来会得到越来越多的关注。由于品牌设计是 UX 的大前提，因而我们首先来讨论品牌。

第30章

品牌

　　如果我说品牌设计是彻头彻尾的 UX，你可能感到很新奇。这并不奇怪，事实上，如果一年前有人跟我说 UX 设计师要考虑品牌，我也会有同样的感觉。无论是留学时的课程还是我曾阅读的大量 UX 书籍，更多关注的都是人与技术间的互动，"品牌"这个词似乎从未出现过。直到 2020 年的 6 月，我在浏览电子书时无意间点开了一本叫作《品牌 22 律》的品牌学著作，读了几章后惊讶地发现其核心思想与 UX 思想竟然高度一致，不仅阅读毫无阻力，而且共鸣强烈，这为我开启了一扇新世界的窗户。在扩展阅读了几本品牌学书籍后，我确定了一件事——整个品牌设计都是 UX 的范畴，也是 UX 设计师应该掌握的内容。品牌学与营销学、广告学等领域渊源颇深，是一个很大的学科，在本章我不会对品牌学知识做过多展开，重点是帮你从 UX 视角理解品牌的本质，以及品牌设计与心理学、UX 的关系。

品牌设计的本质

　　一提到品牌，很多人（也包括曾经的我）的第一反应是拍广告、做宣传、设计 logo（徽标）、增加曝光度——毕竟电视上常见的"品牌计划"似乎只是在为企业打广告而已。然而，品牌设计的目标是建立品牌，而广告设计的目标是维护品牌，两者的目标完全不同。正如《品牌 22 律》所说："大多数营销人员混淆了品牌创建和品牌维护这两个概念。一个巨额广告预算可以维护一个知名品牌，像麦当劳和可口可乐，但一般而言，通过广告建立新品牌是不切实际的。"如果将品牌看作产品，那广告就是运维，当你有一个好产品时，运维会有很大意义，但如果产品本身不行，那么再多的运维投入也只是白白烧钱。好产品不是简单靠钱就能砸出来的，好品牌同理，两者都需要好的设计。

　　那到底什么是品牌设计呢？请思考一下，你对"可口可乐"的第一反应是什么？

通常是可乐，以及你记忆中可乐的样子。你不会想到雪碧，尽管它也是可口可乐公司的产品。反过来，当我提到"可乐"时，映入你脑海的第一个品牌八成也是可口可乐。别忘了还有百事可乐等其他可乐品牌，尽管很多人更喜欢百事可乐的味道，但就算百事的销量有一天真的超过可口可乐（这太难了），它也不会成为可乐的代名词。也就是说，在人们的心中，"可口可乐"这个品牌已经与"可乐"这个词牢牢绑定在一起了。而一旦这种关系得到确立，无论是人们想买可乐，还是看到摆在一起的多种可乐，都更可能选择可口可乐——因为它是"可乐"的正宗，而这就是品牌设计要达到的效果。建立品牌的过程本质上是在人们心中将品牌与一个词汇（及与这个词相关的印象和感觉）建立联系的过程。简单来说，**品牌设计**就是让品牌在用户的心智中占据一个词汇。正如 Al Ries 和 Jack Trout 在《定位：争夺用户心智的战争》一书所说："问题的解决之道，并非存在于产品之中，甚至也不存在于你自己的心智之中。问题的解决之道，存在于外部的潜在顾客的心智之中。"用户心智，没错，这是我们在本书中不断提及的词，品牌是用户心智的一部分，设计品牌就是设计用户心智，也就是在设计用户体验——品牌就是体验。

定位思维

要做品牌，先做定位。

2001 年，美国营销学会将"定位"评为"有史以来对美国营销影响最大的观念"[1]。品牌设计的目标是建立品牌与一个词的联系，那么我们首先要找到这个词，这个确定"有效的品牌关联词"的过程被称为**定位**。那何谓有效呢？《定位：争夺用户心智的战争》一书中提出了"一词占领心智"理论，并称定位是"一套系统的寻找心智空位的方法。"也就是说，我们不仅要找到一个能代表品牌的词，还要保证用户心智中的这个词（可能是新造的词）为品牌留了位置。一个词在心智中真正意义上的空位只有一个，一旦被占，你几乎不可能取代它，比如"可乐"一词已经被可口可乐品牌牢牢占据，你就是花 1000 亿打广告也不可能撼动大众对可口可乐是正宗可乐的印象。没有占据心智空位的"品牌"只是一个名称而已，品牌名称千百万，但词的数量是有限的，这也就难怪能真正建立起来的品牌只是凤毛麟角了。

了解历史有助于我们理解定位思维。《定位：争夺用户心智的战争》一书将近代

---

[1]　Al Ries,Jack Trout. 定位：争夺用户心智的战争 [M]. 经典重译版 . 顾均辉，译 . 北京：机械工业出版社 ,2017.

（西方）传播史划分为三个时代：产品时代、形象时代和定位时代。产品时代（20 世纪 50 年代）的市场竞争不是很激烈，广告业主要关注产品的"卖点"，企业找到一个独特的产品特性，然后围绕卖点进行宣传。但随着竞争加剧，大量同质化产品涌入，所有人都说自己的产品拥有最好的特性，靠找卖点的方式越来越难让企业脱颖而出，产品时代宣告终结。随后进入形象时代（20 世纪 60-70 年代），一些企业发现声誉和形象比卖点更有效，于是努力通过宣传打造良好的企业形象。但很快，其他企业也跟风宣传，所有人都说自己是最好的企业，这毁掉了形象时代。20 世纪 80 年代，广告业进入定位时代，这是一个战略为王的时代，"发明或发现某一事物并不重要，甚至没有必要。但是，你必须第一个进入潜在顾客的心智"。可见，品牌学的发展也是一个从功能主义向体验主义转变的过程。我来做个比喻，卖点和形象宣传只是战术，就好像士兵的武器，拥有好武器自然好，但竞争对手也可能装备相同的武器，因而战术层面的竞争往往是资源和实力的竞争，是"强者胜"的游戏；定位则是战略，就好像战争中发现并抢占了有利地势，除非遭遇"降维打击"，否则对手的武器再好也很难取胜——战略层面是"智者胜"的游戏。需要注意的是，由于定位思想与体验主义密不可分，而体验主义通常是在工业水平满足民众基本需求后才会被广泛关注，因而不同国家进入定位时代的时间并不相同。《品牌思维：世界一线品牌的 7 大不败奥秘》一书指出："大多数西方人在 20 世纪 80 年代就已经进入体验经济时代，然而很多亚洲国家或世界其他地区的人们却在近几年才真正踏入体验经济时代。"中国正处于体验经济和定位时代的开端，在未来的中国市场，用户心智和用户体验将成为企业决胜的核心利器。

　　定位思想最核心的一点在于"先手"，面对一个产品品类，要么不做，要做就做该品类的第一品牌，因此"零市场"才是最好的市场。一个寻找热门市场的企业做不出品牌，要想建立品牌，企业应该关心的不是"市场有多大"，而是"市场有多小"。因而，**定位思维**简单来说就是，找到一个零市场，确定一个定位词，然后将品牌与定位词关联，在新市场中建立第一品牌。这看起来简单，实则非常困难。要找准定位很难，你需要发现新市场和找到关键词的眼光（这包括开展大量设计调研来确定用户心智是否存在空位），以及进入新市场的勇气，但更重要的是，你需要首先理解定位思维。很多企业根本没考虑过要先做定位，他们努力找寻一个热门市场，然后做一款热门产品，再烧钱打广告，结果注定是失败的。企业需要自问，如果用一个词来描述我的品牌，那么这个词是什么？如果不能马上想到一个清晰的词，那就表示定位出了问题。

　　品牌定位是产品设计的基础中的基础，因为它限定了品牌设计的边界，也限定了产品设计的边界。所谓一步错，步步错，如果定位错误，那么再好的设计也难以拯救一款产品。此外，定位思维也可以应用于产品，一款产品在启动设计时必须有清晰的定位，比如目标用户群、产品风格等，这对后续设计至关重要，也是 UX 设计师的工作重点之一，当然这要建立在品牌定位之上。总之，要做好品牌，首先要做好定位，那么如何找到一个"零市场"呢？你可以创造一个完全新的东西，但这很难，绝大多数的零市场都是从已有市场中"分化"出来的——你还需要理解"分化思维"。

分化思维

Al Ries 和 Laura Ries 在《品牌的起源》一书中将达尔文的物种起源思想引入品牌学，这有助于我们理解品牌的发展规律。

你一定听说过达尔文的进化论，有人将其概括为"人是从猴子进化过来的"，但这其实是对进化论极大的误解。事实上，猴变人的说法是当时反对新思想的人对进化论的一种有意歪曲和嘲讽（显然他们得逞了），而达尔文并不认同这种观点，他说的是人类和猴子有相同的祖先，拥有亲缘关系。真正的生物演化其实包括渐进式和分支式两种过程。渐进式演化是一种渐进式的物种变化，能让物种更强或更弱，但物种还是那个物种。分支式演化（分化）则是一种突变，有些物种突变后因不适应环境而灭绝，但也有一些物种通过突变获得了生存优势，从而进入另一条进化分支，成为新的物种。新物种的产生不是进化的结果，猫会通过进化成为更大的猫，但不会进化成老虎，老虎的产生源于分化。为了更好地理解，我在图 30-1 中用图形表现了生物演化的过程。最开始的长方形逐渐进化，在某一天分化出了更适合生存的圆角，随后长方形和圆角长方形各自进化，最终形成了方形的"猴"和圆形的"人"。寻找猴和人的过渡物种是没有意义的，因为"圆角方形"从来就没有存在过。猴和人是从共同祖先分化出来的两个物种，而非先猴后人的次序进化，这才是进化论的真正含义。

产品的品类也一样，一个品类通常是从一个更大的品类分化而来的，比如"触屏手机"和"翻盖手机"都是从"手机"品类分化而来的，翻盖手机通过进化可以衍生出各种翻盖方式，但无法进化出触屏。触屏手机是因触摸屏技术出现从手机品类突变而来的新物种，与人和猴的关系一样，你也无法找到"翻盖触屏手机"这一过渡产品，因为这个产品并不存在。每当品类出现分化，新的市场就出现了，这就是在定位中提到的"零市场"。新的品类在用户心智中创造了新的代表词，而这个词尚未与任何品牌联系起来，这就为建立新品牌提供了最好的机会。你很难在旧品类中创造新品牌，因为旧品牌的领导品牌会通过进化不断跟进新变化，新品牌入局时的一点优势会很快消失。而更加适应时代的那些分化能开辟新的市场，也更有可能消灭旧品类。因此，绝大部分新品牌都是从新品类中诞生的，而后者源于旧品类的分化，换言之，分化是新品牌建立的主要途径——这就是**分化思维**。

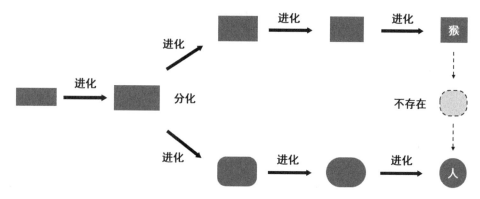

图 30-1　进化与分化

分化思维要求我们将定位的注意力转向创造新品类。不过这里的"新"并不一定来自技术的质变，而是一种细分的概念，重点还是心智，即你创造的这个品类是否能在用户心中与原有的其他品类区分开。比如从 SUV 中分化出的"城市迷你SUV"其实并没有技术上的颠覆，而沃尔沃公司的代表词"安全"也只是在设计上侧重安全性，但用户觉得这是一个新东西，那就是一个新东西。新品类在用户心中增加了一个尚有空位的新词，你很难在激烈竞争中建立一个新的汽车领导品牌，但却有可能建立一个"城市迷你 SUV"或"安全（汽车）"的领导品牌。当然，这绝非让你凭空造词，品类终究要满足用户的需求，新品类一定是源于一个未被满足的需求，像"校园巨型 SUV"或"疯狂汽车"这种品类是不会被接受的。大自然遵循适者生存的规律，拥有更好适应性的物种才能发展壮大甚至取代旧物种，同理，只有更好地满足用户需求的新品类才能拥有立足之地。绝大多数分化都会很快消亡，只有极少数成功开辟了新的时代，但分化无论是对渴望更好生存的物种，还是对渴望建立新品牌的企业，都几乎是唯一的出路。此外，也存在一些虽然存在很多品牌但概念模糊的品类，如果你能给出一个定位词，那么这依然是建立品牌的好机会。正如《品牌的起源》所说："市场上有什么并不重要，重要的是心智中有什么。"即便市场上有 100 个专注高端的咖啡品牌，但如果用户心智中没有"奢华咖啡"的品类，那么"奢华咖啡"就是一个新品类，也是一个零市场。

分化思维的另一点启示是随着时间的推移，品类会越来越多，也会越来越细分，这就是大自然如此丰富多彩的原因——不然世界上现在可能就只有一种生物了。因此，"融合"（第 19 章）这一概念是违背大自然原理的，尽管这个词非常有诱惑力。汽车分化出了轿车、SUV、卡车、客车等，这些品类继续分化出紧凑型轿车、城市SUV、厢式货车、双层巴士等。因此，建立品牌的过程是切一小块蛋糕然后做大，而不是把多块蛋糕合并。分化和定位都意味着放弃很多东西，当一个品牌定位于安全轿车，它就同时放弃了廉价轿车、卡车等其他很多市场，进入这些领域会破坏品牌的定位，最终毁掉建立好的品牌。贪心是建立品牌最大的敌人，想要的越多得到的越少，想要的越少得到的越多——这也是"少即是多"的另一层含义。

品牌反射假说

在研究品牌学理论的过程中，我发现品牌学的书籍多是对各大品牌历史发展经验的总结。如果说品牌即体验，而 UX 又是以心理学为基础的，那么品牌设计的心理学基础在哪里呢？这个问题一直困扰着我，直到写作本书第 11 章时，我突然意识到行为心理学的经典条件反射与品牌建立的过程非常相近，于是我尝试用经典条件反射的视角理解品牌设计过程，并由此形成了**品牌反射假说**。尽管目前我没有能力用科学实验验证，但我认为这种解释有一定的合理性，在此做以讨论，以给大家理解品牌提供一个新的思路（本章心理学知识点参考自《心理学与生活》）。

经典条件反射指将先天诱发反应的刺激和不能诱发反应的刺激建立联系，使后者可以直接诱发反应的学习方式。让我们再来仔细回顾一下巴甫洛夫那个著名的"狗流口水"实验（图 30-2 左）。在条件反射建立之前，食物的出现会自动诱发狗的唾液反应，这种自动诱发的刺激和反应被称为无条件刺激（UCS）和无条件反应（UCR），而铃声不会让狗产生唾液反应，因而铃声是条件刺激（CS）。在条件反射建立的过程中，在响铃后给狗提供食物，而食物会诱发唾液反应，经过多次训练，狗逐渐将食物和声音建立了联系。当条件反射建立时，即使没有食物，响铃时狗也会分泌唾液，这种由条件刺激引发的反应被称为条件反应（CR）。在这里，狗听到铃声会分泌唾液，也知道铃声预示着食物。也就是说，条件反射不仅让条件刺激可以引发条件反射，也将条件刺激与无条件刺激联系在了一起。

现在让我们来看看品牌建立过程（图30-2右），当我们将定位词（如安全）作为无条件刺激，品牌名（如沃尔沃）作为条件刺激，而定位词带来的感觉（如安全感）作为无条件反应时，会发现品牌建立过程本质上就是一个经典条件反射的建立过程，我将这种对品牌形成的经典条件反射称为**品牌反射**。以沃尔沃为例，在品牌反射建立前，用户在看到"安全"一词时会联想到安全感，但沃尔沃品牌不会带来任何感觉。而后我们通过公关、广告等手段，在沃尔沃品牌出现时给出代表安全的事物，进而诱发安全的感觉。经过大量的训练，沃尔沃品牌与安全感就建立了条件反射，即使代表安全的事物不出现，当提到沃尔沃时，用户就会有安全的感觉，进而对沃尔沃旗下的汽车产品产生相同的感觉。此处"代表安全的事物"不一定是词语本身，也可以是任何能给人带来安全感的器物、故事、人物等，但词语往往是非常有效的手段。无论如何，首先必须确定一个定位词，这样广告等所有活动就有一个中心主题。这一点与"一词占据心智"理论有些差异，我认为真正与品牌绑定的不是那个词本身，而是那个词所带来的感受，而词既是能带来感受的无条件刺激，也限定了其他用以强化反射的无条件刺激的范围。当然在实践中，安全和安全感往往不需要过分区分，只要将品牌与其定位联系起来即可。很多时候，定位词是品类名，这时条件反应则是对这个品类相关的记忆。比如可口可乐品牌与"可乐"绑定后，提到可口可乐，用户脑海中便会立刻浮现可乐的样子——这不见得是可口可乐或某个牌子的可乐，但一定是可乐，即用户心中对可乐的印象。

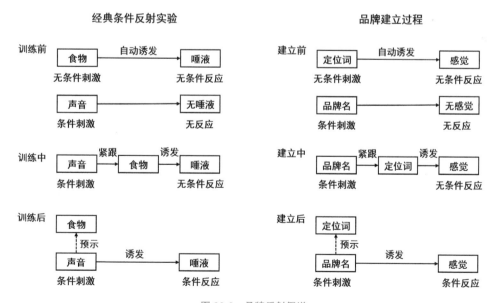

图 30-2 品牌反射假说

无论是安全感还是对可乐的印象，本质上都是一种体验，因此品牌设计就是要让用户在听到品牌名时立刻产生定位好的体验。定位词本身并不必然会被想起来，关键要触发的还是那种体验，比如听到"肯德基"品牌时用户会立刻想到炸鸡汉堡的样子，但不一定会想到"炸鸡汉堡"这个词。这是因为肯德基的宣传中并没有大量强调定位词，而是用各种炸鸡汉堡的视觉形象强化联系，尽管用户很难想到"炸鸡汉堡"这个词，当被问及炸鸡汉堡（提醒定位词）时，用户还是能够很快想到肯德基。就像铃声预示着食物一样，无论是直觉还是有意识的反应，品牌和定位词之间的记忆联系是存在的，且强于其他品牌与定位词的联系。因而当提到定位词或用户想到定位的体验时，也更容易想到绑定的品牌。

经典条件反射是一对一的关系，你无法将铃声绑定多个事物，或将其他信号绑定食物，这决定了品牌反射也是一个品牌对应一个定位词（或一种感觉）。但要注意，品牌与词汇的一对一关系仅针对反射这种本能反应，并不是说一个定位词不能容纳其他品牌。比如当我们想到可乐时，第一反应是可口可乐的人细想一下也会想到百事或其他可乐品牌，但后者是一个纯记忆问题，需要系统 2 介入调取回忆。显然，调取记忆得到的品牌肯定不如第一反应的品牌影响力大。

同时，人类的记忆不是万能的，我们在讨论工作记忆时提到过"神奇的数字 7"（第 8 章），即人可以记住 7 个左右的相似元素。对这个数字具体是多少的说法不一，从 3 到 9 不等，但能确定的是人对 3 个以外元素的记忆能力比前 3 个元素要弱很多，对品牌的记忆也与此类似。你可以挑几个品类尝试一下，看能想到几个品牌，通常很难超过 3 个，而要达到 7 个恐怕就得绞尽脑汁了。每增加一个品牌，回忆的难度都会指数似的增加，而每靠后一位，品牌的影响力也会下降一大截。《定位：争夺用户心智的战争》一书使用了"梯子"的隐喻（图 30-3 左），每个品牌占据了定位词阶梯的一格，而越靠上的品牌优势越大。我常用的一个隐喻是"分蛋糕"（图 30-3 右），第一品牌会占据定位类 1/2 的市场，而第二品牌为 1/4，第三品牌为 1/8，以此类推。事实上，现实中的差距可能比这还大，不过数字并不重要，重要的是理解品牌位置对品牌力的影响。每个品类可以容纳大量品牌，但大部分市场都被前三大品牌拿走了，而且第一品牌的优势尤其巨大——这就是定位思想的价值。至于那些既不是第一反应，也回忆不起来的品牌，其市场空间几乎可以忽略不计。一些企业找到一个热门市场，幻想能与其他品牌"平分市场"，但最后往往深陷"其他"那一小块市场，平分的只是几大主力品牌的残羹剩饭而已。

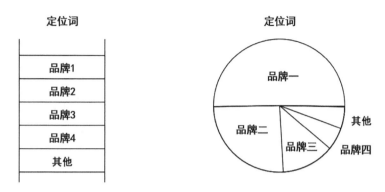

图 30-3　梯子与蛋糕

品牌反射也反映出广告的价值。广告的作用不是简单地增加曝光率，而是强化品牌和体验之间联系的手段（但不是唯一手段）。正如本章开头所说，建设和维护是两回事，通过广告建立新品牌往往是不切实际的。建立品牌需要依靠定位，如果找准零市场，并率先推出能很好满足该市场需求的产品，那么建立品牌反射是相对容易的。这一时期的关系建立主要依靠公关，通常是吸引媒体关注新品类，并强调自己"第一"的位置（媒体很喜欢谈论新事物和第一），至于需要大量经费投入的广告则更多的是在品牌建立起来后用以维持品牌反射。定位就像选择要分的蛋糕，那些根本没有定位的品牌甚至都没有选择蛋糕，也就谈不上分蛋糕。此时做广告只是让很多人听说了品牌的名字，但一个单薄的名字很快就会被海量的信息淹没，自然也不会产生真正的品牌影响力——强化是对反射而言的，如果没有建立反射，那强化也就没有意义了。当然，强化反射是很必要的，因而广告也是品牌战略中不可或缺的一个要素。此外，由于排位对品牌影响力的影响巨大，第二和第三品牌也需要依靠广告等手段避免滑出前三的位置。

从以上讨论可见，行为心理学和认知心理学为品牌建设过程提供了理论基础。不仅如此，经典条件反射理论也为品牌反射的建立和消退提供了一套可能的理论依据。

品牌反射的建立与消退

要想建立有效的经典条件反射需要两个条件:相倚和信息。**相倚性**指条件刺激（铃声）和无条件刺激（食物）必须在时间上接近，且具有可预测性，即铃声的出现必然伴随食物。如果只是时间上接近，但铃声与食物的关系是随机的，则无法形成条件反射。这并不难理解，毕竟无法预测食物的铃声是没有价值的。对品牌来说，这意味着一个品牌只能关联一个定位词，关联多个定位词或品类会大幅降低品牌的可预测性，也就很难形成反射。另外，这也要求我们在使用公关和广告时，要尽力确保品牌名和定位词（或体现定位词的传播内容）在任何时候都能够同时出现。

经典条件反射的**信息性**指当一种条件刺激建立了条件反射，其他条件刺激就无法再建立反射的现象。比如如果铃声能够预测食物，此时在响铃的同时闪烁灯光并提供食物，则条件反射依然建立在铃声和唾液之间，灯光不会引发唾液分泌。也就是说，先有条件（铃声）阻断了提供相同信息的后有条件（灯光）。信息性在生存上是有道理的，毕竟只要有一种方法能预测食物就够了，没必要花精力记住一堆没有信息量的条件。这与品牌学中观察到的现象非常相似，即当一个品牌与某个定位词建立了联系，其他品牌再想与这个词建立联系几乎是不可能的。那么这时该怎么办呢？提供更多信息可能奏效。比如"轿车"品类已被占据，更有效的方法是细分出一个"紧凑型轿车"的新品类，这样你的品牌就额外提供了"紧凑型"这一信息，也就为建立品牌反射创造了可能。从本质上说，这种方法是建立了新反射，而非破坏原来的反射，但这个新反射是对原事物的细分，也就是分化——信息性暗示了分化的意义。如果分支品牌更能满足需求，就会逐渐发展壮大，同时削弱主干品牌的价值。《品牌的起源》一书提到了 IBM 的例子，IBM 是"计算机"品类的领导品牌，但随着迷你计算机、笔记本电脑、掌上电脑等子品类的分化，诞生了惠普、戴尔、苹果等大量分支领导品牌，当主品类的 IBM 市值达到 1670 亿美元时，各分支领导品牌的市值已达到 8520 亿美元。

经典条件反射需要满足相倚性和信息性，品牌反射也是如此，下面让我们看看品牌的消退。**消退**指当条件刺激（铃声）不再预示非条件刺激（食物）时，条件反应会随时间的推移越来越弱，最终不再出现的现象。消退现象表明条件反射并不必然是生物的一种永久行为，这为品牌维护的必要性提供了依据。当第一品牌停止强化时，第二品牌通过一定时间的强化可以在很大程度上覆盖原有的反射。因此，在品牌建立后必须通过各种手段持续强化品牌与定位词的联系，以防止其他品牌乘虚而入。

除了停止带来的自然消退，还有一种对反射更具破坏性的行为，那就是将条件刺激预示的非条件刺激扩展到多种不同的刺激上去，从而大幅削弱其预示作用。对品牌来说，就是将同一个品牌扩展到多个品类或产品线上去，这通常与竞争对手无关，而是企业自身的决策，而且是一种杀鸡取卵的自杀式决策。以"哈弗"品牌为例，如果长城汽车在哈弗牌SUV之后又推出了哈弗牌高端SUV和哈弗牌女性电动汽车，该品牌与"国产SUV"的品牌反射就会被大幅削弱，这就是所谓的"品牌稀释"。企业之所以这样做往往是希望借助原品牌的品牌力来提高新产品的销量，但正如《品牌22律》所说："稀释品牌可能让你在短期内盈利，但在长期内它会削弱品牌的力量，直到它不再代表任何东西。"因此，企业必须抵御短期利益的诱惑，如果真的想进军新市场，那就使用一个新品牌——就像长城的WEY品牌（豪华SUV）和欧拉品牌（女性电动汽车）那样。

经典条件反射不是有意识形成的，因而也很难通过有意识的思维过程来消除。如果你将一段音乐与恐怖场景建立了反射，一听到音乐就觉得恐怖，那么这时告诉自己"这段音乐没什么可怕的"并不会消除你对音乐的本能反应。对品牌来说，一旦品牌反射建立，用户对品牌的印象就很难消除，甚至理性上知道相反的信息，仍然难免受其影响。一些企业认为自己的产品比第一品牌性能好，觉得只要用户理解到这一点就可以战胜第一品牌，这其实只是幻想而已——即便用户完全懂了，他们对品类的第一反应还是第一品牌。反过来，如果品牌"成功地"建立了坏印象，想靠讲道理扭转形象也是极为困难的（就像你无法通过理性消除那段音乐带来的恐怖感一样），即使用户知道你改正了错误，但在选择时还是会优先排除你的品牌。相比花重金扭转烂牌子，还是建立一个新牌子要划算得多。

上善若水

在本书中我曾多次讨论过UX与老子思想的联系，品牌也一样。如果要用一个词来概括品牌设计思想，我觉得这个词就是——上善若水。

定位思想指出，零市场才是品牌建立的最好选择，越是被众人追捧的热门市场越没有机会。也就是说，品牌之路是一条另辟蹊径之路，这与大多数人"争起跑线"的想法背道而驰。那么让我们来品味一下《道德经》里的这句话："上善若水，水善利万物而不争，处众人之所恶，故几于道。"这是说最高境界的善就像水一样，水善于造福万物而不与万物相争，停留在众人都不喜欢的地方，所以最接近于"道"。乍看上去像是在说"吃亏是福"，但我更愿意从积极的角度来理解这句话，即正确的选择往往在大多数人所看不上的那些地方。这与UX思想高度的一致，UX的目的是为最广大用户和社会谋取福利，而非与人争利，不是去跟他人抢市场，而是自己创造市场，这就是"善利万物而不争"。而正如本章所讨论的，人人争抢的地方没有多少机会，机会往往在众人所不睬的地方，当你发现了一个零市场，就创造了一个成为第一品牌的机会，因而也更可能成就品牌，这就是"处众人之所恶，故几于道"。老子简单的一句话道出了品牌设计的两个核心思想：既要满足需求，又要另辟蹊径。

"不争"是道家的一个核心思想。不争不是真的不争，而是不跟风，不浮躁，以冷静的视角和敏锐的眼光纵览全局，去发现别人没有发现的机会（零市场）。通向成功的道路有很多，很多时候没有必要去跟千军万马挤那一根独木桥。不争思想也包含了不做一时之争，在第 22 章我们讨论过战略收缩的问题，如果产品的时机不到，强行推动就只会招致失败，因而该认怂就要认怂。但这不是真的认怂，而是积极地待势和造势，待时机成熟再一举成事——战术上的认怂是为了战略上更大的胜利，当然这需要更大的眼界和格局。此外，很多品牌的衰落都源于自废武功式的产品线扩展，而产品线越聚焦，品牌力越强，这需要在抵御做加法倾向的同时尽力做减法，这也是一种"不争"。建立和维护品牌其实是一个枯燥的过程，必须摒弃一切杂念，抵御外部的一切诱惑，坚持定位和品牌路线。在品牌问题上，企业必须在战术上尽量"佛性"一些，才能实现长远的品牌战略目标，这就是"不争是争"的道理。

零市场和不扩张既是不争之道的体现，也是企业实现或保持卓越的基础。老子说："夫唯不争，故天下莫能与之争。"这不是没人会与之争，而是没人能与之争——不是说"我不跟你争，所以你也就不跟我争"，而是坚持不争之道最终产生了"立于不败之地"的结果。不与他人相争，在满足用户需求的基础上发现并把握零市场，同时坚持信念，不断巩固品牌的根基，最终当第一品牌真正建立起来时，也就没人能撼动了。孔子说："枨也欲，焉得刚。"这是说有欲的人不能做到刚强，即无欲则刚的道理。对孔子这句话的常见理解是，没有世俗的欲望才能刚强，我的理解有些不同。我认为这里的无欲是"无外欲"，而不是完全无欲，毕竟这与儒家积极进取的精神相悖。所谓"无外欲"是要始终坚持本心，对目标之外的事情无欲，这样才能做到真正的"刚"，最终实现自己的目标。这与"不争"的道理是一样的，不被外物打乱节奏，才能更好地争。否则，被各种事情诱惑，无论是品牌还是人都无法长久坚持自己的战略，逐渐忘却初心，是不会真正强大起来的。

品牌为先

最后来谈一谈品牌设计在 UX 中的位置。在三钻模型（第 13 章）的问题钻，我提到品牌是问题钻的重要输入，若品牌尚未建立，则也应在此进行品牌设计——正如本章所讨论的，这也是 UX 的范畴。产品设计必须符合企业的品牌战略，品牌为产品指明了方向，良好的开始是成功的一半，而良好的品牌战略为产品的成功奠定了基础。品牌定位是品牌战略的基础，品牌战略是产品定位的基础，而产品定位是详细产品设计的基础。卓越的产品能够反映品牌定位，这反过来也强化了品牌反射——不只是广告和公关，产品也是强化反射的重要手段。如果产品不以品牌为先导，不仅可能走入歧途，还可能对已有的品牌产生破坏。因此，产品设计必须坚持**品牌为先原则**，其基本思想是卓越的产品应该建立在精心设计的品牌之上。需要注意的是，品牌定位关注用户心智，因而也要建立在人本设计过程的基础上，以确保品牌设计是真正围绕用户展开的。此外，企业的愿景、使命、战略等因素也是品牌设计需要考虑的内容。

总而言之，品牌设计是产品设计流程的重要输入，是企业长期健康发展的重要保证，也是 UX 设计师的重要工作。

品牌

- **品牌设计**
  让品牌在用户心智中占据一个词汇；

- **定位**
  确定有效品牌关联词的过程；

- **定位思维**
  找到零市场，确定定位词并关联；

- **分化思维**
  绝大多数新品牌都源于旧品类分化；

- **品牌反射假说**
  以经典条件反射视角理解品牌设计；

- **品牌反射**
  用户对品牌形成的经典条件反射；

- **相倚性**
  条件和非条件刺激须同时且可预测；

- **信息性**
  提供有价值信息才可能建立反射；

- **消退**
  条件刺激失去预测能力后反应渐消；

- **品牌为先原则**
  卓越产品以精心设计的品牌为先导。

第31章

智能

智能是一种体验

你走进一间餐厅，喊服务员过来点餐。

"您好，"服务员说："请说出您希望使用的语言，如'中文'。"

"中文。"你回答。

"好的，请问您喊我过来做什么？饮料续杯请说'1'，买单结账请说'2'，菜品选择请说'3'……"

"3。"你回答。

"好的，请问您需要什么菜品？鱼香肉丝请说'1'，宫保鸡丁请说'2'，葱爆羊肉请说'3'，红烧排骨请说'4'，'其他菜品'请说……"

"5。"

"……其他菜品请说'9'，您的输入有误，现在返回上一菜单，"服务员停顿了一下，"您好，请问您喊我过来做什么？饮料续杯请说'1'，买单结账请说'2'……"

如果在现实生活中你遇到这样的服务员会有什么感觉？至少抓狂是肯定的。这样的人不常有，但不幸的是，这样的产品却随处可见，回忆一下你过去的经历，相信你十有八九被这样的语音服务折磨过。人们不会觉得这样的店员很聪明，但有趣的是，很多企业却觉得这样的产品很"智能"。"我们推出了全新的智能语音服务，"他们经常这样宣传，"通过 AI 语音识别技术，我们为用户提供了更优质的服务体验。"没错，自从提供了"智能"服务，企业再也听不到用户对客服的抱怨了，而且还省去了一大笔人工客服的成本，这真的太棒了——除了那些气得想摔手机的用户。

这些产品从逻辑上挑不出什么毛病，表面上也彬彬有礼，但其实丝毫没有顾及用户的需求和感受，只是为了赶一个"智能"的时髦，或是为了缩减运营成本。技术很高级，用户却不觉得这样的"智能服务"很智能，甚至觉得这是企业在有意折磨用户，以逃避为用户提供后续服务的责任。在第5章我讨论过，智能产品不是"搭载了智能技术的产品"，而是"让人觉得智能的产品"。智能是一种体验，AI 技术只是手段，让产品带给人"智能感"才是目的。AI 技术不是企业偷懒的借口，企业真正要做的是利用 AI 技术为用户创造真正智能的产品。

智能不是一个技术问题，而是一个设计问题。

智能感设计

科幻电影和媒体总喜欢把"智能产品"描绘成像人一样思考和行动的机器，这带来了很多误解，比如非要把产品做得像人，产品必须达到人的思考水平，或产品只要能独立做一些工作就是智能（导致与"自动"相混淆）的。事实上，现在的 AI 技术远没有很多人想象得那么高级，想让产品具有普通人的思考水平短期内根本无法实现，而这对大多数产品来说也是不必要的。AI 技术能让计算机的处理能力更强大，但我们真正的目标是让用户觉得产品智能，即拥有"智能感"。那么什么样的产品会让用户觉得智能呢？

Byron Reeves 和 Clifford Nass 在《The Media Equation》（媒介等同）一书中指出，人对待产品和对产品的反应方式如同人与人之间的交往，人似乎有一种本能，告诉他们如何与生物交互，而一旦一个物体表现出足够的交互性，这个本能就会被激活 [1]。这是一个很有趣的现象，当人被锤子砸了手时，他不会对锤子感到愤怒，因为他将其看作一个工具；而面对计算机设备提出的无理要求时，尽管人也知道它是工具，却会被激怒，对着机器谩骂甚至拳打脚踢。锤子与计算机本质上都只是没有生命的工具，但计算机的强交互性使人们在无意识中将其当作了一个活生生的存在，进而期望与它的互动过程像与人互动一样"正常"。如果事与愿违，我们就会感到不舒服、失望甚至愤怒，而如果互动过程符合预期，我们就会觉得这个产品很"智能"。至于那些自顾自完成任务的弱交互产品，无论使用了多高级的技术，都难以让人觉得智能。

也就是说，智能不是让产品自主思考问题，而是让人觉得产品能像人一样思考。

[1] Alan Cooper,Robert Reimann,David Cronin,Christopher Noessel,Jason Csizmadi,Doug LeMoine.About Face 4：交互设计精髓 [M]. 倪卫国 , 刘松涛 , 薛菲 , 杭敏 , 译 . 北京：电子工业出版社 ,2015.

人通过一个互动对象的行为来理解其思想，尽管产品并不是真的有思想，但如果它表现出像人一样的行为，那么人就会觉得它拥有思想，因而我们要让产品以人类的方式与用户互动。但只是"像人一样互动"还不够，嘲讽、辱骂、伤害也都是"人类的互动方式"，尽管没有明说，但人们显然不希望产品这样对待自己。事实上，用户对智能产品的期待往往要高于对普通人的要求，只有当产品表现得像一个好队友、好助手、好朋友的时候，他们才会真正获得强烈的智能感，以至于能脱口而出——"哇，这个东西好智能！"因此，**智能感设计**的基本思想是卓越的产品能够像优秀的人类伙伴一样与用户进行互动。良好的交互性是智能感的核心，我曾说过"无交互，不智能"（第 5 章），这里再补一句——交互优，才智能。

智能感三要素

尽管没有提及智能感这一概念，但谈到对人与产品间良性互动理解的 UX 书籍还是有一些的。《设计的陷阱：用户体验设计案例透析》一书提到了"有礼技术"，认为"礼貌能让处于同一境况下的双方建立良好的关系"。《About Face 4：交互设计精髓》则认为仅有礼节还不够，产品必须做到"体贴"和"聪明"（智能），前者意味着"心里始终想着他人的需求"，而后者意味着能够利用空闲的计算周期、记忆用户行为并预测其需求。这些思想都具有很好的参考价值，但我更愿意将"有礼"和"体贴"看作两个不同的"智能"维度，因而从智能感出发，我对智能产品的相关特质进行了梳理和归类。我认为一个"优秀的人类伙伴"应该至少具备三类特质：得力、有礼、贴心，如图 31-1 所示。

得力：精明灵活、负责能干

有礼：言行得体、体现尊重

贴心：主动关心、周到入微

图 31-1　智能感三要素

智能产品首先是一名得力的助手，这不只是有干活的能力，还要有判断力、处事灵活、负责任等。在此基础上，产品还要做到有礼和贴心。这两个词需要稍微辨析一下，有礼指言行举止优雅得体且表现出对用户的尊重，而贴心指善解人意并始终考虑对方的需求。从反面可能更好理解一些，"无礼"的产品傲慢、自私且粗鲁，这是不可接受的，而"不贴心"的产品只能说一般般，谈不上有什么大问题。换句话说，有礼是用户所期望的，而贴心是高于用户期望的——当用户发觉自己得到了周到而细致的呵护，就会有一种贴心的感觉。

要创造智能感，设计师应该努力让用户在与产品互动时感到得力、有礼且贴心。这说容易也容易，说难也难。之所以说容易，是因为设计师只要想象人与人之间的互动过程（什么样的人是得力的？怎样做是有礼的？人如何体贴他人？），然后将这些好的方式借鉴过来即可。之所以说难，是因为大多数人在这些方面也没做得多好，否则人与人之间就不会有那么多的矛盾、争执和怨恨了。如果一个人在生活中不懂得与人相处之道，就很难想象他能设计出拥有这些特质的产品，因而 UX 设计师也必须不断改善自己的为人处世之道。我在这里总结了每个维度的一些典型设计原则（部分参考自《设计的陷阱：用户体验设计案例透析》和《About Face 4：交互设计精髓》），让我们先来看看"得力感"。

得力感设计

得力的助手精明、灵活、主动负责且业务过硬，能够尽可能分担工作压力，工作过程让人省心，结果也令人满意。产品也是如此，**得力感设计**的基本思想是卓越的产品应该是精明、灵活、负责、能干的，具体来说，得力的产品应该具备以下特点：

1. 合理分担用户的工作。机器擅长机械性地工作，而人擅长创造性的工作，智能产品的任务是将人从机械性工作中解脱出来，并在创造性工作中提供必要的辅助，而不是取代人类。无论是该干的事情没干，还是不该干的事情抢着干，用户都不会觉得产品得力。得力的产品应该合理分担用户的工作，让控制权在产品与用户间合理分配，就像马与骑手的关系一样（第 5 章）。

2. 灵活响应用户的实时需求。用户不只需要控制感，还需要自由感（第 26 章），如果产品只能按照固定的模式完成任务，不能根据用户的合理需求灵活调整，用户就会觉得受到了限制，进而判定产品能力不足。比如在智能汽车行驶过程中，用户如果希望走一条绕远但风景更好的路线，车辆应该能够响应用户的这一要求。

3.具有基本的常识。 得力的产品能够避免用户犯低级错误，比如差错设计（第27章）曾提到的合理性检查，如果打车付款时将 90.00 错输成 9000，这明显有悖常理，得力的产品会设法提醒和阻止操作，而不是直接执行。

4.对风险有判断力。 避免低级错误的另一种方式是预判风险，比如用户的账号在不常登录的地区登录，或是内容中提到"附件"的邮件没有添加附件等。得力的产品会持续监控风险，并在认为风险较大时及时通知和提醒用户。

5.记住必要的信息。 我曾填写过一些长长的表单，因为想关闭下方的输入栏，习惯性地点了返回，结果直接返回到上一页。直接返回还是小问题，要命的是再进入表单时填写的内容都消失了——就好像我第一次使用一样。得力的产品不应该这么健忘，用户做了什么应该主动记住，并在必要时帮用户分担重复性的工作。比如表单的填写，虽然没必要实时上传，但是应该在本地保存已输入内容，并在遇到重复内容时进行自动填充。

6.在系统故障时确保无虞。 确保系统故障时不会产生严重后果，比如一些编辑软件可以自动保存文件（需要记忆能力），万一系统发生崩溃，重启软件时能够帮助用户恢复崩溃前的内容，以避免系统崩溃导致的资料丢失。再比如自动驾驶过程中发生突发故障，智能汽车能够确保车辆安全，并为用户提供必要的信息和帮助。

7.提供持续而平静的反馈。 得力的助手让你持续地了解他工作的情况，这会让你感到安心。反馈是积极的，但不是说跑过来跟你炫耀完成的工作，而是尽可能安静，让你感觉到即可（参考第29章的平静设计思想）。比如《About Face 4：交互设计精髓》提到的"富视觉非模态反馈"，指传递丰富的信息但又不需要用户做特殊动作就能看到和理解。最常见的例子是手机安装 App 时图标会变成一个进度指示器（如将安装过程隐喻为向容器中注水，图标被一点点灌满），用户不需要任何操作就可以直观地了解完成进度。

8.不问过多问题。 本章开头那种提问式的对话通常不是沟通的良好方式，一方面在于这很无礼（稍后讨论），另一方面在于很多提问的信息都是不必要甚至愚蠢的，比如用户已经选择过点餐，但返回后还要重问一遍。正如《About Face 4：交互设计精髓》所说："产品问问题会让用户觉得产品：无知、健忘、软弱、烦躁不安、缺少主动性、要求过多。"只有小孩子才会一个劲地问无知的问题，一个"好伙伴"显然不该如此，这样的产品也不会让用户觉得智能。产品适当的提问是可接受的，但还是要尽量提供选择（想想你在商场购物时的感觉）而少提问，特别是很多问题问过一次就不要再问了（当然这需要记忆能力）。

9. 拥有更灵活的规则。 现实中，如果一个重要客户提交了订单但手头没有发票信息，那么销售人员会先启动订单，稍后再跟用户沟通补全信息，但计算机系统是如何做的呢？很简单，不断提示"请填写发票信息"，否则别想提交订单。计算机的思考方式是非黑即白的"0-1"模式，即要么完全通过，要么完全拒绝，不存在中间状态，而人的处理方式要灵活得多。规则死板的产品不会给人得力的感觉，得力的助理不会因一项工作受阻就在那里傻等，同样的道理，产品的规则要能够根据实际情况灵活调整。

10. 主动尽责。 很多产品的执行力很好，你说的全做到，不说的都不做。但过于听话、推一步走一步的产品会让用户觉得很累，因为它将责任全部推给了用户——反正是你让我做的，我只管执行。得力的助手不会这样，他们会在有问题时拦截用户（涉及原则3和4），也会在认为必要时执行额外的关联任务或补救性措施。比如文件的"覆盖"操作一旦执行，原文件就找不到了，这比"删除"可厉害多了，毕竟后者还可以去回收站恢复。尽管用户没说，但系统应该预见到用户可能误替换或改变主意，因而应该像删除一样将原文件放入回收站。你可能注意到了，差错拦截和补救都是尽责的体现。再举一个非差错的例子，用户想通过连接打印机的产品打印30页材料，但在打了2页时点击取消，此时已有20页材料传过去了，这时尽责的产品会通知打印机取消那18页任务，而不是仅仅取消自己的任务，让18页纸白白浪费。

有礼感设计

我们都见过无礼之人，他们言语冷漠而粗鲁，自私且傲慢，做事不分场合，让他人感到非常不适。无礼的产品也一样，大部分时候，激怒或冒犯用户的并非功能本身，而是产品的无礼。礼的核心是尊重，这是人类基本需求（第10章）的高阶层次，与之相关的是**有礼感设计**，其基本思想是卓越的产品应该言行得体、举止优雅并表达出对用户的尊重。具体来说，有礼的产品应该具有以下特点。

1. 不傲慢。 无礼的产品傲慢且自负，将自己的地位凌驾于用户之上，并且随意插手用户的工作，比如在用户不需要帮助时跑过来指手画脚。本章开头服务员那种提问式沟通也是傲慢且无礼的，提供选择和问问题是两码事，服务员提供一本菜谱让用户选择，和服务员提问让用户回答，用户的感觉完全不同。提供选择是以用户为中心的，会让用户感到尊重，而问问题是以服务员为中心的，给人的感觉更像是一种居高临下的审问（我对你并不感兴趣，但我需要一些信息来完成工作），这会给用户带来一种压迫感。一种更好的沟通方式是让用户提问，这更接近现实中点餐的方式，比如用户问"有鱼香肉丝吗"，服务员回答："抱歉，没有鱼香肉丝，但我们有 XXX 和 XXX（智能推荐）"。有礼的产品是恭顺的，会以用户为中心展开对话，尊重用户的决定，注意用词和语气，同时仅在用户需要时提供建议。正如《设计的陷阱：用户体验设计案例透析》所说："不要以你想要的方式去对待他们，要以他们想要的方式去对待他们。"

2. 不自私。无礼的产品自私且贪心，将自己的优先级摆在用户之前，想做事时从来不分场合，好像所有资源都该优先给自己使用。比如在用户进行工作时强行重启电脑来更新系统，在用户使用其他软件时拼命地推送打断用户的任务流，以及更新时抢占运行资源导致整个产品的运行卡顿。有礼的产品会优先考虑用户的需求，然后才是自己的需求，比如提供几个合理的重启时间供用户选择，或在凌晨进行资源消耗量大的更新工作。

3. 不归咎于用户。用户出错时，不要冷嘲热讽；用户失败时，也不要说得过于直白，比如用户玩游戏失败时给出三个大字——"你输了"。用户当然知道自己错了或失败了，完全没必要在他们的伤口上撒盐。文案应该委婉一些，少强调"错误""输""失败"等字眼，并使用鼓励性的语气，比如"密码没填对，再输入一次试试吧"或"这次运气不太好哦，要不要再玩一次"，对于差错还应该给出一些支持性的信息（参考第 27 章）。此外，在用户卸载或退订时也要保持风度，比如"很抱歉我们没能帮上忙"。总之，你可以将产生消极结果的责任归咎于自己、运气或其他因素，但不要归咎于用户，即使责任真的在用户，你也要帮他找到一个"脱罪的理由"。

4. 身体力行。礼貌和尊重不只体现在口头上，更要体现在行为上。先故意把别人的东西砸了，再"文雅地"道歉绝对称不上有礼。傲慢和自私的态度最终会体现在用户与产品的交互过程中，远不是几个礼貌用语就能掩盖的，就像一些所谓的"智能服务"，整个服务过程没有体现出对用户丝毫的尊重，此时口头的"您""请""对不起"不仅不会带来有礼感，还会令人感到虚伪。看一个人是否知礼，除了听其言，还要观其行，产品亦如此。反过来，用户也会在与产品的互动过程中以及互动后的反思中体会到产品（及其企业）对自己的尊重，这往往能带来比口头的礼节更为积极的影响。

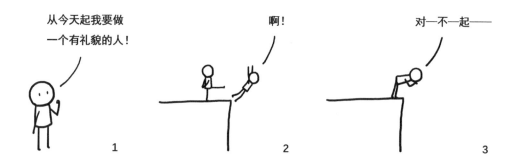

贴心感设计

礼貌是对他人尊重，贴心则意味着始终考虑他人一切可能的需求。也就是说，有礼体现了尊重，而贴心体现了重视和周到。当人们发现自己得到重视，并被细致周到地考虑和照顾时，就会感到贴心。贴心与惊喜（第32章）有些相似，都源于"意料之外"，但贴心并没有惊喜那种兴奋感，而是一种很微妙的"窃喜"，一种暖心的感觉，且影响深远。贴心可能是产品最具人文关怀的特质，因而设计师应该努力做好**贴心感设计**，它的基本思想是卓越的产品应该始终表现出对用户的重视，主动且细致周到地考虑用户一切可能的需求，并尽可能提供高品质的服务。当然，贴心不只针对高技术产品的互动，纯实物产品（如勺子）的互动设计也可以做到贴心，因而你应该将其看作一个更加通用的设计思想。具体来说，贴心的产品应该具有以下特点。

1. **始终关注用户喜好**。要让用户感觉受到重视，个性化很重要。这里的"个性化"不是简单地给用户提供几个可选的界面风格，而是能够记住用户过去的决定和行为模式，并以此为基础调整产品，使其更贴合用户的期望。贴心的产品更懂用户，也知道如何让用户开心和舒适。如果你走进一家曾到过的餐厅，服务员居然记得你爱吃的菜和你对辣的偏好，并在点餐时帮你考虑到了这些问题，那真的是太贴心了，这也大大减少了向用户提问的次数。但很多产品都没有这样做，尽管机器非常擅长记忆，但这些产品只是根据自己的需要询问用户，用完用户的数据就扔掉，等下次需要时再询问。这些产品浪费了大量有价值的用户数据，特别是在大数据时代，数据造福的对象将从个人上升到群体甚至社会层面。预测不再仅基于单人的历史数据，而是会综合其他人的数据，当数据积累到足够的量级时，对用户的预测水平就会实现质变，进而大幅提高服务的个性化水平和品质，这也是所谓的"智能推荐系统"的基本逻辑。其实，不仅是大数据分析，AI技术本质上也是对海量数据的利用（通过借鉴生物机制），两者都与大数据密不可分，也都是实现贴心感及智能感的重要手段。在未来，用户数据将成为面向用户企业的重要资本和核心竞争力，当然，企业首先要能够记录和保存这些数据。

2. 乐于助人。贴心的产品会提供有用的额外信息或额外服务，比如你询问是否有鱼香肉丝，服务员可以回答"没有"，但也可以说"没有，但您喜欢鱼香肉丝的话，我们有 XXX 和 XXX，您可以考虑一下"。相比单纯回答问题，提供有用的建议会让用户感觉受到了重视。这些信息用户需要，但还没有注意到自己需要，当他们发现产品主动提供了这些信息，就会有一种贴心的感觉。这与得力感的"主动尽责"有点相似，都是主动做一些用户要求之外的工作，不过负责偏重于完成任务，而贴心偏重于人文关怀。贴心的服务是主动且自然的，需要善于观察和心领神会，而不是通过直接地打断和询问。比如用户正在聊天，服务员应该时刻关注用户的水杯，并在杯子空了时默默地加满水，而不是跑过去先问一句"需要加水吗"——这会打断用户的谈话。同理，推荐菜品前也没必要先问一句"没有鱼香肉丝，需要我给您推荐两个菜吗"。此外还要注意，乐于助人是真的从用户的情况出发考虑问题，而不是傲慢和自以为是，同时不要过于热心——推荐一两个菜很好，但要是来段"报菜名"可就是另一个故事了。

3. 预判使用场景。贴心的核心在于预测一切可能的需求，关注用户喜好的本质就是根据历史预测用户未来的个性化需求。此外需要预判使用场景，这意味着不仅关注产品本身，还要延伸到产品的使用场景和情境，充分考虑用户可能遇到的一切问题。当你与朋友外出游玩，朋友预判到有水边的场景，于是为你也准备了毛巾，你在玩水后意识到需要毛巾，而这时朋友将毛巾递给你，你就会觉得朋友很贴心。产品也是如此，用户往往不是一项活动的专家，很多细节准备不周是很正常的，而如果产品充分考虑了用户活动，在用户需要时提供及时的支持，就会让用户感觉受到了重视，产生贴心感，这也是服务设计（第 20 章）的重要逻辑。在第 25 章我们提到网站预判了用户阅读时可能有查生词的需求，进而在用户想复制生词查字典时直接弹出注释，这是用户意料之外的，这种"彻底隐藏＋适时出现"的方式非常值得在贴心感设计中借鉴。当然，预判的使用场景很多时候并不会用上，比如用户可能没有生词要查，但考虑的稍微周全一些总比漏掉一些要好，而且长期来说用户碰上的概率还是很大的。

4. 考虑用户的微妙情感。这是上一条的扩展，我们不只要解决用户的任务需求，还要尽可能消除用户的不自在、紧张、焦虑等情感。《UX 设计师要懂工业设计》一书提到了金融服务商 BBAV 公司的自动取款机。传统取款机的界面是向外的，这让排队的人也能看到用户的操作，从任务角度这没什么问题，但是用户会感到不自在。BBAV 公司注意到了这个问题，并推出了横向放置的自动提款机——界面与排队的人呈 90°角，并用磨砂玻璃隔开，既保护了用户的隐私，又消除了这种心理上的不适。贴心感设计考虑的情感通常很微妙，不像愤怒和惊恐那么明显，不影响任务本身，用户也很少说出来，因而经常被忽视。这些细微的情感往往只能通过情境研究（第 14 章）才能发现，需要企业投入大量工作，但如果企业能发现并照顾到这些情感，就会让用户感到非常贴心，进而增强产品满意度和品牌忠诚度。

5. 细节，细节，还是细节。贴心是通过细节体现的，贴心的产品关注细节，这与微交互思想（第 28 章）高度一致。贴心的细节体现了人文关怀，也是高端产品的重要标志。

最后，对智能感设计再讨论几个要点：

第一，智能体现于行为之中。这一点在有礼部分已经提到过，其实不只是有礼，得力和贴心主要也是通过行为来体现的。用户第一次见到产品往往不会感受到这些，但随着产品的使用，这些得力、有礼和贴心的细节就会慢慢浮现出来，为用户带来智能的体验。

第二，无论是得力、有礼还是贴心，都是装不出来的。要想让用户觉得得力、被尊重和被重视，就要从心里支持、尊重和重视用户。也就是说，企业必须真正以人为中心来思考产品，才能让产品成为用户名副其实的"好伙伴"，进而带来智能的感觉。

第三，"智能是一种体验"不代表 AI 技术就不重要，AI 技术大大增强了产品的数据处理和决策能力，高水平的智能感通常只有通过 AI、大数据等技术才能实现，因而 AI 技术很重要，设计师也应该理解并在思考解决方案时考虑这些技术。

第四，当心"智能交互的恐怖谷"。对于机器人等与人类的外表、动作相似的物体，人会产生好感，但当其与真人的相似度达到某个非常高的程度时，人会突然对其非常反感甚至恐惧，而随着相似度进一步提高，人又会重新产生强烈的好感，这使得好感度曲线在相似度很高的区域出现了一个先下后上的深谷——这就是著名的**恐怖谷理论**。尽管智能产品大部分并不像人，但智能感设计本质上就是让产品像人一样与人互动，因而随着技术的发展不断推高产品模仿真人表达的能力，恐怖谷现象也可能出现在智能交互之中，当然这需要更多的研究来验证。尽管未来会涉及表情、手势等行为方式，但就目前来说，需要提防恐怖谷的地方主要是过于拟人的语音或文字表达。Dan Saffer 在《微交互：细节设计成就卓越产品》指出"过于人性化（此处指人格化）的微交互也是有害的"。比如用合成语音说"哎呀！我刚播放的歌曲你不喜欢吗？人家好伤心呀！"在产品不能完全像人一样说话时，这种"第一人称＋口语化"（语音交互时再配上真人语音）的方式可能给人一种很诡异的感觉——特别是晚上一个人在家的时候。因此，如果不能完全像人一样表达，最好就别过于拟人，例如谨慎使用"我""我的"等用词。不过你也不用过于忧虑，因为本章从没有提过产品必须像人一样表达。恐怖谷源于外在的相似，但机器人设计的核心并不是让机器长得像人，同样，智能感设计的核心不是让产品看起来像人或是模仿真人表达。"像人一样互动"指的是产品应该像人一样"为人处世"，而为人处世体现在良好的协作、对人的尊重以及对人的重视和周到关怀。尽管外在的相似性有时也很重要，但无论何时，要想让产品真正产生智能感，你都需要将重心放在那些更内在的东西上。

智能

- **智能感设计**
  让产品像优秀伙伴一样与用户互动；

- **智能感三要素**
  智能＝得力＋有礼＋贴心；

- **得力感设计**
  让产品精明、灵活、负责、能干；

- **有礼感设计**
  让产品言行得体且体现对用户尊重；

- **贴心感设计**
  让产品主动周到且体现对用户重视。

第32章
有趣

　　智能的产品得力、有礼且贴心，能够像好伙伴一样与我们互动，这会带来一种愉悦的感觉，但这只是积极情感的一部分。与好伙伴在一起很舒心，但我们还希望生活能富有乐趣——我们喜欢跟"有趣的灵魂"在一起，也希望拥有有趣的产品。

　　本章我们就讨论一下"有趣"这个话题。我们都知道有趣的感觉，也理解产品应该有趣一些，但到底什么是有趣呢？让产品讲个笑话，或添加一个卡通形象，是不是就有趣了呢？无论是"智能"还是"有趣"，如果我们不理解一个词的具体含义，就很难抓住要点，也难以对其进行系统化的设计。讨论有趣、乐趣或趣味性设计的书籍不多，我只能在此基础上，尽我所能谈谈我的理解，希望能给你带来一些启发。

惊喜

　　在目前的行业中，对趣味性设计关注度最高的莫过于游戏行业，毕竟有趣是优秀游戏的必备要素。Jesse Schell 在《游戏设计艺术》中给乐趣下了一个定义："乐趣是一种带有惊喜的愉悦感。"看起来有趣和惊喜是强相关的，那惊喜又是什么呢？

　　人类喜欢不可预见之事，当一件出乎意料的事情发生时，就会带来强烈的情绪反应。对于积极事件，如收到朋友的生日祝福，人会感到惊喜；而对于消极事件，如发现小偷，则是惊吓。简单来说，惊喜是一种由意料之外的需求满足或遇到奇妙之事带来的兴奋或愉悦感。意料之外的需求满足，如收到生日祝福，或是饥饿时突然发现一家餐馆，通常并不会让人觉得有趣，而是高兴或感动，其实更偏向贴心感（都是需求满足，但贴心更微妙一些），因此惊喜并不必然带来乐趣。但惊喜的另一部分——遇到奇妙之事——则与乐趣有关。比如 Donald Arthur Norman 在《设计心理学 3：情感化设计》一书中提到了一个"娃娃滤茶器"。乍看之下只是一个拿着筛网的可爱娃娃，谈不上有趣，但当你把它放在茶杯上时，娃娃刚好卡在杯沿上，端着筛网等着帮你滤茶，这时人们的反应通常是眼前一亮，或是哈哈大笑起来——"有趣"产生了。是什么让有趣发生了呢？Norman认为是惊喜和巧妙（或者说是由巧妙引发的惊喜），他指出："这个惊喜的本质在于这两个画面是不相连接的：首先只有滤茶器，然后才是把它放在茶杯上。"一个造型奇特的娃娃"摇身一变"成了滤茶的工具，这就是一件"奇妙之事"，由此产生了惊喜，也带来了乐趣。如此一来，乐趣的定义就变成了这样：乐趣是一种由奇妙之事引发的带有惊喜的愉悦感。

这个定义看起来好多了，我们明确了"惊喜"的重要性，但这一定义仍然不够好——"奇妙之事"指什么呢？特别是对设计来说，"设计些奇妙或巧妙的东西"这种说法太宽泛了，并没比"设计些有趣的东西"好到哪里去，因而很难直接拿来指导设计，我们还需要更清晰的定义。

那么，"有趣"究竟指什么呢？

有趣

我们可以从反方向出发思考这个问题，有趣的反义词是什么？是无聊。无聊通常来源于如下几种情况：

- 不断重复相同的事情（做固定的事情）；
- 不断完成普通的事情（做常规的事情）；
- 做事的结果总是相同，或看不到做事的结果（固定反馈）；
- 做事的结果变化，但变化普通（常规反馈）；
- 要做的事和做事的结果是可预期的（事情和反馈可预期）。

显然，无聊的根源在于不变、常规和可预期。现在我们再把无聊及其含义反过来，"不无聊"就是有趣，这样一来有趣就好理解多了——有趣的核心在于"变"，但这不是简单的变，而是"不可预期的或非常规的变化"。我们讨厌单调乏味的生活，希望生活中能充满变化，无论是做些不一样的事，还是做的事能带来意想不到的结果，这就是"有趣的事情"。饥饿时偶遇到餐馆是一件普通的事，因而只有需求突然满足带来的惊喜，但如果是在山里偶遇一棵果实成熟的大树，那就有意思了，这与需求满足无关，而是因为这是一件特别的事情。需要注意的是，"特别"是因人而异的，因而事情本身并没有绝对的有趣或无趣。旅游是个很好的例子，你觉得去一个地方旅游很有趣，当地人则不会有这种感觉，他们对当地太熟悉了，反而会觉得你所在的城市才比较有趣，因此旅游的乐趣在于新的环境和途中遇到的各种小惊喜——旅游说到底就是"从一个人待腻了的地方到另一个人待腻了的地方"。由此，**有趣**的定义就变成了：

> 有趣是一种由不可预期或非常规变化引发的带有惊喜的愉悦感。

不过，我们不应该将有趣看作惊喜的一部分，只能说两者是强相关的。有趣可以只包含一次惊喜，如娃娃滤茶器；也可以包含一系列的惊喜，如电子游戏。对于后者，变化不一定是积极的，甚至消极变化的出现还可能增加趣味性，如老虎机如果只赢不输，娱乐性就会下降很多（但你可以享受数钱的快感）。当然，无论有没有消极变化，积极变化及随之而来的惊喜都是一定要有的——只输不赢的老虎机那真的是一点儿乐趣都没有了。此外，惊喜暗示出有趣的情感并不恒定，随着时间的推移，原本有趣之物给人的趣味性会逐渐降低，并最终成为普通之物——这就是我们需要持续的新变化以保证趣味性的原因。

你可能注意到了我在定义中使用了"有趣"而非"乐趣"，这是因为严格来说，乐趣是有趣的一部分。当我们说一件事物"有趣"时，其实有两种情况：觉得有趣和有乐趣。"觉得有趣"是纯反思过程，就像看到那个娃娃滤茶器，大脑意识到了奇妙之事而觉得有趣；"有乐趣"则包含了行为，即乐趣是在一次或一系列的互动中产生的，如在玩电子游戏时我们能感受到乐趣。不过，从设计的角度来说两者的差异并不是那么重要，因而在本书中可以认为"有趣""乐趣""趣味"是一个意思。

趣味性设计十原则

"不可预期或非常规变化"比"奇妙之事"清楚了一些，基于新的定义，我们就可以得到**趣味性设计**的基本思想，即卓越的产品会通过创造不可预期或非常规的变化为用户带来乐趣。基本思想有了，剩下的问题就是，我们能通过哪些方式为用户创造这些变化呢？从我们对"无聊"的讨论中，可以看到相关的方面有两个——事情本身和行为反馈——因此我们可以从这两个维度加以考虑。尽管制造这些变化的灵活性很大，但还是有一些可供参考的主要方向，下面我就来讨论一下趣味性设计的原则（部分案例取自《UX设计师要懂工业设计》）。

比喻

由于思维定式等原因，人们很难将两个看似无关的事物联系在一起，这使得人们看待生活的方式总是一成不变的。当我们通过自己的思考或外界（如产品）的提示意识到新的联系时，我们会觉得非常巧妙，并体验到乐趣。从本质上说，娃娃滤茶器就是在滤茶器与端着筛网的娃娃之间建立了联系，并将这种联系通过产品传递给了用户。如果仔细留意身边那些觉得有趣的产品，你会发现很多都使用了这种方法，比如一些开瓶器将用来撬瓶盖的金属齿与卡通人物的牙齿联系在一起，就好像卡通人物"咬"开了瓶子一样。在文学上，在两件看似无关的事物间建立联系的手法被称为"比喻"，大量使用比喻的小说和电影（其实也是产品）往往非常有趣，因为它们不断为观众呈现出新的联系以及看待世界的新方式，其他产品也是一样。尽管比喻并非建立新联系的唯一方式，如推理的乐趣在于在看似不相关的各种线索及真相之间建立联系，但多数时候用的还是比喻。趣味性设计的一大任务就是思考产品能够被比作什么——这也是产品设计中最具创造力的部分之一。

比喻的要点是"不相关"，把饮料比喻成果汁显然没什么意思。事物之间的差异越大，看起来越不可能有联系，将它们联系在一起时产生的惊喜和乐趣就越强烈。当然，付出和收益是成正比的，看起来越不相关的事物，联系在一起的难度也越大，越需要强大的思维发散能力，即"脑洞"——人们常说编剧（本质上也是设计师）的"脑洞很大"，其实是在说编剧将大量看似不相关的元素联系在一起的能力很强。要锻炼脑洞，有一个经典的讲故事游戏，即随机抽几个无关的名词，然后尝试将它们连在一起说个故事。比如抽到了哈士奇、滑板车、海底、喜鹊、薯片，可以连成"哈士奇乘坐宇航滑板车到海底与太空喜鹊争夺能量薯片"，相比"狗在家啃骨头"，前者的剧情是不是更有趣味性呢？

这里提到了故事，其实，"故事化"（第35章）正是比喻的一个重要手段。通用电气医疗公司为此提供了一个经典案例，在传统的核磁共振检查中，人会被推到一个巨大的环形机器中，不能乱动，否则要重新扫描。成人还好，但孩子的检查往往非常艰难，可能吓到孩子不说，也很难让孩子保持不动，结果孩子往往要忍受多次扫描，甚至不得不服用镇静剂。为了解决这个问题，该公司将核磁共振检查的过程变成了一个冒险故事。比如在一个版本中，扫描床被做成了独木舟的样子，而房间被布置成神秘的丛林，工作人员告诉孩子，他们正要穿过一个洞穴，为了不让船翻掉，他们不能乱动。设计的效果非常好，不仅成功减少了镇静剂的使用，甚至"不止有一个孩子询问他们是否可以在明天再经历一次冒险"[1]。这个设计将核磁共振检查比作了丛林穿越，通过这个比喻，一次令人生畏的检查变成了一个充满乐趣的冒险经历——趣味性设计的价值远不只是让人开怀一笑，它能将负面情绪变成正面情绪，

---

[1] Simon King,Kuen Chang.UX 设计师要懂工业设计 [M].潘婧，花敏，缪梦雯，译.北京：人民邮电出版社,2018.

甚至还能切实地改善我们的健康状况，比如更少的镇静剂服用。

从本质上说，趣味性比喻与隐喻（第 24 章）是一样的，两者都是为用户提供了一套概念模型，区别在于前者是为了有趣，而后者是为了辅助理解。另外，比喻时用户理解本体（如滤茶器）和喻体（如娃娃），而隐喻通常只知道喻体（如文件和文件夹）。概念模型往往并非产品机制的真实反映，有时我们还需要在比喻时刻意隐瞒喻体（如让孩子真的以为自己在冒险），但正是因为有这些"善意的谎言"，我们的生活才能变得容易和富有乐趣。

此外还有三个要点：一是要特别关注在行为间建立联系，因为对行为的比喻（如核磁共振检查的例子）往往比简单的物与物之间的比喻带来的趣味性更多；二是在产品和一件富有浪漫主义色彩的事物（如童话故事）之间建立联系往往是一个不错的主意，人们喜欢浪漫的事物，而浪漫的事物还可以激发幻想，让我们短暂脱离枯燥乏味的现实，这都强化了产品带来的乐趣；三是比喻也能够帮助产品隐藏于环境之中，比如调味瓶造型的小音箱可以很好地融入厨房环境，当人们偶然发现它时，就像先看到"娃娃"再看到滤茶器那样，明显的前后对比还会强化惊喜和乐趣。比喻对乐趣非常重要，我将其作为趣味性设计的第一条原则（比喻法则）：有趣的产品会将产品与看似毫不相关的事物联系在一起。

多汁

"多汁"是游戏设计的常用词，Jesse Schell 在《游戏设计艺术》中将多汁系统定义为"一套系统展示大量一个玩家可以轻易控制的二级运动并且给予玩家许多力量与奖励……只要与它有一些互动，它就会回馈你连续不断的可口汁水"。这里的"二级运动"和"汁水"都是用户操作所引发的一系列反馈。干瘪的水果怎么捏都不会有什么变化，而捏一个多汁的水果显然要有趣得多。简单来说，当一个系统能够提供可轻易控制、持续、丰富且不可预期的反馈时，我们就说这个系统是多汁的。反馈首先要"不可预期"，如果清楚地知道行动后会发生什么，那么再丰富的反馈也没什么乐趣可言。然后是"持续"，指伴随互动提供连续不断的反馈，而"轻易控制"指操作轻松容易。最后，也是经常被忽视的是"丰富"，指以多种方式（立刻）反馈用户。你可能玩过被称为"消消乐"的游戏，在矩阵的每个方格中放入不同颜色的元素，当三个颜色相同的元素排在一起时就会被消除。通常，消除效果被设计得非常丰富，包括粉碎、爆炸等特效并伴有音效，甚至特效和音效还会随相连元素的增加或消除次数的增多而变得更加复杂和强烈。元素在消除时其他元素会移动位置，进而可能引发连环消除，如此一来，一次简单的移动元素操作（轻易控制）就可能连带出一系列未知的结果（不可预期），并带动一连串眼花缭乱的特效（丰富），而连续的操作会导致源源不断的反馈（持续）。很显然，多汁是消消乐游戏乐趣的主要源泉，而如果所有的消除只是简单的元素消失，即丧失了丰富性，游戏的乐趣就要大打折扣了。此外，老虎机也是一个经典的例子，你只需要简单地按一次按钮，机器就会给予你各种炫酷的反馈——甚至还包括金钱奖励。

其实，不只是游戏等数字产品，实体产品也可以是多汁的。Schell 举了"速易洁擦布"的例子，这个像拖把一样的装置在打扫时，手腕的一点动作就会带来清洁底座流畅且明显的转动（二级运动），这为打扫的过程带来了很大的乐趣，正如 Schell 所说："它的反馈是如此的有利以至于它将工作变成了游戏。"擦地和反复点击（老虎机）按钮都是无聊的重复性工作，但多汁的反馈可以将重复之事变得有趣。由此我们得到了趣味性设计的第二条原则：有趣的产品是多汁的。另外还要注意一点，反馈中必须至少有一项是有意义的，即与目标相关，比如老虎机金钱变化的反馈，或擦地后地面干净程度的反馈。如果老虎机的结果不代表任何东西，那么把反馈做出花来也不会有什么乐趣。产生乐趣的前提是人有动力去做这件事，而要保持高度的动机水平往往需要目标等很多要素，我们会在第 33 章再做讨论。

创造

有的对战类游戏会为玩家提供"地图编辑器"，玩家可以自己设计和制作各种脑洞大开的地图，然后在这些地图上对战，很多玩家为此乐此不疲。有一款名叫 FigureRunning 的跑步 App，允许用户修改 GPS 轨迹的颜色，帮助用户通过跑步在地图上"画"出各种图案，这比单纯地记录跑步距离和步数的软件要有趣多了。在这些例子中，设计师并没有为用户提供新的变化，而是为他们提供了创造新变化的能力。创造是最具有不可预期性和非常规变化的事情，因为在创造伊始我们完全不知道能做出来什么东西，而伴随创造的进行我们会拥有各种新的想法，并制作出新的东西。其实，设计工作最大的乐趣就在于其创造性，两者很多时候是一体的，我们也应该将这种能力赋予用户——允许用户创造的本质就是给予用户一定的设计空间，无论是设计地图还是设计跑步的图案。这是趣味性设计的第三条原则：有趣的产品会给予用户创造的能力。

内容和规则

产品内容和规则的不可预期的变化会带来乐趣，游戏的每一关的内容（甚至规则）都是不同的，而新闻网站也会在每天更新新闻。如果改变是持续的，而用户也理解了产品会发生改变，就形成了一种改变的承诺，但用户并不知道会发生什么改变，这会激发他们对变化的好奇心，吸引他们持续地关注，如点开下一个关卡。有一款名为 Timehop 手机应用，该应用的吉祥物是一只卡通恐龙，位于主页底部，并只露出上半身。如果用户继续向下滚动页面，隐藏的部分就会露出来，用户会发现恐龙穿着一条画着红心的平角短裤，松手后下半身会再次隐藏。这也是一个"隐藏＋惊喜"的例子，更有趣的是，恐龙下半身的着装还会时不时地发生变化，比如变成潜水装备。这个设计对产品功能毫无帮助，却为用户的生活增添了一丝变化和乐趣，就像是一种小奖励。事实上，这对企业也有很大价值。有趣的细节不仅提升了用户对产品的好感，对恐龙着装的好奇还会吸引用户每天查看（这需要登陆并浏览整个页面），而且别忘了，恐龙是应用的吉祥物，吸引用户一遍遍查看恐龙也是在不断强化用户对产品的印象。这就是趣味性设计的第四条原则：有趣的设计会带来内容和规则的不可预期的改变。

探索

如果说创造是产生新东西，那么探索就是发现新东西。很多时候，相比把改变一口气呈现出来，让用户在探索中逐渐发现变化或新的联系可能带来更多乐趣。比如很多游戏会先用迷雾笼罩地图，让用户通过探索逐渐驱散迷雾，这往往比直接显示完整的地图更加有趣，而在现实中，这种探索新环境发现惊喜的过程也是旅行的一大乐趣。这种手法在侦探小说中被称为"悬念"，我们曾说推理的乐趣也源于新联系的建立，但作者不会一口气道出答案，而是把线索一个个地抛出来，让读者在探索中逐渐逼近真相，最终在所有线索串在一起时恍然大悟，以此来增加侦探小说的乐趣。阿莱西公司的 Dozi 磁性回形针集聚器也是一例，产品被设计成刺猬的形象，但并没有刺，只有当你将很多回形针吸在上边时，刺猬的比喻才能达成。尽管没有刻意隐藏，但用户一开始通常理解不到刺猬的比喻，产品的乐趣是在使用中慢慢浮现的。当然，探索并不必然比直接展现更好，但它显然是个值得考虑的方法，这构成了趣味性设计的第五条原则：有趣的产品会让用户在探索中逐渐发现改变。

隐藏

我们已经多次提到了隐藏这一重要技巧，无论是将产品融入环境、隐藏恐龙的下半身还是制造悬念，本质上都是隐藏。娃娃滤茶器也一样，如果直接把娃娃滤茶器放在杯子上，人们也会有一个短暂的思考"这是什么"的过程，但先看到滤茶器（隐藏新联系）再揭示答案带来的反差产生的惊喜感和乐趣要更强烈。藏得越好，出现时的惊喜感就越强烈，这足以让我们将其作为趣味设计的第六条原则：有趣的产品善用隐藏技巧来提升惊喜感。不过要注意，隐藏和呈现都要恰到好处，如果藏得太浅或呈现得太早，甚至让用户提前猜出来了，乐趣就会大减；而如果藏得太深（如把变装恐龙放在一个不常用的页面内），用户全程都没发现，乐趣也就无从谈起了。

兴趣曲线

在平淡的生活中增添乐趣往往很有效，但有时，我们希望用户能在一个较长的时间段内持续保持较高的乐趣水平。这里的问题在于，人会适应惊喜的水平，或者说惊喜会提高人对后续惊喜的期待，进而导致当相同水平的惊喜再次出现时，人的反应就会弱很多，甚至本来还挺有趣的事情因为紧随一个大惊喜之后而让人提不起兴致。因此，我们需要合理安排用户在整个体验周期内的惊喜水平，以使他们在迸发最初的热情后依然能够持续保持较高的乐趣水平，拥有最佳的体验。设计师 Julie KhaslaVSky 和 Nathan Shedroff 使用了"诱惑"一词，并提出了保持诱惑力的三个基本步骤：吸引物（许下一个感情的诺言），联系（不断履行这个诺言），最后是满足（以一种让人难忘的方式终结这种体验）[1]。Jesse Schell 在《游戏设计艺术》中给出了一个更加具体的工具，即通过绘制并优化用户在一系列时刻的兴趣水平来改善体验，这被称为**兴趣曲线**。要绘制兴趣曲线，我们需要首先梳理产品使用中的重要"时刻"，而后评估用户在每个时刻的兴趣水平，最后将其连成线，一条理想的兴趣曲线如图 32-1 所示。

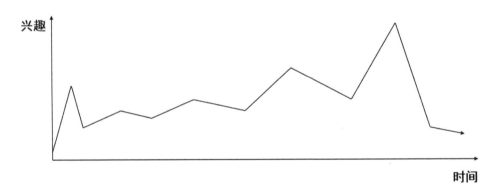

图 32-1 理想的兴趣曲线

为了便于理解，我们使用冒险类电影作为例子。首先，兴趣始于一个预期性的期待（如电影海报），用户因此被吸引来使用产品（进入电影院），而后正式体验开始。体验先是迅速上升（一段紧张刺激的开场），这是一个"钩子"，迅速抓住用户的兴趣，而后恢复平静（日常剧情），不久后新的事件再次调动观众的兴趣（一次小危机），再次恢复平静，再次调动兴趣，不断往复，但每次的峰值都比前一次要高（危机一

---

[1] Donald Arthur Norman. 设计心理学 3：情感化设计 [M]. 小柯，译 . 北京：中信出版社，2015.

次比一次大）。最终体验达到高潮（与大魔王决战），之后恢复平静，并在用户依旧带着些兴趣时结束。简单来说，理想的兴趣曲线包括了钩子，一个跌宕起伏且逐渐爬升的过程（伴有阶段性的休息），以及一个高潮式的结尾——这与诱惑三阶段是一致的。你可能已经注意到了，大部分经典电影和小说都使用了这一模式，从而牢牢抓住用户的兴趣。如果你试着画出那些差评电影的兴趣曲线，就会发现它们通常要么先高后低让用户大失所望，要么平平淡淡（很多水平线）让用户感到无聊，这些都是糟糕的设计。

尽管兴趣曲线对娱乐行业非常有用，但它其实适用于所有包含一系列变化（或体验时刻）的产品，比如一次乘坐智能无人出租车的出行体验。需要注意的是，兴趣的高度（惊喜或变化水平）并不重要，重要的是兴趣的相对变化（即变化的变化）。多个水平相似的惊喜排成一条直线并不代表持续的惊喜，而是"还过得去"的体验。要想让用户保持高度的乐趣水平，你需要梳理关键时刻，并绘制出兴趣曲线，然后想办法调整。你可以调整时刻的顺序，也可以提高或降低某时刻的体验，总之要尽量使其遵循图 32-1 那样的排布。此外，设计师对用户兴趣的评估可能存在偏差，因而需要通过用户测试来对假设进行验证。兴趣曲线及其思想对趣味性设计很重要，由此我们得到了趣味性设计的第七条原则：*有趣的产品会遵循兴趣曲线以维持较高的乐趣水平*。

兴趣偏好

乐趣是因人而异的，这一点很容易被忽视。每个人都有自己的兴趣偏好，让一些人开怀大笑的事情另一些人可能没什么感觉。比如对男孩子们来说，将检查过程比作星际穿越会很有趣，但是比作小公主漫游仙境，趣味性可能就会小很多。同时，这意味着设计师觉得有趣的点子，用户可能并不感兴趣。趣味性设计也属于 UX 范畴，因而也必须是端到端的（第 17 章），这给出了趣味性设计的第八条原则：*有趣的产品的趣味点必须与目标用户的兴趣偏好相匹配*。

知识与理解

除了个人兴趣，用户的知识范围也很重要，如果你把产品比作"海牛"，而用户不知道这种动物，那比喻也就失去了意义。此外，如果设计超出了用户的理解水平，如比喻过于抽象难以领悟要点，乐趣也就没有了。因此无论是比喻还是其他变化，都需要确保趣味点对用户来说是容易理解的。知识和理解能力都需要考虑，两者构成了趣味性设计的第九条原则：*有趣的产品的趣味点不能超出目标用户的知识范围和理解能力*。

用途

提到趣味，很多人会想到玩具和游戏，但必须强调，除非娱乐就是你的设计目标，否则趣味性设计绝不是把产品变成玩具和游戏。娃娃滤茶器的功能首先是滤茶，速易洁擦布的功能首先是打扫，如果为了多汁而导致擦地效果不佳，那么这就不是清洁用品，而是玩具了。也就是说，有趣的产品和玩具之间的差异在于是否在有趣的同时仍支持应有的可用性和易用性。当然，很多时候，趣味性设计免不了降低易用性，这需要设计师在趣味与用途间进行平衡，在提高趣味性的同时防止产品变成玩具。同时，产品的趣味性往往与其用途是强相关的，不能将其看作功能的附加，要与功能同步进行设计。由此我们得到了趣味性设计的第十条原则：产品的趣味性应与功能同步设计，并确保其应有的可用性和易用性。

我将趣味性设计的十个原则总结在表32-1中，其中后三条是必须遵循的，前七条则应尽可能满足，但具体要根据情况灵活选择和搭配。最后还要注意的是，"变化"是有趣的核心，这决定了有趣是一个相对的概念，让人们觉得有趣的东西随着时间的推移慢慢就不会那么有趣了，这需要继续创造新的变化，这也是设计职业必须长期存在的原因之一。时尚是潮流推动下的改变，与乐趣很相似，时尚是个圈，过时的东西慢慢又会变成时尚，乐趣也会有这种现象。不过，随着时代的前进和技术的发展，可联系的事物、反馈的方式等会越来越丰富，这给了趣味性设计大量的新素材。因而，趣味性设计整体来说还是要向前看，不断为用户带来全新的、丰富多彩的变化。

表32-1 趣味性设计十原则

序　号	设计原则
1	有趣的产品会将产品与看似毫不相关的事物联系在一起
2	有趣的产品是多汁的
3	有趣的产品会给予用户创造的能力
4	有趣的设计会带来内容和规则的不可预期的改变。
5	有趣的产品会让用户在探索中逐渐发现改变
6	有趣的产品善用隐藏技巧
7	有趣的产品会遵循兴趣曲线以维持较高的乐趣水平
8	有趣的产品的趣味点必须与目标用户的兴趣偏好相匹配
9	有趣的产品的趣味点不能超出目标用户的知识范围和理解能力
10	产品的趣味性应与功能同步设计，并确保其应有的可用性和易用性

新奇

　　这里再讨论一个乐趣的相关词——新奇。新奇可以看作"变化"的另一种表达。人们喜欢新鲜感，因而新奇之事会吸引人们的注意力。但新奇与乐趣并不等价，比如产品的升级换代会带来新鲜感，但除非这种变化能带来惊喜，否则就谈不上有趣。不仅如此，乐趣的内涵也比新奇更加深远，乐趣包含了创造、探索、兴趣曲线等很多内容，而新奇通常只是一种"不同"。

　　制造新鲜感很好，但新奇对产品来说是远远不够的。如果过于依赖新奇而忽略了其他品质，导致除了新鲜感外一无所有，就会有很大问题。对照兴趣曲线，新鲜感就是开始那个"钩子"，但新鲜感会很快褪去，如果没有坚实的本体，那么用户来得快，去得也快。新鲜感是个加分项，本体才是基础，这个"本体"包括可靠性、易用性、内容的趣味性等很多品质。有本体而没有新鲜感至少还算是个"还不错"的产品，当然有新鲜感就更好了；只有新鲜感则只能维持很短时间的优势，之后很快就会没落。因而，新鲜感很重要，但不要过于依赖。对于趣味性设计来说，这意味着在让用户第一眼觉得有趣之外，往往还有很多工作要做。

　　此外，过于新奇也不行。如果产品过于超前，用户也不会选择。成功的产品都是新鲜与熟悉的混合体，就像太极图一样，阴中有阳，阳中有阴，做到阴阳调和。也就是说，你应该在用户可接受的范围内推陈出新。对于过于超前的产品，你可以选择放弃，或是等待时机。我们曾说当创新超前于生态时要转为"战略收缩"（第22章），超前于用户可接受范围时也是如此，只有时机成熟之时，新奇才能发挥出其真正的价值。

产品需要乐趣

　　尽管趣味性设计在传统以人为本的设计中较少被提及，但毫无疑问，人们都渴望摆脱无聊乏味的生活。卓越的产品远不只是满足需求和消除痛点，最人性化的设计还应该为用户带来乐趣。正如《设计心理学3：情感化设计》一书所说："科技应该为我们的生活带来更多东西，而不仅仅是产品性能的提高：它应该使我们的生活更丰富更有趣。"

　　除了让人发笑或带来愉悦，趣味性设计还可能切实地影响人们的真实生活。我们在核磁共振检查的案例中已经看到，趣味性设计能够有效减少孩子的检查时间和镇静剂的使用。同时，趣味性设计是助推的重要手段（第 26 章）。对企业来说，趣味性设计能够有效提升产品的差异性，并带来竞争优势——用户喜欢有趣的东西，两款功能相同的产品，更有趣的自然更受欢迎。

当然，增添趣味性也要看情况，比如一些用于危机情况的产品（如灭火器）或专业工具（如手术刀）就不太适合趣味性设计，甚至可能招致用户的反感。因此，设计师必须仔细思考趣味性设计能否应用于当前产品，以及能应用到哪些部分。但整体上来说，大部分产品都能应用，也都应该尽可能应用趣味性设计。

趣味性设计是极具创新性和挑战性的工作。在 UX 的各设计维度中，趣味性设计的艺术性成分尤其高。因为有趣的核心是变化，这就意味着趣味性设计没有可利用的"设计模式"（第 28 章）。毕竟模式代表着重复，而重复就没有惊喜，也就没有乐趣。有趣的产品也很难依靠专家讨论或数据分析获得，要想实现有趣，设计师需要使用全新的方式看待世界，并在不断地创新和测试中逐渐完善。尽管极具挑战，但对于卓越企业来说，有趣是一种态度——"让世界有趣起来"就是一件应该去做的事，不需要理由。当然，这也会为企业带来丰厚的回报。

有趣，是卓越企业必须始终坚持的产品追求。

有趣

- **惊喜**
  由意外之事带来的兴奋或愉悦感；

- **有趣**
  不可预期或非常规变化引发的惊喜；

- **趣味性设计思想**
  用不可预期或非常规变化带来乐趣；

- **多汁**
  反馈易控、持续、丰富、不可预知；

- **兴趣曲线**
  不同时刻的兴趣水平连成的折线图。

第33章

快乐

我们已经讨论了得力、有礼、贴心和有趣，这些都属于令人愉悦的体验。除了探索、创造（第 32 章）等情况，这些感觉通常较为短暂，但愉悦这一层其实还包括了一些持续时间更长、往往也更强烈的感觉（如激励、享受、快乐、满足、开心、高兴、兴奋），以及一些短暂但强烈的感觉（如刺激、酷）。这些情感也都是我们在生活中期望获得的体验，我在此使用"快乐"一词来泛指这些持续时间较长或较强烈的愉悦感。在本章中，我主要讨论与快乐密切相关的"心流"理论和游戏化设计思想，并对刺激和酷做一点简要的讨论。

心流

我们都有过这样的经历：在做一件喜欢的事情（如玩电子游戏或画画）时，整个人完全沉浸其中，心无杂念，世界和时间似乎变得不那么重要，以至于废寝忘食。这种持续地沉浸和专注于当前之事，并体验到高度的快乐、乐趣、享受和满足的忘我状态被心理学家称为**心流**。其实，不仅是情感，在精神超高度集中的心流状态下，人的效率和产出也会达到极致——这也是做事的最佳状态。心流是 UX 的重要概念，我们希望用户在与产品互动的过程中能够体验到心流。但显然，心流不是想进就能进的，这需要**心流设计**，其基本思想是卓越的产品应努力让用户拥有并尽可能维持心流体验。人要想进入心流需要一些条件，Jesse Schell 在《游戏设计艺术》中指出了进入心流的四个关键点：

- **目标清晰**：有目标的任务才有意义；
- **没有干扰**：有干扰，则不专心，有专心，则无心流；
- **反馈直接**：对行动的及时反馈及有利于保持专注；
- **持续挑战**：人类喜爱挑战，合理设计的一系列挑战可以促进心流的产生。

前三条比较好理解,那么是"合理设计"呢？简单来说就是要让人时刻处于"心流通道"之中。心流通道是心流的核心概念,我们可以将做事时的心理状态按照做事的难度和人的能力划分为四种情况,如图33-1所示。在1区和4区,技能和挑战难度是匹配的,这时人会体验到专注和（广义的）快乐；在3区,技能不足以应对挑战,这会让人感到焦虑甚至挫败；而在2区,由于技能绰绰有余,人会感到无聊和没有兴致。因此,过高的挑战和过高的能力都会带来消极的体验,我们应该尽可能避免让用户产生这些体验。

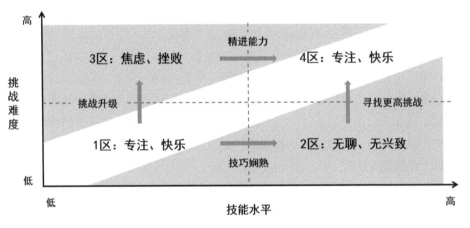

图 33-1　心流通道

看起来待在1区很不错,何必跑到2区或3区呢？但事实上,人是不可能一直处于原地的。他们要么因为技能日益熟练而进入2区,要么因为遇到更难的挑战而进入3区。而在2区和3区待久了会带来不适感,于是人就会希望回归舒适——要么找寻挑战以匹配能力,要么提升能力以匹配挑战——最终进入4区。这里的要点是,人进入2区或3区其实并没有什么问题,因为人都具有一定的回到4区的意愿和成长能力,但是,如果一直面对过高的挑战而毫无进展,或一直面对傻瓜式的任务,人就会因为挫败或过度无聊而彻底脱离心流,甚至离开任务。也就是说,在不过分深入2区和3区的范围内,人会自然而然地向"更高挑战、更强能力"的方向迈进,由此形成了一条从1区指向4区的拥有一定宽度的通道,这就是**心流通道**。当人进入4区后,4区就变成了新的1区,从而不断重复以上的步骤。对产品来说,为了让用户保持心流的状态,设计师需要控制好挑战的难度,并适时提供适当的工具或指导来帮助用户提高能力,确保用户一直处于心流通道之中。

我们在第21章讨论了沉浸感,即人将自身映射到任务环境中。心流也会带来沉浸感，而且是一种超高水平的沉浸。沉浸感的核心是让人的精神沉浸到任务中，这是一个设计问题，远不是靠大屏幕或画质就能够实现的。我们曾说"看不见的界面"是制造沉浸感的最佳界面，对心流来说也是如此（第二关键点：没有干扰），需要设计师加以注意。

与其他设计一样，我们在心流设计时也需要用户测试。这里的难点是心流的识别，毕竟人不能主动控制自己进出心流，因而 UX 设计师只能依靠长时间的耐心观察加以判断。对此，Schell 指出，人在进入心流后通常会安静下来，并不时轻声自言自语，而如果是多人协作的任务，则会开始热情地交流，并保持对任务的专注。此时，如果有局外人与他们说话，那么他们或反应迟钝，或显得烦躁（想想游戏玩到兴头上被父母喊吃饭的孩子）。其实，对于心流的测试来说，重点不是心流过程本身，而是心流结束的时刻。如果你能抓住让用户退出心流的时间点，就能够有针对性地分析是什么导致了心流的退出，进而提出更加有效的改进方案。

此外，心流的过程是自发性的，人会不自觉地从 1 区走向 4 区，再走向下一个 4 区，而这其实也是一个能力不断成长的过程，并伴随着高度的动机和正面情绪。所谓"成长的快乐"，大抵如此。可以说，心流是学习和成长的最佳路径，因而我们可以利用心流来帮助用户学习新的知识和技能。作为设计师，你也应该学会利用这一重要工具，合理安排自己的工作，以尽可能保持这种高效且快乐的状态。

心流模式

我们希望让用户时刻保持在心流通道之中，但心流通道其实是一个相对宽松的区间——只要不过度深入 2 区或 3 区就可以了——因而心流通道并非只有一种上升模式[1]。常见的心流模式有"稳健型"（图 33-2）和"震荡型"（图 33-3）两种。在**稳健型心流模式**中，技能与挑战大体上一直是匹配的。而在**震荡型心流模式**中，挑战可能突然增加，带来一定程度的焦虑感（但没有困难到产生挫败感），人不得不花费精力去解决，甚至可能在短期内遭遇困境。而后，人的能力又突然大增，不仅突破了挑战，在一小段时期内由于能力太强甚至让人感到些许无聊。但不久之后，又突然有一个更难的挑战出现，让人陷入困境，然后能力再次大增，而后再次无聊，如此往复上升。

---

[1]　Jesse Schell. 游戏设计艺术 [M]. 第 2 版 . 刘嘉俊，杨逸，欧阳立博，陈闻，陆佳琪，译 . 北京：电子工业出版社 ,2016.

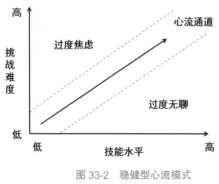

图 33-2　稳健型心流模式

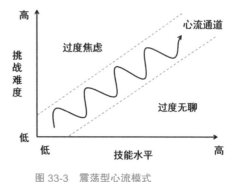

图 33-3　震荡型心流模式

震荡型模式被普遍应用于电子游戏设计。拿经典游戏《暗黑破坏神 2》为例，这款游戏中的人物技能以 6 级为一个跨度，即每到一个 6 级（如 12、18 级等）可以学到一类新的技能。虽然也可以升级低层级的技能，但对低级技能的升级通常只是量变，而学到新的高级技能才是质变，比如法师角色 1 级的"小冰弹"要好多下才能打死的敌人，6 级的"大冰弹"一下就能"秒杀"。如此一来，玩家就会经历这样一个过程：

起初，小冰弹一次就能打死一个敌人（挑战与能力匹配），但随着游戏进展，敌人变得越来越耐打（挑战提高），玩家不得不依靠各种操作一边躲避敌人的攻击一边攻击敌人，甚至一不小心就会被怪物杀掉。

随着人物等级的提高，玩家终于坚持到了 6 级，学到了大冰弹，早先费劲心力应对的敌人现在一下就打死了（能力大幅提升），这让玩家进入了一个"大杀四方"的阶段，过瘾至极，但兴奋感不会持续太久（渐趋无聊）。

很快，新的怪物出现，大冰弹杀伤力大减，玩家不得不再次深陷险境，直到 12 级时又学到更强的大招。

虽然这款 2000 年上市的游戏早已离开大众视野，但这种"满 N 级才能学大招"的游戏机制在如今的热门游戏中依然随处可见，而震荡型心流模式就是这种机制背后的逻辑。相比稳定型模式，人类似乎更享受这种"一张一弛"的感觉。试想上述游戏场景变成了这样：你学了小冰弹，一次打死一个小怪物，然后来了大怪物，小冰弹不好用了，但很快你就学会了大冰弹，还是一下打死一个怪物。虽然这样比处于心流通道外的"被怪物完虐"和"一直完虐怪物"好玩得多，但凭直觉就能感受到这样远没有原版游戏刺激和过瘾。高度挑战带来的紧张与刺激，伴随着能力大增带来的酣畅淋漓与放松，能给人一种持续交替的"兴奋感"和"宣泄感"，这就是震荡型心流模式的魅力，设计师应该在保证用户处于心流通道的同时尽可能制造震荡。此外，乐趣与心流也是相关的，两者都包含通过变化摆脱无聊的过程。如果将震荡型模式与兴趣曲线（第32章）对比一下，你会发现两者非常相似——震荡比稳健拥有更大的变化幅度，从而带来更强的惊喜感，会更有乐趣也就不奇怪了。

游戏化设计

游戏化（gamification）是我在攻读硕士学位时非常感兴趣的课题，但据我观察，绝大部分企业和鼓吹游戏化的人，其实并没有理解游戏化的真正含义。很多人用错误的理解进行所谓的"游戏化"，结果并没有达到效果，于是便开始贬低游戏化，认为游戏化徒有虚名。这就好像以为水果刀是斧头，找了把水果刀半天没砍断树，就骂"斧头"没用，事实上那根本就不是斧头。因此，要想通过游戏化来提升产品的体验，我们首先要正确理解游戏化的概念。那么，究竟什么是游戏化呢？

游戏化旨在将游戏中那些能给人带来乐趣、激励、快乐、享受、成就感等积极体验的理论、思想和要素应用于现实世界，以改善人们的现实生活及生活体验。这种思想源于对一个基本问题的思考：为什么一个在学业或工作上"不思进取"的人会为了打游戏而废寝忘食？游戏包含了大量枯燥乏味的工作，比如你需要一遍又一遍地杀掉相似的小怪物来升级，但人们却乐此不疲；我们总认为孩子缺乏自律，但他们却能为了获得一件"毫无意义"的游戏皮肤而每天定时爬起来签到打卡。游戏对人们的吸引力如此之大，以至于很多人将其妖魔化，认为游戏是导致学业荒废或消极工作的罪魁祸首。首先，这种说法并不能说全错，很多商业游戏在资本的胁迫下加入了很多让人成瘾的机制（这是有违设计师价值观的），但我们不妨从另一个角度来思考一下这个问题：人们之所以对游戏趋之若鹜，到底是游戏太有趣，还是生活太无聊？如果说现实也有责任，那么我们能否把游戏中那些让人充满动力与激情的要素借鉴过来，进而改善人们的现实生活。换句话说，与其拼命阻止人们脱离现实，不如学习游戏的优点来改善现实世界的体验，让人们更愿意留在现实世界——让现实像游戏一样充满快乐与活力，这才是"游戏化"的真正内涵。很多人基于字面意思将游戏化理解为"把工作变成游戏"甚至批评游戏化是不严肃和不正经的，这些显然都是错误的。

对游戏化的另一种误解是认为游戏化无非就是给产品增加一些积分、勋章或排行榜，比如认为"游戏化教学"就是弄些积分、排名或小礼物来激励孩子，但这根本就不是游戏化，甚至还会让孩子的动机外化（第10章)，破坏孩子的兴趣。事实上，拥有这种想法的人不仅不了解游戏化，甚至不了解游戏。如果认为靠积分排名就能做出好游戏，那也实在太小看游戏行业了——真是这样的话，好游戏早就遍地都是了，但我们都知道并非如此。游戏设计拥有非常系统化的理论和思想，这些才是我们真正需要借鉴的。至于积分和排名，其实只是游戏设计体系中某些理论和思想的一部分外在表现而已，这就好像去学人家的面包工艺，结果就学到了一条"要撒椰蓉"，而且还没搞明白为啥要撒以及什么时候该撒。

以支付宝的"蚂蚁森林"为例，这是将运动与环保活动游戏化的经典例子。用户每天的低碳行为会被量化为"绿色能量"（如乘一次公交得 80g 能量），而当能量积累到一定数值后，就可以兑换真正的树木（如 17900g 能量换一棵梭梭树），而且真的会有一棵树被种在现实的土地上。蚂蚁森林使用了积分和排名吗？是的，但只有积分和排名吗？显然不是，而且它们也不是重点。简单根据运动步数排名很容易，也很常见，但用户都只是图个新鲜，很快就会失去兴趣。蚂蚁森林使用了游戏的核心要素"使命感"，让用户觉得自己正在做一件非常伟大的事业，这种使命感不仅会带来直接的精神激励，还赋予了排名更深刻的内涵。对用户来说，排名更高不仅表示"我走的步数更多"，还意味着"我对环保事业的贡献更大"，这显然比前者拥有更强的激励作用。此外，蚂蚁森林的游戏化机制包括量化努力（将活动转化为能量数值）、公平（多劳多得）、多级挑战（不同树种）、进度清晰（达成目标树种的进度条）、稀缺（限量供应的树种）、社交（合种）、损失厌恶（防止能量被抢）等。通过游戏化，蚂蚁森林激发了人们的动机，将现实中枯燥的运动和环保活动变得有趣且富有意义，并真实地改善了我们的生活，这就是游戏化的价值。严格来说，蚂蚁森林并不算特别复杂的游戏化产品，但可以看到，无论是游戏还是游戏化，都远不是积分和排名那么简单。借鉴是建立在深刻理解基础上的，理解游戏化很重要，理解游戏也很重要——不懂游戏，想做好游戏化几乎是不可能的。

但现实是，绝大多数谈论游戏化的人，甚至很多游戏化专家，其实并没有什么玩游戏的经验，仅凭自己对游戏的感觉或从别人那听来的一些对游戏的理解进行设计。就像《小王子》中那位地理学家一样，每天坐在房间里，询问别人自己星球的样子，却从没真正探索过自己的星球。目前的 UX 领域也是一样，人人都在说用户体验很重要、要考虑人的因素、要以人为本，却没多少人真正来了解一下心理学。设计实践固然重要，但如果连要遵循的东西都没搞清楚，仅靠粗浅、片面甚至错误的理解，就算设计一百件产品，设计水平也不会有真正的提高。因而如果你希望从事游戏化工作，我的建议是一定要深入体验一两个经典的大型游戏。当然这不是让你单纯的娱乐，或消耗大量时间成为游戏大神，而是在玩的过程中思考其吸引力背后的逻辑。同时，你需要阅读一些游戏设计相关的理论书籍，理解游戏要素背后的理论和思想（这比要素本身重要得多），并将理论和真实的游戏体验相结合，从而形成对游戏和游戏设计的深刻理解。只有这样，你才能将游戏设计思想有效应用于非游戏产品，实现真正的游戏化。

不过，对于懂游戏化的人来说，"把工作变成游戏"的说法也没什么问题。我经常用"好玩"来形容自己做的事情，也常说"生活就是游戏"，但这并不代表轻视或儿戏，而是一种以积极的方式看待世界。长期以来，游戏总被认为是娱乐活动，与"正经事"没什么关联。但工作与游戏有什么不同吗？踢足球是游戏，而参加职业联赛就是"正经事"，但明明是一样的活动——既然游戏可以变成职业，那么职业为什么不能变成游戏呢？我非常认同 Jesse Schell 在《游戏设计艺术》中对游戏的定义："游戏是一种以嬉戏的态度进行的解决问题的活动。"工作是什么？解决问题。游戏是什么？消灭魔王、占领敌方高地、解谜、通过障碍，等等——恐怕你很难想出哪个游戏不是为了解决问题。其实，工作和游戏的区别并不在于活动本身，而在于一个人做这件事的动机——游戏源于单纯的"我想做"，工作则源于其他原因。也就是说，当人出于金钱、名利等外在原因进行游戏，游戏也会变成工作（如职业球星）；而当人在做自己喜欢的事业，并享受解决问题带来的快乐，顺便赚点钱时，工作就成了游戏——这才是"把工作变成游戏"的真正含义。此外，游戏化关注的是那些解决现实问题的活动，因而从上述角度来说，游戏化其实是一个将解决现实问题的动机内在化的过程。

总而言之，我们要借鉴的是狭义游戏中那些能够让人在解决问题的过程中保持内在动机和快乐体验的内在品质。游戏中的活动往往围绕玩家的体验经过了精心的设计，现实中的活动则不然。例如在组织中，员工缺少使命感、任务目标不清、评价标准不明、看不到自身成长、遭受不公平待遇、被迫面对过于困难的任务、出众的能力无处施展、缺少及时的帮助与培训等——如果电子游戏被设计成这样，玩家也会毫无动力。我在本书曾多次强调，用户问题的根源往往不在于人，而在于糟糕的设计。加以责备或呼吁"努力工作"通常解决不了问题，而通过游戏化设计，我们可以让员工更加积极和更具活力，这自然会为企业带来更多的收入和利润。现在我们总结一下**游戏化设计**的基本思想：卓越的产品能通过借鉴游戏的内在品质，为用户在解决问题的过程中提供持续的内在动机和快乐的体验。

游戏化设计思想几乎可以应用于任何领域，包括日用品游戏化、职场游戏化、营销游戏化、教育游戏化、生活游戏化等，毕竟游戏和工作本来就没有本质差异。还是那句话，游戏化是一项严肃认真的工作，跟娱乐化是两码事。此外，游戏化的产品也不必然看起来像是游戏。游戏化的关键是游戏理论和思想的运用，根据应用方式的不同，有时会看起来像游戏（如蚂蚁森林），有时则可能完全不像（如更合理的组织设计）——外在形式并不重要，只要能提升人们的内在动机和快乐的体验，任何形式都是没有问题的。

游戏化的本质

Yu-kai Chou 在《游戏化实战》一书中提出了"八角行为分析法"，总结了 8 种可以被应用于游戏化设计的游戏特质。很多人认为游戏化就是让产品有趣，但人们之所以喜欢玩游戏，往往是为了更多的东西。

1. **使命**（史诗意义与使命感）。认为自己做的事情拥有重大意义，甚至是上天赐予的使命。在组织设计中，明确企业使命并赋予员工使命感尤为重要，认为自己的工作是为了改变世界的员工，和认为工作是为了混碗饭吃的员工，对工作的热情是完全不同的。此外，使命感为品牌及产品奠定了基调，也在用户心中树立了积极的企业形象。一款伟大的游戏不能没有使命，一个卓越的企业也是如此。

2. **成就**（进步与成就感）。提供学习和掌握新技能的进步感，以及攻克难关的成就感。勋章、排行榜等只是表面，这里的核心在于挑战，只有攻克挑战的勋章才有意义，显然这需要心流设计。此外，让每一分努力可见和确保进度的清晰（第 10 章）也是需要考虑的重要方面。

3. **授权**（创意授权与反馈）。赋予人们创造的能力，并让他们及时看到创造的结果从而及时调整，能够带来丰富的乐趣（第 32 章）。同时，授权人们发挥创造力能够实现所谓的"常绿机制"，即不需要设计师提供新内容，游戏也可以一直保持新鲜和活力。

4. **拥有**（所有权与拥有感）。人在对一件物品有拥有感时，会有强烈的动机提升物品的各个方面，如积累虚拟货币或修饰虚拟形象。此外还有禀赋效应（第 3 章），即人对所拥有物品的估值通常高于没拥有时的估值。

5. **社交**（社交影响与关联性）。社会情境对人拥有强烈的影响力（第 12 章），此外还包括社会认同、交友、竞争、攀比等因素，这些对多人网络游戏和组织的设计尤为重要。

6. **稀缺**（稀缺性与渴望）。社会影响六原则之一（第 12 章），一定的限制会强化动机。

7. **未知**（未知性与好奇心）。未知与好奇心带来的能量是巨大的，比如可变比率比固定比率对行为的强化作用更强（第 11 章），未知之事与短信息配合会让人陷入"多巴胺循环"（第 10 章）等。此外，知道变化但不知道如何变化也会激发好奇并带来乐趣（第 32 章）。

8. **亏损**（亏损与逃避心）。人都有损失厌恶（第 2 章），进而对可能避免损失的机会抱有强烈动机。仅将表达方式从"参与可获得 10 元红包"（获得框架）变成"不参与你将错过 10 元红包"（损失框架），就可以激发更多人采取行动。

以上 8 项只是让你对游戏特质有一个概念。在我看来，游戏的特质还有美（第 34 章）、故事（第 35 章）、公平性（第 36 章）等很多内容。你可能已经注意到了，这些游戏特质基本都包含于本书第 2 部分（心理学）和本部分（深度体验）的范畴之内。这是必然的，因为游戏设计的本质就是设计玩家的体验，而游戏化的本质就是从关注任务本身（功能主义）转而关注人的动机和情感（体验主义）——游戏设计和游戏化设计本来就是 UX 的一部分。因此，对 UX 来说，与其说是借鉴游戏，倒不如说娱乐性游戏先天就蕴含了朴素的 UX 思想，而电子游戏是最先将相关的 UX 思想理论化并实现系统化应用的行业。游戏不是什么特别的东西，游戏化也并非从"另一个领域"借鉴，只是将 UX 在游戏行业的成功经验应用于其他行业而已。

尽管借鉴游戏行业的实践经验很重要，但在与非设计人士交流时使用"游戏化"一词很容易带来误解，加之其本就是 UX 的一部分，倒也不必过分强调。我认为未来"游戏化"更适合作为 UX 的一个重要设计思想而存在，只要设计师理解即可。此外还有一个相关的词叫"严肃游戏"（serious game），旨在将游戏应用于非娱乐领域（如培训专业技术），尽管有时两者的边界有些模糊，但它们的设计思路完全不同。严肃游戏本质上还是游戏设计范畴，我在这里就不做展开了，你可以根据兴趣自行扩展。

最后再强调一点，游戏化并不是万能的。游戏化说到底是借鉴 UX 在游戏行业的实践经验，游戏更侧重于虚拟产品和反思层，对实物产品和行为层所能提供的参考较少，而且就像台式机的设计不能完全适用于手机，游戏的经验也不能照搬到其他行业。借鉴要有限度，因地制宜，方为上策。

刺激

刺激是一种恐惧与愉悦交织的强烈情感，人们希望改变，因而会去追求刺激的体验，但到底什么是刺激呢？ Donald Arthur Norman 在《设计心理学 3：情感化设计》一书中用体验三层次理论（第 2 章）阐述了对刺激的理解。简单来说，形成刺激需要两个条件，一是本能层次的惊险和恐惧，二是反思层次的安全感。以蹦极为例，刺激的关键就在于蹦极者脚上的绳子。直接从高台跳下会有生命危险，这绝对是一件令人恐惧的事情，此时人感受到的只有本能层次的恐惧和惊吓。而当人的双脚绑上绳子，情况就变了：恐惧和惊吓依旧，毕竟人无法控制本能，但此时反思层次知道这次坠落非常安全，这会在一定程度上制约本能反应，由此形成的情感就是刺激感。简单来说，**刺激感**就是带有足够安全感的惊险体验。通常来说，在体验的过程中，本能的恐惧要高于反思的安全；而在体验结束后，对恐惧的记忆会变得模糊，这时反思会占上风，感受到的更多是一种惊险但愉快的回忆，因而对刺激事件的事后回忆往往比事件过程更令人愉悦。

在设计时，设计师要尽可能满足用户既想感受本能恐惧和惊险，又不想有危险的需求。这需要首先发掘用户心中的这些本能，如高空坠落、高速飞行、遭遇鬼怪等，并尽可能加以还原。而后再为用户绑上一条"安全绳"，如跳楼机和过山车的安全座椅、将鬼屋设置在热闹的游乐场之中等。需要注意的是，客观上的安全自然重要，但对刺激感来说，必须保证用户在主观上相信产品是安全的。如果蹦极的绳子看起来非常脆弱，用户感受到的则基本都是恐惧，这并非我们期望的体验。事实上，用户可能根本就不会选择使用这样的产品。

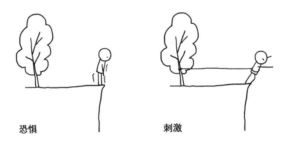

恐惧　　　　　　　　　刺激

酷

最后讨论一下"酷"体验。我们都希望用户看到我们的产品后能脱口而出"哇！好酷啊！"对酷的理解，有人使用感官体验（如炫目、高冷范儿等），也有人使用高科技（如无人驾驶、人工智能），都有一定道理。不过既然是 UX，我们自然要从体验的角度来定义一下酷的感觉。Karen Holtzblatt 和 Hugh Beyer 在《情景交互设计》

一书将"酷"确定为产品的核心品质,并将酷拆解为以"快乐"为中心的一系列品质,如成就感、联系、身份认同、感知觉等。这种对酷的理解将酷泛化到了本章涉及的各种情感,不能说是错的,但我觉得我们还是应该首先理解"酷"本身的含义。下面我简单谈谈我对"酷"的理解。

回忆一下我们的生活,什么样的人能被称为"酷"呢?是长得帅气质佳,还是会摆一些"很酷"的表情和姿势?似乎都不是,因为很多被人们认为酷的人既没有明星脸,也不会摆pose。比如我们会觉得能徒步穿越塔克拉玛干沙漠的人很酷,觉得能坚持自我不向权力低头的人很酷,觉得在国难当头时冲在抗疫一线的人很酷——至于这些人长什么样,并不会影响"这个人很酷"的判断。也就是说,一个人是否"酷"的关键并不在于外表或气质,而在于其行为,即"做到别人难以做到之事",或更深入地说,在于这些"酷行为"反映的勇气、意志、开拓、正直等积极向上的精神品质。由此对比一下产品,我们可以将**酷产品**定义为解决了普通产品难以解决之需求,或创造了普通产品难以创造之体验的产品。酷与有趣有些相似,都源于"不可预期或非常规的变化",但有趣是惊喜(喜生活之改变),而酷是赞叹(叹非凡之能事)。当我们说"真有趣"时,潜台词是"我也想玩",而说"好酷啊"时,潜台词是"太牛了"。与人一样,酷产品的核心也不是外形和视觉效果,而是酷行为及其体现出的开拓、创新、以人为本、走在时代前沿等大多数企业和产品所少有的卓越内在品质。当然,外形也是产品体现酷的一种重要手段,但我们必须首先聚焦于产品的"无形部分",即那些普通产品所难触及的需求和体验。

有趣的是,人与产品在酷的问题上有一个很大的不同。即便过去有一百个人徒步穿越了大沙漠,对于一个新的徒步者我们依然认为他很酷。但哪怕只有少数几个企业实现了触屏手机,我们再见到新的触屏手机或推出触屏手机的新企业也不会觉得酷了。乐趣会随时间消退,但酷不会——影响酷体验的并非时间,而是"稀缺"。无论何时,徒步穿越沙漠都是常人难以完成的,但技术的跟风是很容易的——开拓者令人敬佩,跟风者就算了。通常来说,率先推出创新产品的企业才会被认为很酷,而唯有成为这一新方向引领者的企业才能真正确保"酷"的形象。

对企业来说,让用户认为产品很酷绝对是极具价值的事情,这一点不难理解。酷产品能够激发强烈的情感和购买欲,面对普通产品和酷产品,用户往往更倾向于后者。同时,用户会希望通过产品彰显身份和品位(第35章),而酷产品就是绝佳的象征——酷产品往往是稀缺的,因而使用酷产品的人自然会给人酷的感觉(至少他们自己是这样认为的)。此外,酷产品会向外界传递出企业的引领者形象,对企业的品牌也有强化作用。

那么，企业如何能够实现酷产品呢？如果你理解了酷的含义，那么这个问题其实非常简单——踏实做好 UX 就好了。满足普通企业难以满足之需求，创造普通企业难以创造之体验，这就是三钻流程中问题钻和解决钻（第 13 章）追求的目标。UX 就是为了解决新问题和创造卓越体验而存在的，因此如果认真践行 UX 流程，做出酷产品是水到渠成的事情。此外，在品牌一章（第 30 章）我们也讨论过零市场的问题，创造新品牌最好的方式是创建零市场，继而成为市场的开拓者，而这也为酷体验提供了坚实的保证。所以说，酷是 UX 的必然结果，因而酷设计和 UX 并没什么区别。在这个意义上，Holtzblatt 和 Beyer 将"酷"泛化为快乐相关的一系列积极体验，并将"酷"作为核心设计目标是没有问题的。

如此一来，设计酷体验说简单也简单，毕竟 UX 思想在这里，但说难也难，因为并不是随便哪个企业都能践行和做好 UX——从这个角度来说，做好 UX 不也是一件很酷的事情吗？

快乐

- **心流**
  持续沉浸、专注、快乐的忘我状态；
- **心流设计**
  让用户拥有并尽可能维持心流体验；
- **心流通道**
  "技能－挑战"图中可维持心流的区域；
- **稳健型心流模式**
  技能与挑战大体上一直匹配；
- **震荡型心流模式**
  挑战与能力交替陡增形成震荡；

- **游戏化**
  利用游戏理论和思想改善现实生活；
- **游戏化设计**
  借鉴游戏品质提供内在动机和快乐；
- **刺激感**
  带有足够安全感的惊险体验；
- **酷产品**
  实现普通产品难实现的需求和体验。

第34章

美

我们已经讨论了智能、有趣和快乐三大类情感，这些都是令人愉悦的感觉，我们有落下什么吗？是的，还有一个，那就是美感。美在传统设计领域的地位非常重，甚至有些过重了，这导致很多人认为设计就是在产品做完之后的一些"美化"。这种把设计等同于美术和作图的说法对 UX 设计师来说非常刺耳，我也曾一度对与美学相关的话题有些抵触。但必须指出，这种态度是错误的。尽管随着产品设计的不断发展，设计的范围已远远大于美学，但这不代表美感就不重要了——美永远是产品的核心体验之一，也是必须实现的设计目标。那么，我们应该如何看待美在 UX 中的位置呢？

美感设计

美感，即对事物的审美感受，是一种非常复杂的感觉。从体验三层次理论来看（第 2 章），美感是本能层次和反思层次相互作用的结果。在本能层次，人类天生就会对事物的一些特征产生美的感觉，比如人们普遍喜欢对称的结构、光滑的表面、自然的景致等。但由于文化、经历、艺术素养等方面的不同，人与人的审美也有很大差异，甚至同一个人在不同时期对相同事物可能产生完全不同的审美评价，因而美感也受到反思层次的影响。

美感能引发强烈的情感反应，进而影响人们对事物的判断，尽管很多时候人们并没有意识到这种影响。人们都喜爱外表美丽的事物，这种喜爱之情会对态度产生深远的影响。当我们与美貌的人相处时，往往会容忍对方更多的缺点，我们对待产品时也是如此，而当两个产品的功能相似时，我们也会倾向于选择更加美观的那个。同时，人对美的判断几乎是在与产品接触的瞬间形成的，如果你的产品不够美观，那么用户可能根本没兴趣试用产品，此时再好的易用性也起不了作用。但美的价值远不止于此，事实上，美及其带来的愉悦感本身就是用户希望获得的重要体验。在好用之上，用户还希望产品能带来"美的享受"，这是"愉悦"层次（第 4 章）的重要组成部分，也是产品向"终极形态"进化所必须拥有的品质。卓越的产品都应该是美的，正如《UX 设计师要懂工业设计》一书所说："如果一个设计还没有达到美的标准，那么意味着它仍未完成。"正所谓内外兼修，过去"重外轻内"的态度固然不好，但"重内轻外"也是不对的——UX 设计师也必须兼顾**美感设计**，其基本思想是卓越的产品必须带给用户美的体验。

当然，这并不是说 UX 设计师就要去做造型或视觉设计。美学主体上还是本能层次和呈现层（第 5 章）的设计，之所以将其作为一种深度体验，一是提醒 UX 设计师在把控产品的整体体验时不要轻视美感；二是美感也不只是呈现层的事，策略层（如品牌定位、大体审美、视觉风格等）决定了美感设计的主题和基本要求，而机制层和信息层的设计也可能对美感设计产生影响，例如简约设计（第 25 章）的重点在于机制和信息层的简约，只考虑呈现层是难以实现"简约之美"的。因此，美感设计需要 UX、交互、UI、工业设计等各板块设计师的通力协作。对 UX 设计师来说，唯有努力提高自己的审美能力和艺术品位，才能在产品的美感设计中发挥出应有的作用。

好看的东西更好用

外在的美观不仅会影响情感，也会对行为层次的易用性产生影响。这一点可能有些难理解：好不好看和好不好用也有关系吗？

Donald Arthur Norman 在《设计心理学 3：情感化设计》一书中指出"有吸引力的东西更好用"，并提到了一个有趣的例子。20 世纪 90 年代，日本科学家黑须正明和鹿志村香对大量自动提款机进行了研究，发现了一个有趣的现象：尽管具有类似的功能、按键数量和操作流程，但那些外表迷人（如拥有更吸引人的键盘和屏幕设计）的自动提款机使用起来更加顺手。以色列科学家诺姆·崔克廷斯基对此研究表示怀疑，认为这只是因为日本人对美学比较敏感。但是，当他在以色列做了同样的试验后惊讶地发现，以色列人的表现比日本人更加明显！一项试图推翻假设的研究反而证实了这个假设。在此之后，更多的实验进一步证明了美学与易用性的关系。比如一项研究中，研究人员让两组青少年分别用外观精致的手机和外观平平的手机完成相同的操作任务，结果发现"外观好看的手机在完成相关任务中耗时更少"。虽然美学对易用性的影响因产品不同而异，但这种影响是真实存在的。那么，为什么会这样呢？

Norman 认为"有吸引力的东西使人感觉愉悦，从而让人们更加富有创意。"认知与情感不是相互独立的，情感会影响认知（第9章）。正面情绪下人的大脑更加灵活，也更可能看到全局或跳出旧有框架；而负面情绪会限制人的眼界，让人只关心眼前的问题。也就是说，积极情绪会提高人们解决问题的能力，而美感可以带来积极情绪，进而对用户产生积极的影响。易懂性和易操作性（第24章）是让产品的使用变得容易，美感则是增强了用户的能力——难和易是相对的，当用户被强化时，产品的使用也就变得相对容易了。

美观对易用性的影响说明了形式与功能并非两个相互独立的方面，形式也会影响功能。显然，这又是一个 UX 设计师必须重视美感的原因。

美感设计要点

关于"什么是美"的话题已经超出了本书的范围，很多艺术大师和哲学家都对美的内涵表达过自己的见解，我自忖尚未具备给美下定义的艺术素养，就不在这里对美妄加品评了，你可以选择一些大师的著作自行拓展。我下面仅讨论一下 UX 设计师在考虑美感时需要注意的 10 个要点。

1. 以人为本。产品设计必须坚持以用户为中心，美感设计也一样。艺术家可以按自己的兴趣做设计，甚至很多现代艺术品对普通人来说完全理解不了——这些物品放在艺术馆没问题，但放在市场很难卖得出去。不过，我一直认为即使是艺术家也应该努力为他人带来美感，就像法国绘画与雕塑大师 Edgar Degas 所说："艺术不是你看见的东西，而是你让别人看见的东西。"[1] UX 设计师做的是产品，因此个人的喜好并不重要，关键在于用户。如果美感设计超出了用户的理解和接受范围，那就是失败的产品，因而你必须让产品的美感在符合用户审美的前提下尽可能高一些。但与其他需求一样，你无法通过"询问用户"构建出精美绝伦的产品。用户的美学素养有限，他们能告诉你需要美的东西，但这个东西应该是什么样则说不出来。设计师必须拥有高于常人的审美和艺术品位，在对用户深入理解的基础上进行美感设计。同时，虽然用户说不出美的东西应该是什么样，但当你做出一个美的东西时，用户会告诉你。因此，你还需要通过多轮的用户测试和迭代来对设计进行完善。

---

[1] Cindy Salaski. 向大师学油画——20 位油画名师的绘画技巧 [M]. 顾文，译. 上海：上海人民美术出版社，2016.

2. 与品牌相呼应。美感设计要与产品的品牌定位及品牌战略相呼应，至少不能与之相悖。以品牌的颜色选择为例，可口可乐的品牌色是红，而百事可乐的品牌色是红和蓝，如果可口可乐公司做了一款非常具有美感的产品，却用了偏蓝的色彩风格，那么显然是不太合适的。

3. 考虑使用场景。美感设计应与其使用场景相匹配，这一点经常被忽视。在设计展上产品经常被独立地展示，但在现实生活中，它们往往没那么干净和整洁，比如接上各种线缆之后电脑会变得非常杂乱。Donald Arthur Norman 在《与复杂共舞》中指出："对使用方式的忽视会把简单的、有吸引力的物品转变成复杂的、丑陋的东西。"这就是很多在商店内觉得美好的东西，拿回家就变成另一个故事的原因。在这一点上，宜家公司做得就很好，他们不仅在设计时考虑了使用场景，甚至还在卖场还原了这些场景，帮助用户更好地理解产品在家中的样子。此外，可穿戴电子产品（如智能手环和耳环）的设计尤其需要考虑使用场景，即便电子设备本身很好看，戴在耳朵上却可能显得格格不入。我们在选择衣服时会考虑穿搭，因而可穿戴产品也要尽可能满足时尚穿搭的基本要求，甚至更进一步使其成为一个添彩的饰物。

4. 本能美感。人对美的感觉有相当一部分来源于本能，比如偏爱光滑细腻的表面、自然的风光等。Susan Weinschenk 在《设计师要懂心理学 2》中也提到人有弧形偏好（偏爱弧形而非有棱角的物品）和对称偏好（偏爱对称的事物）。在这方面，心理学和设计学都能提供一些理论性或经验性的指导，设计师也应该尽量在设计时加以参考。

5. 美不只有图画。尽管美通常通过视觉来展现，但美感设计并不只关注视觉。能够"欣赏"的事物往往都与美有关，仔细想想就能发现，我们能欣赏的不只有绘画和造型，还有音乐、诗词（如"落霞与孤鹜齐飞，秋水共长天一色"）等也能给人们带来美的享受。对产品来说，音乐和音效尤为重要。Jesse Schell 在《游戏设计艺术》中指出，音乐能够对包括美感在内的设计过程起到引导作用，因而要尽可能早地考虑。听觉反馈比视觉反馈更接近人的本能，也更接近你想要表达的感觉，如果你能确定与产品目标感觉一致的音乐，也就确定了产品的基调。正如 Schell 所说："如果你发现游戏的某个部分与你确定了的音乐感觉不符，这就表明那部分的游戏应该修改了。"这对其他类型的产品也是适用的。

6. 平衡艺术与技术。与机制和信息层一样，艺术的呈现也要靠技术来实现。很多美的设计需要复杂的技术和工艺，比如特殊的造型弧度，因而设计师需要在美感与实现能力之间找到一个平衡点。但要注意，尽管工程师拥有很好的实现能力，但美感设计的工作还是要由设计师来主导，以避免只是为了实现高难度的效果而实现——技术只是手段，美感才是目的。

7. 美术原型。我们已经强调过原型的重要性（第16章），美感设计也一样。你脑子里对美的创意和把它们画在纸上后的感觉可能完全不同，因而在创意初期你就要使用草图、纸质模型等制作美术原型来具象化你的想法，进而改善创意或进行用户测试。你不需要把所有内容都具象化，但至少要具象一些典型的内容。同时，美术原型在你向领导和甲方展示时也非常有用，毕竟这比流程图和简单的线框图要生动和好理解得多。

8. 追求形式与需求的统一。对"形式追随功能"这种说法有很多理解，如美感来自不加修饰的功能，或是功能比美感更重要等。我认为这里的"功能"是广义的，更好的说法是"形式追随需求"，即美感必须首先遵从产品所要满足的基本需求（第23章）。这就像人无论如何追求外表的美丽，人体的基本结构都是不变的，不可能为了美而砍掉或增加两条腿。如果为了美感而牺牲了需求，那产品也就失去了最基本的意义，因而形式应该在需求的基础上进行发展。但我并不喜欢"追随"这个词，追随会让人感觉美感是在需求实现后进行的一点美化。如果到最后才考虑美感，产品的整体形态和大部分细节基本都定型了，那么美感设计的空间将非常有限。美感设计必须与基本需求的设计同步进行，美感设计要遵从需求，而需求的设计也应该配合美感的达成。因此，我更愿意使用"统一"一词，即产品设计应追求"形式与需求的统一"。

9. 平衡前卫与熟悉。成功的产品是新奇与熟悉的混合体（第32章），这对美感设计也是适用的。前卫的东西很吸引人，但过于前卫也可能让人们敬而远之。从商业的角度考虑，最好的美感设计应该是让人在觉得非常前卫的同时，还觉得其与某种熟悉的东西相似。产品设计与设计比赛不同，后者通常更注重前卫和新奇，因而让专家（如工业设计师或艺术家）评价美感很可能出现偏差——我们还需要适当的用户测试来帮助修正这种偏差。

10. 重视细节。 美感设计的一个常见的陷阱是过于关注整体的美感，而忽略了细节。《游戏设计艺术》提到了迪士尼公园里灰姑娘城堡的例子，这座城堡从远处看很吸引人，但当人们走近后会发现这是一些粗制滥造的玻璃纤维，结果败兴而归。细节是一种态度（第 28 章），对细节的考究显然包括美感，大量精心雕琢的细节还能够产生质变，在整体上给产品带来一种"精致"的感觉。细节的美感设计应该超出人们的预期——"远看很美，近看更美"才是卓越产品应该具备的品质。

提升你的审美

最后来讨论一下审美的问题。对审美的常见理解是对美的欣赏和评价能力，评价有很多种，"美或丑"也是一种评价，但这种评价显然谈不上真正的"审"美。审美的核心在于对美的理解：若美，那美在哪里？若丑，那丑在哪里？换句话来说，审美能力强的人能够理解美背后的设计思想和技巧，甚至更进一步，能够给出创造更佳美感的建议。拿油画欣赏为例，不同审美能力的人看到一幅画后的评价可能是这样的：

- 新手审美：哇，这画真好看！（简单判定）
- 中级审美：这棵树感觉画得有点虚。（大体问题）
- 高级审美：树的光影处理稍差了一点儿，没有呈现出立体感。（具体问题）
- 专业审美：树的光影处理稍差了一点儿，应该把墙上的树影压得重一些，在树的阴影处再加一点儿反光。（具体问题＋改进措施）

艺术家们（这里指负责美感设计的工业设计师、视觉设计师等）自然应该拥有专业审美，那 UX 设计师呢？我的建议是最好也是专业审美，至少也需要中级审美，即能把大体的需求或问题说出来。实现美的技巧（比如画好树影的手法）不是必需的，但优秀的 UX 设计师应该能够把对美的具体需求提清楚，并在艺术家们完成设计后提出非常具体的改进需求甚至建议。好坏不分自不用说，提不清大体需求同样会让艺术家们非常崩溃，比如在 UX 和视觉设计师之间出现这样的对话：

UX：我觉得这个感觉不好。

视觉：哪不好？

UX：就是感觉不好，你是专业的，你得拿意见。

视觉：那你至少告诉我你觉得哪不好。

UX：说不上来，反正就是感觉不好。

视觉：……

显然，这样的沟通是低效且让人恼火的，而且这样的 UX 设计师也没有对产品的美感进行整体构建和拿捏的能力。因而对于 UX 设计师来说，具备较好的审美能力是必要的。提高审美的途径有很多，我的方法是学一点绘画技巧、配合适量的艺术书籍以及参观一些艺术展。这里的要点是学会观察，审美水平高和低的人最大的差别在于对细节的敏感度。人类的大脑习惯于对事物进行整体评估，毕竟这很有效率，但你看到的只是个大概，并非事物的真正面貌，因而这种方式难以真正改善审美。只有当你真正面对美的细节，并认真思考为何如此时，才能真正开始理解美的内涵。有些人能在美术馆里泡上一天，但有些人可能半小时就逛完了，差别就在于他们欣赏的内容并不相同。同时，艺术书籍可以帮助我们更好地理解这些细节，应与艺术展相辅相成。不过，我还是推荐学习一些绘画的技巧，毕竟亲身实践才是理解事物的最好方式。至于音乐、文学等方面的审美，可以通过学习乐器、鉴赏音乐、写作、阅读文学作品等方式加以提高。

此外还有一条给中国设计师的建议：关注中国元素。由于西方国家在设计领域的领先，使得艺术审美整体偏欧美和日本，这些当然应该学习，但中国文化几千年来传承的艺术审美同样值得我们细细品读，也很可能为你带来意想不到的美学灵感。

美

- **美感设计**
  卓越产品必须带给用户美的体验。

第35章
意义

意义深远的产品

人们旅游时经常会买一些纪念品，比如纪念币、地标建筑的小模型等。如果仔细端详，那么你会发现很多产品的做工实在不怎么样，而且绝大部分都能在网上以更低的价格买到同款，但很多人在旅游的地方还是会购买这些东西。一个不太精致的迷你埃菲尔铁塔有什么用吗？人们可能把它们摆在家中，但大部分时候它们会与其他纪念品一起被收在箱子或柜子里。也就是说，纪念品本身并不具备什么实用价值，也谈不上乐趣或快乐，但用户既然愿意购买，肯定是因为它满足了某种需求。迷你铁塔的价值在于"在法国旅游时购买"的这个事实，当人们在某一天从箱子里发现它的时候，就会回忆起法国之行——纪念品承载了旅行的回忆，对购买它们的人拥有特别的"意义"。

意义是产品进化层次的第 6 层（第 4 章），也是最高层次。在好用和愉悦之上，产品还代表了一些"特别的东西"，比如回忆、联系、情怀、身份、地位、品位等，它们对用户具有非凡的意义。如果设计得当，"意义"会为产品带来极高的附加价值，最极端的例子莫过于纪念品。尽管纪念品谈不上高端，但我们可以对比一下它们的本来价值，在淘宝网上一个十几厘米的迷你铁塔模型通常只要 7~8 元（人民币），但在旅游景点却可以卖到几欧元（国外景点的这些纪念品多数都是中国制造的）。换句话说，意义让产品的价值翻了数倍。但这只是表象，事实上，很少有人会专门去网上买一个毫无意义可言的铁塔模型，因此其本来价值往往是 0，如此一来，意义几乎占据了产品价值的全部——人们掏钱买的只是"意义"而已。

纪念品其实只是意义层次的冰山一角，"意义"在大多数时候是与"高端"相绑定的，也是高端产品的一大核心。从意义的角度来看，产品是什么并不重要，重要的是产品对用户来说是什么。**意义设计**的基本思想是卓越的产品应该对用户具有非凡的意义。品牌设计（第 30 章）不仅是在设计品牌的感觉，也是在设计品牌的意义，进而为产品也带来意义。在此之外，意义设计还涉及故事、世界、身份彰显等很多内容，本书不会做过多展开，主要讨论几个典型的设计思想，以帮助你对意义设计有一个基本的认知。纪念品承载了回忆，而回忆也可以看作一个故事，下面我们就先来聊聊故事这个话题。

故事

听过一个网上的段子：

问：如何才能把一辆破旧自行车卖出高价？

答：给它一个故事，然后放到豆瓣[1]上去卖。

看起来像是调侃，但这是事实，一个故事的确能把一件"破烂儿"卖出高价。Wolfgang Schaefer 和 J.P.Kuehlwein 在《品牌思维：世界一线品牌的 7 大不败奥秘》一书中提到了一项研究，两位研究人员（罗波·瓦克和约翰·格兰）收集了 100 件小物品（如在杂货铺花 1.25 美元购买的劣质饰品），并为每个小物品编了一段精练且动人的故事，然后放在 eBay 网站上出售。结果这些不上档次的廉价货摇身一变成了极具价值的商品，交易价值较原本价值增长了 27 倍，有些甚至卖到了 100 美元的高价。显然，故事提升了产品在人们心中的价值。对此，Scheafer 和 Kuenhlwein 解释道："原本冰冷的商品一旦融合了故事，就被赋予了一定的意义、情感和生命，它成了故事中的主角，并鼓舞消费者继续构建新的故事。"

"故事"蕴含了巨大且神奇的能量，人们从出生就喜欢听故事，成年后也一样。Susan Weinschenk 在《设计师要懂心理学》中指出，故事是人类处理信息的最佳也最自然的形式。故事能牢牢抓住人的注意力，让大脑更加活跃，并激发丰富的体验。故事也能够帮助人们更好地理解信息，更有说服力，记忆也更长久。总之，故事能够对人们的体验产生巨大影响，因而很多与沟通相关的书籍都强调了"故事化"的重要性，对产品设计来说也是如此。用户购买的并非产品本身，而是产品带来的体验，如果我们能将精心设计的故事融入产品，就能够极大丰富和提升产品的体验，产品的价值也会随之提升。这就是**故事化设计**，其基本思想是卓越的产品应该通过讲述

---

[1] 豆瓣网，一家中国社区网站，主要是让用户能自由地对书籍、电影和音乐进行推荐和评论。

一个好故事为用户带来更好的体验。

给便宜货编故事看起来像是"小把戏"，但如果你仔细观察那些国际高端品牌在做的事，就会发现两者在本质上其实没什么差别。来看看如下对 A 和 B 两种产品的描述：

产品 A：五十年品质传承的海藻精华深层洁净保湿活肤面霜。

产品 B：五十多年前，物理学家麦克斯·贺兰博士在一次实验事故中不幸灼伤，从此开始了对修复容颜的不懈探求。最终，他受到海洋力量的启迪，从具有强大能量的深海巨藻中淬炼出一种神奇活性精粹，成功治愈了受损的皮肤，并由此诞生了让肌肤焕发新生的面霜。

凭直觉来说，你觉得哪款面霜的效果更好？相信大概率是 B。一位博士的传奇经历配上深海的神秘力量，向人们暗示出产品可能带来的神奇功效。如果你熟悉美容产品，可能已经知道了，这就是雅诗兰黛旗下品牌"海蓝之谜"的品牌故事。是的，品牌也需要故事，一个好的品牌故事能够大幅提升品牌在公众心中的形象。该案例出自《品牌思维：世界一线品牌的 7 大不败奥秘》，书中在故事的基础上更进一步，提出了顶级故事的概念。常见的品牌故事通常讲述了品牌创建的历史，但顶级品牌的故事更接近神话，以一种超自然、永恒且传奇的方式重述现实生活。海蓝之谜的故事其实经不起推敲，我们在这里仅讨论故事的影响力，这种神话色彩能为产品带来一种伟大和永恒的意义，并在人们心中激起强烈的情感——这也是顶级品牌必须塑造的体验。当然，想出一个好故事并不容易，这需要理解用户内心的需求和渴望，懂得故事的塑造技巧，同时需要一些艺术灵感，更重要的是设计师必须首先拥有故事化思想，并尝试在设计中融入故事。此处有三点建议，一是努力提高自身的文化素养，二是阅读一些有关故事写作和故事化技巧的书籍，三是勤加练习——写故事没有捷径，高水平的故事化能力唯有通过不断练习才能实现。

此外，故事对游戏设计也非常重要。故事为游戏机制赋予了意义，除了俄罗斯方块、打砖块（用板子不断反弹小球击碎砖块）等游戏能凭借机制立足，绝大多数游戏都包含故事。例如，《超级玛丽》讲述了"勇者斗恶龙救公主"的故事，《植物大战僵尸》讲述了"栽种植物抵御僵尸入侵"的故事，即便是我们所熟悉的中国象棋也包含着一个两军交战的故事——棋盘中"楚河汉界"还暗示着楚汉争霸的历史。如果没有故事，这些游戏瞬间就会变得枯燥且乏味，特别是对于 RPG（角色扮演）游戏来说，核心就是主人公经历的故事，如果没有了故事，游戏也就不存在了。此外，与品牌一样，经典游戏往往也是由带有神话和史诗色彩的顶级故事支撑的，比如《魔兽世界》和《仙剑奇侠传》。但显然，游戏故事比品牌故事要复杂得多，而复杂故事的发生需要舞台——这个舞台被称为"世界"。

世界

现实中的事件发生在现实世界，故事的发生同样需要一个"世界"，无论游戏、电影还是小说都是如此，比如游戏《愤怒的小鸟》中的弹弓和城堡，还有小说《尼罗河上的惨案》中的河和游轮。不过，游戏的世界有些不同，因为它真的构建了一个虚拟的可互动空间。我们曾说人与产品间的互动本质上是人通过界面与技术／服务的互动（第21章），而对于游戏而言，人与之互动的其实是由技术运行产生的世界，如图35-1所示。

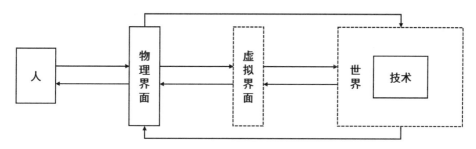

图 35-1　人与世界的互动

尽管界面和世界都是虚拟的，但世界是游戏的本体，界面则是人们通往世界的"窗口"，使他们得以观察和影响世界。界面和世界的差异在网络游戏中更加明显，当用户下线时，界面消失了，但世界依然在运行，其他玩家还在与游戏互动；而当用户重新上线时，他／她也没有重启世界，只是重新通过界面连接到世界而已。游戏的世界是由技术构建的虚拟空间，但与小说和电影一样，他们都能在用户心智中形成一个"世界"（或至少是"空间"）的概念。在多数情况下，世界的主要作用是为故事提供发生地，可能叫"场景"会更贴切一些，而这些世界本身也不会对人们和实体产品产生强大的影响，比如当我们玩《愤怒的小鸟》时，我们关心的是如何用小鸟攻击猪头，而不是其中的世界。尽管这些世界也很重要，但我们在这里要讨论的是另一类对体验和现实影响巨大的"跨媒体世界"。

Jesse Schell 在《游戏设计艺术》讨论了**跨媒体世界**，该词由 Henry Jenkis 提出，指"能够通过多种媒体进入的幻想世界——不论是通过印刷、影视、动画、玩具、游戏还是其他的媒体。"跨媒体世界在人们的心中构建了一个宏大的世界，普通的世界如果脱离了故事（比如尼罗河惨案结束后的河和游轮）也就没什么意义了，而跨媒体世界可以延续下去，并且能够容纳更多的故事。以《变形金刚》的世界为例，尽管世界的主要舞台仍是地球，但这是一个拥有可变形机械生命体"汽车人"和"霸天虎"的世界，且双方的历史可以延伸到数千万年前的宇宙深处。这种宏大且充满想象力的时空观，使得即便没有故事，人们依然可以幻想出各种各样的故事，甚至幻想自己成为世界中的主人公，从而使世界得以不断延续。在变形金刚的世界被构建后，动画、电影和游戏以不同的方式讲述了发生在这个世界中的不同故事——这些媒体并没有构建新的世界，而是为人们提供了进入变形金刚世界的入口。跨媒体世界存在于人的心智之中，除了变形金刚，成功的跨媒体世界还有诸如星球大战、魔兽世界、漫威世界、哈利·波特、口袋妖怪，以及中国的西游记、仙剑等。这些世界起源于某一种媒体，通过宏大的世界观、丰富的角色、复杂的历史线和冲突等为人们提供了巨大的幻想空间。跨媒体世界的影响力比最初的故事本身要深远得多，比如一些衍生电影中的故事并不是特别精彩，但观众依然会买单，因为这些电影为他们提供了进入幻想世界的入口。也就是说，用户购买的不仅是电影的故事，还有一个通往跨媒体世界的机会——这就是跨媒体世界赋予产品的"意义"。Schell 将跨媒体世界的特性总结为三点：

- 强而有力：有着最强跨媒体世界的作品往往有着最忠诚的粉丝；
- 经久不衰：好的跨媒体世界可以持续几十甚至上百年而不衰；
- 不断进化：当新入口出现时，世界会改变以容纳新入口，比如后续电影引入了新的人物角色和矛盾（但不能差异过大，否则会破坏原有世界或导致新入口被遗弃）。

其实，不仅是虚拟产品，跨媒体世界同样能够赋予实体产品以意义，从而大幅提升产品的价值。变形金刚的起源并非影视作品，而是由日本 TAKARA 公司推出的一种能变形的"机器人"玩具。美国孩之宝公司与该公司合作将玩具引入美国市场后，并没有简单地售卖玩具，而是首先改编了玩具的故事（故事化依然很重要），提出了"正义的汽车人"和"邪恶的霸天虎"两个概念，并命名为变形金刚。但他们并未就此止步，1984 年，孩之宝与漫威公司合作，对变形金刚的形象和故事进行了深度加工，推出了同名漫画以及商业动画，并逐渐发展为一个完整的跨媒体世界。如此一来，变形金刚玩具就成了进入变形金刚世界的入口。另一方面，起源于虚拟产品的跨媒体世界也会产生实物的"周边"产品，如星球大战和漫威英雄的玩具。很多电影和游戏的周边产品往往只能维持几个月的热度，但跨媒体世界的影响不同，即使孩子们长大成人后不再购买玩具，但很多人依然会购买"擎天柱"或"蜘蛛侠"。成年人不会像小孩子那样把它们当作玩具来玩耍，他们购买的其实是意义，即玩具背后那个充满幻想的巨大宇宙。正如Schell所说："真正被创造出来的产品不仅仅是一个故事、一个玩具或是一款游戏，而是整个世界。然而你不可能'出售'一个世界，所以上述不同的产品就被当作该世界的不同入口来进行贩卖。"

跨媒体世界对实体产品的价值远不止有玩具，通用、奔驰等汽车公司就充分利用了"变形金刚世界"，将自家产品塑造成变形金刚变形后的汽车。最成功的莫过于雪佛兰的科迈罗，即便很多人说不上车型名称，但他们都知道这是"大黄蜂"。通过这种方式，雪佛兰将科迈罗转变成了一个入口——当你驾驶"大黄蜂"时，就好像真的进入了变形金刚的世界。由于跨媒体世界的强大影响和超长生命力，这种"意义"对产品的附加价值是巨大的。有些企业觉得只要在电影中让产品或logo"露露脸"就能提高销量，但在信息爆炸的今天，这种方式与"打水漂"无异。曝光率并非重点，企业应该关注的是如何通过电影等手段赋予产品积极的"意义"。

再说主题公园的设计，很多企业都希望打造出另一个"迪士尼乐园"，但都失败了，其根本原因就在于他们将主题公园看作"包含各种娱乐设施和主题表演的游乐场"——这是典型的功能主义思维。华特·迪士尼建立迪士尼乐园的初衷绝不是建一个游乐场，而是为他的"迪士尼世界"扩展一个新的入口。迪士尼乐园让人们得以从现实生活中抽离出来，带他们进入那个从孩童时代就一直幻想能生活其中的梦幻世界，其次才是游乐设施。问题不在功能，而在体验，功能能够靠烧钱来解决，体验则不然——如果没有一个强大的跨媒体世界来支持，即便花上几倍的投资购置设施和宣传推广，也绝无可能达到迪士尼乐园的高度，因为后者卖的是"世界"。

跨媒体世界的创建这个话题太大了，我只提四个要点：

第一，关注心智，只有当你创造的世界满足了人们内心某种在现实中无法实现的愿望时，人们才会希望拥有它。

第二，增加新媒体和新入口。世界会随着新媒体的不断加入而变得强大，多种入口会产生协同效益，而每个入口都会带人们进入世界的一个角落，并通过新故事让人们更加了解这个世界，如果设计得当，那么这些入口能够让世界在人们心中变得越来越真实和紧密。

第三，确保世界的一致与连贯。如果故事、美学风格、人物设定或人物关系等不一致甚至相互矛盾，就会破坏用户心中的世界，甚至导致世界的崩塌，让所有入口瞬间变得一钱不值。大团队要做到高度的一致与连贯非常困难，这使得以大团队为核心来打造跨媒体世界极难成功。事实上，除了少数极其团结的小团队，大多数成功的跨媒体世界都是以一个极具创造力的人为核心来建立的。

第四，与顶级故事一样，跨媒体世界通常带有很强的神话和史诗色彩，毕竟一个宏大的世界需要历史和永恒的感觉。世界观的大小决定了相关产品的延展性，比如一些热门的小游戏也会衍生出电影，但小游戏简单的世界观会对入口的延展产生很大的限制。毕竟每个入口都要通向一个新的角落，但小世界的角落就那么几个，这就将压力转向了故事，而即便故事再有趣，缺少跨媒体世界的支持也很难让人们保持长时间的热情。星球大战和漫威世界的电影拍了十几部之后热度依旧，但随着小游戏热度的降低，衍生的电影慢慢就会淡出人们的视野。

在未来，跨媒体世界的概念将愈发重要，无论对于娱乐还是非娱乐行业，跨媒体世界都是 UX 的重要内容。设计师应该考虑为产品创造一个新的跨媒体世界，或让产品成为现有跨媒体世界的一个出色的新入口。如果你的产品能够很好地连接甚至创造一个跨媒体世界，那么它将成为用户心中一个特殊的存在，从而使体验和价值都达到一个新的高度。

身份追求

产品带来的另一种"意义"是身份、地位或品味。人们希望通过产品来彰显自己的追求，比如通过"酷产品"（第 33 章）来显示自己能够做到常人所难做到之事，通过艺术品位高的产品显示自己的人文素养，或是通过奢侈品显示自己的财富和地位。MINI 汽车就是一个例子，MINI 针对的是不愿墨守成规的中产阶级用户，因而汽车在设计上努力传达出一种不走寻常路、桀骜不驯的性格。很多购买 MINI 汽车的用户都是女性，她们不喜欢被贴上"可爱"的标签，而 MINI 给她们带来了一种身份的认同感。同时，这些用户希望通过驾驶 MINI 来展现自己的这种个性。正如《品牌思维：世界一线品牌的 7 大不败奥秘》指出的，购买 MINI 的人"买的不是汽车，而是一种态度"。因此，设计师在考虑产品时，需要发掘用户渴望通过产品获取一种什么样的身份认同感，或是希望通过产品彰显何种态度，并努力让产品表现出这些特点。如此一来，你的产品对用户就多了一层"意义"，用户对其的青睐度和心理估值自然也会提高。除了标准产品外，用户还喜欢通过"改装"或"定制"来彰显身份或表达个性，比如在汽车上贴上喜欢的车贴，或用照片定制手机壳，而游戏中的角色形象制作系统或皮肤商场也是同样的道理。这些产品或功能看似"毫无价值"，但对用户来说意义非凡。设计师应该尽量满足用户自我表达的需求,无论是调整产品本身(如可更换皮肤的角色),还是设计一款新的产品(如车贴或手机壳)。

下面来看奢侈品。有些人不惜高价地购买名包、名表、豪车等奢侈品,即便在同类产品更加价廉物美时,他们还是会选择出高价购买奢侈品牌,甚至越贵越买,这些人到底图什么呢? 基于经济学中的需求定律,商品的价格与需求是成反比的,当价格上升时,需求会下降。但是,对奢侈品或奢侈服务来说,提高价格反而会增加需求,降低价格则减少需求,这就是**凡勃仑效应**。制度经济学大师 Thorstein Bande Veblen 在其著作《有闲阶级论》中指出:"在财产私有制出现以后,财产就成为证明财产所有人占有优势地位的依据,是取得荣耀和博得尊敬的基础,是满足虚荣心与自尊心的必要手段。"也就是说,人们购买奢侈品是为了彰显自己的身份和地位。这背后的动因被 Veblen 称为金钱竞赛和歧视性对比,即希望达到"上一层阶级"的消费水平,同时不希望被认为是"下一层阶级",从而使个人的消费水平不断向最高阶级逼近。也就是说,人们并没打算真的用这些奢侈品来解决实际问题,而是将它们作为金钱和权利的象征。对他们来说,那些物美价廉的产品是"下层阶级"使用的东西,反而应该敬而远之。如此便不难理解为何会出现凡勃仑效应了,毕竟越贵越能显示出拥有者身份的"高贵"。是的,这也是一种意义——奢侈品卖的就是意义。

奢侈品企业应该怎么做呢? 首先要让人们养成奢侈的习惯,即在与人们的一切接触中,通过华贵的装潢和精心培训的员工,让他们享受到从未有过的"尊贵体验"。正所谓"由俭入奢易,由奢入俭难",一旦人们习惯了这种体验,就会拼了命地保有这种虚荣,甚至不惜为此牺牲自己的生活来追求更多的金钱。同时,通过各种媒体和公关活动宣扬"金钱至上"的风气,让人们将"有钱"作为成功的唯一衡量标准。然后,通过广告等手段将精心打造的奢侈型产品与上流、尊贵、财富等词联系起来,配合限量和提价,就可以享受凡勃仑效应带来的超额利润(第 40 章)了。

但是,我并不认为这是一件很值得 UX 设计师投入的工作。UX 的目标是让人们更加轻松、快乐、充实和幸福地生活,往大了说,是要让社会和世界变得更加美好。奢侈品可能给消费者本人带来虚荣和尊贵,但并没有为社会解决任何问题,更重要的是,奢侈品的源头在于追求"最高地位",而最高是相对的,与之相对的是大量生活在社会底层无法得到生活改善的劳动群体。不仅如此,当人达到更高一层阶级时,还会有更高一级的阶级,而即便达到了先前的"最高阶级",先前在最高阶级的人一样会为了实现歧视性对比而继续扩大奢侈水平,这个不断攀比的过程除了炫富的快感,并不见得是一件很幸福的事情。"奢侈"的本意是挥霍财产和过分享乐,因而与"浪费"密不可分,正如 Veblen 所说:"要博取好名声,就不能免于浪费,就必须从事于奢侈的事物的消费。"当然，用户本人不一定认为这是浪费，奢侈品带来的浪费往往是社会层面的，这种浪费不仅包括物质，还包括把大量本可以用于造福广大群体的精英人才的精力消耗在为少数群体打造"无用之物"上，而不断扩大的奢侈水平会进一步加剧浪费。值得注意的是，传统的中华文化与西方有所不同，相比财富的积累，更注重精神层次的出类拔萃，以"成圣成贤"和"兼济天下"为最高追求。因而在我看来，至少在中国，如何消除奢靡的风气，将公众导向合理消费，并提升精神追求，反而才是设计师应该认真思考的问题。设计不只是为了赚钱，关于设计师的责任，我们会在第 7 部分再做探讨。

必须强调，"意义"是高端产品的关键，但高端产品并不等同于奢侈品。高端产品指的是在好用的基础上为用户带来愉悦情感和积极意义的产品，而奢侈品只是高端产品中一个很小的部分。iPhone、MINI 或变形金刚玩具都属于高端产品，但不算奢侈品，因为它们的主要用途还是使用，并非单纯地炫耀。这些产品之所以能获取超额利润，很重要的原因在于通过品牌、身份认同、故事化等方式为用户带来了"意义"，加之令人愉悦的情感体验，从而在同类产品中形成差异化优势，而当产品不可取代时，就拥有了定价权——这才是希望进军高端的企业应该学习的东西。企业必须懂得，高端产品不是"成本或定价更高"的产品，将昂贵的材料和部件简单堆叠在一起谈不上高端，而没有"愉悦"和"意义"，只是单纯地定高价也是没有用的。

社群

最后我们简单谈一下社群。什么是社群呢？大体来说，**社群**是一组拥有相同兴趣或目标、共同活动且相互联系的人，经过时间推移逐渐产生的带有集体认同、归属感和组织性的群体。社群的形式有很多，比如游戏公会、车友会、广场舞团体等。人类是社会动物，因而社群会给用户带来丰富的"意义"，比如归属感、社群地位、价值感等。社群与社交和社区不同，社交是一种行为，而社区是一种"聚集地"的概念。放在现实中可能好理解一些，你住的地方就是一个"社区"，即居住在某一区域的人组成的群体，但居住在一个社区并不代表是一个社群，甚至人们彼此也可以不认识。当一些人因为共同的兴趣或目标聚在一起共同活动，比如一起跳广场舞，这些人就形成了社群。至于社交，则是人与人之间的互动行为，比如你和你的邻居交了个朋友。也就是说，社交是行为，社群是组织，而社区是空间。对于虚拟世界来说，依地理位置划分的方式不再适用，取而代之的是以兴趣或内容类型划分的"网络社区"，比如围绕电影和读书的豆瓣、围绕知识问答的知乎等。但与现实社区一样，你与其他人只是出于一些原因而聚集在一起，并不一定彼此认识或共同活动，这与联系紧密的网络社群是不同的。通常来说，社群的归属感要远高于社区和社交。

社群涉及的知识点非常庞杂，有大量书籍专门讨论社群的建立和维护，当然你也可以把社群当作一种产品，使用 UX 流程来进行设计。我在这里仅讨论给产品附加社群的情况，这是给产品增加价值的好方法。比如为 MINI 汽车用户建立 MINI 车友会，让这些拥有相似身份认同的人相互认识，并定期组织一些户外穿越的活动，如此便能大幅提高用户的归属感，进一步强化 MINI 汽车对用户的意义，当用户打算购买下一辆车时，就更可能继续选择 MINI 汽车。而在游戏社群中，玩家除了能获得归属感、尊重感、价值感等意义，还可以交流信息、得到新手指导或组建战斗团队，这些都提升了游戏的价值和黏性——相比只玩游戏，拥有社群的游戏玩家玩游戏的时间往往要长得多。因此，在设计产品时，设计师应当将社群作为一个重要方向加以考量。

但要注意，并不是什么产品都适合建立社群。为购买同款汽车的人建立社群是个不错的主意，但换成充电宝或水杯就没有意义。人们参与社群的基本前提是认为有值得讨论的内容或值得共同参与的活动，对汽车来说，相关的讨论和活动很多，比如车辆的使用小窍门、维修小技巧以及穿越活动等，而对于一个充电宝就实在没什么可聊的。此外，如果你能够让产品为某一类用户带来强烈的身份认同（如 MINI 汽车），用户就更可能聊得来，社群也就更可能成功。

意义

- **意义设计**
  卓越产品应对用户具有非凡的意义；

- **故事化设计**
  通过讲述一个好故事改善用户体验；

- **顶级故事**
  带有神话和传奇色彩的故事；

- **跨媒体世界**
  能够通过多种媒体进入的幻想世界；

- **凡勃仑效应**
  奢侈品的价格与需求呈正比的现象；

- **社群**
  共享目标或共同活动的紧密组织。

第36章

接受度

接受度设计

我们已经讨论了从可用到意义的各个层次，但有一个很基本的问题尚未讨论：如何让用户接受我们的产品？通过各种设计思想让产品更好当然是有用的，但还不够。好的产品并不一定能让人接受，对于新产品来说尤其如此。用户接受不代表就会使用，但不接受则一定不会使用，而即便用户使用了产品，如果互动过程使接受度降低到一定程度，那么用户很可能放弃使用甚至不再使用该企业的同类产品。反之，良好设计的产品不仅会使产品更容易被用户接纳，还会在使用中不断强化接受度。显然，接受度是产品设计必须关注的内容，这需要**接受度设计**，其基本思想是卓越的产品应该在产品的整个生命周期中不断提高用户的接受度。影响用户接受度的原因非常复杂，我将使用前和使用中接受度的常见影响因素总结在表 36-1 中。使用前的接受度源于对产品各方面的预期，这是做出购买选择的关键依据，而使用中接受度源于实际的使用体验，也是对产品预期的确认和更新，这会影响产品使用时长、使用频率和用户未来的购买选择。

表 36-1　接受度常见影响因素

序号	影响因素	使用前接受度	使用中接受度
1	信任	品牌、主观安全、美感、细节、智能、故事、好友信任度、公关和广告	主观安全、感知可靠性、智能、问题应对、细节、售后服务
2	自由	预估自由感	自由感
3	价格	价格接受度	
4	易用	预估易用性（简约）	实际易用性

序号	影响因素	使用前接受度	使用中接受度
5	相对优势	预估价值	实际价值
6	兼容性	系统兼容、版本兼容	
7	自我故事	自我故事、身份认同	
8	隐私	预估隐私风险	实际感受到的隐私风险
9	公平	预估公平性	实际感受到的公平性
10	愉悦	有趣、酷	有趣、快乐、智能
11	社会影响	好友接受度	好友接受度、社群
12	后端生态	预估的生态成熟度	实际的生态成熟度度

信任、隐私、自我故事和公平我们稍后详细讨论，先来说一下其他 8 个因素：

- 自由。如果用户感到自己是被迫使用产品或功能，接受度就会降低，因而需要通过助推（第 26 章）来保证用户的自由感。

- 价格。这个不难理解，价格超出人们认为的合理区间自然是难以接受的。

- 易用。好用的产品自然接受度高，但其对接受度的提升主要体现在使用中，因而应该为用户提供试用和体验产品的机会。对于使用前，则主要是产品看起来是否易用，这需要简约设计（第 25 章），此外好看的产品也可能让人觉得更好用，因而也应当考虑美感设计（第 34 章）。

- 相对优势。如果相比早期或同类产品，当前产品能够明显更好地解决用户的问题，或是能解决很重要的新问题，就更可能被用户接受。

- 兼容性。当产品有更好的兼容性时，比如手机操作系统能够兼容其他操作系统的应用，或是新版本的软件能够兼容早期版本生成的文件，就更可能被接受。

- 愉悦。情感能够对认知产生影响，无论是使用前还是使用中，能让用户感到愉悦的产品自然更容易被接受。对于使用前，主要的影响因素是有趣和酷的感觉，而快乐、智能等要在使用中发挥影响。比如给新产品增加一些有趣的小应用，可以拉近人与产品的距离，减少用户对新事物的畏惧心理，从而使接受度得以提高。

- 社会影响。社会的影响力是巨大的（第 12 章），如果周围的人都接受或推荐一件事物，人就更可能调整认知来接受；使用中的接受度同样会受到周围人的影响，若产品拥有社群，则这种影响会更加明显。

- 后端生态。后端生态在第 22 章已经深入讨论过了，如果生态成熟度无法支撑产品，产品的应用就会受到极大限制（比如充电桩覆盖率不足限制了电动汽车的活动范围），对用户来说自然也难以接受。

从时间跨度上来说，使用前考虑的是短期的接受度，而使用中考虑的是长期的接受度。短期接受度直接影响产品销量，因而会得到企业的重视，长期接受度却往往被轻视。但其实，短期接受度并不能算是接受度的真正建立。这就像人际交往一样，短期接受就是同意交个朋友，但这只是认识了，要想让人从心底里接纳，关键还是长期的交往。如果开始说得天花乱坠，实际却一塌糊涂，那么人自然不会接受。接受一个人是一个长期的过程，接受一个产品也是如此。"一锤子买卖"固然可以操作，但卓越企业关注的是用户长期的认可和口碑，因而必须兼顾短期和长期，形成"愿意买 - 愿意用 - 愿意买"的良性循环，以确保企业的长期收益。

信任

信任对接受度非常关键，如果用户不信任产品，那么自然会拒绝使用，因此构建信任感很重要。信任涉及的内容很广，包括相信企业不会虚假宣传、相信产品不会出问题、相信出问题后企业会承担责任、相信企业不会做损害消费者利益之事等。人不会毫无理由地相信一个陌生的产品，他们需要一些用以建立信任的依据，你可以从以下角度加以考虑。

- 品牌。有句话叫"大品牌，值得信赖"，这道出了品牌对信任的巨大价值。如果一个企业在用户心中塑造了强有力的品牌形象，用户就很可能无条件地信任该企业的产品。比如海尔的家电、小米的手机、奔驰的汽车等，用户在选购这些品牌的产品时通常会直奔外观和配置，对于一些不知名的品牌则需要首先考虑质量、售后等内容。需要注意的是，当企业扩展产品线时，这种对品牌的信任也会延续，这也是产品线扩展的核心动因，但这会导致品牌的稀释（第 30 章），对品牌的长期发展是不利的。当然，品牌信任是通过多年的产品和服务建立的，对新品牌来说，还是要踏实做好产品，逐渐积累品牌信任度，为未来的产品打好信任基础。
- 主观安全。安全感是主观的，客观上再安全的系统，如果用户感觉不安全，则也不会使用。主观安全涉及的内容也很多，比如当用户无法对产品施加任何控制时，无论产品在客观上有多么"万无一失"，用户也会觉得担心，这需要控制感设计（第 26 章）。另一个例子是"冗余"的信息反馈，比如无人驾驶汽车持续反馈车辆当前的状态和计划的动作，这其实也是一种"状态可见"

（第 23 章），尽管这些信息并不会对可用性或易用性产生影响，但能为用户带来一种安全的感觉。不过这些持续反馈应该是平静的（第 29 章），不要让他们干扰用户当前的任务流。此外，随着产品的安全使用，主观安全感自然也会随之提高。但有时，过高的安全感也不一定是好事，这可能产生"行为适应"（第 11 章），比如安装了自动防撞系统后，人们往往会增加危险驾驶的频次，进而降低客观安全性。在这种情况下，反而需要尽量不要在平时反复提醒某些安全系统的存在，降低用户的安全感以削弱行为适应的影响。

- 美感。Susan Weinschenk 在《设计师要懂心理学》中指出"观感是信任的首要目标"（此处应理解为第一个要考虑的目标），并提到了"信任抵触"的概念。研究表明，人们在访问网站时会首先通过对设计元素的第一印象来决定是否信任网站，如果设计令人不悦则会拒绝访问，这个阶段就是"信任抵触"，而当网站通过了这个阶段后，网站的内容就成了信任的决定因素。这并不难理解，精心设计的外观往往意味着高品质，自然也就更值得信任。"美"是一块敲门砖，尽管信任的核心在于内在，但如果忽视外在，用户可能根本就不会关注内在，因而美感设计（第 34 章）也是必须要做的。

- 售后服务。糟糕的售后服务可以瞬间毁掉用户的信任，因为这会让用户觉得企业只关心销量而逃避为用户解决后续问题的义务。使用高科技支持售后值得提倡，但就如第 31 章的"智能"语音助手一样，若只是将其作为减少客服成本的"捷径"，而不是真心站在用户角度考虑问题，用户终究是不会买账的。

- 公关与广告。公关指媒体（包括各种自媒体）对产品有利的宣传报道，它与广告的差别在于公关是别人夸，而广告是自夸。公关和广告都能提升信任，但对于新品牌或新产品来说，公关的作用远强于广告，正如《品牌 22 律》指出的："其他人谈及你的品牌会比你自己所说的更有说服力"，产品也是如此，而广告更适合用于品牌建立后的维护。当错误信息被重复得足够多时，人们就会开始相信这是真的，这就是"三人成虎"的道理，此外配上图片也会让虚假信息更具可信度。当然，这不是让你去使用虚假信息，而是说虚假信息如此，真实信息就更是如此了，你应该利用曝光和图片来增加用户对品牌和产品的信任度。如果你希望在短期内大幅提升曝光率，那么公关同样要好于广告，因为在信息爆炸的时代，提高几倍的广告往往并不会多吸引人们多少注意力，成为各种媒体讨论的热门话题则要有效得多（当然也可以配合广告）。不过"买热点"可不是什么值得提倡的手段，卓越产品获得关注靠的是自身的产品力。如果你的产品足够好，那么买热点倒也不能算有问题（但通常不需要，适当的营销推广足以产生热点），而如果产品力不行，那么你买的"泡沫"

很快就会破碎，还会让人们对企业未来的宣传产生怀疑。

- **故事**。故事的影响力是巨大的（第 35 章），比如海蓝之谜的品牌故事就会让用户觉得对产品"神奇功效"的宣传更加可信。

- **智能**。将产品人格化能够提升用户的信任。注意此处的"人格化"指赋予机器典型的人类特征，其重点是给人一种能思考的感觉，而不必然要拥有人类的形态或真的拥有思想。也就是说，要给人一种"智能感"（第 31 章），让人觉得像是在与真人进行互动，进而感觉机器能够思考。如果人们觉得机器能够像人一样思考，就会认为它们应该能更好地决策和处理问题，对产品的信任度也会随之提高。Waytz、Heafner 和 Epley（2014）曾做过一项实验，将被试者分为三组来操作驾驶模拟器，分别是正常模式（手动驾驶）、代理模式（自动驾驶）和人格化模式（将车辆命名为 Iris，并使用"她"来指代，能够通过语音互动）。而后，被试者在驾驶过程中遭遇了一起（被安排好的）明显由对向行驶的车辆引起的碰撞事故。实验结果表明，在人格化模式下，人们认为汽车应该承担的责任更少，也更加信任汽车，在发生事故时他们的心率也更加平缓。总之，提升智能感对改善信任和接受度都很重要。但就像我们在讨论智能感设计（第 31 章）时说的，要提防"恐怖谷"的陷阱，像人一样互动是说像人一样为人处世，而不必然要外表像人或模拟真人的语音语气。如果过于拟人陷入了恐怖谷，则反而会让用户感到恐惧，信任也就无从谈起了。

- **细节**。《设计的法则》一书提到了"梳妆台背面"法则，指"产品的所有部件都应该依照同样的质量标准进行设计"。要想区分高端和低端的梳妆台，最简单的方法就是看看它的背面，高端产品即便是不可见的部分也会用心完成，而低端产品只会在人前表现得像那么回事。也就是说，卓越的产品在可见和不可见的部分都会追求卓越。如果一个人在人前仪表堂堂，在人后却邋里邋遢，而另一个在人前人后都言行一致，那么你会更信任谁？显然是后者，对产品来说也是如此。一些企业为了降低成本，觉得在不可见部分稍微偷工减料或设计得随意一点没什么，但这样做很容易大幅降低用户的信任感，让人觉得这个企业只做表面功夫，甚至怀疑其他不可见的部分也是如此。无论其他部分实际如何，只要用户发觉有些部分的水准明显降低（他们终究会发现的），就会将产品的水准看低一个甚至几个档次。卓越的产品无论内外都是精益求精的，这是企业和设计师应有的态度，而产品也会向用户传递出这些态度，进而使用户对产品产生完全不同的印象。

- **感知可靠性**。在使用前，用户对可靠性的预判可能有很多影响因素，但使用中的可靠性就是用户通过实际系统感受到的可靠性。尽可能减少使用中的故障很重要，但这只是一个方面，给用户的反馈也会对"感知可靠性"产生很大影响。故障是不可避免的，因而少量故障对用户来说还能接受，但如果反馈中出现了很多漏报（有问题说没问题）或误报（没问题说有问题），就会让用户对系统检测的可靠性产生怀疑，进而降低对产品的信任感。另外要注意，不要把系统能处理的问题暴露给用户。我曾给一个自动驾驶的交互系统做过咨询，其车载界面的侧边显示了一些雷达和摄像头的名称，当车辆行驶时，这些名称旁的虚拟指示灯会时不时地从绿变红再变绿。我询问红灯亮起时会有什么问题，工程师表示没问题，只是表明该设备运行时出了一点问题，但系统会自动修正。我说那这些内容就应该删掉或至少隐藏起来，工程师们对这些指示灯有清晰的概念模型，甚至可能觉得这样显示很有感觉，但对用户来说，这些时不时变红的设备看起来就像在说系统很不稳定，从而降低他们的感知可靠性和主观安全感。为了改善信任度，你应该让系统能处理的问题从用户眼前消失，而这也让产品得以变得更加简约和平静。

- 问题应对。当系统出现问题，或出现人为差错（第27章）时，如果产品在问题应对上表现良好，如提供充足的信息和帮助，用户就会觉得企业对用户可能遇到的各种情况考虑得非常周全，进而提高对企业和产品的信任度。此外，对安全问题的良好应对也会改善用户的主观安全感。

- 好友信任度。社会影响也会波及信任，如果一个人发现好友都信任一款产品，那么他对该产品的信任度就会提高。

与接受度一样，建立真正的信任也是一个长期的过程。你可能已经注意到，信任的建立几乎涉及交互和深度体验的各种思想，这并不意外。一个处处为他人着想的人更值得信任，一个真正以用户为中心设计出来的产品也是如此，因而建立信任很大程度上就是践行好这些设计思想。这里还有两个要点：第一是诚实，诚实不代表什么都说，但一旦说就要说实话，比如有故障时有意说没故障，被用户发现时就形成了漏报，进而损害感知可靠性——这往往比提供可靠反馈但偶尔有点问题的系统更让人担心。在宣传上说谎则更为致命，使用前说得天花乱坠，但使用后完全不是那么回事，用户立刻就知道被骗了。就像"狼来了"的故事一样，谎言多说几次之后，哪怕是真的也没人再相信了。第二是说到做到，对用户做出的承诺（如售后）就要努力达成，用户才会相信你未来做出的承诺。

建立对产品的信任和做人的道理是一样的，技巧当然很重要，但最重要的是凭良心做事。要小聪明可能获得一点短期利益，但对于长期信任的建立，这无异于杀鸡取卵，毕竟信任一旦失去，再想挽回可就不那么容易了。

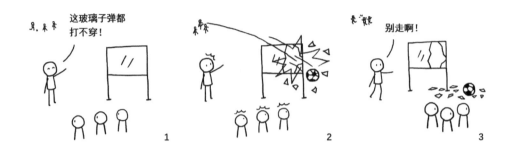

隐私

隐私对用户来说至关重要，获取用户信息能为用户提供更加个性化的服务，但相比个性化体验，用户更不想泄露机密的信息。对产品信任的用户更可能分享个人信息，但这并不能解决全部问题，毕竟秘密一旦说出来总会面临风险，不说才是最安全的。如果你非要获取那些对用户来说很重要的信息，就会降低用户对产品的接受度，少则让用户不快，多则用户会直接拒绝使用产品。因而设计师在考虑获取的信息时，必须对信息内容慎重筛选，如果是对用户来说非常尴尬、羞耻、难堪甚至事关生命和财产安全的信息，就干脆不要问。也就是说，设计师应该尽可能在不涉及敏感信息的情况下设计产品，比如依靠用户的历史行为。

有时根据产品需要，你会在征得用户同意的情况下获取一些敏感信息，这些信息一旦泄露就会产生隐私问题，用户的历史行为等信息也是一样——尽管它们不算敏感，但也不是公共的。特别是在物联网时代，用户的各种信息被大量收集，并在设备间传递，这使得隐私问题愈发突出。保护隐私不仅是不侵犯用户隐私，还包括对获取到的用户信息进行妥善保管（不滥用＋信息安全），并确保用户对被收集的信息拥有绝对的控制权。对于 UX 来说，重要的是让用户相信自己的信息被妥善保管（信任）以及对信息拥有控制感，否则他们一样不会接受产品。

Amber Case 在《交互的未来：物联网时代设计原则》中指出，隐私体验的设计需要让用户从一开始就理解隐私保护的条款，并能够在使用产品时很容易地对个人信息进行控制（包括让这些控制容易被找到）。你应该认真思考隐私保护的机制，并在隐私条款中为用户解释清楚，包括收集了哪些数据、为什么要收集这些数据、这些数据将如何被使用、如何彻底删除和下载这些数据、被攻击后有什么措施可以保证用户的隐私不受侵害等。注意不要用晦涩难懂的法律版本来困扰用户，而应该为他们提供额外的"通俗版本",且在 1 分钟内可以读完。通过这些措施,你会让用户感到安心,而这个过程也会帮助你更好地考虑数据的存储和保护方式。此外,就像在信任中说的,你要"说到做到",这意味着企业必须提前布局信息安全。很多企业总是抱着侥幸的心理,直到被黑客攻击后才设法弥补,但一次重大信息安全事件就可以直接瓦解长期建立的信任,后果是很严重的,企业应当在初期尽量消除这种风险。

必须强调的是,有些企业把用户数据当作自己可以随便处置的财产,甚至为了一己私利而滥用数据或擅自出售给其他企业。可以预见,隐私相关的法律和监管会越来越严,而即便没有法律约束,这也是一个道德问题。这些企业应该从根本上端正心态,正如 Case 所说:"用户数据属于用户,不属于你。作为产品提供者,你欠用户的人情。是用户让你的公司和产品得以存在,他们理应得到尊重。只有尊重他们,他们才会尊重你。"

自我故事

自我故事是人对自己是谁、自己会如何行事、什么更重要等问题的自我认识。人可能没有意识到自我故事的存在,这些故事却会在潜移默化中影响人的行为。在接受度的影响因素中,自我故事的影响尤其巨大,人们倾向于与自我故事保持一致,如果产品偏离了自我故事,用户就会觉得不舒服,或直接拒绝使用。比如一个人的自我故事是"我是一个使用信用卡支付的人",那无论信任、隐私等因素如何,他 / 她都很可能不会接受手机支付,甚至连了解一下的想法都没有。因此设计师必须理解用户的自我故事,并尽量让产品与之保持一致。

但是,对于颠覆性的产品,与自我故事不一致是意料之中的事。事实上,超前产品之所以不被用户接受,有相当一部分原因来自旧的自我故事。同时,新品牌会面对"这个品牌 / 产品不适合我"这样的自我故事。因此很多时候,设计师需要努力去改变用户的自我故事。Susan Weinschenk 在《设计师要懂心理学 2》中指出自我故事的改变通常源于一个"小裂缝",而后裂痕逐渐扩大并开始形成新故事,随后人的行为就会开始倾向于与新故事保持一致,行为改变越来越大,最终完成自我故事的彻底改变。Winschenk 提到了自己的亲身经历:

Winschenk 曾经是一个不喜欢苹果产品的人,但因为孩子喜欢而给孩子买了 iPod(小裂痕出现)。之后,看孩子用 iPod 不错,于是给自己也买了一个(违背自我故事的一大步，自我故事开始发生变化），随后她购买更多苹果产品（行为改变越来越大），最终成为一个喜欢苹果产品的人（自我故事彻底转变），甚至购买了苹果的所有产品。

整个过程中，从 0 到 1 的过程（产生小裂痕）最为关键，要点在于要让这一步很小且容易，因为违背自我故事会让人不适，步子太大的话就很难让用户迈出这一步。而裂缝一旦出现，就可以找机会不断扩大裂痕。我们曾讨论过"登门槛"的技巧（第 12 章），如果你让人接受了一个小的让步，他们就更可能接受更大的请求，其本质也是自我故事的转变。所谓"千里之堤，溃于蚁穴"，只要能够撕开一个小缺口，你就已经成功一半了，之后要做的就是耐心地一点点把口子扩大，直到将用户引向一个新的自我故事。当然，在做所有这些事之前，你应该通过设计调研首先了解用户的自我故事，并制定有针对性的改变策略。

公平

最后讨论一下公平。如果产品让用户感到不公平，他们就不会接受。这里的要点依然是"感觉"，客观的公平很重要，但更重要的是要让用户感觉公平，即为用户带来"公平感"。我们曾讨论过等待的设计（第 20 章），如果用户对等待机制的公平性产生怀疑，怨恨情绪就会产生，因此必须努力确保公平并帮助用户建立正确的概念模型。游戏的公平性尤为如此，如果用户觉得游戏不公平，则很可能离开。有些游戏的公平性很清晰，如国际象棋的旗子完全一样，差别只在于谁先下第一步；有些则比较复杂，比如格斗游戏中不同角色的技能和属性各不相同，因而需要设计师进行大量（以用户为中心的）游戏平衡工作。

公平性是游戏设计重点考虑的内容之一，但在现实中，公平性却往往被忽视。比如在很多组织中，糟糕的组织设计会让员工对晋升和绩效等方面的公平性产生怀疑——一些是真的不公平，另一些则是比较公平但没有让员工感受到。企业之所以会如此，很大原因是觉得这件事"影响不大"，毕竟游戏不公平就没有玩家，但组织不公平时员工经常不会离开。但是，不公平会影响员工的工作积极性，进而大幅削弱企业的创新和盈利能力。因此，无论是虚拟还是现实，我们都应该充分考虑产品的公平性，以尽可能提高用户的接受度。

接受度

- **接受度设计**
  在整个生命周期中不断提高接受度；

- **自我故事**
  对我是谁、如何行事等的自我认识；

- **12 种接受度影响因素**

✓ 信任；	✓ 易用；	✓ 自我故事；	✓ 愉悦；
✓ 自由；	✓ 相对优势；	✓ 隐私；	✓ 社会影响；
✓ 价格；	✓ 兼容性；	✓ 公平；	✓ 后端生态；

- **11 种信任度影响因素**

✓ 品牌；	✓ 售后服务；	✓ 智能；	✓ 问题应对；
✓ 主观安全；	✓ 公关与广告；	✓ 细节；	✓ 好友信任度。
✓ 美感；	✓ 故事；	✓ 感知可靠性；	

第37章
耐用与可持续

　　讨论完接受度，让我们把目光再放得更长远一些——不只是接受，我们还希望产品能够满足用户更长期的需求，甚至不断升值。更长远地说，我们还应该在设计产品时兼顾子孙后代的利益，这需要我们从一个前所未有的宏观视角来看待产品。本章就让我们来了解一下与此相关的两大设计思想——耐用性设计和可持续性设计。深度体验各大板块间的大体逻辑如图 37-1 所示。

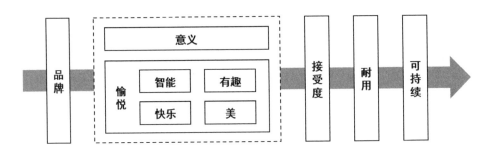

图 37-1　深度体验各板块的大体逻辑关系

耐用性设计

　　提到"耐用"，估计你的第一反应是产品质量，但 UX 意义上的"耐用"指让产品能够与用户维持尽可能长时间的互动。也就是说，要让用户使用产品的时间尽可能地延长。这好像还是在说质量？那请想想你用过的产品，比如手机、床、衣服等，有多少是因为旧到不能用而"寿终正寝"的？其实没有多少。很多时候，用户会因为时尚转变、硬件升级、身高增长等原因而过早地丢弃产品。而即便是不会磨损折旧的数字产品，当无法适应新需求，或出现其他更好的新产品时，用户同样可能流失。可见，要想让产品得到用户的持续青睐，只靠"质量好"是远远不够的——我们还需要**耐用性设计**，其基本思想是卓越的产品能够随使用而持续适应或愈发符合用户的需求，以期在用户生活中保持长期的活跃。传统上，我们认为产品从打开包装的一刻就开始贬值，而质量控制能做的就是尽可能延长这个贬值的过程。但耐用性设计认为，贬值并非产品使用的必然结果，经久耐用的产品不仅不会贬值，甚至还能在与用户的互动中不断提升自身价值，从而让用户长期保持较高的使用意愿。要实现这个目标，耐用性设计往往需要在兼顾功能的基础上为用户带来积极的情感和意义。Simon King 和 Kuen Chang 在《UX 设计师要懂工业设计》中给出了让产品经久耐用的五种策略：磨合、本质、定制、适应和可修复。下面我简单讨论一下每种策略的基本思想。

- **磨合**。磨合是让产品在与用户互动的过程中更加符合用户的需求，或让用户参与到产品的积极变化之中以加深人与产品的关系。牛仔裤越穿越贴合身体的曲线，智能产品也是如此。通过不断学习用户的使用偏好和行为习惯，智能产品会逐渐变得得力而贴心，让用户感到产品与自己"心有灵犀"，自然也会更愿意使用下去。"参与感"也很重要，比如 King 和 Chang 提到的"裂纹白系列"陶瓷盘，在刚入手时是毫无装饰的，但随着使用就会开始出现一些细小的纹路，并慢慢形成独一无二的花纹。这个设计的精妙之处在于，产品的价值是随着时间逐渐提升的，用户在这个过程中倾注了"心血"，这让盘子具有了极为特别的意义，也让用户对其产生了感情——就像对待自己养大的宠物一样。此外，盘子的磨合过程伴随着持续不断的惊喜和乐趣（裂纹在不可预期地不断成长），用户会出于对变化的期待尽可能多地使用，而磨合也在获得乐趣的过程中逐渐加深。从根本上说，磨合就是在使用之中不断加深产品与人之间的"羁绊"（包括情感和意义），从而使产品的价值不断提升，历久弥新。不过需要注意，磨合也不能滥用，比如微软 Office 2000 软件就曾掉入这个陷阱，该软件使用了一种"自适应菜单"，编辑器的工具菜单会随着用户的使用不断调整 [1]。这种"自动定制"（第 25 章）的方式看起来是在贴合用户习惯，但这破坏了用户对工具位置建立的概念模型，导致用户经常找不到想要的工具——只有良好的磨合策略才会带来耐用的产品。

- **本质**。本质设计的宗旨在于避免赶时髦，去掉花哨的元素，让产品回归其本来的面貌。比如一款桌子，要从基础的"平面"和"支撑"功能来思考，而不是首先参考流行的桌子款式。潮流瞬息万变，今天流行的款式明天可能就会被用户嫌弃，因而往往是那些更能体现此类产品本质的产品能够做到经久耐用。那什么是"本质"呢？我在时代性设计（第 29 章）中提到不能用旧眼

---

[1] Giles Colborne. 简约至上：交互式设计四策略 [M]. 李松峰，译. 第 2 版. 北京：人民邮电出版社,2018.

光看待未来产品，而要重新思考新的互动模式，并以此为基础构建新的产品形态——这其实就是探寻本质的过程。不论当前还是未来的产品，本质都可以理解为"满足互动模式的产品的最基本形态"。不过，时代性设计的核心在于基于正确的本质思考未来的产品形态，但最终产品并不必要做成这个"本质"；本质设计则认为无论当前还是未来的产品，都应尽可能靠近其本质，以实现耐用的目标。本质设计关注的是"本质"，而非怀旧或复古，在时代变化时也要与时俱进。但这不是简单地对原来的"本质"应用新技术或新材料，因为未来技术很可能带来新的互动模式，使旧本质不再适用——我们需要将新技术纳入进来重新定义产品的本质。当然，产品并不一定非要贴合本质，但本质设计"抓本质"和"避免赶时髦"的思考方式值得我们借鉴。此外，本质也是简约设计的一个重要基础，有助于我们识别元素的重要性，而本质设计其实也可以看作以"尽量砍掉非本质元素"为原则的简约设计方法。

- 定制。我们已经进入了规模化定制生产的时代，互联网帮助我们方便地获取用户的详细需求，而数字化生产与个人生产相结合的方式使我们能够在一条生产线上生产出各不相同的产品。牛仔裤可以通过磨合逐渐贴合体型，定制则可以跳过这种磨合，直接生产出贴合体型的裤子，而这也会延长产品的生命周期。

- 适应。磨合也包含了适应（如牛仔裤贴合身体），不过这里的"适应"指考虑用户不断变化的需求。这种变化有时是可预见的，比如孩子的成长，比如King 和 Chang 提到了 Orbit Baby 公司生产的婴儿车，当人们有了第二个孩子时，可以通过购买额外组件将原来的婴儿车升级成双推车。通过长远和系统化的思考，该公司打造了一个组件系统，从而使核心组件的生命周期得以大幅延长。此外，还有很多变化是难以预见的，因为用户经常不按你的"剧本"行动，例如 YY 直播最初用于直播游戏，很多用户却拿来唱歌。这些"奇怪"行为反映出产品能够满足的其他重要需求，如果企业能够随机应变，调整产品以适应这些新需求，就能让产品更加持久，比如 YY 公司将唱歌直播调整为官方功能，并因此获得了巨大的收益。

- 可修复。如果用户能够自己修复产品，那么产品的生命周期就会延长。这需要让修复过程易懂且易操作，一种方法是使用可替换的模块，比如台式机的内存卡损坏后，可以通过购买和插入新的内存卡修复。可替换模块还能够提升产品的适应性，比如用户可以在对性能的需求提高时更换容量更大的内存卡。不过，在不断追求产品轻薄和便携的时代中，产品的一体性越来越高，手机尤其明显——如今的很多人早已习惯直接换新，而非维修或升级了。

　　耐用性设计对数字产品的价值非常明显，但对于实体产品，更长的生命周期意味着更低的更换率，这似乎会降低企业收入。但是，这个结论的前提是用户更换后还会继续购买同一企业的产品，而在高度同质化的市场中，这可不一定。耐用型产品可以得到用户在质量和体验方面的高度评价，当用户更换产品时也更可能沿用同品牌产品并接受更高的价格，而过快的丢弃通常意味着换其他牌子，这对企业显然不是什么好事。对于领先企业，耐用性设计也有助于巩固和强化企业的市场地位。当然，很多时候，缩短产品的生命周期对企业资本的最大化还是有利的，但卓越的企业依然会在力所能及的范围内让产品的耐用性尽可能高一些，这其中的主要原因在于对"可持续发展"问题的考量。

可持续性设计

　　"可持续"这个话题你一定不陌生，我们经常听到各种形式的环保宣传，也会参与废物利用、植树等活动。地球的资源是有限的，科技的快速发展正以前所未有的速度消耗着这些资源，这种不可持续的发展模式对人类的长远发展构成了巨大威胁，人们对未来的担忧和对可持续发展的呼声也变得日益强烈，这催生了**可持续性设计**，其基本思想是卓越的产品能够在满足当代用户需求和体验的同时兼顾人类未来的长远利益。我没有使用"保护地球"的说辞，因为我觉得这种目标太过狂妄了，地球也不需要人类保护，可持续性设计追求的依然是人类的体验，更准确地说，是保护人类未来获取优质体验的能力，确保"优质体验的可持续"。

　　很多人将可持续理解为通过宣传提高人们的"觉悟"，设计师的视角则有所不同。我们曾说很多"人"的问题实际都源于糟糕的设计，可持续也是如此。很多时候，人们只是不愿接受可持续行为带来的不便，而不是不支持这些行为。事实上，"可持续"的属性对用户是有积极"意义"的，因为使用这些产品就等于在为世界做贡献，无论是实现自我价值还是以此来彰显品质，人们往往都倾向于选择更加"绿色"的产品。问题在于，拙劣的设计在提升可持续性时牺牲了产品体验，用户不得不在"优质体验"与"可持续"间进行选择，于是很多用户选择了前者。换言之，只有当可持续带来的心理价值高于原有体验的损失时，用户才会接受可持续型产品。因此，可持续性设计不是在产品中引入可再生材料或清洁能源，然后宣传可持续的价值，而是将可持续的积极影响和优质的体验结合起来。"可持续"是个加分项，用户不会为之牺牲基础体验，但如果体验能够保证，这个加分项也会展现出巨大的价值。此外，很多可持续型产品还会带来实打实的经济利益，如省油或更低的价格，这些都会增加产品的市场竞争力。很多企业将可持续看作"公益事业"，但如果转变思路，在创造优质体验的同时融入可持续因素，就很可能获得丰厚的回报。

可持续性设计的核心是系统化，但这个"系统"比我们之前讨论的任何系统都要庞大——不仅在空间上要考虑产品的完整生态，还要在时间上涵盖产品的整个生命周期。Tim Frick 在《可持续性设计》中指出应该"将世界看成是一个连接时空的系统"。只考虑如何处理废物是远远不够的，身处产业链的上游，设计师要考虑的是如何在产品生命周期内既保证体验，又尽可能不产生废物或消耗不可再生的能源。这种高度宏观的视角经常会带来全新的产品路线，甚至重构社会结构，我在这里仅讨论几个常见的可持续性设计思路。

- 再生。避免使用不可再生的能源或材料，比如用电动汽车替代燃油汽车。当然，目前电力的主体依然是煤炭，但随着太阳能、核能、风能等技术的发展，电力的可再生属性将会大幅度提高。
- 节约。减少产品在生命周期中消耗的能源或材料，比如混合动力汽车通过能源回收提高了燃油利用率。而简化产品包装、应用再装填模式（如洗衣液的"填充装"可以倒入已购买的瓶子，从而减少瓶子的用量）、耐用性设计（延长硬件生命周期等同于提高利用率）等方式能够节约材料。节约还会给用户带来经济上的利益，如更少的油费或更低的产品价格。
- 循环。在产品的生命周期结束时将材料尽可能应用于新一轮生产或其他产品之中，可以进一步减少浪费。在产品报废后才考虑循环往往是低效的，企业需要在设计初期就充分考虑如何对产品进行循环利用，以确保循环效益的最大化。此外，如何召回报废的产品也很重要，单纯倡导的作用有限，要想得到用户的响应，设计师必须确保整个召回流程易懂且易操作，并给予适当鼓励（如用户退回产品时可获得优惠券或少量现金）。
- 共享。闲置也是一种浪费，让多用户共享产品可以大幅提高产品的使用率，比如共享单车和共享汽车。我们也可以让产品共享其他产品的硬件，比如将手机和充电器分开售卖可以提高充电器的使用率，但要注意将充电器移出手机标配时，产品的售价也应该做出合理的调整——倡导可持续很好，但若是借可持续之名变相提价可就不是什么光彩的事了。

需要注意的是，尽管产品的核心在体验，但仅给予用户"可持续感"是远远不够的。对智能、简约等体验，用户关注的是感觉本身，而对可持续来说，用户关注的是其现实效果，即要求感觉与现实的一致。《可持续性设计》一书提到了"洗绿"一词，指将产品包装成"可持续"或大力鼓吹企业为绿色事业所做的贡献（实际却并非如此），以此来迷惑和诱导消费者。这些活动的背后往往都有设计师的身影，毕竟设计体验是设计师的工作，但这是有悖职业道德的。设计师要做的是为人类的未来做出真实的贡献，而不是帮助无德企业"挂羊头，卖狗肉"。

　　总之，可持续性设计是一个系统性问题，单靠个人的情怀和觉悟是远远不够的，这需要全面、系统且精心的设计，也是企业和设计师应当考虑的内容——既为眼前，也为将来。

耐用与可持续

- 耐用性设计
  产品持续适应或愈发符合用户需求；
- 5 种耐用性设计方法
  - ✓ 磨合；　✓ 本质；　✓ 定制；　✓ 适应；　✓ 可修复；
- 常用可持续性设计方法
  - ✓ 再生；　✓ 节约；　✓ 循环；　✓ 共享。

- 可持续性设计
  兼顾当代用户需求和人类长远利益；

第6部分

总结

在本部分，我们讨论了深度体验 / 反思层次的十大设计思想，如表 37-1 所示。与交互层次一样，本书旨在帮助你对深度体验层次的各大思想有一个基本的认识，你可以在后续的扩展学习和设计实践中不断深化对这些思想的理解。

表 37-1　深度体验层次十大设计思想

序号	设计思想	基本思想
1	品牌为先	卓越的产品应该建立在精心设计的品牌之上
2	智能感设计	卓越的产品能够像优秀的人类伙伴一样与用户进行互动
	- 得力感设计	卓越的产品应该是精明、灵活、负责、能干的
	- 有礼性设计	卓越的产品应该言行得体、举止优雅并表达出对用户的尊重
	- 贴心感设计	卓越的产品应该始终表现出对用户的重视，主动且细致周到地考虑用户一切可能的需求，并尽可能提供高品质的服务
3	趣味性设计	卓越的产品会通过创造不可预期或非常规的变化为用户带来乐趣
4	心流设计	卓越的产品应努力让用户拥有并尽可能维持心流体验
5	游戏化设计	卓越的产品能通过借鉴游戏的内在品质，为用户在解决问题的过程中提供持续的内在动机和快乐的体验
6	美感设计	卓越的产品必须带给用户美的体验
7	意义设计	卓越的产品应该对用户具有非凡的意义
	- 故事化设计	卓越的产品应该通过讲述一个好故事为用户带来更好的体验
8	接受度设计	卓越的产品应该在产品的整个生命周期中不断提高用户的接受度
9	耐用性设计	卓越的产品能够随使用而持续适应或更加符合用户的需求，以期在用户生活中保持长期的活跃
10	可持续性设计	卓越的产品能够在满足当代用户需求和体验的同时兼顾人类未来的长远利益

至此，我们已经学完了 UX 设计的 20 大设计思想：

- 可用性设计；
- 易用性设计；
- 自然设计；
- 简约设计；
- 控制感设计；
- 自由感设计；
- 差错设计；
- 微交互设计；
- 时代性设计；
- 平静设计；
- 品牌为先；
- 智能感设计；
- 趣味性设计；
- 心流设计；
- 游戏化设计；
- 美感设计；
- 意义设计；
- 接受度设计；
- 耐用性设计；
- 可持续性设计。

我们在第 2 部分理解了人性，在第 3 部分明确了 UX 流程，在第 4 部分拆解了产品要考虑的四大维度，而第 5 和第 6 部分的思想能够在设计和评估过程中提供有益的指导，帮助你在每个维度和整体的设计中将体验推向卓越，最终设计出卓越的产品。你可以将其作为卓越评估（第 17 章）的一个参考评估框架，在设计产品时逐项排查，比如我的产品够简约吗？够智能吗？是否有精心设计的品牌设计作为指导？等等。当然，你可以（也应该）将每种思想拆解为更细致的问题，从而更细致地指导设计和评估过程。

这里要注意"平衡"的问题，平衡不只对游戏设计至关重要，对任何产品都是如此。公平（如确保各游戏角色的综合能力大致相当）是平衡的重要内容，但平衡的内容远不止于此。Jesse Schell 在《游戏设计艺术》中指出："平衡一个游戏，不过是调整游戏的各元素，直到它们传达出了你想要的体验。"换言之，平衡就是调整产品以达成目标体验的过程。我们需要对产品的 4 个要素应用 20 种设计思想，每一种都需要平衡，比如调整哪些挑战及调整多少才能确保用户保持在心流之中，或是如何让产品的复杂性达到合理的水平，等等。不仅如此，这些维度之间还存在极为复杂的相互影响，因而还需要仔细调整不同的维度以实现产品整体的平衡。可以说，平衡是产品设计中最艺术的部分，毕竟每个产品都不一样，而要平衡的内容又极为复杂。但好消息是，至少你已经对各要素和各大设计思想有所了解，剩下的工作就是在设计实践中不断提升平衡能力，逐渐领悟平衡的要义。

最后再说明一点，尽管我一直使用"卓越的产品"，但这些设计思想其实也适用于低端和中端产品，从而使这些产品较同层次的其他产品拥有更强的竞争优势，甚至向更高的层次进化——只要企业有向上的意愿，就应该考虑这些设计思想。卓越企业的不同之处在于，他们会充分考虑各种设计思想并力求极致，或者说，正是这种"追求极致"的精神才成就了卓越的企业和高端的产品。高端产品必须追求极致，这一方面源于市场对高端产品的期待，另一方面源于企业本身——对很多卓越企业而言，追求极致既是一种态度，也是一种习惯，而当他们将用户需求的体验推向极致之时，市场也自然会给予其丰厚的回报。

第7部分
设计师

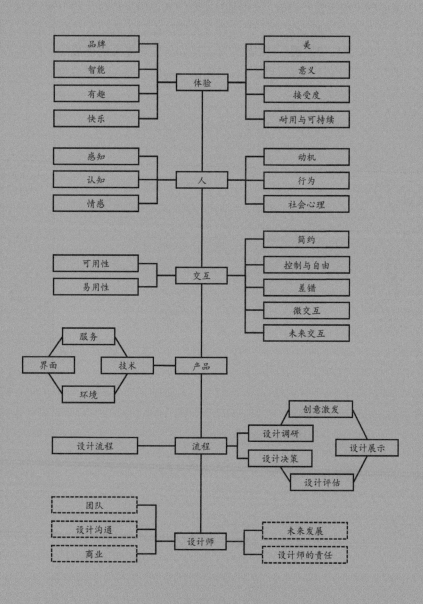

品牌 — 体验 — 美

智能 — 体验 — 意义

有趣 — 体验 — 接受度

快乐 — 体验 — 耐用与可持续

感知 — 人 — 动机

认知 — 人 — 行为

情感 — 人 — 社会心理

可用性 — 交互 — 简约

易用性 — 交互 — 控制与自由

交互 — 差错

交互 — 微交互

交互 — 未来交互

服务
界面 — 技术 — 产品
环境

设计流程 — 流程 — 创意激发

设计调研

设计决策

设计评估

设计展示

团队

设计沟通 — 设计师 — 未来发展

商业 — 设计师的责任

欢迎来到第 7 部分，能读到这里，说明你对 UX 真的很感兴趣。在过去的六个部分之中，我们系统地学习了打造卓越体验所必需的理论基础、设计流程、产品维度和设计思想，这些内容能够为设计出卓越的体验提供良好的指导。但在现实中，拥有好的设计方案并不总会拥有好的产品。事实上，除非你是多面手，且产品非常小又没有资金、生产和销售等方面的压力，否则你的"完美方案"几乎不可能被实现。UX 设计师本就是产品日益复杂化的新时代下的产物，而复杂产品就一定会涉及组织、协作、商业等方面的问题。同时，UX 依然是一个朝阳领域，机会和潜力巨大，但也蕴含了诸多的不确定性和挑战。特别是在刚刚迈入体验经济时代的中国，"UX 设计师"尚未在各行业建立清晰的定位，大多数企业甚至连 UX 是什么都没弄清楚。面对这样的局面，UX 会如何发展，UX 设计师又该如何应对复杂的挑战呢？在本部分，我们就来聊聊与设计师相关的话题，包括团队、沟通、商业、领域发展，以及 UX 设计师应该承担的责任。

第38章

团队

产品通常是由团队完成的，即使是小型的互联网产品也需要数名成员的合作。对于家电、汽车等大型产品，团队规模可能达到数百人甚至更多。但这与设计师有什么关系呢？我们的任务不就是拿出一个满足用户需求且体验优质的完美方案吗？问题在于，复杂产品的方案往往是你与多位设计师合作完成的，而分工不清的设计团队很容易陷入混乱。同时，技术、市场各板块的团队都会对最终产品产生影响，如果你的方案不能得到他们的认同，就会在产品实现的过程中不断走样，最终面目全非——不能实现的"完美方案"没有意义，我们需要的是"能实现的最佳方案"。因此，要想让用户获得尽可能优质的体验，就必须处理好设计团队内部及各板块团队之间的关系。下面让我们先来从一个新的视角理解一下产品团队的分工。

架构与算法

在双塔模型（第 5 章）和三钻流程（第 13 章）中，我们已经理清了 UX、交互和 UI 的关系：UX 负责策略和大体机制；交互负责具体机制和信息；而 UI（及视觉）负责呈现。但在当前的职业环境中，很多企业完全分不清三者的区别，于是出现了"UI/UX 设计师"这样的职位，有的企业则将交互理解为 UX，出现了"UX → UI"的模式，但实际上缺少 UX。要想让企业更好地理解，我们可以用企业较为熟悉的技术职责做以类比："UX- 交互 -UI"类似"架构 - 算法 - 编程"的关系。

先来看架构。架构师（或系统架构师）是软件开发的关键职位，介于软件需求和详细开发之间，主要工作是确定系统需求、搭建核心架构并明确开发规范和技术细节。简单来说，架构师就是将一个功能需求转化为各技术板块有机联结的"大结构"，并明确对每个板块的要求和各板块之间的联系，以便各板块知道应该做什么。如果将系统架构师与 UX 设计师的工作进行对比（见图 38-1），那么你会发现两者惊人地相似——都是将需求转化为一种可实现的框架，以指导后续团队的详细工作——这也是 UX 设计师在一些企业中被称为"体验架构师"的原因。区别在于，架构师解构的是技术需求，而 UX 设计师拆解的是技术需求的源头，即用户需求，并输出能支撑优质体验的功能架构、功能的大体逻辑及对设计要点的详细描述。

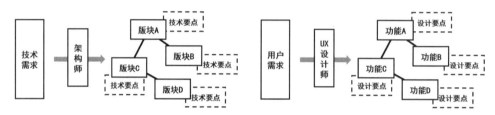

图 38-1　架构师与 UX 设计师的类比关系

我们可以深入架构师的能力框架进一步比较，架构师的核心能力包括：

● 技术能力：有见识，了解主流技术的基本原理，知道什么样的场景用什么样的技术合适，可能存在什么风险，并能够不断扩展知识面；

● 架构能力：抽象能力、整体规划能力、设计能力、懂业务、能够站在业务的角度对系统进行分解、技术选型、架构搭建及规范制定；

● 沟通能力：需要弄清客户对软件的需求，并不断与各方沟通以确保需求的最终满足。

架构能力（含设计能力）自不必说,技术能力（第 19 章）和沟通能力（第 39 章）也都是 UX 设计师的核心能力，可见两者在能力框架上也非常相似。区别在于 UX 设计师还有一个大核心能力——对人的理解能力，毕竟这是以人为中心设计的基础。如果说架构师是业务需求向技术结构转换的桥梁，UX 设计师则是用户需求向技术和设计转换的桥梁。架构师负责产品四要素中的"技术"，旨在用技术实现甲方需求的功能，因而属于产品实现的范畴，在三钻流程中处于实施钻的起始，其拆解的"需求"来自解决钻的输出，并指导后续开发。

再来看算法。"算法"这个词听起来很深奥，其实不难理解。以做菜为例，你获得了鸡蛋和番茄（输入数据），要如何输出番茄炒蛋（输出结果）呢？你可以先热油、炒熟鸡蛋、切碎番茄再放在一起炒熟，这套"热油→炒鸡蛋→切番茄→一起炒熟"的工作流就是"算法"。而后，你发现热油的时候可以切番茄，于是改用"热油/切番茄→炒鸡蛋→一起炒熟"，从而使做菜时间缩短了 20 秒，这就是"算法优化"。在软件领域，算法看上去是能够对数据执行计算并得到理想结果的一组指令，但这只是表象。本质上说，算法描述了对问题的一套完整而清晰的解决机制，而指令只是用特定程序语言实现这种逻辑的外在表现。同一种算法可以用不同的程序语言（如Java、Python 等）实现，这就像中文的"你好"和英文的"hello"，语言不同，但说的是一件事。炒菜也一样，一旦有人给出了烹饪方法，不同的人都可以遵循这种方法，但每个人炒菜的水平不同，而相同的算法用不同的语言实现后效率也是不同的。

更具体地说，算法包括运行的结构（顺序、条件、循环）、算术运算（加减乘除）、逻辑运算（或、且、非）、关系运算（大于、小于、等于、不等于）、变量（输入、输出）等。合在一起就类似"对 x 加 1""执行 10 次""如果比 2 大则输出'yes'"这样的感觉。有没有觉得似曾相识？是的，这与流程设计（第 20 章）并无二致，正如 Dan Saffer 在《微交互：细节设计成就卓越产品》中所说的："从最根本上说，（微交互的）规则其实就是算法。"因而从这个角度来说，UX 设计师和交互设计师是"人机算法师"，UX 负责架构和粗略的算法（大流程），而交互设计师负责具体算法（小流程）。与之相对，传统的软件算法严格来说是"后端算法"，比如通过将一幅图片输入深度学习算法来判定是猫还是狗，整个过程没有人的参与，是完全的逻辑运算，只要保证判定结果达到一定准确率即可。人机算法则是"前端算法"，包含了与人的一系列互动，除了传统算法关注的"结果"，还要关注人在互动过程中的感受，显然单靠逻辑是远远不够的。因此，后端算法的基础是数学，而前端算法的基础是心理学，两者本质上都是解题机制，只是问题类型不同而已。此外，算法也很关注效率，对后端算法来说这意味着更少的时间或资源消耗，而对前端算法来说意味着易用性。需要注意的是，机制层（解题机制）包含了架构和算法两部分工作，所谓"机制"就是事物各要素间的结构关系和运行方式——"结构关系"就是架构，"运行方式"则是算法。

在过去，前端与后端的算法都是由软件工程师来完成的，用后端思维来设计前端算法是糟糕产品体验的重要源头之一。同样的，传统的系统架构师也解决不了产品架构的问题。随着架构和算法越来越需要考虑人的需求和能力，设计师的介入也就不可避免了。不仅如此，架构和算法的目标都是解决问题（设计师解决用户问题，工程师解决技术实现问题），但解题方法有价值的前提是问题正确，设计则提供了正确的问题。重效率轻价值的情况在考虑架构和算法时十分常见，而设计师介入的很大作用就是保证价值。也就是说，架构和算法应该是设计师和工程师合作定义的产物——UX 和交互设计其实也有相当的"工程"成分在。

最后是编程。只有算法时无法解决实际问题，软件工程师还需要使用某种程序语言将其转化为产品中的形态——代码。同样的，交互设计师输出的页面流也需要转化为代码和精致的页面元素，代码由前端工程师编写，页面元素则需要 UI 和视觉设计师来设计。编程和 UI 的工作会产生不同的表现形式，但并不会影响解决方案的本质，两者在这一点上是相同的。

因此，我们可以在一定程度上将"UX →交互→ UI"类比为"架构→算法→编程"的关系。当然两者并不完全重叠，毕竟 UX 还包括问题定义和策略，交互还包括信息，但在给管理层和工程师解释时，使用对方的语言要容易一些。此外，这也是一种理解设计的好视角，比如系统架构师处于软件开发的最前端，那么 UX 设计师也只有在产品开发的最前端才能发挥最大的作用。

产品团队分工

在第 13 章我们讨论了产品团队各角色的参与度，下面我们结合架构和算法的视角详细梳理一下团队的分工，如图 38-2 所示。

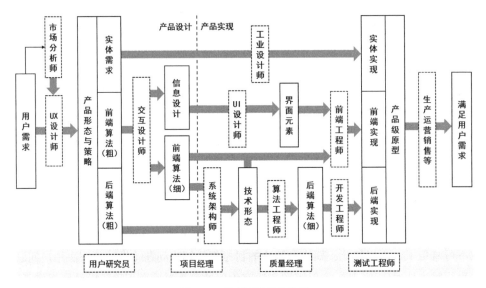

图 38-2　产品团队角色分工

首先，UX 设计师负责确定产品的基本形态，并将其拆解为对实体的需求和前后端的大体算法。对于实体需求，工业设计师有自己的流程，我们重点来看数字部分。交互设计师负责将前端算法细化，并完成信息的设计。系统架构师从设计师接收前后端需求，并将其转化为一种"技术形态"（包括对电子硬件的架构和对软件的架构）。而后，算法工程师完成详细的后端算法并交由（后端）开发工程师转换为最终的代码实现。另一方面，UI 设计师接收信息层的输入，设计具体的界面元素，并传递给前端工程师。前端工程师基于交互设计师的算法、UI 设计师的元素和系统架构师的技术架构完成前端的代码实现。将实体实现和数字的前后端实现整合就得到了产品级原型，而后通过生产、运营、销售等环节得到量产产品，并送到用户手中，从而实现了一个端到端（第 17 章）的完整过程。此外，市场分析师为 UX 提供了重要输入，项目经理和质量经理负责持续的控制，用户研究员和测试工程师则在需要时提供相应的支持。

可以看到，系统架构师、算法工程师和开发工程师都属于"后端工程师"的范畴。

设计师团队

下面我们将设计剥离出来看一下设计师团队的分工，如图 38-3 所示。对于一个"全结构"（数字＋实体）产品，应先由 UX 转化为交互和工业，而交互再传递给 UI 和视觉。当然，这些职责往大了说都是 UX，但单说"UX 设计"或"UX 设计师"时通常指的是在更大维度上把控完整体验的那部分 UX 工作。正如我在第 13 章提到的，UX 流程和 UX 设计师的职责都是必需的，但是否真的存在"UX 设计师"这一职位却不一定。例如纯实体产品（如雨伞、茶壶等），一个懂 UX 的工业设计师就可以完成所有的设计职责。而对于大型产品，UX 设计师或 UX 部门就是必要的，因为大型产品的体验极为复杂，一个人很难兼顾 UX 和其他设计职责。此时就需要精细分工，将"UX 设计师"作为单独的职位与交互等岗位区隔开，专门负责履行 UX 的职责。

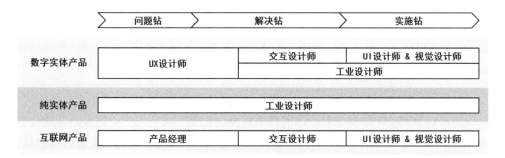

图 38-3 设计师团队分工

互联网产品的发展也很有趣，由于互联网的产品规模小，UX 设计师和项目经理各由一人担任有些浪费，于是这两个角色就被整合在一起，称为"产品经理"（Product

Manager，PM），并直接对接交互设计师。在另一些企业中则没有交互设计岗位，而是"PM → UX → UI"，这时的"UX"其实做的是交互。换言之，在互联网行业，产品经理是标配，而有交互通常没有"UX"，反之亦然，但这两者本质上都是交互。不过，很多企业和PM其实对UX职责都没有清晰的认识，毕竟在PM流行的这么多年里，很少有人将其与UX放在一起讨论。甚至我也是在回国后跟做PM的朋友交流，朋友表示"你这专业不就是培养PM的吗"，才意识到这个问题。换言之，PM这个角色需要具备扎实的UX功底。但现实是，由于国内UX发展过于滞后，导致PM圈长期处于UX理论真空的状态，加之很多企业将PM看作一个不限专业背景的"管理"岗位，也给新入行的PM们一种误导，认为PM就是"大权在握，负责给交互和开发提需求的人"。然而，UX是一套非常专业的工作，基于琐碎的UX知识提需求，产品力堪忧不说，还会给后续的设计和开发带来很多困扰。甚至一些过于自信的PM完全靠"拍脑袋"提需求，全然不顾用户需求和技术实现难度——这也是PM与开发人员经常"势不两立"的根本原因。

当然，作为一个职位，PM并不必然承担标准的UX职责。有的时候，交互会承担一部分UX职责（甚至全部，此时PM与项目经理无异），出现PM与交互倒挂的情况，这往往是PM不懂UX导致的——由于交互设计专业通常有一些UX背景，反而使交互比PM更懂用户。而在另一些时候，出于时间压力大、人手不足等原因，UI希望交互能给出界面元素的大体设计，这加大了交互的工作量，于是交互希望PM能把详细的流程图画完。其结果是PM要负责策略和机制层的所有工作，交互负责信息层和大体呈现，而UI负责细化呈现——工作职责整体后移了。此时若PM懂UX则没什么问题，但若是不懂，而交互也不管，产品的整体体验就会进入失控的状态。此外，还有PM、UX和交互兼有的情况，这时的UX要么是UX设计师（承担UX职责，PM则管项目），要么是UX专家（支持PM和交互的工作），相比依靠UX背景弱的PM可能更保险一些。但理想的情况还是PM具备扎实的UX背景，而职责也是标准的UX职责。

对于汽车等大型项目来说，一人兼任UX和项目管理两种角色显然是不现实的。但依然可以设置PM的职位对产品的品质做全面把控，此时的PM负责的就是标准的UX职责，但话语权比UX设计师更高，通常由UX专家或资深UX设计师担任。在第43章我会谈到，代表用户和企业长期价值的UX经常要与短视的资本力量对抗，因而设置PM最大的价值就在于使UX拥有了与资本角力的基础。最理想的情况是拥有最高话语权的人能够深谙UX之道，即由一个"大PM"掌舵，就像乔布斯在苹果公司时那样，当然这往往很难实现。在其他情况下，企业应该在项目中给予PM

足够的话语权。另外，PM（或 UX 设计师）也是设计师团队的门户，所有与体验相关的意见和建议都应汇聚到 PM，经 PM 分析后确实需要调整的才会传递给其他设计师。提意见很容易，如果所有部门都能直接要求设计师修改，设计工作就会陷入混乱，PM 的存在为设计团队营造了一个安静的空间。当然，企业也应该赋予 PM 对意见的最终裁定权，确保 PM 有权力否决无益于体验的意见。

可见，UX 职能在企业中可能有多种存在形式，比如 UX 设计师、UX 专家、产品经理、工业设计师、交互设计师甚至工程师。最重要的是，UX 设计师是组织中拥有 UX 素养且真正全力替用户说话的人。在产品不太复杂的情况下，如果团队中有这样的角色，且有能力促成共识，那么叫不叫 UX 设计师倒也没那么重要。但对于复杂产品，还是应该设置"UX 设计师"，并聘请专业的 UX 人才。我们也可以与工程做一下类比，产品就像一个小型计算机程序，由于对架构和算法能力要求不高，且工作量也不大，软件工程师可以一人完成架构、算法和编程的所有工作；但对于自动驾驶系统这样的复杂产品，各职责的工作量很大不说，对专业能力的要求也远高于开发小程序时的要求，因而需要设置专门的"架构师"和"算法工程师"。也就是说，对于复杂产品，无论是设计还是工程，让职位、职责、专业三者对应都更加合理一些。

UX 团队

这个话题我们似乎刚讨论过？其实并没有，设计师团队是 UX 团队的一部分，也是核心，但这还不够——UX 还要求一支跨学科（通常也是跨部门）的团队。国际标准 ISO 9241-210 将跨学科团队作为以人为本设计的重要原则，认为"设计团队应包含跨学科的技能和观点"。跨学科团队的好处包括：

- 提高创新力和风险评估能力。设计师的知识面总是有限的，特别是在深度上，如果团队成员来自产品相关的各个领域，就能提出更多的想法，也能够更好地发现和消除产品相关的风险。
- 促进理解。工程、制造、运营、销售、市场等方面的人员其实都是设计团队的"战友"或内部用户（第 3 章），每个领域都有自己的需求，且这些需求还可能相互冲突，如果不能平衡好这些需求，在产品实现过程中就会出现各种问题和改动，削弱产品的内在一致性。跨学科团队提供了一个了解这些需求的很好的途径。不仅如此，团队交流也能够促进领域间的相互理解，比如让各领域更理解 UX 的工作、让设计师更理解技术部门的能力和难处等，从而使合作和沟通更加顺畅和高效。

- 促成共识。UX 设计师的一大核心工作就是让各领域对用户需求和（平衡后的）产品方案达成共识，确保大家都向相同的方向努力。让各领域的人都参与和了解整个设计过程有助于达成共识，进而减小产品在实现过程中走样的可能性。正如 Donald Arthur Norman 在《设计心理学 1：日常的设计》中所说："设计是一个复杂的过程。让这个复杂过程凝聚起来的唯一方法，就是所有相关的参与者像一个团队那样一起工作。"

需要注意的是，跨学科团队的关键是"多样"，而不是人多，你应当邀请尽可能多的领域专家和各部门代表加入设计团队。此外，如果产品涉及不同文化的群体，那么也应该邀请具有相应文化背景的成员组成跨文化团队（第 12 章）。当然，让所有人全程参加也是没必要的，设计师应当根据具体情况灵活邀请，并确保新的信息能够及时同步给其他成员。一些设计师觉得设计要有"范儿"，因而总喜欢端着个架子，使得在设计与其他领域间形成了一道无形的鸿沟，至少对 UX 来说是要不得的——UX 是"强沟通"的，你必须主动走出去。只有与各领域"打成一片"，大家才会理解和支持你，最终使用户真正获得优质的体验。

设计文档

关于如何进行团队建设和组织协作有大量书籍可以参考，我在这里仅讨论一下设计协作的关键工具——设计文档。

提到文档，很多人会想到"模板"，但设计文档与模板并没有必然的联系。设计文档是在产品设计过程中一切以文档形式记录的创意、方案、讨论、决议、日程等内容。调研报告、用户旅程地图、流程图、信息架构、视觉元素设计、讨论要点记录等都属于设计文档。根据行业和产品的不同，设计文档的形式是千变万化的，而正式且刻板的"模板"显然无法满足需求。设计新手很容易陷入寻找模板的陷阱，觉得只要找到一个"神奇的模板"就能很快设计出优秀的产品。对此，Jesse Schell 在《游戏设计艺术》中非常直白地指出："它（神奇的模板）从未存在过，将来也不会存在。任何告诉你它存在的人，不是'傻子'就是骗子。"我们很容易在心中把文档"正式化"，将其视为一种蓝图或规范，但这些通常只是想法的文字表述，或更本质地说，是一种原型，还需要验证和优化，而过于正式的文档很容易束缚思维，妨碍迭代。

设计文档通常有两个作用。一是备忘，将各种设计想法记录下来以防遗忘；二是沟通，你可以通过文档将想法和重要信息传达给其他人，并获得有益的反馈。尽管模板不是必要的，但你还是可以考虑根据实际情况定制一些模板，这主要是为了防止思考问题时遗漏重要的方面，同时在沟通时容易理解（毕竟有一个大家都熟悉的形式），但这些文档依然是灵活变化的，切忌给人一种过于正式的感觉。不过，在产品开发过程中的确是存在正式模板的，它们通常适用于项目节点或审批流程中的"管理文档"，由项目、质量、财务等管理人员编制。设计师会根据项目要求将特定阶段的设计文档转换为正式文档，而在平时使用设计文档——后者的使用比前者要多得多。同时，为了实现对产品体验的有效管控，UX 设计师或 PM 也需要在项目中制定一些必要的管理文档，或要求可能影响体验的变更文件必须由 PM 签字确认。

此外，你可能听说过产品需求书、交互设计稿、UI 设计稿等文档，这些文档通常作为项目节点的过审材料，以及领域间信息传递的载体，比如交互设计稿在评审后会传递给 UI 设计师和前端工程师。这些文档是下游完成工作所需的由项目组基本敲定的信息，严格来说是设计工作的交付物，但如果日常拿来沟通，那么也可以算是设计文档（可能不太好用）。交付物文档会有模板，但其具体形式取决于文档接收方的需要，而后者取决于具体的岗位职责划分，因而不同行业和公司的模板可能存在较大差异。当然，作为设计师，你还是应该熟悉所在行业的一些常见文档，你可以在网上找到很多与之相关的介绍和模板。

文化与理念

下面来看看企业层面。卓越的产品与追求卓越的文化密不可分，新技术或新想法固然重要，但决定产品成败的关键因素是人。如果没有一支追求卓越的团队，再优秀的创意也会在执行中变得平庸。尽管设计师应该努力，但在一个临时组建的跨学科团队内建立新文化往往是很困难的，UX 不是某几个人或某个部门的事，只有在企业层面建立以设计为导向的文化，才能确保为用户带来优质的产品体验。

那什么是设计文化呢？简单来说，就是每个人都能理解设计的价值，学着像设计师一样思考，并对卓越的产品抱有强烈的热爱。设计是创新的源泉，但正如 John Edson 在《苹果的产品设计之道：创建优秀产品、服务和用户体验的七个原则》中指出的："如果将设计隔绝在某个部门而不能在整个组织内渗透，那么设计很容易被压制，甚至被扼杀。"当设计成为企业 DNA 的一部分，人们就能搁置个人争议，尽快达成共识，实现产品，并努力将体验推向极致——如此才能让那些优秀的创意真正成为卓越的产品。当然，企业也可以在基础的设计文化中融入自己的性格，从而形成独特的设计文化。

设计理念也很重要。文化是长期形成的一种共同的价值取向和行事作风，而理念是做事时共同遵循的一种思想、原则或价值观。两者相互影响，但并不相同。企业应该设定自己的（品牌）设计理念，即一种共识性的设计价值观，比如苹果的简约主义。当理念确定后，所有的产品都会遵循相同的理念进行设计，并传达给用户，而一旦在用户心智中建立起对品牌理念的认知，哪怕产品不同（比如苹果的 iPhone 和 iWatch），用户一眼就能认出这是哪个品牌。对于团队来说，设计理念提供了产品的主基调，在很多设计问题上也就更容易达成共识。需要注意的是，苹果的理念之一是简约，但并非所有企业都要强调简约，其他设计思想（如智能、有趣）以及雅致、中国风等都可以作为理念。当然，各大设计思想也都应该遵循，只是设计理念需要在产品上最为明显地传递出来。这里的要点是差异化（第 40 章），正如 Edson 所说：*"必须找到属于自己的独特及具有差异化的设计理念，然后贯彻执行，因为只有这样，设计理念才会被消费者关注和期待。"*此外，当企业拥有清晰的设计文化和理念时，广告中甚至不需要出现产品，因为向消费者传递品牌所有产品遵循的价值观，也就是在宣传所有产品——这就比那些仅宣传新产品和新功能的广告要高出一个境界。

闭门造车

闭门造车[1] 指团队拒绝外部的概念和创新的现象，这种现象并不少见，而且往往导致设计出脱离用户需求、落后于时代甚至品质低劣的产品。这种现象背后的动因包括：

- 自负。认为团队实力强于外部。领先企业容易出现这种问题，但自负是主观性的，如果团队已经落后，但自认为实力很强或觉得使用的是"最先进"的技术，那么依然会出现闭门造车的现象。在外人看来，团队会表现出一种"迷之自信"，为自己的产出感到骄傲，并且无视甚至抵触不同的东西。
- 缺乏安全感。害怕失去控制权，不愿面对新事物带来的风险。这本质上是对自身能力不自信产生的求稳心态，希望能守好自己的一亩三分地就好——与

---

[1] William Lidwell,Kritina Holden,Jill Butler. 设计的 125 条通用法则（全本）[M]. 陈丽丽，吴奕俊，译 . 北京：中国画报出版社 ,2019.

很多坚决抵制数字产品的老年人是相似的。这种情况会导致恶性循环，使落后的差距不断拉大甚至落后于时代。

- 死要面子。内心知道失败，但担心损害自已的良好形象，不愿承认和做出改变。
- 沉没成本。已经在当前的产品上倾注了大量资金和情感，厌恶损失，进而抵触一切可能证明其应该放弃已有投入的信息。

闭门造车对创新力的破坏几乎是毁灭性的，企业必须加倍小心。正如《设计的125条通用法则》指出的："防患于未然是应对闭门造车的最好办法。"让所有人首先理解闭门造车是必要的，同时，企业应当在组织层面建立一些机制，如团队成员的轮换制度、定期从外部收集最新的思想和创新、建立失败保护机制（鼓励承担风险和改变）、定期组织管理层和团队了解和讨论新信息等。企业以及团队还应该努力建立一种谦逊、开放、学习和积极改变的文化。此外，面对沉没成本的情况，通常还需要管理层"当断则断"的魄力。

团队

- ✓ UX-交互-UI 可在一定程度上类比为架构-算法-编程的关系；
- ✓ UX 设计师的职责必须存在，但职位则视情况而定；
- ✓ 复杂产品需要精细分工，需要有专门的"UX 设计师"；
- ✓ UX 需要一支跨学科、跨部门的设计团队；
- ✓ 设计文档用于备忘和沟通，应根据具体情况灵活变化；
- ✓ 设计文化和设计理念对企业非常重要；
- ✓ 避免陷入闭门造车的陷阱。

第39章
设计沟通

沟通，乍一看跟设计好像没什么关系。在很多人眼里，设计师的工作就是用自己的非凡创意创造出各种美好的产品构想，然后其他人会满怀热情地完成它们。"设计师要靠设计说话"，一些设计师会这样觉得，"只要我的设计足够好，就不需要多费口舌解释。"有时的确如此，但更多时候，缺乏有效的沟通能力和良好的人际关系，会让你的设计在实现的道路上举步维艰。特别是对于 UX 设计师来说，由于要打交道的人来自各个领域且大部分没有专业的设计背景，沟通的能力就显得尤为重要。只是创造出优质的体验是远远不够的，我们还要将体验实现，这需要与各类干系人进行大量的沟通，而这些工作主要是由 UX 设计师来完成的——UX 设计师是一个"强沟通"的角色。

在职场的这些年让我确定了一件事，那就是沟通能力的重要性绝不亚于专业能力。遗憾的是，高校开设了如此之多的专业课程，对职业如此重要的沟通技能却鲜有讲授。而进入职场后，沟通方面也全凭个人"悟性"，于是很多新人在遭遇挫折后，便将问题归结为领导或客户的"奇葩"，觉得换个地方就好了，结果却总是遇到"奇葩"。奇葩确实是存在的，但没有那么多——如果改变一下心态和沟通方式，情况往往就会有很大的改善。设计也是如此，UX 设计师不仅要"去沟通"，更要"会沟通"。你已经学了这么多创造卓越体验的方法，没理由不再学习一下如何能让它们顺利落地。设计沟通是一个很大的话题，本章主要旨在帮你理清思路并端正心态，为你未来沟通能力的发展打下一个良好的基础。

设计沟通的目的

设计师为什么要沟通？一个比较好的答案是为了"达成共识"。"共识"是 UX 的重要词汇，如果你与各干系人（如管理层、技术、运营、销售等）没有达成共识，体验就很可能在实现的过程中走样或夭折，甚至客户根本不会通过你的方案。那什么是共识呢？简单来说就是共同的认识。当人们对一件事拥有相同的理解或判断时，我们就说他们在这件事上达成了共识。"共识"和"一致"在很多时候可以互换使用，但两者其实并不等同——共识是一种深层次的一致。人们可以在没有共识时保持行为的一致，比如遵循相同的规则行事。而当人们"一致同意"时，也不一定就达成了共识，因为人们对决策之事的理解可能并不相同，基于各自理解形成的表面一致并不是共识。当然"达成一致"的说法并非不能用，要看具体的定义，我们在这里不过分纠结用词（姑且先用"共识"），重点是说清楚设计师要做的事。我认为，设计沟通的目标有两个：信息共识和方案认可。

- 对信息达成共识。设计方案在形成的过程中涉及很多信息，一方面是设计调研（第 14 章）获取的信息，尤其是对用户的理解，这是设计的基础；另一方面是设计过程中产生的信息，比如愿景、品牌、工作职责、术语、形容词、名词等。只有对这些信息有相同的认识，才能真正理解设计方案的意义。比如"为老年用户设计"，那"老年用户"具体是指什么样的人群呢？如果设计师基于 60 岁且身体健全的目标用户做设计，而干系人脑子里是 80 岁且有行动障碍的用户，他们就很可能有完全不同的思路，进而反对设计师的方案。在干系人和设计师对信息没有建立共识的情况下，争取其认可的努力往往是徒劳的，应该停下来检视一下对信息的理解是否达成共识再继续讨论，或是在一开始就把关键信息说明清楚，以确保理解的一致。除了让干系人与设计师同步，很多时候设计师也要与干系人同步，比如充分理解用户的想法和各板块的实际情况等其实都是在建立共识，这些工作主要是在设计调研中完成的——设计调研本身就包含了一个沟通建立共识的过程。只有让大家把想说的信息都说出来，并正确地加以理解，你才能做出最合适的方案。此外，有些共识（如品牌定位、职责分工等）需要大家讨论确定，这些共识同样很重要，比如对职责分工没有形成共识，你觉得他会负责，他觉得你会负责，结果可能到最后发现没人做，使体验的完整性遭到破坏。此外，正如刚才所说，一致并不代表共识，因而即便是干系人认可方案，或是同意完成某些工作时，你也有必要确认一下对信息的理解是否一致，以避免对方同意的其实是另一件事。总之，要让人认可你对一道题的解法，就必须保证所有人对问题和答案以及其中的元素都拥有共同的认识，而这需要大量的沟通才能实现。

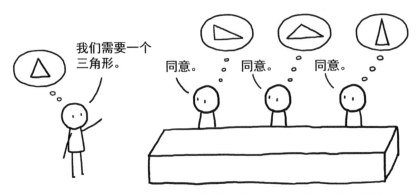

- 使方案得到认可。在对信息建立共识的基础上，我们还要让干系人认可我们的方案，以确保方案能够被很好地实现。这也可以说是对方案达成共识（对问题的正确解法形成共同的认识），我之所以没用"共识"是怕这一点被理解成得到一个所有人都认可的方案就可以了。沟通的目的是让"你的方案"被认可，而不是将你的方案和其他人的想法综合，以妥协和折中的方式得到大家都觉得还不错的方案，更不是按领导的想法修改使领导满意。UX 设计师不是"和事佬"，中和所有人的想法只能得到一个平庸的方案，显然有悖于我们对卓越体验的追求，而且众人的意见很多时候是相互矛盾的，根本就没有折中方案。不过这也不是说让你死咬着自己的方案，或是粗暴地要求对方认可。比如领导对方案提出了一个修改意见，你应该怎么做呢？是听领导的，还是跟领导正面硬刚？都不是。你首先要确认领导的真正想法（也是一种信息共识），而后分析是不是有道理，如果有，那么就应该调整（不过不一定是按领导的意见）；如果不应该改，那么就要想办法让领导理解你的方案的好处，获得认可；如果领导坚持要改，那么你一方面要强调可能的后果，一方面也要尽可能不让这个修改对体验产生太大影响。当然，具体能不能办到，就要看沟通的水平了。

"方案认可"的沟通往往比"信息共识"要复杂和困难得多。信息共识的难点在于人们很容易忘记它而直接进行设计或方案讨论，因而必须时刻提醒自己确认对信息的共识，同时在设计调研时也需要专业技巧以便深入地了解他人。而方案认可的难点在于如何让对方从心里接受你的方案，这比"了解对方"可复杂多了，而且也远不是逻辑推理能解决的——人是感性生物，即便你在逻辑上让对方无话可说，对方也很可能不会心悦诚服。更糟的是，人们往往对技术一窍不通，但对设计却总是能提出点想法（毕竟设计是与人直接相关的，因而总会给人一种"这个我懂"的错觉），这就意味着设计师还要让自己的方案从众多想法中脱颖而出。你可能奇怪，设计师的创意显然更优秀,脱颖而出不是自然的吗?很可惜,这只是设计师的一厢情愿。在现实中,最终决策的人往往并非设计专业,而很多非设计人员出于各种原因还会努力说服决策者,比如销售主管可能强调某种设计修改可能快速提高销售量(长期的品牌定位或易用性并不是他关心的内容)。此时,如果设计师不善沟通,就可能在争论中落败,进而被迫修改方案。优秀并不能保证胜出,这就是现实,正如 Tom Greever 在《设计师要懂沟通术》中所说:"通常,设计师相当不善于向非设计人员解释自己的想法,出现分歧时,最能言善辩的人总是获胜。"因此,为了让卓越的设计能够触达用户,UX 设计师必须拥有强大的沟通能力。不过要注意,这并不表示"信息共识"就不重要,因为很多分歧甚至矛盾都是因为信息没有达成共识造成的,比如很多人用"五彩斑斓的黑"这一客户要求来嘲讽甲方的"奇葩"想法,但客户想要的其实是黑色风格搭配多彩元素,只是不太会表达而已,如果设计师能够通过沟通深入理解客户的想法,而不是一上来就先入为主地归因于对方的智商,那么这些问题往往都会迎刃而解。

端正心态

要进行有效的沟通,UX 设计师必须首先端正心态,我在这里讨论几个要点:

- 体验不是你一个人说了算。正如之前所说,如果你不是企业的老大,那么你的方案就需要其他人的认可才能够实现,而且体验的实现还会受到各种干系人的影响,因而你必须主动沟通。

- 对方不懂设计很正常。如果沟通对象都有不错的设计背景,那真的太棒了,但你不能把这种情况视为常态。所谓隔行如隔山,其他领域的队友肯定不如你懂设计,管理层也一样。事实上,正是因为他们都不专业,才会雇佣你来设计,这也是你的价值所在。

- 你不是神。作为设计师,你的确很专业,也应该对自己的方案抱有自信。但你也要时刻谨记,你的设计不是唯一的方案,也可能不是最佳的方案。我们曾谈到过于自信和过于不自信都会导致闭门造车(第38章),对设计师而言这意味着拒绝那些可能改善方案的外部意见。对方不懂设计很正常,但不能因此就轻视甚至忽视干系人的想法,因为这些想法都可能蕴涵价值。

- 人际关系。很多年轻人对人际关系非常畏惧,或是觉得这是"政府和国企的弊病",与自己的企业(或行业)无关。但现实是,随着组织逐渐扩大,人际关系复杂化是必然的，没有任何一家企业可以幸免，只是政府和国企存在时间长因而比较严重罢了。当然，天天想着算计人或者溜须拍马不干活肯定是错的，也应该改善，但我要强调的是，当你想办好一件事的时候，有一个良好的人际关系绝对比陌生关系要好太多了。设计同样如此，当你与干系人关系很好并且得到足够的信任时，不仅沟通过程会更加愉快，对方也更可能认同甚至主动支持你的方案。人际关系的建立是一个长期的过程，需要你真诚、友善地对待周围的人，并努力提供力所能及的帮助。你当然可以功利地去做这些事，但我更建议不要把回报看得太重，拥有良好的人际关系本就是一件让人开心的事，而当你对别人表现出足够的尊重，别人对你尊重也是很自然的事情。

- 懂得体谅。颇为讽刺的是，UX 设计师如此擅长理解外部用户，却经常不能体谅内部用户（第 3 章）。内部用户和我们一样都是普通人，他们要应付复杂的工作，又要考虑家庭琐事，管理层要面对经营的压力，而工程师可能因连续加班而烦躁不堪。当你理解了沟通的"情境"，就可能理解很多"不可理喻"的态度背后的原因，这不仅能改善你的心情，帮助你做出充分考虑内部用户需求的方案，对于你的人际关系也会起到非常积极的作用。此外，不要先入为主地用恶意揣测对方，如果你仔细了解，就可能发现对方只是不会表达甚至想帮忙，我们会在稍后讨论这个问题。

- 沟通也是体验。不要忘记内部用户也是用户，这意味着你应该像对待外部用户一样，理解他们的深层需求，尽力满足需求，并努力利用 UX 思维改善沟通体验以达成期望的目的。

- 不要"怂"。最后，可能也是最重要的一点是，设计师必须敢说话——见到领导就"怂"的人干不了 UX。UX 设计师是产品体验的最后一道防线，如果连 UX 设计师都怂了，卓越体验也就没什么指望了。因而，对于你认为正确的，一定要努力争取，哪怕对方地位很高——没有人会否定一个努力为用户和产品着想的人。但还是要提醒一句，敢说话本身绝对没问题，但要注意方式方法，如果你说得太直接让对方感到很难堪，或是在多人在场时让对方下不来台，那就是另一个故事了。

倾听客户

我们刚才谈到了"五彩斑斓的黑"，问题的根源在于设计师没有很好地理解客户，甚至用恶意揣测，认为对方是故意"无理取闹"。无理取闹或以折磨人为乐的客户是存在的，但通常来说，人们提出的需求都有其合理性，设计师需要去倾听客户的真正需求，就像我们对外部用户所做的那样（这对于领导也是适用的）。

Jesse Schell 在《游戏设计艺术》中提到的一个案例让我印象深刻。在案例中，团队开发了一款竞速游戏，客户在项目进行到一半时来访并体验了游戏原型，然后表示应该给车辆增加更多的铬合金外壳。这把美术师和工程师都吓坏了，因为车辆模型都制作完了，而且增加反射效果会让 CPU 资源更加吃紧。猜猜设计师是怎么做的？是遵照执行，还是严词拒绝？当然都不是，设计师平静地问："为什么我们需要更多的铬合金外壳？"结果客户的回答出人意料：他觉得车速太慢了，但又担心调节车速给团队添麻烦，认为增加点反射效果可能让速度显得更快一点。从专业角度来看，调节车速非常简单，但客户不专业是很正常的。如果把这个需求发到网上，那么肯定会像"五彩斑斓的黑"一样被大家嘲讽和吐槽。但事实是，尽管不够专业，但客户的想法是非常合理的，他只是想帮忙改善体验，甚至还在努力减少团队的工作量！一次巨大且毫无意义的改动就这样变成了一个参数的调节，UX 思维和设计沟通的力量可见一斑。正如 Schell 所说："大部分烂点子都可以用一句话来解决：'你想要解决的是什么问题？'"

捍卫体验

很多时候，设计师不得不在干系人提出其他方案时说服决策者原方案是最好的。对此，Greever 在《设计师要懂沟通术》中给出了一个对干系人做出回应的基础框架：

- 致谢、复述、准备。无论什么样的建议，都是改善产品的机会，而且对方也很可能是想帮忙，因而在回应前首先予以肯定，感谢对方提供了建议，复述对方的话（表示尊重），并为讨论做好准备（过渡一下，告诉对方你将要回复，并且透漏一下要回复的内容）。比如"感谢你的反馈，你的建议很有价值，这让我们理解了你的想法，对我们达成共识很重要。你刚才说了 ×××（复述要点），我们都记下来了，也希望你能听一下我们这样设计的原因。"这个过程为后续的讨论营造了一个相互尊重的氛围，还是那句话，你尊重对方，对方就会尊重你。
- 确定问题。重新陈述设计所要解决的问题，确保各干系人将重点放在正确的问题上。

- 描述解决方案。清晰地描述你的方案，以及这样设计的原因。
- 与用户共情。干系人可能忘记或不够深入理解用户，作为最理解用户的人，设计师应当声情并茂地展示方案如何很好地为用户解决问题。
- 诉诸业务。企业也需要盈利（第 40 章），将方案与企业的目标、业务、发展等关联起来，以证明其价值。
- 锁定共识。阐释结束后，直接询问干系人是否同意，尽可能确保沟通成果，以避免悬而未决的方案影响项目的正常推进。

同时，你也应当对干系人的建议对用户和业务的优势和劣势进行客观的分析和陈述，并与你的方案加以对比。最后不要急着下结论，而要让决策者进行判断——参与感很重要，相比认可别人的结论，人们更可能在未来支持自己下过的结论。

其他沟通要点

关于设计沟通，还有一些要点需要注意：

- 先说服自己。凭感觉的设计在沟通时很吃亏，如果你自己都不清楚为什么要这样设计，那如何指望干系人能相信这是合理的呢？UX 知识无论对于做出好的设计，还是在沟通中支撑你的设计都很重要，"我觉得这样更好"和"这里遵循了 XX 原则"给干系人的感觉是完全不同的——前者可以争论，而后者如果对方没有足够的知识，就不太会做出反驳。
- 做好准备。提前考虑干系人可能提出哪些问题，并做好相应的准备（如画一些原方案与可能方案的对比图）是需要的。此外设计师本来也应该多考虑一些备选方案，以确保方案的最优性。
- 画鸭子。有的时候客户真的只是想让你改点啥，比如有些客户可能觉得不提意见显得自己没水平。对此 Greever 提到了一个"画鸭子"的策略，这源于一个故事。一位游戏设计师发现无论自己做什么，制作人都要提一个修改意见，于是他故意在动画里放了一只鸭子，并使其讨厌又夸张地在动画里飞来飞去，但不干扰正常的动画。然后他将原型拿给制作人，制作人看完整个动画后对他说："看起来很棒。只是有一点——去掉这只鸭子。"画鸭子的本质是在设计客户参加评审的体验，毕竟体验往往比事实更重要。当然，这并不是说让你想方设法地操纵干系人，但是在必要的情况下，这样做能够有效减少无谓的改动和讨论——把握好使用的"度"即可。同时，设计师按照干系人的想法做了改动也让干系人有了参与感，这会让其成为盟友，在未来努力捍卫你的方案。

- 善用原型。原型可以帮助你清晰生动地展示想法，对沟通很有帮助，特别是大量原型能够表现你充分考虑了问题的各种解决方案，进而使你给出的方案更加让人信服。此外，设计文档（第38章）也可能有助于沟通。需要注意的是，原型的保真度必须仔细斟酌，比如过高的保真度可能让干系人关注UI而非流程，而随意找的看起来很丑的占位图标（保真度太低）也可能吸引干系人的注意，这些都会导致讨论偏离计划的主题。

- 仲裁机制。UX设计师要尽可能达成共识，但是总会有达不成共识的时候，这时要有人能够仲裁。仲裁人应该懂一些设计，并有足够的权利拍板，对于达成的决议，不同意的一方也必须执行。当然，仲裁只是最后的手段，之前达成共识的努力还是必要的，但共识达不成也不能一直拖着，而仲裁机制的作用就是确保工作能够推动下去。

- 注意中西差异。最后这一点非常重要，沟通说白了就是跟人打交道，但中国人和西方人的思维方式差异很大，西方人的沟通术可能在中国不那么奏效，反之亦然，因而要根据实际情况灵活变通。

本章就讨论这么多，希望你能对设计沟通的重要性和目的有一个较为清晰的认识。沟通是一门艺术，要想建立强大的沟通能力，你还需要多读一些人际交往类的书籍，同时更重要的是，勤加练习，多跟不同类型的人打交道。只有理论结合实践，才能真正掌握这门艺术，为卓越体验的最终实现提供有力的保证。

设计沟通

- ✓ 设计沟通的目的是对信息达成共识和使方案得到认可；
- ✓ 设计师在沟通前首先要端正心态；
- ✓ 设计师要去倾听客户背后的真正需求；
- ✓ 对干系人回应的基础框架包括：致谢、复述、准备，确定问题，描述解决方案，与用户共情，诉诸业务，锁定共识。

第40章

商业

我们已经理解了团队和沟通，但要想让优质体验得以实现，还有一个关键因素没有讨论，那就是"钱"。这看起来是一个很俗气的话题，设计师难道不应该专心设计伟大的产品来解决人类的问题吗？这个目标是没错的，但大多数企业不是慈善机构，如果产品不能带来利润，企业（包括设计师）就无法生存，也就失去了为用户持续创造优质产品体验的能力。换言之，无论是为了自身的生存和发展，还是为了用户的体验，我们都希望能用产品从用户处换来足够的金钱。钱不是万能的，但没有钱是万万不能的——谈钱并不俗，只谈钱才俗。

你也许会觉得只要产品提供了足够优质的体验，就自然会赚到钱，其实不然。体验差的产品的确很难赚到钱，但体验好的产品也不见得就容易赚钱，我们还需要为产品找到好的商业模式。那问题又来了，商业的事情交给管理层和营销部门不就好了，关设计师什么事呢？这是因为商业模式的改变会影响产品设计（如免费模式需要你在产品中增加付费内容），如果到营销阶段才考虑商业问题，那么很可能破坏已经设计好的体验，因而最好的方式就是在设计伊始就将商业问题一揽子考虑。当然，这也需要将"金钱干系人"的代表纳入团队，并保持良好的沟通。此外，设计是盈利的基础，因此为产品投资的人（管理层、客户或职业投资人）会积极地介入设计过程，以期多赚点儿钱，而这经常与体验、品牌等相冲突。尽管 UX 设计师会努力捍卫体验，但最终起决定作用的肯定是那些掌管金钱的人。UX 设计师能做什么？是的，还是沟通。而对于沟通，使用对方的语言显然更加有效。

因此，UX 设计师应当掌握一定程度的商业常识，并了解所在行业的商业模式和商业术语（如销售量、库存量、每用户平均收入、日活跃用户等），你可以通过相关书籍和互联网扩展这些内容。事实上，商业本身也是 UX 的应用领域。商业说到底是企业与人之间的价值流通，其核心也是人，也要关注需求和心理，"以人为本"的重要性也就不言而喻了。

商业模式

"商业模式"一词由来已久，但在互联网时代被炒热，且如今已被广泛滥用。很多人张口闭口就是商业模式，好像不提这个词就显得自己没水平一样——近些年的"大数据"和"区块链"也是如此。但事实上，大部分人并不理解这些词，很多人把商业模式简单地理解为"商业计划"，或者索性将商业计划书更名为"商业模式"，这都是对商业模式的很大误读。那什么是商业模式呢？三谷宏治在《商业模式全史》中指出："商业模式是为了拓展传统经营战略框架而产生的概念，它的目的是应对商业的多样化、复杂化、网络化。"三谷宏治将商业模式体系与过去的战略体系进行了对比，如图 40-1 所示。

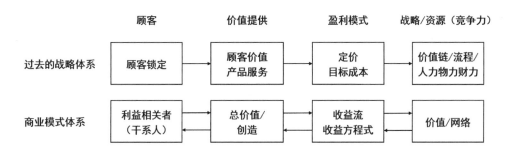

图 40-1　三谷宏治的商业模式体系

完整的战略体系框架包括四方面内容：顾客 - 价值提供 - 盈利模式 - 竞争力。在过去，战略体系相对简单，企业找到一款能卖的产品，然后确定成本和价格，并通过战略（包括管理）和资源来强化自身优势。但在商业模式的角度，顾客的范围太过狭窄，企业应当考虑与产品相关的所有干系人，于是"价值"就变成了所有干系人的价值总和。换言之,企业应该首先拥有能为"广义用户"创造最大价值的产品——眼熟么？这很正常，因为这与 UX 是重叠的。当我们有了优质的产品，下面就要考虑盈利的模式，即金钱的流向——钱从哪里来，又要到哪里去，以及为何这样流动。简单依靠成本和定价的思路早已落后于时代，取而代之的是复杂的收益流或收益方程式。图 40-2 是在线游戏的收益流示例（参考自《游戏设计艺术》），游戏开发商将游戏挂在（在线发行商的）应用商店，用户每消费 10 元，在线发行商会抽取 30%，但剩下的 7 元并不是游戏开发商的收入，因为开发商要让游戏从数以万计的游戏中脱颖而出，这笔用于用户获取（如广告）的费用平均高达初始收入的 60%。通过收益流，我们就能理解企业如何通过产品从用户处获取金钱，以及收益的占比——在上述盈利模式下，游戏开发商的平均收入只有消费金额的 10%，再去掉开发和运营成本，也就不难理解游戏行业为什么不好做了。

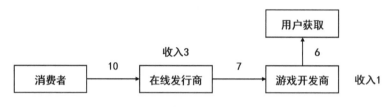

图 40-2　在线游戏收益流示例

　　产品和盈利方式的问题清晰了，企业还要结合自身情况制定战略和利用资源来建立竞争力，实现最终的盈利。过去这包括企业自身的价值链、流程、人财物等方面，在当代则要考虑整个网络的优势，比如游戏示例中在线发行商和用户获取渠道的竞争优势。此外，如今的战略体系不再是从市场定位到竞争力的单向思考，而是双向且相互影响的复杂体系。可见，商业模式是一个战略层面的概念，与业务层面的商业计划书并不等同。另外，很多人会将商业模式等同于"如何赚钱"（收益流），这其实是盈利模式，而商业模式的范围要大得多。我们也可以从字面来理解，什么是"商业"？三谷宏治指出："归根结底，商业就是：把采购来或生产出的价值提供给他人，以换取同等的价值。"商业首先是创造价值，即考虑如何为用户解决问题和提升体验，然后才是如何赚钱，而由此形成的一套可行的（抽象）经营策略就是"商业模式"。

UX 与商业模式的关系

　　理解"价值创造"在商业模式中的地位是很重要的。盈利模式在很大程度上是由产品形态决定的，因而商业模式创新往往来源于产品的创新。以吉列公司经典的"刀片 + 刀架"模式为例，在吉列剃须刀发明以前，剃须刀的刀身和刀柄是相连的，只能靠频繁地磨来保持刀片的锋利，费时费力不说，也很容易刮破脸。金·吉列注意到了这个问题，加之先前销售"皇冠盖"（就是使用瓶起子打开的那种一次性瓶盖）的经历让他对一次性产品很感兴趣，便来了灵感，为什么不设计一种"用完即扔"且不易伤脸的刀片来解决大家的问题呢？于是吉列花了大量时间反复设计，最终在麻省理工学院研究人员的帮助下，在 6 年后成功设计出经典的"T 型剃须刀"。吉列公司先是以低廉价格出售刀架，而后通过一次性耗材（刀片）获取长期收益，这种商业模式被称为"刀片 + 刀架"模式，类似的产品还有电动牙刷（更换刷头）、喷墨打印机（更换墨盒）等。显然，无论对旧有"一体式剃刀"的盈利模式如何进行创新，都不可能诞生"刀片＋刀架"模式，那新模式是从何而来的呢？源于 T 型剃须刀的发明，更根本的说，源于对生活中人们问题的观察、大量的创意和反复的迭代——没错，这是标准的 UX 流程！这不难理解，毕竟为用户创造价值正是 UX 的目标。反过来，"一次性"的模式也为剃刀的结构提供了灵感，因而思考盈利模式对设计也是有帮助的。

　　有价值的产品是成功商业模式的基础，这一点非常重要，却总是被忽视。产品决定了用户愿意支付的金钱（上限），而盈利模式决定了如何将这笔钱变成企业的收入（接近上限），比如产品的市场价值是 1000 万，那么好的盈利模式会实现这 1000 万，并将其中尽可能多的部分装进企业的腰包（若像游戏案例中只有 10% 甚至更少，则不是一个好的盈利模式）。反之，如果产品本身不行，那么再好的盈利模式也解决不了问题，比如"广告"模式（产品免费供用户使用，从第三方赚取广告收入）让很多网站取得了成功，但对于一个不解决用户问题或非常难用的网站，没有访问量，"广告"模式也就起不了什么作用。再以经典的"免费＋收费"模式为例，比如 Adobe 公司有免费的 Acrobat Reader（可阅读 PDF 文档）和收费的 Acrobat Pro（可创建、保护、转换和编辑 PDF），而很多视频网站既有免费内容，又有付费内容。通常来说，免费用户需要在使用较长时间后才会考虑付费项目，因而时间很重要，这需要企业拥有足够的资金支持较长时间入不敷出的局面。但资金只是一个方面，支撑"时间"的核心其实是设计，如果产品不能长时间吸引用户，那么烧钱将毫无价值。同时，哪些免费，哪些付费，对成功也很重要。《游戏设计艺术》中提到了一个《龙与地下城在线版》的例子，作为冒险类游戏，用户对于付费装备（如"打不过龙的话花 5 美元买把魔力战斧就可以了"）不太感冒，因为这会让用户觉得自己在作弊，冒险的成就感也就没有了。于是设计师将付费装备变成了付费关卡，花 5 美元解锁关卡，当你击杀关卡结尾的龙后会得到一柄魔力战斧！听起来是不是很让人激动？但仔细想想，两种方式都是花了 5 美元，打死了一条龙并得到了一件强力武器，本质上没什么分别，但由于设计师抓住了用户的心理进行设计，让付费的体验完全不同，成就了商业模式的成功。此外，无论是付费部分做得太差，或是免费部分做得太好，也都不会有人付费。可见，要想让这种商业模式有效，需要对产品进行仔细斟酌，而这些都是设计问题。三谷宏治指出"'免费＋收费'模式绝不是一个简单的盈利模式"，但并没有总结盈利模式外的内容，现在你知道了——还需要设计，或更准确地说，是 UX。

　　尽管 UX 很重要，但盈利模式同样不能轻视，很多好产品都是因为没有找到有效的盈利模式而陷入窘境，甚至走向衰败。以个人交易市场为例，淘宝网出色地解决了人与人之间的网上交易问题，并通过免费策略将 eBay 挤出了中国市场。但是，淘宝用户不接受对交易收费，而交易型网站的广告收入也不高，阿里巴巴公司一直没有为淘宝网找到合适的盈利模式。这个问题直到 B2C（企业对用户）的天猫商城出现，通过淘宝吸引用户＋天猫盈利的"免费＋收费"模式，才终于得到解决。可见，商业模式需要好产品和好的盈利模式，UX 对好产品的价值自不用说，好的盈利模式同样也需要 UX 来支撑（就像吉列剃须刀和龙与地下城的案例那样）——说 UX 是商业模式的基础一点也不为过。不过，商业模式体系毕竟是经营者视角，主要关注宏观市场需求和盈利，而设计视角的 UX 更关注产品的使用体验，因而 UX 和商业也可以看作一种相辅相成的关系。作为 UX 设计师，可以将商业模式作为一种"商业策略"在策略层加以思考。

此外，以上几个"免费＋收费"模式的案例也暗示，根据产品形态的不同，商业模式的表现形式可以是多样的，也有很大的创新空间。商业模式的名称只是一个盈利的思路，而非具体的产品机制或盈利模式。从这个角度来说，商业模式更像是一些思想，能够为我们提供启发，但如何实现则要具体问题，具体分析。

如果你有了好的产品和盈利模式，那真的太棒了，但这只能保证你在理想条件下的成功。现实中的竞争是激烈且残酷的，一个好的盈利模式在市场陷入"红海"（竞争极其惨烈的市场）后很可能变得无利可图——想想为了获取用户而花掉 6/7 收入的游戏开发商。正如图 40-1 显示的那样，好的商业模式还需要"竞争力"的支撑，我们需要设置"壁垒"。

壁垒

你的产品可能面对两种市场竞争环境，一种是竞争较少的"蓝海"，这是理想的环境；但人们一旦发现有利可图，就会争相涌入蓝海，从而引发惨烈的竞争，企业相互厮杀，大海被血水染红，这就是"红海"，最终使大多数企业无利可图。UX 主要关注蓝海，在品牌部分（第 30 章）我们已经讨论过，建立品牌应该努力寻找"零市场"，这是最蓝的海，但只是带着好产品进入是不够的，因为后来者可能模仿你的产品，特别是大企业会砸钱模仿，而你肯定不是对手。因而在你进入市场前，必须考虑未来如何在市场中建立竞争优势的问题。在战争中，当你发现并抢占了一块高地，如何阻止别人爬上来呢？你会修筑堡垒，一旦有了堡垒的保护，攻占的难度就会几倍甚至几十倍地提高。对产品来说，所谓的"壁垒"指那些对产品来说很核心，却又难以被复制的特质。企业必须建立并持续不断地强化壁垒，以保持在市场中的优势地位。当市场陷入红海，壁垒可以大大减轻企业的竞争压力，从而让企业能够保证较高的利润率，而企业又可以用高利润强化壁垒，并不断成长壮大，形成良性循环。相反，没有壁垒的企业则要么在竞争的夹缝中勉强生存，要么愈发落后，最终被挤出市场。

壁垒的价值体现在红海之中，但等海快红了才考虑设置壁垒就来不及了，企业应该在进入蓝海前的设计初期（品牌设计阶段）就开始考虑壁垒的问题，并在进入蓝海后马上实施。至于在红海状态进入再设置壁垒是很难的，而且还要面对先入企业的壁垒，因而并不建议。壁垒的种类有很多，一些常见的壁垒包括技术壁垒（如特殊的工艺、算法，或受专利保护的硬件平台等）、专业壁垒（对某一领域深刻的理解和经验）、渠道壁垒（如特殊的销售渠道）、关系壁垒（如特殊的合作伙伴或政府的支持）等。我在这里额外讨论三种在未来很关键的壁垒：数据壁垒、设计壁垒和心智壁垒。

先说数据壁垒。我们正在进入万物互联的时代，海量的用户数据让我们得以为用户提供更加智能化的服务。如果你抢占了市场并提前积累了大量数据，就形成了"数据壁垒"。后进入企业不仅难以争取到足够的用户，在时间上也存在滞后，要达到你的数据量是非常困难的，也就难以达到你的服务水平。

再说设计壁垒。最好的壁垒是通过创新不断提升产品体验的能力，或更根本地说，是设计能力。当企业拥有很强的设计能力时，就会形成"设计壁垒"。设计壁垒非常坚固，其原因有三：一是设计的成果很难被模仿，抄设计往往只能抄个表面，没有深入的设计素养很难理解其背后的设计哲学；二是设计快速的迭代能力使得其他企业即便有一定的模仿能力，也很难跟上节奏；三是模仿设计能力本身极为困难，因为设计是非常体系化的，需要企业在思想、管理、文化等方面进行根本转变，招聘几个技术大牛可能突破技术壁垒，但想靠简单招几个设计大牛来突破设计壁垒几乎是不可能的。拥有设计壁垒的典型企业是苹果公司，很多企业都想复制其设计水平，但最终都只模仿了点皮毛（比如产品外观或办公环境），设计壁垒的强度可见一斑。

最后是*心智壁垒*。这是设计壁垒的最终形态，其核心是"差异化"。差异化不是在表面上制造不同，而要看用户心智。当设计使产品的体验提升到一定高度，用户对产品的印象就会产生质变，使产品从用户心智中的原有大类中分离出来。当人们选择笔记本电脑时，往往会比较各种品牌产品的参数（如 CPU、内存等），这些品牌对用户来说都差不多，因而性价比更高的往往会胜出。苹果电脑则不同，很多用户即便在配置不那么有竞争力的情况下依然选择苹果，因为对他们来说，苹果电脑是与其他品牌产品完全不同的东西，自然也没什么可比性，这就是差异化在起作用。此外，品牌设计也是实现差异化和心智壁垒的重要手段。人的心智很难改变，因而心智壁垒一旦建立就很难撼动，且其影响是强大且深远的——对于大众消费品，心智壁垒应该可以称得上是最强壁垒了。当然，回报总是需要等额的付出，难以突破的壁垒要建立自然也是要费一番功夫的。

越软的实力越难模仿，而思想尤其。在技术上，设备和代码好复制，架构和算法则难很多；而在设计上，外形和视觉元素好抄，但背后的设计思想则很难。整体上来说，设计和心智壁垒比技术、渠道等壁垒要"软"，因而也更坚固些。设计壁垒还拥有很强的普适性，而技术壁垒有一个隐患，就是一旦出现技术换代（这其实非常频繁），原有的壁垒优势将荡然无存，这就像在枪械时代近乎无敌的碉堡在大炮面前不堪一击一样，因而单靠技术壁垒很难抵挡住竞争企业的不断冲击。但必须注意，设计壁垒的作用也是有限的，只是因为其经常被忽视，我才对其着重讨论。企业应将设计、技术等壁垒结合起来，建立"多重壁垒"才是王道。

可见，UX 对商业模式的各方面（产品、盈利模式和竞争力）都很重要，是商业模式成功的有力保证。UX 和商业模式相辅相成，当两者都表现出色，企业就拥有了获取"超额利润"的机会。

超额利润

当企业因为一些原因使产品的利润超过市场平均正常利润时，多出来的这部分利润就是**超额利润**。产生超额利润的原因有很多，比如采用了更高效的软件算法、获得了某种市场权利、应用了新工艺等。不过这些都是获取超额利润的战术，那么从战略上来说，企业应该如何获取（持续的）超额利润呢？用本章的语言来说，就是要拥有好的商业模式——好产品（高市场价值、高价格）+ 好的盈利模式（好的获利途径、减少收益流中的损耗）+ 竞争力（持续利润），而 UX 对这三方面都能提供很好的支持。这里我们再讨论三个要点。

第一，UX 能够发现新机会，从而开辟新市场，并在新市场中创建新品牌，这就很大程度上避免了激烈的竞争环境。超额利润在竞争性行业中只可能短期存在，在垄断性行业则可能长期存在。蓝海市场的竞争环境与垄断是相似的，而这样的环境也有利于建立心智等一系列壁垒，在某种意义上，UX 能够为企业创造一种半垄断的环境，这就为确保超额利润的长期存在提供了可能。

第二，UX 能够发现更好的解决方案，这是超额利润的另一个源泉。优质的体验实现了产品的差异化，而一旦产品在用户心智中变得特殊（形成心智壁垒），就能够远离价格战的泥沼，在定价、推广等方面享有更多的自主权，利润自然也就多了。

第三，高端市场的利润率通常高于中低端市场，而 UX 是产品迈向高端的保证，由此也会带来（相比中低端企业的）超额利润。

与之相反的局面是竞争产品的"同质化"，同质化的产品能够相互替代，企业只能通过降价或投入巨额推广费来吸引消费者，最终导致价格战（获取用户的投入水涨船高本质上也是一种价格战），使利润迅速缩水。因而在很大程度上说，UX（及卓越产品）才是面向用户的企业获取长期超额利润的根本保证。

在产品流程中，问题钻、解决钻、实施钻、生产对产品利润的贡献率依次递减。问题钻发现新机会，解决钻强化产品力，两个"设计钻"拿走了超额利润，通常也是行业的大部分利润。而到了实施钻，市场和解决方案都已经有了，只是再实现一遍时，海水已经泛红，利润就少很多了，且往往会陷入价格战，进一步压低利润。到了生产阶段则更加残酷，由于几乎没什么含金量，利润会被压榨到极点，甚至出现"血汗工厂"。这其实很公平，毕竟物以稀为贵，贯彻 UX 流程的企业很少，走跟随战略（双钻缺失）的企业则多如牛毛，前者能获得超额利润也就不奇怪了。

格局

下面来看一下思考的格局。Daniel Kahneman 在《思考，快与慢》中提到了一个有趣的实验，在实验中，被试者需要做出两个决策：

决策 1：（A）肯定赚 240 美元；（B）25% 概率赚 1000 美元，75% 什么也没有；

决策 2：（C）肯定损失 750 美元；（D）75% 概率损失 1000 美元，25% 不损失。

尽管理性上 B 和 C 更好，但由于人对损失的厌恶情绪影响了决策，有 73% 的人选了 A 和 D。现在我们把选项连起来看看：

决策 3（A+D）：25% 概率获得 240 美元，75% 概率损失 760 美元；

决策 4（B+C）：25% 概率获得 250 美元，75% 概率损失 750 美元。

这次大部分人都选了 B 和 C。将每个决策分开思考的方式被称为**窄框架**，而综合考虑全局被称为**宽框架**。显然，宽框架有利于帮助我们消除风险厌恶带来的偏见，做出正确的决策。宽框架是商人经常使用的思考方式，这对于制定正确的投资和发展战略非常重要。在 Kahneman 的另一个案例中，一家大型企业的 25 位部门总经理没有一位愿意接受"50% 概率损失大量资金，50% 概率使资金翻倍"的方案，但企业的执行总裁却毫不犹豫地回答希望接受所有 25 个方案。每个方案的期望值都是正的，部门领导使用窄框架，不敢承担重大损失，执行总裁则使用了更宽的框架，从而做出了正确的选择。可见，高度和格局不同，面对相同问题做出的选择也不同，而更大的格局往往会带来更好的选择。

用 UX 思维设计产品的风险肯定比跟随要大很多，但其获利能力高得更多，因而在宽框架下，UX 绝对比跟随要好太多了。但是，如果没有一个站在高处的掌舵人来通盘考虑，各部门很可能选择跟随而非 UX，因为很少有基层领导愿意承担项目失败的风险，最终的结果就是整个企业都不敢冒险。企业要想迈向卓越，就不能将视野放在单个产品上，而是要从所有产品出发去思考整个产品战略，这在基层是很难的。设计师想推广 UX 思想，就要尽一切努力争取高层决策者和规划部门的支持。此外，如果企业能够提供一个允许失败和鼓励冒险精神的文化，基层就会更愿意甚至主动承担风险，对 UX 也会表现出更多的支持。

最后还要注意一点，尽管本章一直在强调提升体验对商业模式的重要性，而这在大部分时候也确实能增加利润，但体验也不是越高越好。更好的体验是有成本的，当用户对体验进一步提升的估值低于其成本时，产品的利润就会下降，因而对体验的过高追求可能损害企业的利益。"追求极致体验"的精神是必须要有的，但在商业层面也要考虑企业的利益，在追求极致的同时兼顾利润。

那是不是说我们的任务就是找到那个"拐点"呢？这会对决策有帮助，但不全对。有些使用场景就是以获取利润为导向的，这时就应当在一定程度上优先考虑企业利益，比如在 App 会员购买页，为了提高一点儿易用性而放弃通过默认值引导消费的机会就是不合理的（第 26 章）。同时，利润分为短期和长期，有些体验会降低短期收益，

却能够带来更多的长期价值，这时追求短期利益最大化就是错的，这需要设计师以
更大的格局仔细平衡。此外，资本对短期利益的追求可能损害用户权益（第42章），
进而损害企业长期价值，也是必须抵制的。

　　总的来说，设计师需要兼顾用户体验和企业利益（包括短期与长期）——UX 不
只是为用户设计，也不只是为企业设计，而是为了双赢而设计。当然，在具体情况
下如何能更好地实现双赢，就真的是一门艺术了。

商业

✓ 商业模式的成功需要：好产品＋好的盈利模式＋竞争力；

✓ UX 和商业模式是相辅相成的关系；

✓ 设计壁垒和心智壁垒对产品保持竞争力非常重要；

✓ UX 是面向用户的企业获取长期超额利润的根本保证；

✓ 格局不同，对相同问题的结论也不同，应该用宽框架和大格局思考问题；

✓ 设计师需要兼顾用户体验和企业利益。

第41章

未来发展

人才五型

本章我们来讨论一下 UX 的未来发展问题。先说个人，UX 设计师应该是什么样的人才呢？我认为人才有五种类型：一字型、1 字型、T 字型、十字型和木字型，如图 41-1 所示。

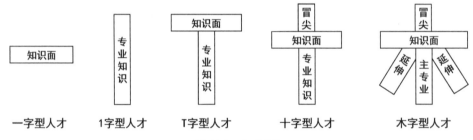

图 41-1　人才五型

前四类源于邹东涛教授对人才的划分。一字型人才的知识面较宽，但缺乏对任一领域的深入理解，即"多而不精"，能做的事情很多，但少有深刻洞见，因而多是做一些偏执行类的工作的。1 字型人才在某一领域具有扎实的专业背景，但知识面窄，能解决一些领域内的难题，但缺少大局观；T 字型人才则综合了两者的优点，不仅对某一领域有较为深入的研究，知识面也较宽，视野开阔。这三类人才你可能听说过，其中 T 字型人才最受企业欢迎。但其实在 T 字型人才之上还有十字型人才：除了拥有 T 字型人才的特质，还敢于出头、冒尖，并勇于创新，即"敢出头的创新型人才"。前三类人才关注的都是知识的掌握，十字型则同时考虑了精神品质，而这多出来的一"竖"其实很关键。有知识但不敢出头和创新的人才能够很好地完成上级指定的目标，但在企业需要变化时往往缺少改革创新的魄力；十字型人才则没那么听话，他们能完成上级的目标，但总是想着怎么能更好地解决问题，而且在认为需要改变时会主动出击。我们曾说 UX 设计师必须敢说话（第 39 章），这与十字型人才的要求是一致的。对于组织来说，十字型人才能够带来活力和变化，而这正是很多企业所缺少的东西。

十字型人才看起来很全面，但作为对优秀 UX 设计师的要求，我认为还不够——UX 设计师应该是木字型人才。木字型人才可以理解为十字型人才的加强版，即不只对核心的专业领域有深入了解，还将"根系"向多个方向延伸，从各领域汲取养分。换言之，除了知识面宽，还要对各领域都有一定深度的理解，比如不只是简单知道技术的概念，还要深入了解这些技术的基本原理。这样做最大的优势就是"跨学科思维"，对多个领域的深刻理解会很自然地产生溢出效应，一个领域的思想可能为另一个领域带来启示并加深对该领域的理解，甚至产生新理论。当你同时掌握多领域知识，就会发现很多思想都是相通的，比如我曾讨论过的品牌反射假说（第 30 章）就是在品牌学和行为心理学之间建立了联系，如果专精于心理或品牌，那么是很难发现这层关系的。跨学科学习并不是简单的加法题，你可以用技术理解艺术，用艺术理解设计，用设计理解人文，用人文理解管理，每个新领域都有助于加深已知领域的理解，而所有已知领域也有助于快速学习和理解新领域，从达到"1+1 远大于 2"的效果。因此，抛开延伸的领域，即便是主专业，木字型人才往往也比十字型人才拥有更加深刻的洞见。

我们经常听到通才和专才哪个更好的讨论，但什么是"通才"呢？必须强调，通才绝不是多而不精的一字型人才。通才应该是对多领域都有深刻认识，并能将这些领域的知识相互迁移，融会贯通的人。也就是说，拥有跨学科思维的木字型人才才是真正的通才。领域间的联系在表面上往往看不出来，只有当你看到本质，并将本质与本质放在一起对比时，才能发掘出其间的联系。一字型是看不到本质的，自然也谈不上"通"。有些人听说"通才"更吃香，以为可以不用深挖专业领域，扩展点知识面就可以了，这种想法大错特错——不要把"通才"当作不努力学习的借口！人们总把"多"和"不精"相关联，但多从来都不是"不精"的原因，懒才是。只要肯花功夫，"多而精"是完全可以做到的。那什么是"专才"呢？这个简单，专才就是 1 字型人才。如此一来，"通才 VS 专才"就变成了"木字型人才 VS 1 字型人才"，哪个更好就很清楚了——必然是通才更好。如今中国高校培养的人才多为专才，这与过去学习西方的"专业化分工"不无关系。然而，风潮已悄然转向，如今"跨学科思维"在国际上备受推崇，相信未来会有越来越多的国内高校和企业从关注单一学科向关注跨学科方向转变。

　　现在回到 UX，经过 40 个章节的学习，如果我说 "UX 设计师应该是木字型人才" 相信你应该不会反对。UX 是实打实的 "跨学科"，心理、设计、管理、技术、品牌、营销、美学、沟通、商业，等等，你很少能找到如此包罗万象的领域，这也是 UX 如此具有挑战性（也如此具有魅力）的原因。从木字结构来说，UX 设计师的 "主专业" 自然是 UX 的基础知识，包括心理学、设计学、UX 流程及基本思想等，也就是本书的主要内容，这是核心竞争力，必须学得扎实。在此基础上，UX 设计师还要向与产品相关的各领域不断扩展。此处尤其注意不能忽视所在行业的技术，比如你要设计智能产品的体验，只对 AI 技术知道个大概是远远不够的，产品说到底是人与技术之间的互动，只有对各种 AI 技术有非常清晰的认识，你才能够对智能行业的发展和具体设计拥有深刻的洞见。此外，UX 设计师还需要冒尖和创新精神，这也包括为了实现优质的体验而主动沟通。简而言之，优秀的 UX 设计师应该是 "UX 核心能力扎实，对多个相关领域有深刻见地，拥有跨学科思维并敢于冒尖的创新型人才"。但要注意，"出头" 和 "冒尖" 指的是负责任、有担当、在重要问题上不妥协、坚持原则、主动沟通、敢于直面权威，而非事事争功或哗众取宠。此外，出头也是有风险的，毕竟 "枪打出头鸟"，因而应该 "无必要不出头"——木字型鼓励的是骨气和勇气，而不是在雷区里蹦迪。

　　其实，不只是 UX 设计师，任何领域都需要跨学科人才，毕竟这比其他四类人才更可能带来创新和突破。钱学森曾指出："人，不但要有科学、技术，而且还要有文化、艺术跟音乐。" John Edson 在《苹果的产品设计之道：创建优秀产品、服务和用户体验的七个原则》中也提到了苹果公司对人才的偏好："除了平日里的工程师和软件专业人员，他们还可能是不错的艺术家或者音乐家。" 文科生也应该懂技术，理科生也应该懂人文，并且能自发地向多领域进行延伸，不自我设限，这样才可能培养出大师级的人才。

　　不过你也不用太担心，"木字型结构" 是一个理想的目标，并没说要你一步到位。我的建议是首先必须把 "T" 搞定，即夯实 UX 核心能力，并对相关领域有一点了解——本书的意义就在于此。而后，你可以根据自己的需要和兴趣对相关领域慢慢拓展，UX 需要持续的学习和深入的思考，但这也会带来长久的个人竞争力。换言之，T 字型是良好生存的根本，木字型则是长期积累而成的额外优势。显然，通才肯定要比专才付出更多的时间和精力，能做到的人自然也会比专才少得多，但你应该懂得 "物以稀为贵" 的道理，因而肯定不白学。不过，人的精力总是有限的，因而你不可能对每个领域都钻得很深，UX 也在不断发展，你首先要在核心能力上保持领先，再尽力扩展其他领域。此外，你要有意识地在学习时将不同学科的知识联系在一起，这会让你慢慢养成跨学科思考的习惯，而一旦习惯养成了，跨学科思考就会变得非常自然。至于"冒尖"的精神，就需要你在学习和工作中慢慢磨炼了。

新体验主义

UX 或人本主义的说法由来已久，但其含义一直在不断变化。交互设计时代的人本主义主要关注可用性等行为层次的体验，后来逐渐开始将高层次的体验纳入其中，产生了 UX 的概念。经过多年的发展，传统 UX 领域已经积累了大量知识，但非常碎片化，缺少一个系统化的知识框架，以至于 UX 一直被看作一个"虚无缥缈"的东西，甚至"不太像个专业"，这也给高校教学和企业应用带来了很大阻碍。同时，从交互设计分化而出的传统 UX 一直没有完全摆脱互联网产品的束缚，这也阻碍了 UX 在其他行业（特别是制造业）的应用。

对于 UX 领域的未来发展，我认为首先 UX 的知识会逐渐结构化和系统化，与产品设计实践的联系也会更加紧密，并在一切行业展开 UX 应用的探索。本书正是基于这种思路进行的一次尝试，因而本书讨论的很多内容其实都超过了传统 UX 的范畴，比如通用性的 UX 流程、产品要素的拆解、时代性和智能感设计思想的提出、品牌学和商业模式的引入等。为了与传统 UX 相区别，我姑且称这种包含了传统 UX，但更加系统化、与实践结合更紧密且行业通用性更强的 UX 为"新 UX"或"新体验主义"。当然，随着 UX 领域的不断发展，相信 UX 的体系会更加完善，理论也会更加丰富，并且在越来越多行业的实践中发挥出其应有的作用。

好领域 VS 坏领域

UX 是一个好领域（专业／职业）吗？对于这个问题，我们要首先弄清楚什么是"好领域"。很多人将"热门领域"视为好领域，比如近几年 AI 火得不行，这是不是个好领域呢？如果你在十年前问我，我的回答是"好领域"；而如果你现在问我，我的回答是"还可以"，再过几年可能就是"一般般"了，原因很简单——它现在很热门。如果你将领域视为"市场"，再联系一下我们在第 30 章对品牌的讨论，这个问题就不难理解了。十年前的 AI 领域是一片蓝海，现在则不然。所谓"热门"，就是所有人都发现了它的价值，而一旦人们大批涌入，无论是产品还是人才，价值都会迅速缩水。我们曾说最好的市场是"零市场"，或更确切地说，是有发展潜力的零市场，这对于领域也是适用的——好领域是那些发展潜力巨大但尚未受到广泛关注的领域。真正在这一波 AI 浪潮吃香的人，都是在多年前 AI 尚不热门甚至冷门时进入的，不少高才生甚至面对过就业难的问题，而最终坚持下来的人就成为 AI 浪潮中的所谓"幸运儿"。为什么这些人能如此吃香呢？因为物以稀为贵。要想深入掌握一个领域的知识至少需要几年时间，浪潮来得很快，人才培养却不能马上跟上，于是少数懂行的人就成了"香饽饽"。而对于那些在领域升温时进入的人，吃香的程度则要差出不少，至于那些看领域大热才开始学习的人，等他们学会时，市场可能已是一片红海，甚至浪潮都已经退去了（想想第 19 章的技术成熟度曲线）。热门领域过几年通常就不热门了，因而并不存在绝对的"好领域"。正如吴军在《格局：世界永远不缺聪明人》中所说，人的技能也有时效性，"当满大街都是某种技能的培训班时，这种技能的时效性早就过去了。"你需要用前瞻的眼光寻找一个有发展潜力的"朝阳领域"，甚至"萌芽领域"。

目前来说，UX 领域处于萌芽到朝阳的阶段，比我入行时好了一些，毕竟我当时找遍了中国高校也没有找到与体验设计相关的专业。在申请留学的动机信中，我曾谈到选择 UX 专业的原因：尽管当时新能源汽车很热门，但我认为之后几年智能汽车会迎来快速发展，而当技术发展到一定水平后，体验就会成为产品的焦点，因而我选择跳过 AI 直接学 UX。在我回国时，除互联网外的其他行业还很少提及"体验"，但经过几年的发展，现在越来越多的企业开始关注用户体验，而一些有远见的高校也已经开设了相关专业，这是个好兆头。体验经济的基础是足够的物质水平，西方国家在 20 世纪 80 年代就进入了体验经济时代，而中国在近几年才真正踏入（第 30 章）。体验经济时代自然对 UX 设计师有强烈的需求，因而综合热门程度和发展潜力，我目前的判断与当年是一致的——UX 是个好领域。同时我认为在未来 5 到 10 年，UX 领域大概率会迎来一个快速发展的时期。

当然，机遇与风险是并存的，在一个领域不热门的时候进入的确要面临很大风险，比如高校或培训机构的教学水平参差不齐（一定要仔细选择），甚至可能出现就业困难。我选择了 UX 领域，也看好 UX 的长远发展，但我也没办法保证几年后 UX 就一定能发展起来，不过现在的环境至少比几年前要好得多了。选择领域不仅需要前瞻性的眼光，而且要准备好面对领域不成熟阶段的各种阻力。这里还有一个要点，那就是"兴趣"，如果你对一个领域感兴趣，就更可能忍受长时间的孤独。我并不认为 UX 对每个人都合适，但如果你对 UX 感兴趣，那还是非常值得一试的。

行业应用

最后让我们看看 UX 在应用行业上的发展空间。尽管 UX 目前在国内主要应用于互联网、游戏等虚拟型行业，但它的应用范围几乎是无限的。互联网 UX 之所以发展迅速，一是基础技术已非常成熟，二是互联网的 UX 不是特别复杂（所有的互动都基于一块屏幕）。而其他很多行业，特别是汽车、医疗仪器等制造业的技术尚处落后，大型实体产品的 UX 又远比互联网产品复杂，给 UX 思想在这些行业的推广带来了极大的阻碍。不过我一直认为，UX 发展空间最大的地方是制造业，更确切地说，是智能化后的制造业（如智能汽车），即"数字实体型行业"。复杂产品对 UX 水准的要求极高，而且 UX 本身就是智能的基础（第 5 章），随着智能化水平的不断提高，产品能主动做的工作越来越多，与人的互动也会愈发复杂，这将把对 UX 的要求推向新的高度。其实，数字实体型行业可以称得上是一个通用性模型，其他各行业都可以看作其子集，如互联网就是其无实体的版本。本书对 UX 的讨论都基于数字实体型产品，因而对互联网等各行业也是适用的（当然需要结合具体行业做以调整）。UX 是产品迈向高端的必由之路，虽然目前对 UX 尚未足够重视，但随着产品水平的逐渐提高，这些行业早晚都会需要 UX 的支持，而 UX 的内涵也会随着产品的复杂化而愈发丰富。

数字实体型行业的 UX 目前是一片蓝得不能再蓝的海，需要有抱负的设计师们来开拓。不过还是要提醒一句，数字实体 UX 的水很深，需要扎实的知识积累，而且在这样的企业中推动 UX 的阻力极大，如果你职场经验尚浅，贸然进入这样的行业可能被呛到，因而要根据实际情况量力而行。在互联网做 UX 当然是非常好的，我讨论制造业只是希望 UX 设计师们不要将眼光局限在互联网产品的那块"屏幕"上——UX 的可能性要比这大得多，也深得多。除了制造业，教育、高端服务等行业也都蕴含着巨大的发展潜力，甚至还包括航天这样的非消费型行业——大型空间站甚至未来的月球基地都是与人进行复杂互动的系统，同样需要以人为本，相信 UX 也会在这项人类伟大的事业中扮演重要的角色。UX 的应用行业几乎是无限的，即便你目前不在这些行业，但如果对各行业的发展保持关注，也许有一天你会发现一片非常不错的海，从而成就自己的一番事业。

未来发展

✓ 人才有种类型：一字型、1 字型、T 字型、十字型和木字型；

✓ UX 设计师应该以成为木字型人才为目标；

✓ 新 UX/ 新体验主义指包含了传统 UX，但更加系统化、与实践结合更紧密
且行业通用性更强的 UX；

✓ 好领域是那些发展潜力巨大但尚未受到广泛关注的领域；

✓ UX 是个好领域；

✓ UX 发展空间最大的地方是智能化后的制造业，即数字实体行业。

第42章
设计师的责任

设计师的良心

　　UX 是一个强大的工具，能够对人心产生巨大的影响，但使用工具的结果并不取决于工具本身，而在于使用工具的人——菜刀可以用来烹制美味佳肴，但也可能成为伤人的凶器。UX 设计师创造的优质体验能为人们的生活带来极大的改善，但在利益的诱惑下，也可能将用户引入歧途，甚至对用户的权益造成严重损害。《设计的陷阱：用户体验设计案例透析》一书谈到了**黑暗模式**，该词由 Harry Brignull 提出，指在充分理解人性的基础上精心设计，通过诱导、上瘾、欺骗、故意违背易用性等方式来满足业务需求，而不顾对用户基本利益的损害。这样的例子不胜枚举，比如有些软件下载网站将广告链接伪装成下载按钮，而真正的下载链接要仔细寻找，用户稍不注意就可能点开广告或是下载到不想要的软件。另一个例子来自《设计的陷阱：用户体验设计案例透析》，用户可以在网上订阅一家保洁服务网站的定期服务，但要想取消却必须通过电话。更糟的是，退订的电话也很难找到，用户点击"联系我们"按钮会被带到帮助中心页面，该页面底部写着"仍然需要帮助？联系我们。"点击这个按钮后还是会进入同一个帮助中心——估计用户砸电脑的心都有了。我们曾讨论过很多糟糕的设计，但在这两个例子中，设计师并非不了解易用性，而是故意这样设计来为企业谋取利益，前者是为了骗取更多的点击率，后者则想方设法阻挠用户弃用产品。尽管这些方法在短期内可能很有效，但你会愿意跟一个自私甚至骗过你的人交朋友吗？我想不会，产品也是如此。长此以往，不仅会让用户越走越远，还会影响到他们身边的人，最终让企业毫无声誉可言，这样的产品和企业都不会长久。

再说"让人上瘾"的问题。以市场上存在的"软赌博"类产品为例，如盲盒和游戏中的"抽卡"，这些产品从心理学上看与老虎机、彩票等博彩类产品并无什么不同，都利用了赌徒心理，也很容易让人上瘾，只是没那么容易让人倾家荡产。盲盒和抽卡对多数用户算是一种趣味和消遣，但因此上瘾的用户也不在少数。那些上瘾后的用户，特别是青少年，会为此消耗大笔金钱，而用户抽到但不想要的弃置盲盒内容对资源也是巨大的浪费。诚然，这些产品能够为企业带来长期收益，但如果不加限制，就可能对用户生活乃至社会产生消极的影响。

再说得极端一点，诈骗本质上也是在设计体验。我们曾讨论过社会影响六原则（第12章），这些原则在传销、电信诈骗、保健品诈骗中可以说被发挥得淋漓尽致，比如送免费鸡蛋（互惠）、假专家培训（权威）、找"托儿"制造气氛（社会验证）、鼓吹限量激发购买冲动（稀缺），等等。这就不只是道义问题了，而是赤裸裸的犯罪。有趣的是，在正常商品促销时邀请专家推荐（权威）或限量发售（稀缺）就是合理的。好的设计与诈骗有时只有一线之隔，设计师应如何把握这个"度"呢？关键词是"良心"。前一种设计是昧良心骗钱，而后一种设计是真心想为用户提供优质服务，哪种该做也就很清楚了。再比如使用品牌故事（如海蓝之谜，第35章）可以是成功的营销手段，但也可能涉嫌虚假宣传，产品在哪一边，取决于实际产品与宣传的差距，还有是否对得起良心。

从故意为难用户，到使人上瘾，再到诈骗行为，都是UX擅长的范畴，但UX设计师是否应该努力去做这些事呢？我不这样认为。考虑用户和企业的长远利益，避免UX的滥用，是UX设计师的责任——企业利益永远不是判定产品成功的唯一标准。荀子曾说："先义而后利者荣，先利而后义者辱。"所谓"君子爱财，取之有道"，利益固然重要，但要建立在道义和良心的基础上。UX设计师首先不应做违背道义之事，而当发现产品损害了用户权益时，也应该努力削弱或消除其影响。此外，我们还要记得"用户"包括所有干系人的权益，比如外卖软件的用户不只有点外卖的人，还有送餐员。资本在意的只有自身利益的最大化，这势必导致送餐员的权益被不断压榨，甚至涉及安全风险，那些只看商业指标而不顾送餐员权益甚至死活的"设计优化"同样是违背道义的。

其实，坚持道义也应该是企业的责任，但这通常只是一种希望。在资本控制的企业中，"将短期利益最大化"永远是首要目标，而代表用户利益和企业长远利益的UX设计师往往要与之对抗。可以说，UX也是一场"用户代表"与资本之间的战斗。当然，面对资本的巨大力量，设计师往往需要妥协，但妥协不代表屈服。比如对于那些可能损害企业长期利益的黑暗模式，我们可以晓以利害，尽力说服管理层改变主意。至于上瘾等问题，要说服管理层少赚点钱甚至主动建立"防成瘾机制"几乎是不可能的，只能寄希望于相关法规能加以限制了。

总之，UX设计师要谨记自己的责任，在遇事时须扪心自问一句：我做的设计对得起自己的良心吗？

到最需要 UX 的地方去

正如上一章所说，UX领域还处于朝阳阶段，那么面对这样一片蓝海，UX的伟大开拓者们该何去何从呢？对于优秀的UX设计师，我的建议是"到最需要UX的地方去"。目前UX的主阵地是互联网，但这只是UX众多应用领域中的一个，互联网确实是一个很不错的行业，但如果大家都挤在互联网，UX领域就不会得到真正长足的发展。正如《设计的陷阱：用户体验设计案例透析》所说，最需要优秀设计师的地方是"那些之前从未重视设计但现在亟须重视设计的业务领域"。比如制造业，特别是国有制造型企业非常需要UX，因为计划经济时代诞生的国企先天缺少设计思维。在过去，国企的努力方向是明确的，对产品的要求主要是质量好，因而只要"加油干"就够了，设计则被长期搁置；但在市场经济时代，"要解决什么问题"变得不再清晰，用户也不再满足于功能，而是追求更好的体验，这让国企很难适应，工作做了很多，却难以得到用户的认可。近些年，很多国企都在谈"市场化"和"转型升级"，包括引进新技术、改变所有制、重组机构、整合生产销售等，都有一定道理，但往往忽略了最重要的一点——用计划经济的思维做市场经济的产品，自然会水土不服。因而国企转型的核心在于思想的转变，或更准确地说，是向用户导向和设计驱动转变。除了国企，政府机构也需要转变思想，如今都在谈"服务型政府"，其实"服务型"的本质就是以人为本，只有从功能主义（能办事）转向用户思维和设计驱动（好办事），才能真正实现"从群众中来，到群众中去"。公立医院也是需要"设计改革"的对象，如果能够成功，那么不仅病人会更加满意，医务人员的工作环境也会得到大幅度的改善。这样的行业还有很多，要解决问题，高层管理者有引入新思想的意识自然是最好的，但目前来说很难，更多的还是要靠有识之士在内部进行推动——如果你是这些组织中的一员，希望你也能为此出一份力。而对于在这些组织外的 UX 人才，进入更广袤的深海意味着面对未知的挑战，甚至遭遇狂风暴雨。你的工作环境会少了很多激情，你的领导和同事甚至可能从没听说过 UX，你也可能面临误解、质疑和重重阻力，还可能忍受长时间的孤独，但如果方法得当并坚持下去，你总会看到一些改变。而且这对你来说也是一种磨炼，正如老子所说的"处众人之所恶，故几于道"，进而大大加深你对 UX 的理解，你的综合能力也会得到大幅提高。对于高端玩家来说，最困难的模式才最有趣，不是么？

当然，努力不是蛮干，推动也要讲方法。我们曾说做事要"顺势而为"（第 22 章），不仅要"待势"，也要"造势"，对于推动 UX 领域也是如此。在 UX 体系尚未成熟、企业对 UX 尚不重视的情况下，强行推动往往收不到很好的效果，此时应当暂时收起锋芒，尽量避免正面对抗，保护好自己。但是，"顺势"也不是佛性地等着 UX 慢慢热起来，优秀的设计师还要积极而巧妙地推动组织的变革乃至领域的发展，通过各种方式为 UX 积累"势"。这一方面要不断强化自身 UX 的综合水准（自学能力很重要），毕竟打铁还要自身硬；另一方面则要成为一位"布道师"（这个词源于 IT 行业，不过还挺应景），要向你在企业遇到的所有人，特别是领导，耐心地科普 UX 知识。不断向他人解释 UX 是一个不断整理思路和加深对 UX 理解的过程，学到的知识只有能清楚地讲出来才是真正学到了；而且理不辩不明，在给别人讲解的过程中，你很可能遇到无法解答的情况，这往往正是你知识的薄弱环节，此时不要退缩，而应将其作为提升的契机，不断思考，直到你能给别人解答为止——我就是在这样不断迭代的过程中成长起来的。此外还有三个要点，一是将 UX 知识与组织实际结合起来，并发掘一切可能应用 UX 的机会，努力将知识用进去，哪怕只有一点改善；二是养成总结的习惯，写下来最好，这与讲解一样，也是自我提升的大好机会；三是基层领导往往缺少实施变革的意愿和权力，获取他们的支持很重要，但更重要的是要尽一切可能争取高层领导的支持。如果说推动 UX 有什么大方针，那就是要用 UX 思维解决 UX 的问题。思想的传播也是体验设计的过程，因而 UX 的工具都可以用，如看清问题、良好沟通、构建生态等，而在这个"新方向"上应用 UX 反过来也会进一步加深你对 UX 的理解。

在技巧之外，还有一个看似"鸡汤"的建议，那就是——永不放弃。在 Serge Moscovici 开展的一项实验中 [1]，被试者被要求识别色块，多数人将色块正确地识别为绿色，但有两人（研究人员的同谋）故意将其说成是蓝色，并坚持自己的意见。尽管当时对多数人没有产生什么影响，但在随后的单独测试中，一些人的判断出现了变化，开始相信色块是蓝色的，"最后，多数人的力量被全力以赴的少数人的坚信所战胜" [2]。群体的正确判断尚且可以扭转，那么只要坚持下去，相信少数坚持真理的人也能够让组织产生改变。就像电影《阿甘正传》中的阿甘那样，只要一直奔跑下去，就会获得越来越多的关注和支持。不过，坚信 UX 能够让世界更好，不代表坚信自己的 UX 体系是完美的，我们应当对任何观点保持开放的心态，避免闭门造车（第38 章）。

最后还要提醒一句，别把自己搭进去。如果你经过努力还是推不动，那么可能是因为存在一些非常复杂的原因，你也没必要在一棵树上吊死，毕竟还有那么多地方需要 UX 的支持。而如果你是 UX 新手或职场新人，那么推动变革也不是你该做的事情，找到能够快速成长的平台才是首先要考虑的。你只要有这样一个印象就够了，等你未来翅膀硬了，有本事、有抱负、有胆识，希望那时你能到那些最需要 UX 的地方去，为那些被糟糕设计折磨的人们带来福音。

设计改变世界

我们为什么要成为设计师？因为设计是一件令人感到快乐的事，无论是创造带来的乐趣，还是一种"世界因自己而改变"的自我实现之感。设计师是为了改变世界而存在的，当世界因我们而变得更加美好时，我们会感受到一种无与伦比的快乐。

工程师拯救世界，而设计师改变世界。在很多电影中，面对灾难力挽狂澜的经常是工程师，那设计师在干什么呢？是的，设计师制造了那些灾难——这些灾难无一不源自奇思妙想，只是违背了道义和良心。幸运的是，现实中绝大多数设计师都是正直且向上的，他们不断通过创造为人们的生活带来积极的改变，也为人类社会的进步注入了强劲的动力。如果没有设计，那么世界将变得单调和无聊得多。

设计师永远不要小看自己的工作，不仅是眼前，你的设计还可能产生更加深远的影响。往大了说，设计师是在塑造人们未来（乃至子孙后代）的思想和行为，甚

---

[1][2]　Richard J. Gerrig, Philip G. Zimbardo. 心理学与生活 [M]. 第 19 版 . 王垒 等，译 . 北京：人民邮电出版社，2016.

至关乎社会的发展和进步。老子曾说："天之道，利而不害。"这也道出了设计的追求——让万事万物都得到好处，并且不对他们造成伤害。换言之，设计师不仅要做到"不害"，还要充分发挥创造力，让人们的生活变得更好，而设计师也会在这个过程中收获到无限的快乐。

当然，在浮躁而纷乱的现实中，即便是富有情怀的设计师也难免在利益的漩涡之中迷失。无论对企业还是设计师，赚钱都很重要，但设计绝不只是为了赚钱。如果设计师每天用尽聪明才智，只是为了让用户在网页上多点几下广告，那么设计工作也真是太无聊了。在这个世界上生存并不容易，你可能为生存而低头，也可能被名利所环绕，但希望你能在心底保留一份初心——逐利的世界如此苍白，如果有机会，那么你一定要给它点颜色看看！

责任

✓ 设计师做的设计要对得起道义和良心；

✓ 优秀的 UX 设计师应该到最需要 UX 的地方去；

✓ 设计师是为了改变世界而存在的。

第7部分

总结

在本部分，我们讨论了设计师的工作不仅是让体验变得优质，还要创造能够真正实现的优质体验，这需要考虑团队、沟通和商业的问题。此外，我们还讨论了设计师和UX领域的发展，以及设计师所肩负的责任。这些问题都很现实，但要想创造卓越产品，设计师就必须平衡好理想和现实。UX设计师不是天马行空的艺术家，不能让想象远离了现实，但反过来你，也不要让现实限制了想象，更不能为了利益违背道义和良心。你要努力寻找既能为用户提供优质体验，又能在短期和长期为企业带来丰厚回报的设计方案，当你的设计能让用户和企业实现双赢时，卓越的产品也就离你不远了。

第8部分
现在，来看看
这头大象

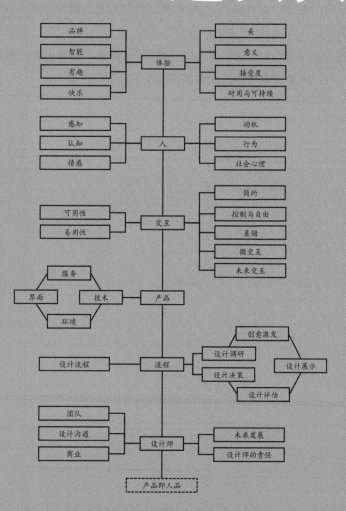

品牌
智能
有趣
快乐

美
意义
接受度
耐用与可持续

体验

感知
认知
情感

人

动机
行为
社会心理

可用性
易用性

交互

简约
控制与自由
差错
微交互
未来交互

服务
界面　技术
环境

产品

设计流程

流程

设计调研
设计决策

创意激发
设计展示
设计评估

团队
设计沟通
商业

设计师

未来发展
设计师的责任

产品即人品

现在，让我们来看看这头 UX 的大象。我们在第 1 部分建立起大象的骨骼（体验是设计师基于流程设计的产品与人进行交互的结果），并在之后的六个部分中逐步为大象的每个部分增添血肉：

- 第 2 部分讨论了"人"，从感知、认知、情感、动机、行为和社会心理六个方面为 UX 奠定了心理学基础；
- 第 3 部分讨论了"流程"，包括 UX 三钻流程，以及设计调研、创意激发、创意展示、设计评估和设计决策五大类 UX 活动；
- 第 4 部分讨论了"产品"，包括技术、服务、界面和环境四大要素；
- 第 5 部分讨论了"交互"层面的十大设计思想；
- 第 6 部分讨论了"深度体验"层面的十大设计思想；
- 第 7 部分讨论了"设计师"，包括团队、设计沟通、商业、未来发展以及设计师的责任。

经过各部分的学习，UX 已不再"虚无缥缈"，而是一头有血有肉的大象了。在本书的最后，我们来给大象增加一个更加深层次的主题——做人。

第43章

产品即人品

UX 的设计哲学是什么？简约、可控、自由、贴心、有趣、快乐、美，等等，这些都对，但如果再往深处想一想，你会发现这些思想其实与人与人之间的处世哲学如出一辙。这并不难理解，因为无论对人还是产品，人们对于"优质互动"的看法都是一致的。一个有趣且好看的人会受到欢迎，一个有趣且好看的产品同样如此。因此，在很大程度上说，UX 的设计哲学其实就是人的处世哲学。当我们希望为用户提供优质的产品体验时，往往能够从人与人的关系中获得设计的灵感。

不过，每个设计师对于"优质互动"的理解是不同的，这反映在他们平日待人接物和处事方式的差异上，而产品是由设计师设计的，因而这也影响了产品体验的设计。也就是说，设计师的品质会反映在其设计的产品之中。如果一个人在与他人相处时周到且有趣，他设计的产品通常也会贴心和有趣；而如果一个人平时很少顾及他人感受甚至言行粗鲁，你就很难指望他能设计出有礼的产品，因为他的脑子里就没有"有礼"这根弦。因此对于互动体验的很多方面，有什么样的设计师，就会有什么样的产品，或者说，产品即人品。

这里的"人品"并不只有品德（如诚信、礼貌、公平），而是指一个人广义的品质，还包括设计师对事的态度（如追求完美、考虑周到、关注细节）、品味（如审美、简约）、文化修养（如禅宗、道家等思想）等，并最终影响设计师及其所设计的产品的外在行为。尽管设计师不能与用户直接交流，但用户能够从与产品的互动中感受到设计师的这些特质。比如苹果公司的产品就清楚地反映出乔布斯对于简约、极致等方面的追求，其中对简约的追求则源于他对禅宗的理解和思考。

UX 的设计哲学与人的处世哲学强相关，而设计师的品质与产品体验的品质强相关。如此一来事情就很清楚了：要想设计出卓越的产品，设计师必须让自己的品质向优秀的处世哲学和人文素养方向靠拢——要做好体验，先要学会做人。要做到这一点，心理学对人性的研究可以提供很多启示，但没有给出具体指南，需要自己领悟，此外讨论人际交往和为人处世的书籍也可以提供帮助。不过，"知道优秀品质"和"拥有优秀品质"是两码事，因而除了多读书，你还要多思考多实践，只有慢慢将它们内化为自身的品质，你才可能在日常行为和产品设计中体现这些品质。此外，尽管背后的哲学相同，但做人与产品设计的具体形式毕竟不同，你还需要思考如何在产品设计中践行这些哲学思想，进而总结出有效的设计原则——事实上，这就是很多UX原则诞生的方式。

这里似乎有个"反例"，很多人都说乔布斯的性格不是那么好相处，因而这表示性格不好的人也可以设计出好产品，对吗？并非如此。一方面，工作作风不能完全代表对日常处世之道的理解。另一方面，正所谓"人无完人"，乔布斯有缺点也是很正常的，但他在其他方面有很多优秀品质，如追求极致、艺术眼光、简约思想等，这些都体现在了苹果的产品上。更重要的是，乔布斯能够团结一批最优秀的设计师，而这些设计师的品质能够与乔布斯的品质形成互补——苹果的产品不是乔布斯一个人设计出来的。在提升自我品质的道路上，向那些优秀设计师学习是很不错的方法，但要有所取舍，不能因为一个人在产品上的成功就对其品质全盘接收。此外，对于他人的品质也切忌道听途说或只知皮毛，可能的话，应该阅读优秀设计师写的书，并认真思考，这样才能真正理解他们的思想及其所拥有的品质。

值得一提的是，中国文化之中蕴含了大量为人处世之道，如《道德经》《论语》《传习录》《孙子兵法》等，这些都是设计师的宝贵财富，能够为设计师品质的提高带来非常积极的影响，对于个人和产品都是极好的。我在本书中曾多次引用道家和儒家思想来充实UX的内涵，这里再用兵家举个例子（战争策略也属于处世之道）。《孙子兵法》有云："是故胜兵先胜而后求战，败兵先战而后求胜。"这是说打胜仗的军队会先创造能够取胜的条件，再与敌作战；而打败仗的军队先与敌作战，再考虑如何取胜。这与UX的先策略、先品牌、先问题和方案（问题钻+解决钻），再实施的逻辑是完全一致的。很多企业完全没弄清用户需求和发展形势，更没有清晰的战略，看别人做什么就跟着做，看似很努力，但这都只是"战术上的勤奋"。战术上的勤奋很重要，但如果没有战略，那就是先战而后求胜，能否取胜全凭运气。UX则是战略为先的，UX设计师会在前期花费大量时间思考品牌等策略、要解决的具体问题以及解决问题的最佳方式，这看似"不出活儿"，实则是成功的关键，这是"战略上的勤奋"。只有战略正确，成功的可能性得到保证，战术上的勤奋才有价值，这就是先胜而后求战的道理。可见，中华先贤的智慧不仅能教会我们处世之道，还能进一步帮助我们加深和扩展UX的内涵——这其实也是一种"跨学科思维"（第41章）。

卓越的产品是由卓越的人设计的。如果你想设计出伟大的作品，就需要努力让自己不断变得更好，你也一定可以变得更好！

产品即人品

✓ 在很大程度上说，UX 的设计哲学就是人的处世哲学；

✓ 设计师的品质与产品体验的品质是强相关的；

✓ 要想设计出卓越的产品，设计师要先努力成为卓越的人；

✓ 中国文化是设计师的宝贵财富。

尾声
结束，也是开始

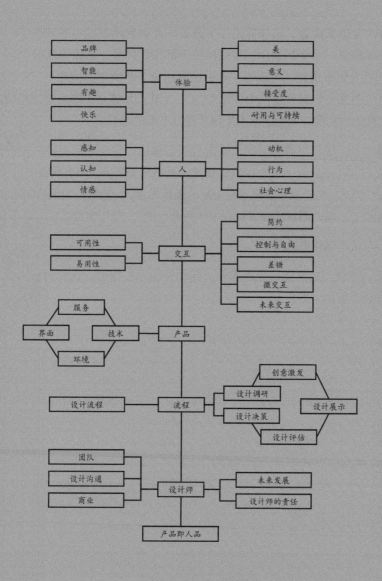

到了该说再见的时候了，真不敢相信我们居然聊了这么久！非常感谢你的到来，谈论一件给人们带来幸福的事业是非常令人兴奋的事情，很高兴能与像你这样爱学习又有远见的人交流我对 UX 的思考，希望本书让你有所收获。

UX 的学习结束了吗？是的，但这也是开始。尽管本书在很多方面都所谈颇深，但它依然是一本入门书，要想拥有坚实的 UX 基础，你还需要在每个方面不断拓展和积累，并努力成为木字型人才（第 41 章）。好消息是，经过本书的学习，你已经对 UX 形成了完整而正确的认识——有了一个好的开始，相信你对 UX 的学习会更加富有成效。

对于 UX 体系而言，这同样是一个开始。万物皆原型，本书亦如此。本书力图为 UX 领域提供一个更加通用、实践性更强的知识体系，从而为高校教学、企业应用和个人提升铺平道路。可以说，本书已倾尽我多年所学，但对于 UX 的体系化工作来说，我更愿意将其看作一个"原型"，一个让 UX 体系不断完善的基础。随着未来对 UX 理解的加深，我也会对 UX 体系进行不断的迭代。

如果你在 UX 领域遇到问题，或是有新的想法，我非常愿意聆听和讨论。你可以通过我的个人公众号（用户体验设计师，微信号 UX_design）或读者群（见封底）联系到我，我也会在公众号上分享对 UX 的最新思考，希望我们能保持联系。哦对了，本书还附赠了一幅"用户体验设计知识体系全景图"，希望也能对你有所帮助！

最后再次感谢你的聆听。

这是一项伟大的事业，亟须像你一样优秀的人才加盟，让我们共同努力，将人性的光辉洒满整个世界！

后记

尽管成书时间不足一年，但本书思想体系的形成却经历了相当长的时间。在这个过程中，有很多人对我提供了支持和帮助，我深表感谢。

我的父母李洪宝和冯玉梅，感谢他们一直支持我做自己喜欢的事（包括跑到国外学了一个叫 UX 的奇怪专业），在我的公众号早期无人问津之时，他们也一直是最坚定的读者。

Wijnand IJsselsteijn 和 Antal Haans，感谢两位导师把我领进 UX 的大门，以及在我赴欧求学期间给予的关心与建议。

张晶，本书的编辑，感谢她一路寻着公众号找到我，并促成了本书的立项，如果没有她的努力，本书恐怕要延后至少一年才能问世。

徐迎庆、邓明和戴力农，感谢三位老师为本书作推荐辞，能得到领域专家的支持让我倍感振奋。

孙钰巍，为本书部分结构的设计、与互联网实践相关的讨论及封面方案选择等提供了非常宝贵的建议。

牛子婧，感谢她为我的公众号投入了很多心思，特别是设计了公众号的 logo "UX 喵"——就是本书中每章结尾处的那个。

张睿心和张艺，为本书的部分内容提供了有益的咨询。

感谢电子工业出版社的各位老师，包括为本书设计封面的李玲老师，以及参与本书审校、设计、策划等工作的老师，一本书的背后凝聚了很多人的心血，是他们的努力让本书得以推向市场。

感谢我的领导和同事对我和我所在领域的认可和支持，特别是（按姓氏）陈平、陈新、程新化、高洁、贾文博、路军、孟祥雨、王芊、王保国、杨亮、尹颖、张友焕，与他们的交流使我收获颇丰。

感谢我公众号的所有读者，他们的关注给予了我坚持写作的动力。

感谢本书引用过的所有书籍的作者，本书是站在巨人的肩膀上完成的，没有这些巨人们对 UX 的深刻思考，本书就无法达到现在的高度。

最后，还有很多我未能一一提及的家人、恩师和好友，我能一路走到今天全靠你们的关心和鼓励，真的非常、非常感谢你们！

参考文献

[1] Amber Case. 交互的未来：物联网时代设计原则 [M]. 蒋文干，刘文仪，余声稳，王李，译. 北京：人民邮电出版社,2017.

[2] Alan Cooper,Robert Reimann,David Cronin,Christopher Noessel,Jason Csizmadi,Doug LeMoine.About Face 4：交互设计精髓 [M]. 倪卫国，刘松涛，薛菲，杭敏，译. 北京：电子工业出版社,2015.

[3] Al Ries,Laura Ries. 品牌的起源 [M]. 寿雯，译. 北京：机械工业出版社,2013.

[4] Al Ries,Laura Ries. 品牌 22 律 [M]. 寿雯，译. 北京：机械工业出版社,2013.

[5] Al Ries,Jack Trout. 定位：争夺用户心智的战争 [M]. 经典重译版. 顾均辉，译. 北京：机械工业出版社,2017.

[6] Brian Solis. 完美用户体验：产品设计思维与案例 [M]. 宫鑫，文汝佳，刘婷婷，译. 北京：电子工业出版社,2018.

[7] Cathy Pearl. 语音用户界面设计：对话式体验设计原则 [M]. 王一行，译. 北京：电子工业出版社,2017.

[8] C. 亚历山大. 建筑的永恒之道 [M]. 赵冰，译. 北京：知识产权出版社,2020.

[9] Cindy Salaski. 向大师学油画——20 位油画名师的绘画技巧 [M]. 顾文，译. 上海：上海人民美术出版社,2016.

[10] C. Todd Lombardo,Bruce McCarthy,Evan Ryan，Michael Connors. 产品设计蓝图 [M]. 马晶慧，译. 北京：中国电力出版社,2018.

[11] Donald Arthur Norman. 设计心理学 1：日常的设计 [M]. 小柯，译. 北京：中信出版社，2015.

[12] Donald Arthur Norman. 设计心理学 2：与复杂共处 [M]. 张磊，译. 北京：中信出版社，2015.

[13] Donald Arthur Norman. 设计心理学 3：情感化设计 [M]. 小柯，译. 北京：中信出版社，2015.

[14] Donald Arthur Norman. 设计心理学 4：未来设计 [M]. 小柯，译. 北京：中信出版社，2015.

[15] David Benyon. 用户体验设计：HCI、UX 和交互设计指南 [M]. 第 4 版. 李轩涯，卢苗苗，计湘婷，译. 北京：机械工业出版社，2020.

[16] Daniel Kahneman. 思考，快与慢 [M]. 胡晓姣，李爱民，何梦莹，译，北京：中信出版社，2012.

[17] Dan Saffer. 微交互：细节设计成就卓越产品 [M]. 李松峰，译. 北京：人民邮电出版社，2013.

[18] Eric Ries. 精益创业：新创企业的成长思维 [M]. 吴彤，译. 北京：中信出版社，2012.

[19] Giles Colborne. 简约至上：交互式设计四策略 [M]. 李松峰，译. 第 2 版. 北京：人民邮电出版社，2018.

[20] Golden Krishna. 无界面交互：潜移默化的 UX 设计方略 [M]. 杨名，译. 北京：人民邮电出版社，2017.

[21] Ian Goodfellow,Yoshua Bengio,Aaron Courville. 深度学习 [M]. 赵申剑，黎彧君，符天凡，李凯，译. 北京：人民邮电出版社，2017.

[22] ISO 9241-210,Ergonomics of human-system interaction-Part 210:Human-centred design for interactive systems,2019.

[23] ISO 9241-220,Ergonomics of human-system interaction-Part 220:Processes for enabling,executing and assessing human-centred design within organizations, 2019.

[24] John Edson. 苹果的产品设计之道：创建优秀产品、服务和用户体验的七个原则 [M]. 黄喆，译. 北京：机械工业出版社，2013.

[25] Jeff Gothelf. 精益设计：设计团队如何改善用户体验 [M]. 张玳，译. 北京：人民邮电出版社，2013.

[26] Joel Marsh. 用户体验设计：100 堂入门课 [M]. 王沛，译. 北京：人民邮电出

版社 ,2018.

[27] Jesse Schell. 游戏设计艺术 [M]. 第 2 版 . 刘嘉俊 , 杨逸 , 欧阳立博 , 陈闻 , 陆佳琪 , 译 . 北京 : 电子工业出版社 ,2016.

[28] Jonathan Shariat,Cynthia Savard Saucier. 设计的陷阱 : 用户体验设计案例透析 [M]. 过燕雯 , 译 . 北京 : 人民邮电出版社 ,2020.

[29] Karen Holtzblatt,Hugh Beyer. 情境交互设计 : 为生活而设计 [M]. 朱上上 , 贾璇 , 陈正捷 , 译 . 第二版 . 北京 : 清华大学出版社 ,2019.

[30] Kathryn McElroy. 原型设计 : 打造成功产品的实用方法及实践 [M]. 吴桐 , 唐婉莹 , 译 . 北京 : 机械工业出版社 ,2019.

[31] Keith Sawyer.Z 创新 : 赢得卓越创造力的曲线创意法 [M]. 何小平 , 李华芳 , 吕慧琴 , 译 . 杭州 : 浙江人民出版社 ,2014.

[32] Karl T. Ulrich,Steven D. Eppinger. 产品设计与开发 [M]. 杨青 , 杨娜 , 译 . 第 6 版 . 北京 : 机械工业出版社 ,2018.

[33] 吕敬人 . 书艺问道 : 吕敬人书籍设计说 [M]. 上海 : 上海人民美术出版社 ,2017.

[34] Michal Levin. 多设备体验设计 : 物联网时代产品开发模式 [M]. 刘柏松 , 译 . 北京 : 人民邮电出版社 ,2016.

[35] Margaret W. Martlin. 认知心理学 : 理论、研究和应用 [M]. 第 8 版 . 李永娜 , 译 . 北京 : 机械工业出版社 ,2018.

[36] 尼克 . 人工智能简史 [M]. 第 2 版 . 北京 : 人民邮电出版社 ,2018.

[37] Robert B. Cialdini. 影响力 [M]. 闻佳 , 译 . 北京 : 北京联合出版公司 ,2016.

[38] Richard J. Gerrig，Philip G. Zimbardo. 心理学与生活 [M]. 第 19 版 . 王垒 等 , 译 . 北京 : 人民邮电出版社 ,2016.

[39] 三谷宏治 . 商业模式全史 [M]. 马云雷 , 杜君林 , 译 . 南京 : 江苏凤凰文艺出版社 ,2015.

[40] Simon King, Kuen Chang.UX 设计师要懂工业设计 [M]. 潘婧 , 花敏 , 缪梦雯 , 译 . 北京 : 人民邮电出版社 ,2018.

[41] Stephen P. Anderson. 怦然心动 : 情感化交互设计指南（修订版）[M]. 侯景艳 ,

胡冠奇 , 徐磊 , 译 . 北京 : 人民邮电出版社 ,2015.

[42] Susan Weinschenk, 设计师要懂心理学 [M]. 徐佳 , 马迪 , 余盈亿 , 译 . 北京 :
人民邮电出版社 ,2013.

[43] Susan Weinschenk. 设计师要懂心理学 2[M]. 徐佳 , 马迪 , 余盈亿 , 译 . 北京 :
人民邮电出版社 ,2016.

[44] Tim Frick. 可持续性设计 [M]. 杜春晓 , 司韦韦 , 译 . 北京 : 中国电力出版
社 ,2018.

[45] Tom Greever. 设计师要懂沟通术 [M].UXRen 翻译组 , 译 . 北京 : 人民邮电出
版社 ,2017.

[46] Thorstein Veblen. 有闲阶级论 [M]. 钱厚默 , 译 . 海口 : 南海出版公司 ,2007.

[47] 吴军 . 格局 : 世界永远不缺聪明人 [M]. 北京 : 中信出版社 ,2019.

[48] William Lidwell,Kritina Holden,Jill Butler. 设计的法则 [M]. 第 3 版 . 栾墨 , 刘
壮丽 , 译 . 沈阳 : 辽宁科学技术出版社 ,2018.

[49] William Lidwell,Kritina Holden,Jill Butler. 设计的 125 条通用法则 (全本)[M].
陈丽丽 , 吴奕俊 , 译 . 北京 : 中国画报出版社 ,2019.

[50] Wolfgang Schaefer，J.P.Kuenhlwein. 品牌思维 : 世界一线品牌的 7 大不败奥
秘 [M]. 李逊楠 , 译 . 苏州 : 古吴轩出版社 ,2017.

[51] Yu-kai Chou. 游戏化实战 [M]. 杨国庆 , 译 . 武汉 : 华中科技大学出版社 ,2017.

[52] Yuval Noah Harari. 未来简史 [M]. 林俊宏 , 译 . 北京 : 中信出版社 ,2017.

[53] Loftus,E.F.,Miller,D.G.,& Burns, H.J.(1978).Semantic integration of verbal
information into visual memory[J].Journal of Experimental Psychology: Human
Learning and Memory, 4, 19-31.

[54] Howes，M.J.,Hokanson,J.E.,& Loewenstein,D.A.(1985).Induction of depressive
affect after prolonged exposure to a mildly depressed individual[J].Journal of
Personality and Social Psychology,49(4):1110-3.

[55] Waytz, A., Heafner,J.,& Epley,N.(2014).The mind in machine: anthropomorphism
increases trust in an autonomous vehicle[J].Journal of Experimental Social
Psychology, 52, 113-117.doi:10.1016/j.jesp.2014.01.005.